复杂曲面数控加工技术与多轴编程实例教程

FUZA QUMIAN SHUKONG JIAGONG JISHU
YU DUOZHOU BIANCHENG SHILI JIAOCHENG

李体仁
杨立军
郭文翰 等 编著

化学工业出版社
·北京·

内 容 简 介

本书是笔者结合多年的数控编程、数控加工工艺教学及多轴数控编程、加工的经验所编写的。内容涵盖了自由曲线与自由曲面的基本原理，复杂曲面形状零件的数控加工工艺，二维、三坐标、多轴、叶轮、叶片铣削加工编程等方面的理论、技术知识、数控编程方法和典型案例综合应用。从实用的角度出发，配套提供了书中所包含的 hyperMILL 软件工法的基本操作和综合案例编程的全部讲解视频，方便使用 hyperMILL 软件进行数控编程的读者自学。

本书适用于从事 CAD/CAM 技术、机床数控技术和数控加工技术研究、教学与生产等方面的专业人员，以及高等工科院校高年级本科生、研究生。

图书在版编目（CIP）数据

复杂曲面数控加工技术与多轴编程实例教程/李体仁等编著. —北京：化学工业出版社，2024.3
ISBN 978-7-122-44703-6

Ⅰ.①复… Ⅱ.①李… Ⅲ.①曲面-数控机床-加工-教材②曲面-数控机床-程序设计-教材 Ⅳ.①TG659

中国国家版本馆 CIP 数据核字（2024）第 007452 号

责任编辑：金林茹　　文字编辑：袁　宁
责任校对：田睿涵　　装帧设计：王晓宇

出版发行：化学工业出版社
（北京市东城区青年湖南街 13 号　邮政编码 100011）
印　　装：三河市延风印装有限公司
787mm×1092mm　1/16　印张 15　字数 366 千字
2024 年 5 月北京第 1 版第 1 次印刷

购书咨询：010-64518888　　售后服务：010-64518899
网　　址：http://www.cip.com.cn
凡购买本书，如有缺损质量问题，本社销售中心负责调换。

定　　价：79.80 元　

序言

数控加工技术是一种现代化的加工技术，通过数字化代码控制机床运动和加工过程，实现自动化、高精度、高效率的加工。其意义在于：提高制造业的生产效率和产品质量；降低制造成本；实现产品的个性化定制和快速生产；促进制造业整体效率及经济效益的提升。为顺应国家制造业的发展需要，作者对数年来多轴数控加工实践和hyperMILL软件应用经验进行总结，编写了hyperMILL案例实战类图书《复杂曲面数控加工技术与多轴编程实例教程》。

德国OPEN MIND公司研发的hyperMILL软件与当前CAD解决方案和众多自动化数控设备全面兼容，其独特的优势和强大的功能可适应多种行业的需求，特别是在航空、航天、船舶、模具、透平机械、医疗器械等高端制造领域，可以有效地帮助用户更安全高效地使用数控加工机床，显著地减少编程和加工时间，延长刀具使用寿命，降低生产成本，有效促进企业的高效生产，助力企业的转型升级。

《复杂曲面数控加工技术与多轴编程实例教程》包含了数控加工工艺、数控加工编程刀路设计的基本原理、基于hyperMILL软件的复杂曲面数控加工编程及优化，用实例佐证了hyperMILL软件编程的高效性、可靠性以及安全性。书中实例在现实中都已得到实际加工验证，并且针对hyperMILL软件工法参数设置和每一实例都有相应的视频教程来指导读者，视频讲解通俗易懂。

我相信这本图书的出版将有助于推动教育院校CAD/CAM软件的应用和高水平的数控加工专业建设，也会推动多轴数控加工实践教学建设，为培养高水平的数控加工专业人才贡献力量。

hyperMILL软件中国区教育行业经理　冯斌

2023年11月15日

前言

PREFACE

多轴加工技术，对我国航空航天、军事、精密器械、高精医疗设备等行业的发展有着重要的影响，促进了我国制造业向着高端转变，产品加工质量及生产效率得到提升。当前，世界之变、时代之变、历史之变正以前所未有的方式展开，党的二十大提出，坚持把发展经济的着力点放在实体经济上，推进新型工业化进程，加快建设制造强国、质量强国。党的二十大为制造业高质量发展指明了前进方向。多轴加工技术更广泛、高效的应用，是进一步提升我国制造业水平的有效方式之一。

多轴加工技术从加工的角度看，其技术重点——复杂形状零件的加工，一直是数控加工和 CAD/CAM 技术的主要研究与应用对象。为此，笔者结合多年从事数控加工技术研究与实践的经验编写了这本书，介绍了复杂形状零件多轴数控加工的有关理论、方法，hyperMILL 软件的工法和综合使用，力图从实用的角度结合 hyperMILL 应用对多轴数控加工技术进行系统介绍，以促进我国多轴数控加工技术的应用与教学水平提升。

本书内容涉及复杂曲面形状零件的几何建模，数控编程和加工工艺，自由曲线与自由曲面的基本原理，二维、三坐标、多轴、叶轮、叶片铣削加工编程技术。各章按照基本理论、hyperMILL 工法、综合案例应用的顺序编写。同时，本书配套了 hyperMILL 工法使用和综合案例编程的讲解视频，并提供全部模型、刀路文档等，以便读者更容易学习和掌握多轴加工技术和应用。

本书第 1、 3、 4、 5 章由陕西科技大学李体仁编写，第 2 章由陕西科技大学杨立军编写，第 6 章由大唐西北电力试验研究院郭文翰与陕西科技大学杨培基编写，全书由李体仁、杨立军、李夏霜、孙建功统稿并整理。杨立军、孙建功、李夏霜、王雅雯、王启、赵耕伯、高磊、张超、张辛完成了视频录制。在本书的编写过程中，陕西科技大学贺行、王启、赵耕伯、高磊、张超、王昊玮、雷卓、钱正阳等完成了部分绘图与文字整理工作。

本书可供从事 CAD/CAM 技术、机床数控技术和数控加工技术研究、教学与生产等的专业人员，以及高等工科院校本科生、研究生学习参考。

多轴数控加工技术中仍有很多理论与技术问题有待进一步研究与完善，此外，由于笔者水平有限，书中难免出现疏漏，恳请广大读者批评指正。

编著者

扫码获取本书模型与
编程源文件

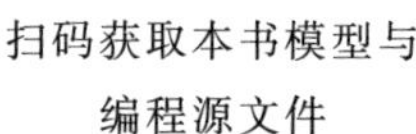

目录

CONTENTS

第1章 复杂曲面形状零件的数控编程和加工工艺 001

第5章
多轴数控铣削加工编程技术 167

第6章
叶轮、叶片铣削加工编程技术 217

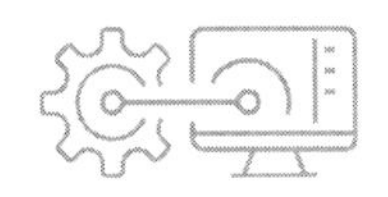

第1章 复杂曲面形状零件的数控编程和加工工艺

复杂曲面形状零件数控加工工艺的合理确定对实现优质、高效、经济的数控加工具有极为重要的作用，数控加工工艺从加工的角度看，就是围绕数控编程、加工方法与工艺参数的合理确定及有关其实现的理论与技术。其内容包括选择合适的机床、刀具、夹具、测量方法、工艺方法、数控编程技术、切削用量等，只有选择合适的工艺方案、数控编程技术与切削策略，才能获得较理想的加工效果。

1.1 数控编程

1.1.1 CAM

计算机辅助制造（computer aided manufacturing，CAM）有狭义和广义两个概念。CAM的狭义概念就是数控编程，即生成数控机床进行零件加工的数控程序的过程。具体说就是将加工零件的加工顺序、刀具运动轨迹的尺寸数据、工艺参数以及辅助操作加工信息，用规定的文字、数字、符号组成的代码，按一定格式编写成加工程序。CAM的广义概念指的是从产品设计到加工制造之间的一切活动，包括产品设计、PDM、CAPP、NC编程、数控加工、仿真分析及制造活动中的监视、控制和管理。CAM广泛应用于航空航天、船舶、运载、能源、机械、汽车、电子、模具等一切与运动轨迹控制有关的领域，可以说是无所不在。

核电叶片、汽轮机叶片、航空发动机整体叶轮和叶片、水轮机叶轮、船用螺旋桨、船用发动机增压器叶轮等复杂自由曲面类零件（图1-1）是汽轮机、航空发动机、推进器等能源、动力装置的关键部件，多轴联动数控编程是CAM的重要组成部分，对复杂自由曲面的制造发挥了重要的作用。图1-2为典型的复杂模型或零件，材料为钛合金、高温合金、不锈钢、航空铝，具有曲面复杂、壁薄、刚性差、易变形、切削困难、精度要求高等特点，对工艺设计和数控编程提出了很高的要求。党的二十大报告指出：加快建设制造强国、质量强国、数字中国；推动制造业高端化、智能化、绿色化发展，为制造业发展指明了方向。数控加工工艺与多轴联动的编程技术实际上已经成为国家制造业的核心竞争力。

(a) 航空发动机叶片

(b) 汽轮机叶片

(c) 船用螺旋桨

图 1-1　复杂自由曲面类零件

(a) 昆虫模型

(b) 叶盘

(c) 叶轮

(d) 薄壁结构件

(e) 空心球

(f) 闭式叶轮

图 1-2　典型的复杂模型、零件

1.1.2　CAD/CAM 系统数控编程的基本步骤

CAD/CAM 集成系统数控编程是以待加工零件 CAD 模型为基础的一种集加工工艺规划（process planning）及数控编程为一体的自动编程方法。零件的几何形状可在零件设计阶段采用 CAD/CAM 集成系统的 CAD 模块，在图形交互方式下定义、显示和修改，最终得到零件的几何模型。CAD/CAM 软件系统中的 CAM 部分有不同的功能模块可供选用，如：二维平面加工、三轴至五轴联动的曲面加工、车削加工、电火花加工（EDM）、钣金加工及线切割加工等。用户可根据实际应用需要选用相应的功能模块。CAD/CAM 集成系统软件一般均具有刀具工艺参数设定、刀具轨迹自动生成与编辑、刀位验证、后置处理、动态仿真等基本功能。

不同CAD/CAM系统的功能、用户界面有所不同，编程操作也不尽相同，但从总体上讲，其编程的基本原理及基本步骤大体是一致的，如图1-3所示。

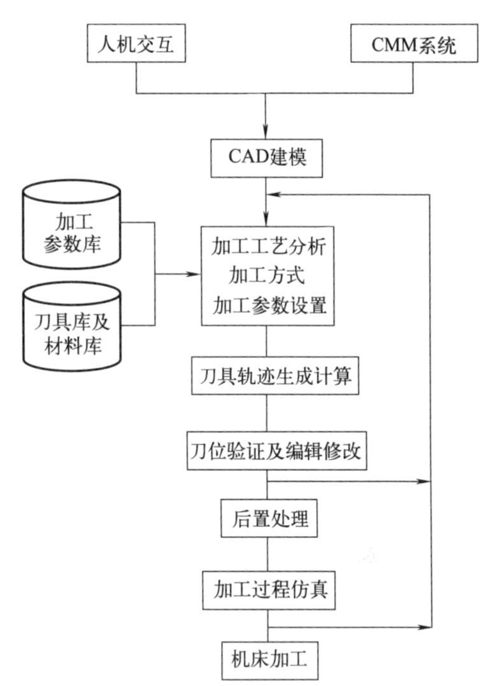

图1-3　CAD/CAM系统数控编程原理及步骤

① 几何造型。利用CAD/CAM系统的几何建模功能，将零件被加工部位的几何图形准确地绘制在计算机屏幕上，同时在计算机内自动形成零件图形的数据文件。也可借助于三坐标测量仪CMM或激光扫描仪等工具测量被加工零件的形体表面，通过反求工程将测量的数据处理后送到CAD系统进行建模。

零件CAD模型的描述包括表面模型和实体模型。表面模型在数控编程中应用更广泛，CAD/CAM系统中的表面模型几何造型功能是专门为数控编程服务的，针对性强。

② 加工工艺分析。这是数控编程的基础。通过分析零件的加工部位，确定装夹位置、工件坐标系、刀具类型及其几何参数、加工路线及切削工艺参数等。目前该项工作仍主要由编程人员采用人机交互方式输入。

③ 刀具轨迹生成。刀具轨迹的生成是基于屏幕图形以人机交互方式进行的。用户根据屏幕提示通过光标选择相应的图形目标，确定待加工的零件表面及限制边界，输入切削加工的对刀点，选择切入方式和走刀方式。然后软件系统将自动地从图形文件中提取所需的几何信息，进行分析判断，计算节点数据，自动生成走刀路线，并将其转换为刀具位置数据，存入指定的刀位文件。

④ 刀位验证及刀具轨迹的编辑。对所生成的刀位文件进行加工过程仿真，检查验证走刀路线是否正确合理，是否有碰撞干涉或过切现象，根据需要可对已生成的刀具轨迹进行编辑修改、优化处理，以得到用户满意的、正确的走刀轨迹。

⑤ 后置处理。后置处理的目的是形成具体机床的数控加工文件。由于各机床所使用的数控系统不同，其数控代码及其格式也不尽相同。为此必须通过后置处理，将刀位文件转换成具体数控机床所需的数控加工程序。

⑥ 加工过程仿真。模拟、仿真真实的加工条件，检验数控加工程序刀具轨迹的正确性，检验刀具是否发生干涉和碰撞，检验刀具是否啃切加工表面。

⑦ 数控程序的输出、机床加工。由于自动编程软件在编程过程中可在计算机内部自动生成刀位轨迹文件和数控指令文件，所以生成的数控加工程序可以通过计算机的各种外部设备输出。

1.1.3　产品数据交换标准

在CAD/CAM技术广泛应用的过程中，由于CAD/CAM集成系统的不同，产品模型在计算机内部的表达也不相同，直接影响设计和制造部门及企业间的产品信息的交换与流动。提出了在各个系统中进行产品信息的交换的要求，使得产品数据交换标准被制订。

1980 年，由美国国家标准局（NBS）主持成立了由波音公司和通用电气公司参加的技术委员会，制订了基本图形交换规范 IGES（Initial Graphics Exchange Specification），并于 1981 年正式成为美国的国家标准。

IGES 定义了一套 CAD/CAM 系统中常用的几何和非几何数据格式，以及相应的文件结构，用这些格式表示的产品定义数据可以通过多种物理介质进行交换。

如数据要从系统 A 传送到系统 B，必须由系统 A 的 IGES 前处理器把这些传送的数据转换成 IGES 格式，而实体数据还得由系统 B 的 IGES 后处理器把其从 IGES 格式转换成该系统内部的数据格式。把系统 B 的数据传送给系统 A 也需相同的过程。

作为较早颁布的标准，IGES 被许多 CAD/CAM 系统接受，成为应用最广泛的数据交换标准。除了 IGES 数据交换标准以外，20 世纪 80 年代初以来，国外对数据交换标准做了大量的研究、制订工作，也产生了许多标准。如美国的 DXF、ESP、PDES，法国的 SET，德国的 VDAIS、VDAFS，ISO 的 STEP 等。这些标准都对 CAD 及 CAM 技术在各国的推广应用起到了极大的促进作用。

1.1.4 数控编程技术的发展

20 世纪 50 年代，美国 Parson 公司与麻省理工学院（MIT）合作研制成功了世界上第一台数控机床，随后为了解决数控加工中程序的编制问题，MIT 又设计了一种专门用于机械零件数控加工程序编制的语言，称为 APT（automatically programmed tools），从此开始了数控加工和数控编程的发展进程。APT 语言数控编程经历了数十年的发展，软件系统较为成熟，它所采用的基本概念和基本思想深刻地影响了数控编程技术的发展，至今仍是大多数交互式图形编程系统的基本框架。

随着 CAD/CAM 技术的进步，以计算机软件技术的发展和硬件性能的提高为支撑，数控编程技术逐渐由 APT 语言编程发展为交互式图形编程。1972 年，美国洛克希德加利福尼亚飞机公司首先研制成功 CADAM 系统，成为 20 世纪 70 年代中至 80 年代末国际上最流行的第一代交互图形系统，其编程效率较 APT 提高 25%～30%。1975 年，法国达索飞机公司引进 CADAM 系统，经过三年的研制，1978 年推出了用于三维飞机外形设计和数控加工的 CATIA 系统，该公司将 CATIA 用于飞机吹风模型的设计和加工，使生产周期从原来的 6 个月下降为 1 个月。随后集成化的 CAD/CAM 系统和专用的 CAM 系统迅速发展，目前市场上的商品化 CAM 软件有一百多种，表 1-1 为部分 CAM 软件。

表 1-1 部分公司的 CAM 软件

公司	CAM 软件	公司	CAM 软件
Siemens PLM Software	UG	Cimatron	Cimatron E
Dassault	CATIA	CNC Software	MasterCAM
PTC	Pro/Engineering	OPEN MIND	hyperMILL
Delcam	PowerMILL	Sescoi	WorkNC
Gibbs	Gibbs CAM	SolidCAM	SolidCAM

1.1.5 CAM 软件发展方向

当前全球制造业正面临着重大变革，制造业与信息技术深度融合，产品设计和制造过程的信息化、数字化、智能化、网络化和柔性化是现代制造业的主要发展方向。另外，为了适应竞争日益激烈的市场环境，用户需要易学易用、自动化程度高、与设计软件紧密集成的CAM软件来提高生产率，因此数控编程软件正逐步向集成化、自动化、智能化等方向发展。

① 集成化。CAD/CAM软件集成化是全球制造业数字化的必然趋势。CAM或CAD/CAM软件已经成为大的数字制造解决方案中的一个组成部分。在集成环境下，由PLM（product life cycle management）软件统一管理产品的设计信息和制造信息，实现数据交换、共享和集成，减少中间数据的重复输入、输出过程，从而大大提高整个系统从订单、备料、设计、工艺到生产、供货全过程的效率。如达索公司将CATIA与Delmia的刀具路径验证、机床仿真以及其他数字化工厂软件集成在一起，由Enovia PDM进行数据的统一管理。

CAM软件的另外一种集成方式是与数控系统的集成，产生车间级数控编程（shop floor programming），即针对特定的零件开发专门的CAM软件，并将其安装在机床的数控系统中供机床操作人员在线编程。比较典型的软件有Gibbs公司的Gibbs CAM，它已经被安装在GEFaunc、Fadal、Siemens和Mitsubishi等的数控系统中进行车削和铣削数控编程。Siemens公司在其多款数控系统中安装了数控铣削编程系统Shop Mill和数控车削编程系统Shop Turn，用于车间级的铣削和车削数控编程。以上这些车间级的数控编程系统使操作人员使用与离线编程相同的软件进行在线编程，保证了两种编程方式的同步性。另外，这种方式避免了数据通信的问题，操作人员可以适时地产生和编辑数控程序以适应加工要求。

② 自动化。CAM软件的自动化包括两个层面：一是软件操作的简单化，二是数控编程的智能化。软件操作的简单化要求CAM软件易学易用，即"用户少做些，软件多做些"，它贯穿于从用户界面到后置处理的数控编程全过程。软件操作的简单化通过软件定制、宏定义、零件族和刀具轨迹族等方式实现，其内容主要包括智能的用户界面、智能的刀具路径规划、数控编程向导、自动补偿加工编程、快速重新计算刀具轨迹、操作模板和工艺模板以及自动定义加工参数、刀具参数等。数控编程的智能化即基于知识的加工（knowledge-based machining，KBM），是指将人的知识加入CAM系统中，并将人的判断及决策交给计算机来完成，其核心是通过知识库和专家系统的支持，借助人工智能技术，把人的决策作用变为各种问题的求解过程。

③ 高速加工。CAM软件的发展要支持高速加工的要求。高速加工是以高的切削速度、高的进给速度和高的加工质量为主要特征的加工技术，近年来该技术逐渐走入成熟阶段并应用于航天、航空、汽车、模具和机床等行业中。因为效率高、精度高、加工表面光洁，故可省去后续的电加工和手工研磨等工序，大大加快了新产品的开发周期。高速加工刀具轨迹具有以下特征：刀具与零件不能碰撞，刀具切削负荷均匀，材料切除率不能发生突然变化，切削速度和加速度必须在机床的能力范围内，刀具切削方向应保持恒定，避免切削方向突然变化，圆弧进退刀等。目前高速加工数控编程还主要用于三轴加工中，支持五轴高速加工的CAM软件很少，Siemens和Mikron等机床制造商以及达索已经宣布具有支持五轴高速加工的能力。

④ 高精度加工。CAM软件的发展要支持高精度加工的要求。传统的CAM软件不能满足生物、医疗、光学以及微电子等行业高精密零件的加工要求。高精度加工CAM软件应具有高精度、小公差、高效处理导入的低质量曲面模型、直接曲面加工以及产生三轴/五轴刀具轨迹的能力。目前Cimatron E已经具有了对微型组件及其模具进行高精度加工的能力。

1.1.6 编程技术在国内的发展

我国数控编程技术的研究始于航空工业。1965 年，以 APTⅡ为蓝本研制成功了 PCL 加工 NC 编程系统 SKC-1（二维半加工）。后来，我国有计划有组织地研究和应用 CAD/CAM 技术，引进了成套的 CAD/CAM 系统，首先应用在大型军工企业和航空航天领域，虽然这些软件功能很强，但价格昂贵，难以在我国推广普及。后来，又引进了一些 CAD/CAM 软件，CAD/CAM 技术开始在我国的机械、造船、航空航天、建筑、电子、轻纺等行业得到迅速发展。目前为止，我国已引进了多种 CAD/CAM 系统，如 CATIA、UGⅡ、Pro/Engineer、I-DEAS、SolidWorks 等。

我国在引进 CAD/CAM 系统的同时，也开展了自行研制工作，开发了一些实用的系统，如北航海尔公司开发的 CAXA 制造工程师。我国 CAD/CAM 技术在基础研究和商品化方面同国际先进水平相比仍存在差距，还需要继续努力。

1.2 数控加工中的坐标系

在编制零件程序以及在数控机床上加工零件时，刀具与工件的相对运动都是在一定的坐标系中进行的，其中最主要的是机床坐标系和工件坐标系，对于复杂曲面的加工编程，还往往使用用户（工作）坐标系。

1.2.1 数控机床坐标系

数控机床坐标系一般遵守两个原则，即右手直角笛卡儿坐标的原则（右手原则）和零件固定、刀具运动的原则。数控机床坐标系位置与机床类型有关。机床坐标轴按照右手原则（直角笛卡儿坐标系）确定。如图 1-4 所示。

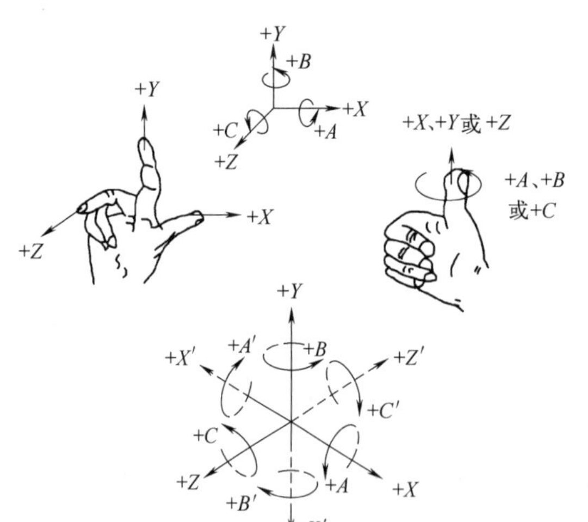

图 1-4　右手直角笛卡儿坐标系

◇ 大拇指的方向为 X 轴的正方向；

◇ 食指的方向为 Y 轴的正方向；

◇ 中指的方向为 Z 轴的正方向。

机床绕坐标轴 X、Y、Z 旋转运动的旋转轴，分别用 A、B、C 表示，它们的正方向按右手螺旋定则确定。为进一步区分各实际运动轴是驱动刀具运动还是驱动工件运动，标准规定驱动刀具运动的轴与标准坐标轴的表示一致，而驱动工件运动的轴用加“′”的字母表示，根据运动的相对性，其正向与相应的标准坐标轴的正向相反。这样的设计保证编程不受机床的结构限制，保证了数控程序的通用性。

数控机床各坐标轴及其正方向的确定顺序是：

(1) 先确定 Z 轴

以平行于机床主轴的运动坐标轴为 Z 轴，Z 轴正方向是使刀具远离工件的方向。如图

1-5 所示。

(2) 再确定 *X* 轴

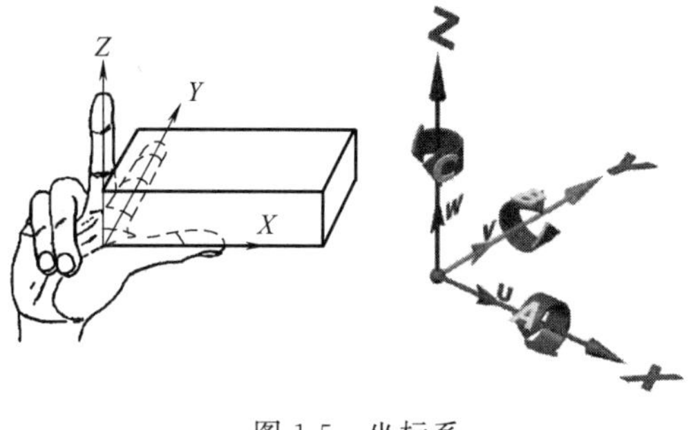

图 1-5 坐标系

X 轴为水平方向且垂直于 *Z* 轴并平行于工件的装夹面。在工件旋转的机床（如车床、外圆磨床）上，*X* 轴的运动方向是径向的，与横向导轨平行，刀具离开工件旋转中心的方向是正方向。对于刀具旋转的机床，若 *Z* 轴为水平（如卧式铣床、镗床），则沿刀具主轴后端向工件方向看，右手平伸出方向为 *X* 轴正向；若 *Z* 轴为垂直（如立式铣床、镗床，钻床），则沿刀具主轴向床身立柱方向看，右手平伸出方向为 *X* 轴正向。

(3) 最后确定 *Y* 轴

在确定了 *X*、*Z* 轴的正方向后，即可按右手原则定出 *Y* 轴正方向。

(4) 附加坐标轴

如果机床除 *X*、*Y*、*Z* 主要坐标轴以外，还有平行于它们的坐标轴，可分别指定为 *U*、*V*、*W*。如果还有第三组运动，则分别指定为 *P*、*Q*、*R*。

例 1-1：图 1-6 为车床和铣床的机床坐标系，*X*′、*Y*′、*Z*′、*C*′标注了工件移动的坐标方向，*X*、*Y*、*Z* 为刀具相对静止的工件移动的坐标方向。

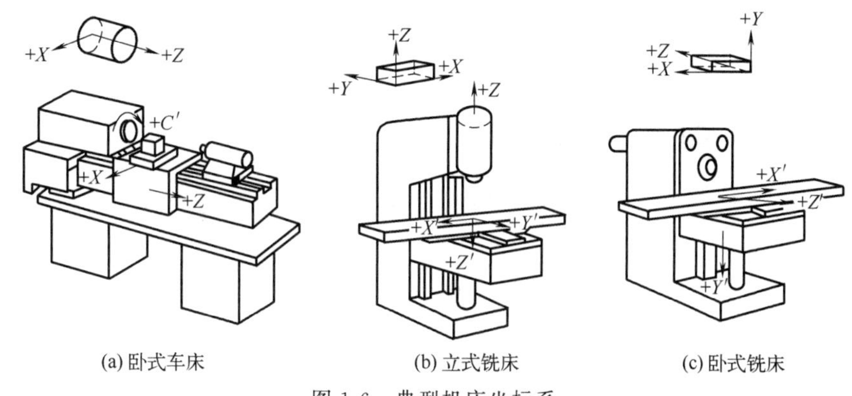

图 1-6 典型机床坐标系

例 1-2：图 1-7 为卧式数控铣床，主轴绕 *Y* 轴旋转，为 *B* 轴；工作台绕 *Z* 轴旋转，为 *C* 轴；主轴头在 *Z* 轴方向的位置的调节通过辅助轴 *W* 实现，完成不同高度零件的加工。

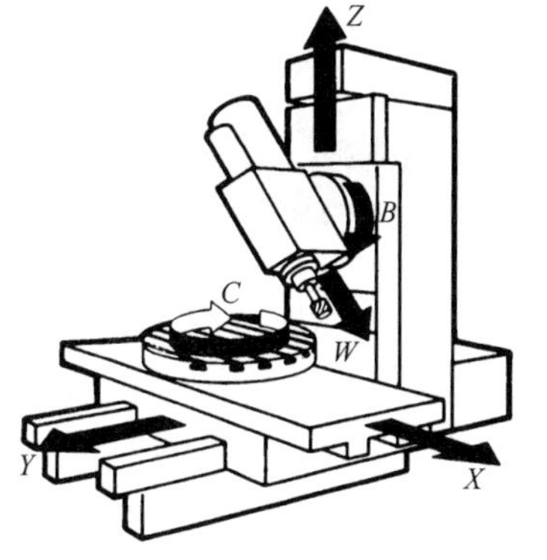

图 1-7 卧式数控铣床

1.2.2 工件坐标系

为了使编程不受机床坐标系约束，定义刀具加工中相对于工件的运动，需要在工件上确定工件坐标系。工件坐标系与机床坐标系的关系，就相当于机床坐标系平移（偏置）到某一点（工件坐标系原点）。如图 1-8 所示，机床坐标系的原点（*O* 点）平移到 O_1 点（X－400Y－200Z－300)，即可建立工件坐标系。

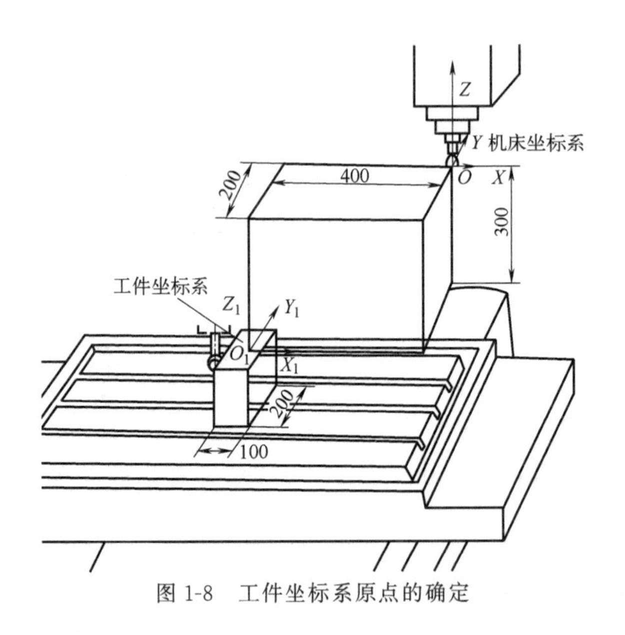

图 1-8　工件坐标系原点的确定

1.2.3　局部坐标系

局部坐标系（也称移动坐标系）是在多坐标三维曲面加工时用于确定刀具相对零件表面姿态的坐标系，如图 1-9 所示。其坐标原点为刀具与零件表面的接触点，$\boldsymbol{n}$ 为曲面上切削点处单位法矢，$\boldsymbol{a}$ 为曲面上切削点处沿进给方向单位切矢，$\boldsymbol{v}=\boldsymbol{n}\times\boldsymbol{a}$，（$\boldsymbol{a}$，$\boldsymbol{v}$，$\boldsymbol{n}$）即构成曲面在切削点处的局部坐标系。

1.2.4　用户（加工）坐标系

五轴机床如果需要进行多次单独三轴操作完成零件加工，采用 3＋2 加工策略。首先建立工件坐标系，在工件坐标系通过建立、使用多个独立的用户（加工）坐标系来控制刀轴方向，对主轴和/或工作台进行分度处理，完成零件加工，如图 1-10 所示。

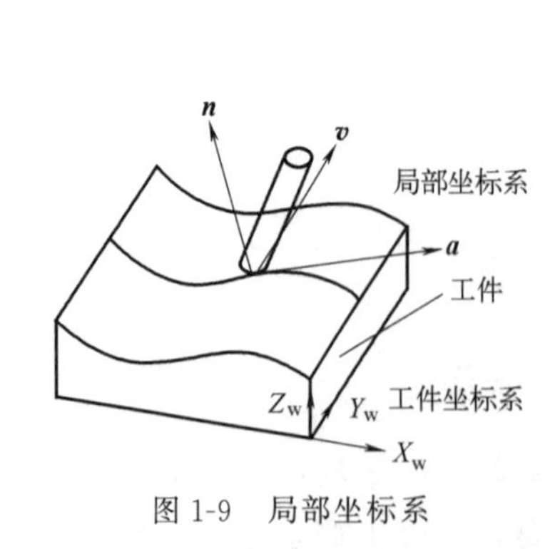

图 1-9　局部坐标系

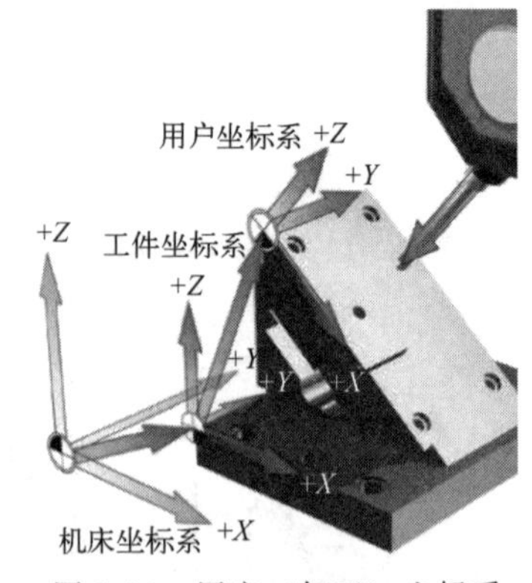

图 1-10　用户（加工）坐标系

1.3　机床与刀具

不同类型与要求的零件应尽量选用相应的数控机床进行加工，以发挥数控机床的效率和特点。例如，数控车床与车削中心适于加工回转类零件；立式加工中心适于加工平板类零件；卧式加工中心适合加工箱体类零件；五轴机床适于加工复杂空间曲面类零件，这些形状比较复杂、精度要求高的零件一次装卡能完成大部分以至全部表面的加工，可获得高的加工效率与加工精度。对于数控铣床，根据其坐标轴配置情况可分为三坐标轴、四坐标轴和五坐标轴铣床。实际中，一般将配置换刀系统的数控铣床称为加工中心（MC）。如图 1-11 所示，如果加工过程中，不同的刀具用量大，需要频繁换刀，应采用加工中心加工。

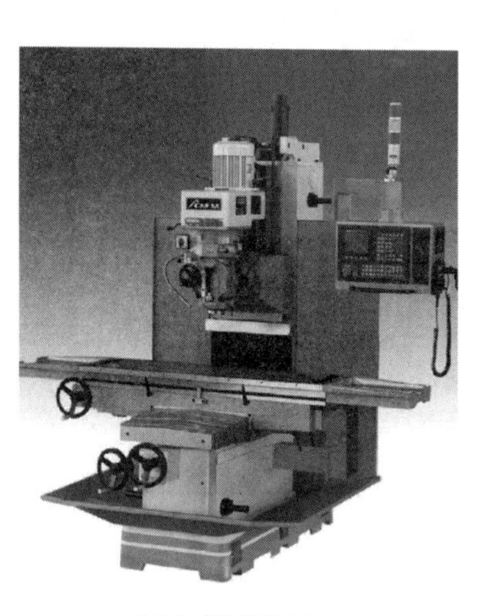

(a) 立式数控铣床

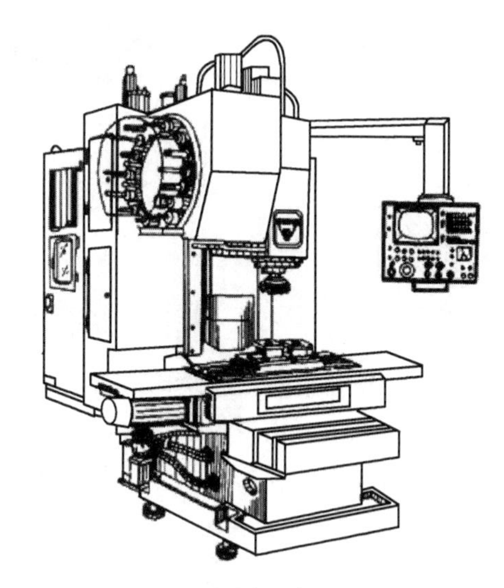

(b) 立式加工中心

图 1-11　数控铣床和加工中心

1.3.1　三坐标轴数控铣床

三坐标轴是指 X、Y 和 Z 三个可控的平动坐标轴，若三个坐标轴中只有两个可以同时控制（联动），则称其为三轴两联动，它们所对应的加工一般相应称为二轴（或 2.5 轴）加工。三轴联动（如三维曲面加工）称为三轴加工。

三坐标轴数控铣床与加工中心机床，除具有加工形状复杂的二维以及三维轮廓的能力外，还具有完成铣、钻、扩、镗、铰及攻螺纹等加工的能力。

1.3.2　四坐标轴数控铣床

四坐标轴是指在 X、Y 和 Z 三个平动坐标轴基础上增加一个转动坐标轴（A 或 B），且四个轴一般可以联动。其中，转动轴既可以作用于刀具（刀具摆动型），也可以作用于工件（工作台回转/摆动型）；机床既可以是立式的也可以是卧式的。此外，转动轴既可以是 A 轴（绕 X 轴转动）也可以是 B 轴（绕 Y 轴转动）。图 1-12 为卧式加工中心，工作台绕 Y 轴回转，箱体零件的各个侧面及侧面上的孔、槽轮廓等，可以在一次装夹中，通过 B 轴的旋转定位完成加工，保证了箱体零件的位置精度要求。

1.3.3　五坐标轴数控机床

五坐标轴是指在三个平动坐标轴（X、Y、Z）基础上增加两个转动坐标轴（A、B 或

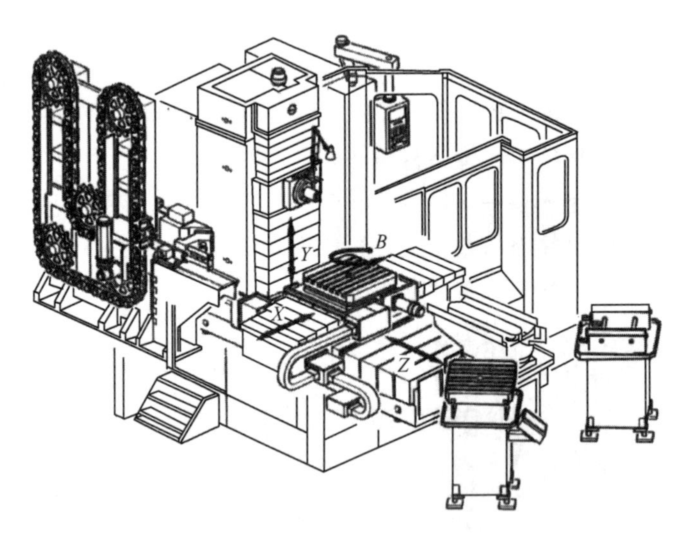

图 1-12　卧式加工中心

A、C 或 B、C），且五个轴可以联动。由于具有两个转动轴，导致五坐标轴机床可有很多种运动轴配置方案。五坐标轴数控机床虽然旋转轴的形式与配置种类较多，可以合成的五轴联动数控机床的形式多种多样，但仍可以将五坐标轴加工机床分为以下三种基本形式。

(1) 双转台结构

双转台式机床如图 1-13 所示，这类机床，两个旋转运动都由连接放置工件的转台完成。根据旋转运动的回转轴与直线运动的运动轴是否重合，又分为正交机床和非正交机床。双转台式机床刀轴方向不动，两个旋转轴均在工作台上；工件加工时随工作台旋转，须考虑工作台装夹承重，能加工的工件尺寸比较小。

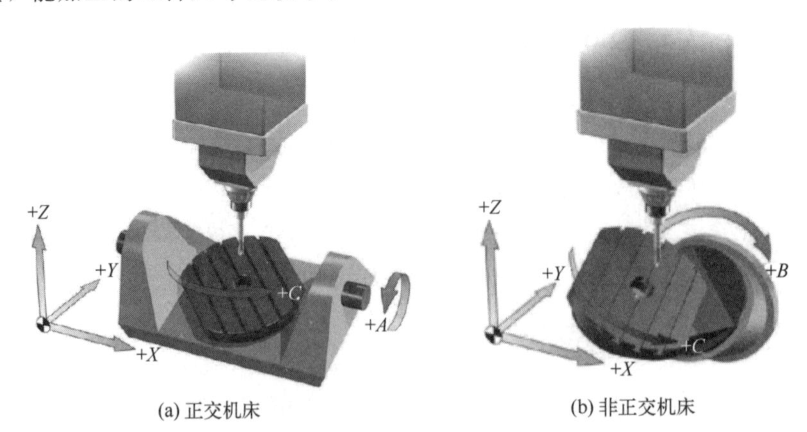

(a) 正交机床　　(b) 非正交机床

图 1-13　双转台式机床

双转台式机床的旋转坐标行程范围大，工艺性能好，转台的刚性大大高于摆头的刚性，从而机床的总体刚性也较高。

(2) 双摆头结构

双摆头式机床，如图 1-14 所示，工作台不参加运动，整体刚性好。因旋转运动全部分配给主轴头，因而铣削加工刀具悬伸长度较大。

双摆头式机床，工件可以完全不动地放置在工作台上，适合加工体积和重量较大的工件，如大型的模具；不足之处是主轴采用双摆头结构，刚性较低，主轴功率较小，只适合进行精加工。

(3) 摆头＋转台结构

摆头＋转台结构的性能介于上述两种结构之间。如图 1-15 所示，这类机床的特点是：转台只绕 C 轴转动，而由摆头完成绕 A 或 B 轴旋转，整体构成 $XYZAC$ 或 $XYZBC$ 型五轴机床。两个旋转轴分别放在主轴和工作台上，工作台旋转，可装夹较大的工件；主轴摆动，改变刀轴方向灵活。

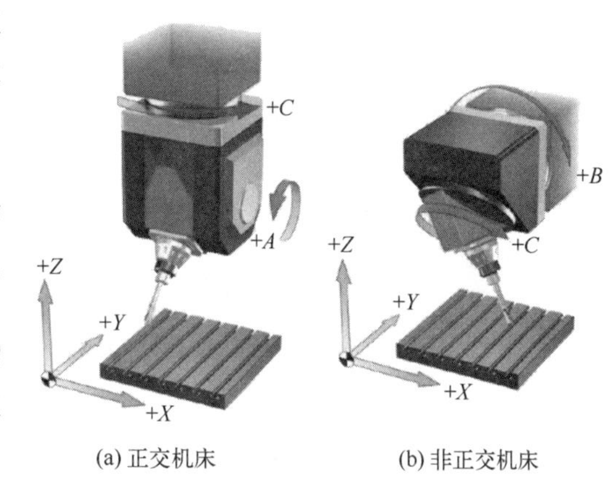

(a) 正交机床　　(b) 非正交机床

图 1-14　双摆头式机床

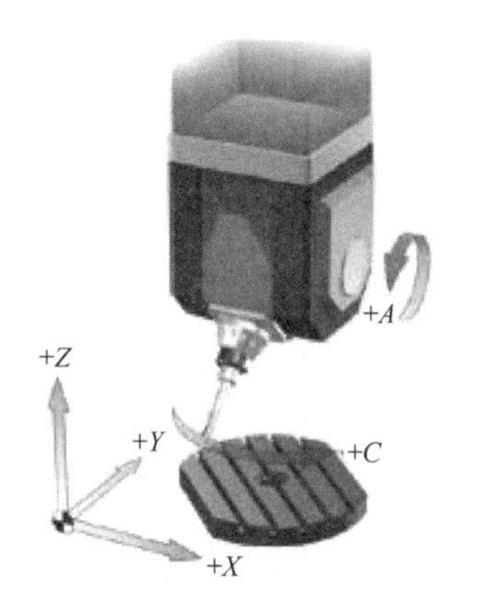

图 1-15　摆头＋转台式机床

对于五坐标轴机床，不管是哪种类型，由于它们具有两个回转坐标轴，相对于静止的工件来说，其运动合成可使刀具轴线的方向在一定的空间内（受机床机构、结构限制）任意控制，从而具有保持最佳切削状态及有效避免刀具干涉的能力，因此，五坐标轴加工可以获得比四坐标轴加工更广的工艺范围和更好的加工效果，特别适宜于高效高质量加工以及异形复杂零件的加工，如叶轮、叶盘、复杂模具等，如图 1-16 所示。

(a) 复杂曲面模具

(b) 橡胶轮胎模具

图 1-16　五轴机床加工

三轴机床加工陡峭侧面时，如图 1-17 所示，刀具悬伸长、刚性差，刀具受力易弯曲；五轴机床相对于三轴机床，具有两个回转坐标轴，容易实现刀具侧倾，有利于更短的刀具的使用，提高了加工表面质量和效率。

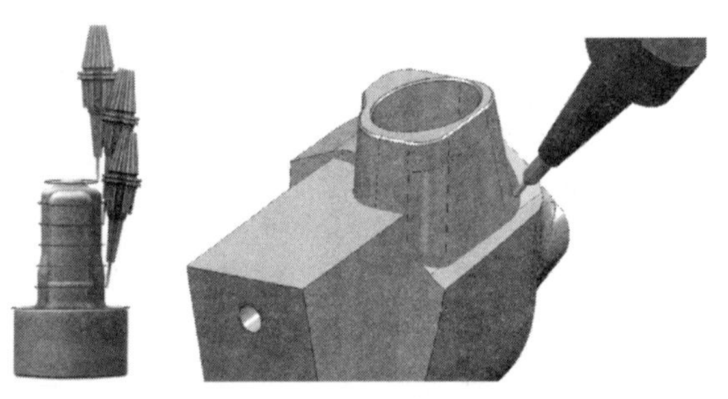

图 1-17　短刀具的使用

1.3.4　刀具类型及其工艺特点

如果从加工的角度来看零件的数控加工，加工刀具类型与工艺方案的合理选择极为重要。数控铣床刀具分为铣刀类和孔类刀具。铣刀类刀具主要包括曲面、大平面、小平面、台阶面、轮廓、槽等形状加工刀具；孔类刀具主要包括钻、粗镗、铣、精镗、铰、倒角、螺纹加工刀具。有些刀具既可以是铣刀类刀具，也可以是孔类刀具。图 1-18 为铣刀用于孔和型腔的加工。图 1-19 为铣刀用于曲面加工。

图 1-18　用于孔和型腔加工的铣刀

1—斜插铣；2—三轴螺旋铣；3—二轴圆弧铣；4—外圆螺旋铣；
5—插铣；6—啄铣；7—摆线铣；8—封闭凹窝/锐角铣

图 1-19　用于曲面加工的铣刀

数控刀具材料应具备高的硬度和耐磨性、足够的强度和韧度、较高的耐热性、良好的工艺性和经济性。刀具材料大体上可分为四大类，即高速钢（HSS）、硬质合金、陶瓷、超硬刀具，其中每种刀具材料又可分为涂层和非涂层两种，表 1-2 中显示刀具材料分类。

表 1-2　数控刀具材料分类

数控刀具材料	高速钢刀具	W 系和 Mo 系高速钢	
		高性能高速钢	
		粉末高速钢	
	硬质合金刀具	普通硬质合金	YT——钨钛钴类
			YW——钨钛钽(铌)类
			YG——钨钴类
		超细晶粒硬质合金	
		金属陶瓷	
	陶瓷刀具	纯氧化铝基类(白色陶瓷)	
		氮化硅基类(黑色陶瓷)	
	超硬刀具	天然金刚石	
		聚晶金刚石(PCD)	
		聚晶立方氮化硼(PCBN)	

应用于数控铣削加工的刀具主要有平底立铣刀、端铣刀、球刀、圆鼻刀、鼓形刀和锥形刀，如表 1-3 所示。

表 1-3　数控铣削加工常用的刀具

刀具名称	形状	工艺特点	加工图例
平底立铣刀(立铣刀)		刀具底边和侧边有切削刃，主要以周边切削刃进行切削，用于平面铣削(如凸台、凹槽以及平底型腔等)和二维零件的周边轮廓铣削，是曲面粗加工刀具	
端铣刀		端铣刀主要用于面积较大的平面铣削和较平坦的曲面(如大型叶片、螺旋桨、模具等)的多坐标铣削，以减少走刀次数，提高加工效率与表面质量	
球刀		球刀是三维曲面加工的主要刀具，对加工对象的适应能力强，编程与使用也较方便。缺点是制造较困难，球头切削刃上各点的切削情况不一，接近球刀的底部其切削条件差(切削速度低、容屑空间小等)，走刀行距小，加工效率低，刀具容易磨损	
圆鼻刀		圆鼻刀的结构介于立铣刀和球刀之间，主要用于凹槽、平底型腔等平面铣削和三维曲面的粗加工。由于圆鼻刀的切削部位是圆环面，与平底立铣刀相比，切削刃强度较好且不易磨损	

续表

刀具名称	形状	工艺特点	加工图例
鼓形刀		鼓形刀多用来对飞机结构件等零件中与安装面倾斜的表面进行三坐标轴加工	
锥形刀		锥形刀的应用目的与鼓形刀有些相似，在三坐标轴机床上侧铣加工零件上与安装面倾斜的表面，特别是当倾斜角固定时可一次成形	

例 1-3： 球刀铣削平面。在三轴联动机床上，球刀在进行水平方向进刀时，中心点总是静止的，当该部分与工件接触时不是铣削，而是在磨削，球刀的尖端容易磨损，因此球刀加工平坦的区域，表面粗糙度较大。在多轴数控机床上使用球刀进行水平方向进刀时，刀轴偏转一定的角度（10°～15°），最小切削速度将更高，刀具寿命和切屑形状改善，表面质量更佳。如图 1-20 所示。

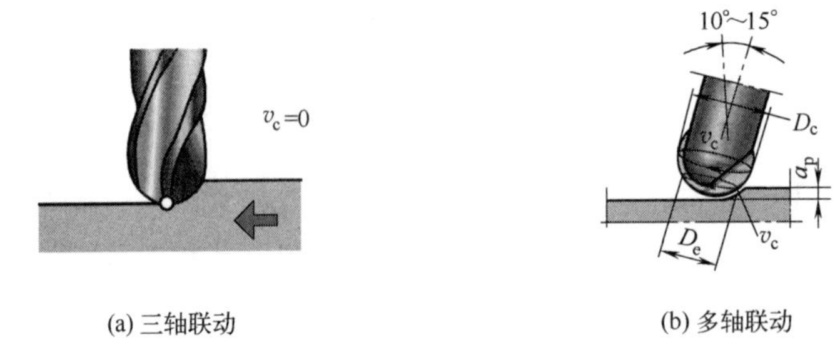

(a) 三轴联动　　(b) 多轴联动

图 1-20　球刀切削的速度

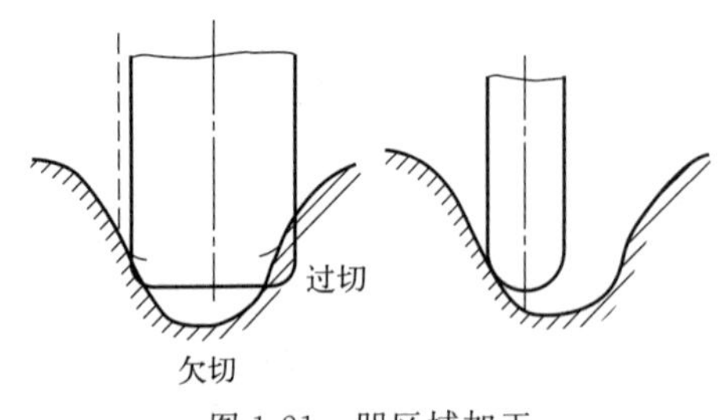

图 1-21　凹区域加工

例 1-4： 对于一定尺寸的刀具，当加工零件表面上曲率半径较小的凹区域时可能产生过切，但此时也意味着欠切的出现（见图 1-21），因此，采用球头刀加工曲面时，半径应小于加工表面凹处的最小曲率半径。

1.3.5 顺铣和逆铣

在进行铣削时，根据刀刃切削过程的变化特点，铣削方式有两种：端铣和周铣。端铣是指用分布在铣刀端面上的刀齿进行铣削，而周铣是指用分布在铣刀圆柱面上的刀齿进行铣削，可分为顺铣与逆铣。顺铣是指刀具的切削速度方向与工件的移动方向相同，逆铣是指刀具的切削速度方向与工件的移动方向相反，如图 1-22 所示。顺铣开始时切屑的厚度为最大值，切出厚度小；逆铣开始时切屑的厚度为 0，当切削结束时切屑的厚度增大到最大值。顺铣相较于逆铣，刀具具有较小的后刀面磨损，机床运行平稳，可以获得良好的表面质量。顺铣时切削力是压向工件，逆铣时切削力是背离工件

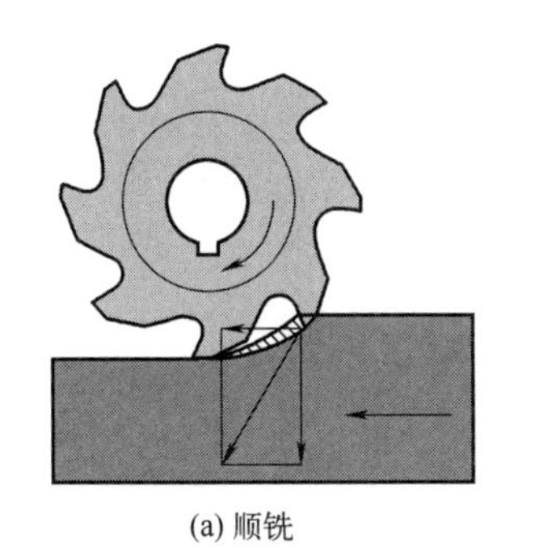

(a) 顺铣

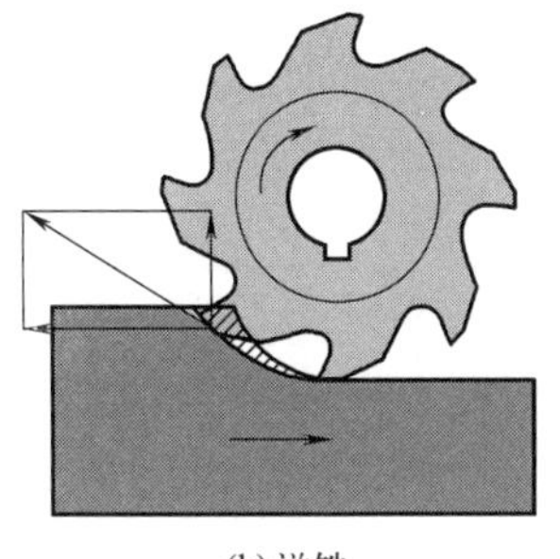

(b) 逆铣

图 1-22　顺铣与逆铣

的（有提起工件的趋势）。

端铣可分为对称铣和不对称铣，如图 1-23 所示。对称铣时铣刀切入和切出厚度相同。不对称逆铣时切入厚度最小，切出厚度最大，这样可以减少切入时的冲击，提高刀具耐用度；不对称顺铣时切入厚度最大，而切出时最小。实验表明，在切削不锈钢和耐热合金时，可以减少硬质合金刀具的剥落磨损。

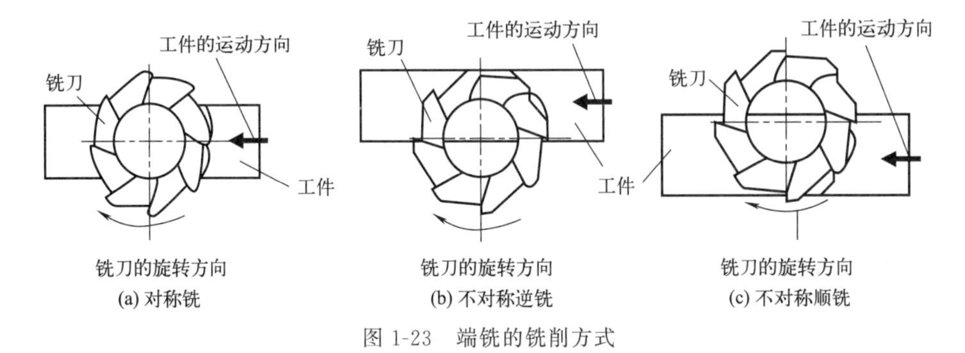

(a) 对称铣　(b) 不对称逆铣　(c) 不对称顺铣

图 1-23　端铣的铣削方式

例 1-5：立铣刀铣削槽，如图 1-24（a）所示，槽的左侧为逆铣，槽的右侧为顺铣，槽左侧壁受力情况如图（b）所示，刀具“扎入”工件，槽右侧壁受力情况如图（c）所示，刀具“避让”工件，两侧切削方式最终导致不同加工壁面倾斜，如图（d）所示。

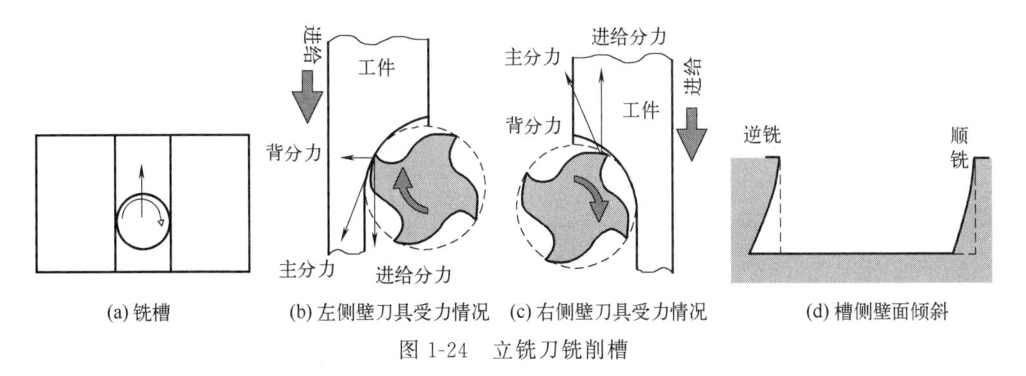

(a) 铣槽　(b) 左侧壁刀具受力情况　(c) 右侧壁刀具受力情况　(d) 槽侧壁面倾斜

图 1-24　立铣刀铣削槽

1.3.6　刀具加工中的变形

在铣削、镗孔刀具中，刀具在机床上的安装可看做是悬臂梁结构，为提高刀具的抗弯强度，最为简单的做法是加大刀具的直径，将外伸刀具的悬伸做到最短。提高刀具的静态刚性可从刀具的直径、悬伸、截面形状、刀具材料、刀具的夹紧方式几个方面进行。悬臂梁如图 1-25 所示，变形计算公式：

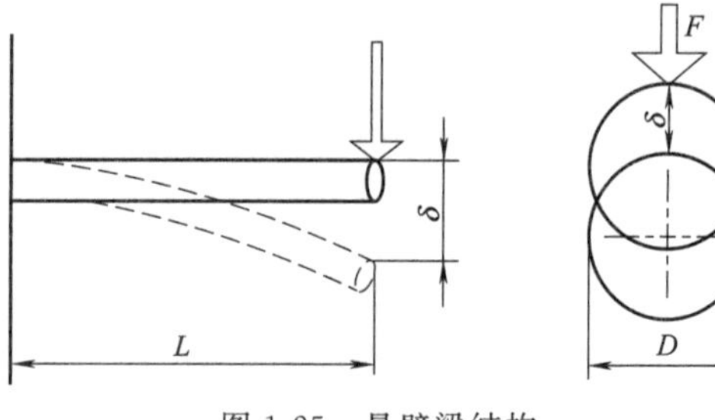

图 1-25　悬壁梁结构

$$\delta=\frac{64\times F\times L^{3}}{3\times E\times \pi\times D^{4}}$$

式中　F——刀具所受的切削力；

E——材料的弹性模量；

L——刀具的长度（悬伸量）；

D——刀具的直径；

δ——刀具产生的变形（前端弯曲量）。

从公式中可以得到，刀具前端弯曲量与刀具悬伸量的 3 次方成正比，刀具前端弯曲量与刀具直径的 4 次方成反比，刀具前端弯曲量与弹性模量成反比。前端弯曲量与刀具悬伸量、刀具直径的关系，如表 1-4 所示。从表 1-5 中可以看出硬质合金刀具的弹性模量远大于高速钢，在加工中使用整体硬质合金刀具，可有效减少刀具前端弯曲量。

表 1-4　刀具前端弯曲量与刀具悬伸量、刀具直径的关系

弯曲量 δ	悬伸量 L	弯曲量 δ	刀具直径 D
8δ	$2L$	$\delta/16$	$2D$
27δ	$3L$	$\delta/81$	$3D$

表 1-5　不同材料的弹性模量

材　　料		弹性模量/GPa
高速钢		210
硬质合金	5%Co	630
	10%Co	580
	20%Co	530

1.3.7　刀具的夹紧方式

数控机床刀具的夹紧方式主要有侧固式、弹性夹紧式、液压膨胀式和热膨胀式等。侧固式难以保证刀具动平衡，在高速铣削时不宜采用。表 1-6 为弹性夹紧式、液压膨胀式和热膨胀式夹头示意图。

表 1-6　夹头示意图

	传统(7∶24)锥柄	高速加工 HSK(1∶10)空心短锥柄
弹性夹紧式夹头	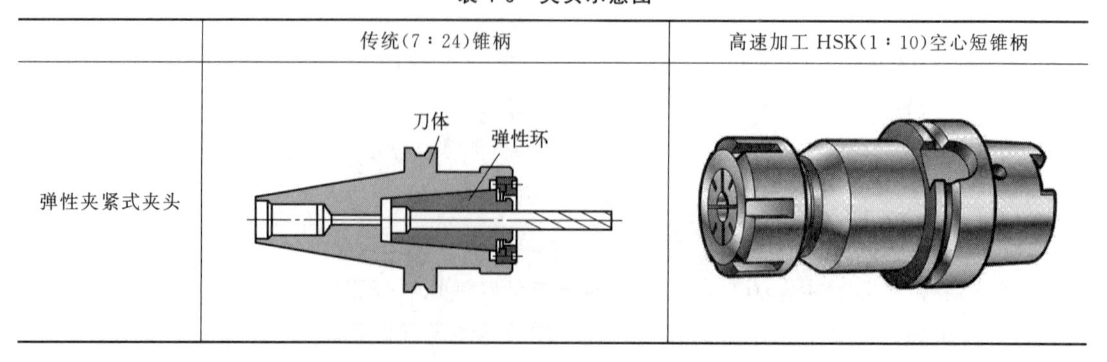	

续表

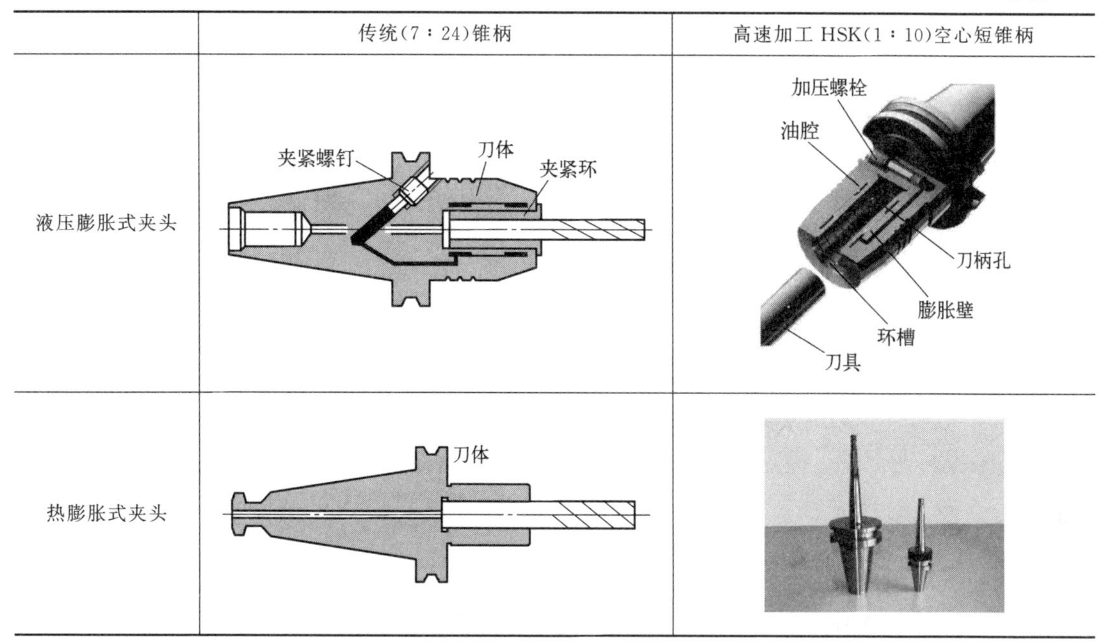

	传统(7∶24)锥柄	高速加工HSK(1∶10)空心短锥柄
液压膨胀式夹头		
热膨胀式夹头		

热膨胀式夹头的刀孔与刀柄为过盈配合，须采用专用热膨胀装置装卸刀具，一般使用电感或热空气加热刀杆，使刀孔直径膨胀，然后将刀柄插入刀，冷却后孔径收缩将刀柄紧紧夹住。热膨胀式夹头的特点：结构简单，夹紧可靠，同轴度高，传递扭矩和径向力大，刚性足，动平衡性好，特别是在应用小直径刀具进行高速加工时，更具优势；但操作不便，易引起刀柄热疲劳变形。

液压膨胀式夹头在刀柄孔的周围是一个油腔，刀具插入刀柄后用螺栓推动油腔顶部的活塞使刀柄孔内壁膨胀，从而夹紧刀具。液压膨胀式夹头的特点：精度高，刚性大，操作方便；但对刀具尺寸要求严，过松时可能达不到应有的夹持力。

1.3.8 刀具的选择

应根据机床的加工能力、工件材料的性能、加工工序、切削用量以及其他相关因素正确选用刀具及刀柄。刀具选择总的原则是：适用、安全、经济。

适用是要求所选择的刀具能达到加工的目的，完成材料的切除，并达到预定的加工精度。如粗加工时尽量选择直径大的并有足够切削能力的刀具才能快速切除材料；而在精加工时，为了能把结构形状全部加工出来，要使用较小的刀具，加工到每一个角落。再如，切削低硬度材料时，可以使用高速钢刀具；而切削高硬度材料时，就必须用硬质合金刀具。

安全指的是在有效去除材料的同时，不会产生刀具的碰撞、折断等。要保证刀具及刀柄不会与工件相碰撞或者挤擦，造成刀具或工件的损坏。如加长的直径很小的刀具切削硬质的材料时，很容易折断，选用时一定要慎重。

经济指的是能以最小的成本完成加工。在同样可以完成加工的情形下，选择相对综合成本较低的方案，而不是选择最便宜的刀具。刀具的寿命和精度与刀具价格关系极大，在大多数情况下，选择好的刀具虽然增加了刀具成本，但由此带来的加工质量和加工效率的提高则可以使总体成本可能比使用普通刀具更低，产生更好的效益。如进行钢材切削时，选用高速钢刀具，其进给只能达到100mm/min，而采用同样大小的硬质合金刀具，进给可以达到500mm/min以上，可以大幅缩短加工时间，虽然刀具价格较高，但总体成本反而更低。通常情况下，优先选择经济性良好的可转位刀具。

选择刀具时还要考虑安装调整的方便程度、刚性、耐用度和精度。在满足加工要求的前提下，刀具的悬伸长度尽可能短，以提高刀具系统的刚性。

1.4 工件的装夹

工件的装夹指的是工件在机床工作台上的定位和夹紧。工件在夹具中定位的任务是：使同一工序中的一批工件都能在夹具中占据正确的位置。将工件定位后的位置固定下来，称为夹紧。工件夹紧的任务是：使工件在切削力、离心力、惯性力和重力的作用下不离开已经占据的正确位置，以保证机械加工的正常进行。

1.4.1 柔性夹具

数控加工适用于多品种、中小批量生产，为能装夹不同尺寸、不同形状的多品种工件，数控加工的夹具应具有柔性，经过适当调整即可夹持多种形状和尺寸的工件。

柔性夹具是以组合夹具为基础的能适用于不同的机床、不同的产品或同一产品不同规格型号的机床夹具，它是由一套预先制造好的各种不同形状、不同尺寸规格和不同功能的系列化、标准化元件组装而成，可根据不同机床和不同零件的加工要求，选用配套中的部分元件组装成所需要的夹具。

柔性夹具的主要元件采用优质低碳合金钢（如20CrMnTi）制造，经过渗碳淬火后元件表面硬度为HRC58～64，内部硬度为HRC35左右。其他元件分别选用T8A、T10A、45、40Cr淬火处理，保证了元件具有足够的强度、韧性、高耐磨性和形状尺寸的稳定性。柔性夹具元件的主要尺寸精度为ISO 6～7级，元件主要工作面之间、工作面与定位面之间的平行度、垂直度按GB/T 1184中的4级。工作面和定位面的粗糙度 Ra 值为0.4或0.8。柔性夹具的基础件与机床托板的定位结构尺寸和连接尺寸是根据机床托板国际标准ISO 8526-1设计的。

传统的专用夹具具有定位、夹紧、导向和对刀四种功能，而数控机床上一般都配备有接触式测头、刀具预调仪及对刀部件等设备，可以由机床解决对刀问题。数控机床上由程序控制的准确的定位精度，可实现夹具中的刀具导向功能。因此数控加工中的夹具一般不需要导向和对刀功能，只要求具有定位和夹紧功能，就能满足使用要求，可简化夹具的结构。

柔性夹具元件可以通过组装—使用—分解—再组装周而复始循环使用，与专用夹具相比较，柔性夹具元件具有明显的技术经济效果：可以节约夹具设计制造工时90%，缩短生产准备周期85%，节约金属材料95%，降低生产成本80%，使用柔性夹具在短时间内就可以收回全部投资。

柔性夹具元件根据自身结构特点和使用情况的不同被分为三个系列：槽系组合夹具、孔系组合夹具、光面夹具。

(1) 槽系组合夹具

组合夹具是由各个元件组成，元件是组成柔性夹具的基本单位。根据元件的结构、形状和用途，槽系组合夹具由以下八大类元件组成：基础件、支承件、定位件、导向件、夹紧件、紧固件、其他件（各种辅助元件）、由若干零件组合而成的合件。典型的槽系组合夹具如图 1-26 所示。

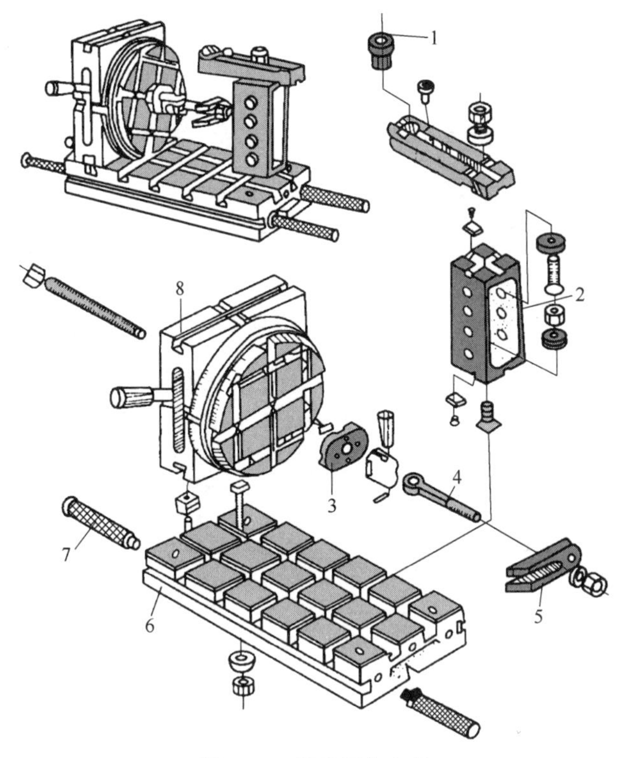

图 1-26 槽系组合夹具

1—导向件；2—支承件；3—定位件；4—紧固件；5—夹紧件；6—基础件；7—其他件；8—合件

(2) 孔系组合夹具

孔系组合夹具也分为八大类元件，但没有导向件，增加了辅助件。图 1-27 为孔系组合夹具。

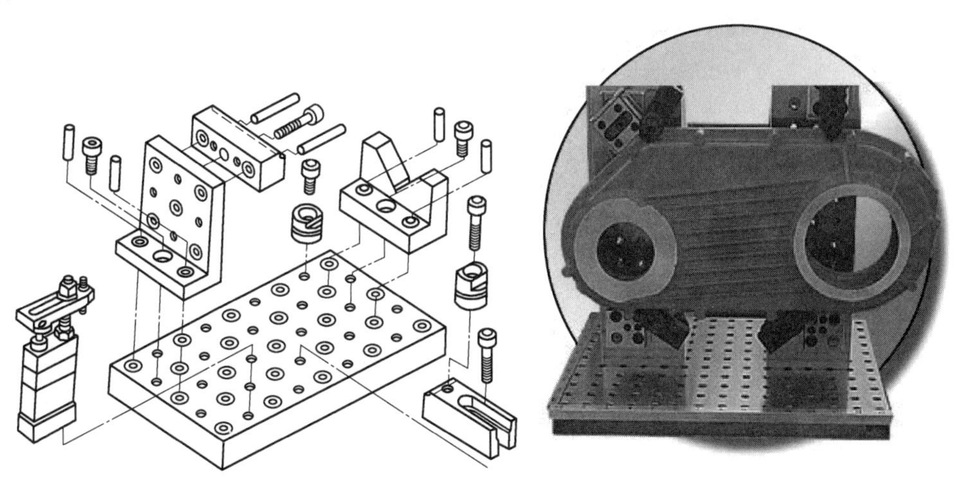

图 1-27 孔系组合夹具

(3) 光面夹具

数控加工夹具可采用光面夹具基座。光面夹具基座实际上就是经过精加工的夹具基体精毛坯，元件与机床定位连接部分和零件在夹具上的定位面已经精加工完毕。用户可以根据自己的实际需要，自行加工制作专用夹具。光面夹具基座可以有效缩短制造专用夹具的周期，减少生产准备时间，因而可以从总体上缩短大批量生产的周期，提高生产效率；同时可以降低专用夹具的制造成本。因此光面夹具基座特别适合周期较紧的大批量生产。

1.4.2 零点快换定位基准系统

零点快换定位基准系统（简称零点定位系统）起源于 20 世纪 70 年代的欧洲，在短短的几十年里其技术已达到了较高的水平。零点快换定位基准系统广泛应用于汽车、摩托车、航空、工程机械、交通运输、船舶、军工行业。零点快换定位基准系统配套机器人技术，适用于自动化生产线的生产和制造，已成为数控设备和测量设备的标准附件。如图 1-28 所示。

(a) 四轴卧式加工中心加工

(b) 摇篮式五轴机床加工

图 1-28 零点定位系统的应用

(1) 零点快换定位基准系统的原理

零件的加工，往往需要经过多道工序、多次检测才能完成，需要从一个工序到另一个工序、从一台机床到另一台机床，需要安装夹具，确定零点，然后再根据零点来进行加工或者测量，传统的步骤如下：

拆卸已使用完的夹具→清理机床工作台面→安装新的夹具→用表找正夹具→安装工件→确定零点。更换过程辅助工艺时间长，工作效率低。

零点快换定位基准系统是通过零点定位器在机床和夹具之间建立起的高精密标准接口。由于各种不同零件的加工夹具与设备都具有统一的安装接口，可以保证零点始终保持不变。零点定位器具有自动锁紧功能，并通过气、液压控制解锁实现工装的装卸和自动夹紧。在生产过程中，可根据生产需要随时精密快速换装相应零件的加工夹具，进行不同零件生产加工的转换。零点快换定位基准系统有效地解决了传统机械加工更换工装夹具、零点找正耗时长的问题，提高了装夹精度。

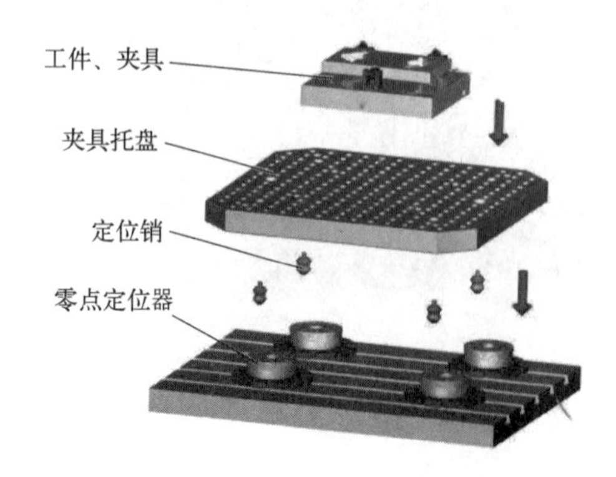

图 1-29 零点定位系统的组成

根据不同的设备及零件加工的类型情况，在机床工作台上安装合适的零点定位器（零点定位器根据需要可单独使用，也可以多个成组使用）。工件通过定位和夹紧机构固定在夹具底板上，夹具底板上装有与零点定位器相配的定位销和夹具托盘，如图 1-29 所示。定位销通过螺纹安装在夹具底面，或者夹具托盘底面，定位销的定位接头

（凸头）与零点定位器（凹头）连接，保证了精确的定位，重复定位精度小于 0.005mm。

通常将零点定位器安装在底板上形成零点定位基准座，再将基准座安装到机床工作台上，找正零点定位器在机床工作台上的位置，标记为零点，按加工需求建立坐标系，形成一套零点快换定位基准系统。零点定位器是气压或液压解锁，机械自动拉紧，单个零点定位器的夹持力可以达到 2t。

(2) 零点定位器定位、夹紧原理

零点快换定位基准系统生产厂家比较多，有德国 Schunk（雄克）、德国 AMF、德国 Zero Clamp、瑞士威博、苏州速易德等。不同厂家的零点定位方式不同，下面主要介绍其中的一种，如图 1-30 所示。

图 1-30　零点定位器

零点定位系统属于常锁机构，通过液压或气动实现，通气打开，断气锁死。当零点定位器加载压缩空气时，气囊中的压缩空气使得锁定环在垂直方向尺寸增大，弹簧片依靠弹性脱离与定位销的接触，锁定环处于打开状态。

定位销向下插入定位器时，定位销的锥面与定位环接触，迫使定位环压迫径向弹簧，使其尺寸增大实现定位，如图 1-31 所示，定位环限制了平面移动 2 个自由度，径向弹簧埋在橡胶中，能够对加工过程中的热膨胀进行有效补偿。

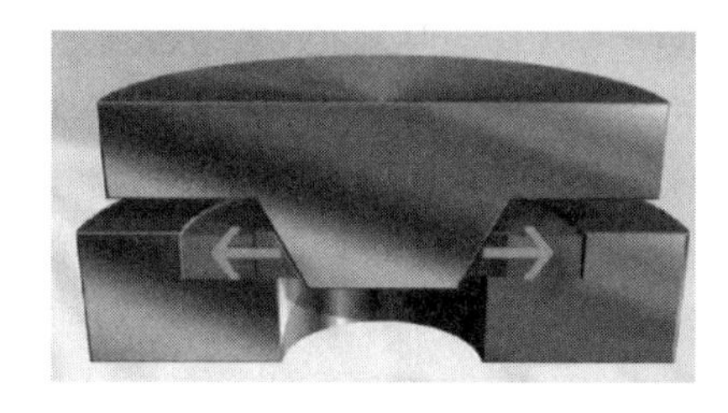

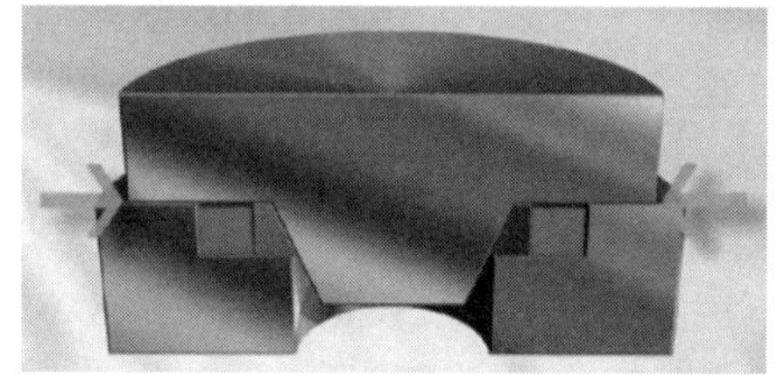

图 1-31　定位和补偿

通过气囊排气，锁定环压迫弹簧片锁死定位销，实现定位销在零点定位器中的夹紧，如图 1-32 所示。

图 1-32　零点定位器的夹紧

零点定位器的常用分布，符合一面两销的定位原理，如图 1-33 所示，有三种不同类型的定位销，分别为：零点定位销、单向定位销、紧固销。零点定位销（圆柱销）限制 X、Y 方向移动的 2 个自由度，成为定位零点；单向定位销（菱形销）限制绕 Z 轴旋转的 1 个自由度；紧固销（夹紧销）起到夹紧作用。零点定位器的上表面构成的平面，限制了绕 X、Y 轴旋转和 Z 轴方向移动的 3 个自由度。零点定位销、单向定位

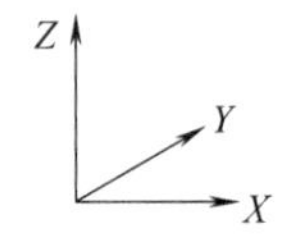

① 零点定位销；② 单向定位销；③ 紧固销

图 1-33　一面两销定位

销和零点定位器的上表面，限制了 6 个自由度，保证完全定位。

（3）零点快换定位基准系统的特点

零点快换定位基准系统的快速精密定位功能，在提高生产效率的同时，还为工艺能力的提升、生产模式的优化提供了有效的手段，主要表现在以下几方面：

① 实现离线装夹，提高零件加工效率。离线装夹就是零件在夹具上的装夹过程不是在设备上进行，而是在设备以外的工作台上进行，零件的装夹和调整可以和零件的加工同时进行，改变了传统的在机床上停机进行零件装夹定位的模式，提高了零件装夹效率。

② 实现多工序一次装夹，提高了加工精度。零点定位系统实现了各种设备的工装接口统一，能保证工件在一次装夹的情况下，完成不同工序的加工要求，减少了零件装夹误差和基准转换误差，提高了加工精度。

③ 高精度的重复定位功能，可保证高精度加工，使生产安排更合理。零点定位系统高精度的重复定位是高精度加工的保证，由于零件的定位基准误差、夹具定位误差、测量误差、设备精度误差等加工系统误差的影响，加工高精度零件的难度很大，通过建立加工设备和测量设备统一的零点定位系统，使零件在装夹状态下带夹具一起进行测量，并根据测量结果修正加工程序，能够达到高精度的加工要求。同时，高精度重复定位也给生产安排带来了便利，改变了传统的零件成批加工的生产模式，可根据总体配套要求安排不同零件轮换生产，从而不用考虑工装换装找正影响工作效率，甚至可在零件加工过程中停下去加工其他需要的零件，加工完成后只需将原来零件放到设备上接着前面的工步继续加工即可。

④ 实现自动控制是柔性制造单元的可靠保证。要实现多品种快速转换的数字化自动生产的柔性化制造，就必须实现工装柔性化。工装柔性化的必备条件就是要实现快速换装精密定位，快速换装零点定位系统可以很好地解决工装柔性化的问题，它所具有的独特的定位和锁紧装置能够与柔性化制造系统的自动控制匹配，同时还可以保证精密定位和可靠的装夹。

例 1-6：大型航空结构件的定位和夹紧。

如图 1-34 所示的大型航空结构件，材质为钛合金，采用整体毛坯加工，材料去除率多达 90%，去除量大，工件壁薄，尺寸大，刚性差，在切削过程中，因大量材料去除产生较大的内应力，加工中如果采用不具备调整功能的夹紧方式，当夹具松开后，应力释放造成的回弹极大影响零件的精度。钛合金材料加工困难，切削力大，产生的切削热容易导致工件超差变形。如果夹具的支承点与工件的受力状况不匹配，易引起加工过程中的工件振动。

针对切削过程中存在的工件刚性差，内应力、热应力引起变形和切削过程中的振动问

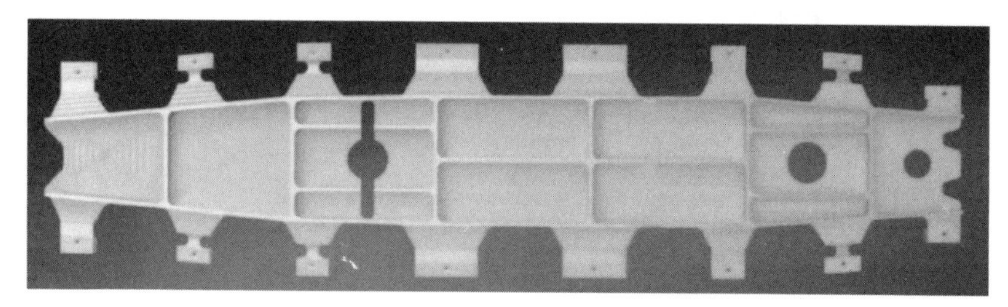

图 1-34 大型航空结构件

题，采用零点定位系统组成的柔性夹具，补偿应力变形，合理布置支承元件解决加工过程中的振动问题，缩短零件制造时间，保证精度和质量。

零点定位器的定位和夹紧方案如图 1-35 所示。通过模拟仿真确定零件加工过程中的变形规律，确定定位点、定位方式和夹紧方案，所选的元件如表 1-7 所示。圆柱销、菱形销、夹紧销一起，实现三点支承平面。圆柱销限制平面移动，菱形销限制转动，夹紧销可以在平面方向上（X、Y）自由移动，圆柱销、菱形销、夹紧销配合实现工件的完全定位。浮动销不定位，3D 浮动夹持。

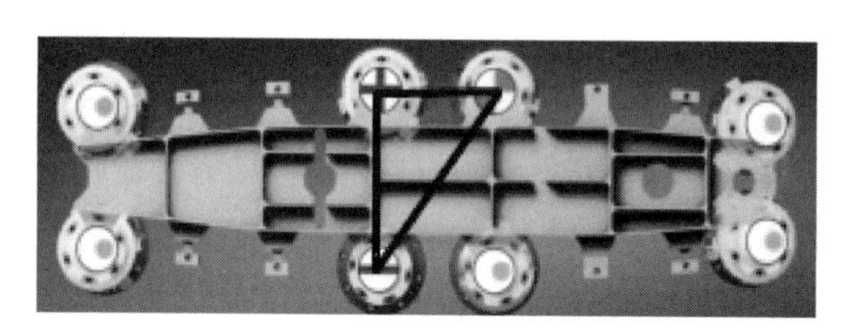

图 1-35 零点定位器的定位和夹紧

表 1-7 定位、夹紧元件

	圆柱销(主销)，确定工件的零点，并夹持
	菱形销，防止工件转动，并夹持
	夹紧销，辅助支承点，圆柱销、菱形销、夹紧销一起支承平面，并夹持
	浮动销，3D 浮动夹持，可以补偿 X、Y、Z 误差及角向误差

航空结构件分粗、半精、精加工阶段实施，在每次铣削完成后，零点定位器的销夹持力解锁，工件因应力释放回弹，夹紧销、浮动销随变形而浮动，然后销夹持力锁紧，进行后续加工，经过多次应力释放和工件变形回弹，消除应力对工件精度和质量的影响，缩短加工时间。

1.4.3 工件装夹方式的确定

应尽量采用组合夹具。组合夹具的规格统一，元件结构简单，具有多功能化、模块化、可重复使用、夹紧工件快速等特点，易于满足工件频繁变换加工的需要，发挥数控机床的生产能力。

零件定位、夹紧的部位应考虑到不妨碍各部位的加工、更换刀具以及重要部位的测量。夹紧力应力求靠近主要支承点或由支承点所组成的三角形内，应力求靠近切削部位，并作用在刚性较好的地方，以减小零件变形。

使用零点快换定位基准系统，保证零件的装夹、定位、为重复安装的一致性，以减少对刀时间，提高同一批零件加工的一致性。

1.5 在线测量

在线测量，即加工与测量过程均在同一设备上实施的检测方式。工件经过一次装夹便可完成加工与测量工作，数控在线测量技术实现了工件的数字化数据采集和精度评价，避免了二次装夹定位误差，可降低测量成本，减少生产辅助时间，提高生产效率和加工精度。

1.5.1 数控机床在线测量系统的原理和组成

数控机床在线测量系统组成主要包括硬件和软件两部分。类似数控加工系统，其硬件系统主要包括数控机床系统和测头系统；软件系统则是利用二次开发技术，实现类似于数控加工编程的在线测量编程，得到驱动数控机床实现测量的 NC 代码。数控机床在线测量系统的原理示意图如图 1-36 所示。

数控机床在线测量系统（如图 1-37 所示）普遍采用工件测量测头＋数控机床，是基于数控机床系统开发并集成的，主要分为 2 种：一种为直接调用基本宏程序，而不用计算机辅助；另一种则根据机床数控系统提供的数控指令，用户开发编制应用系统，随时生成检测程序，然后传输至数控系统中。其测量过程和加工过程十分相似。

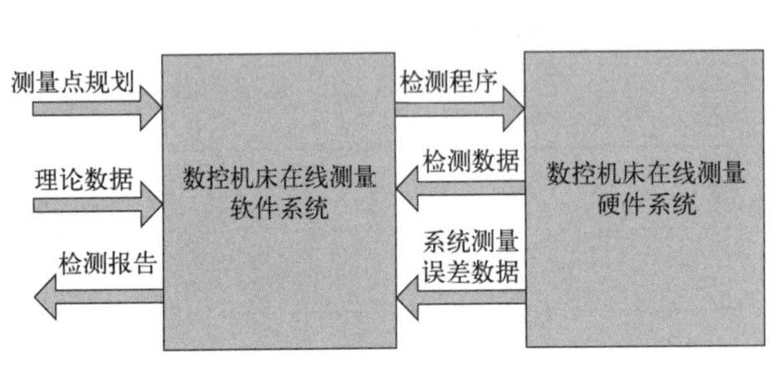

图 1-36　数控机床在线测量系统原理图

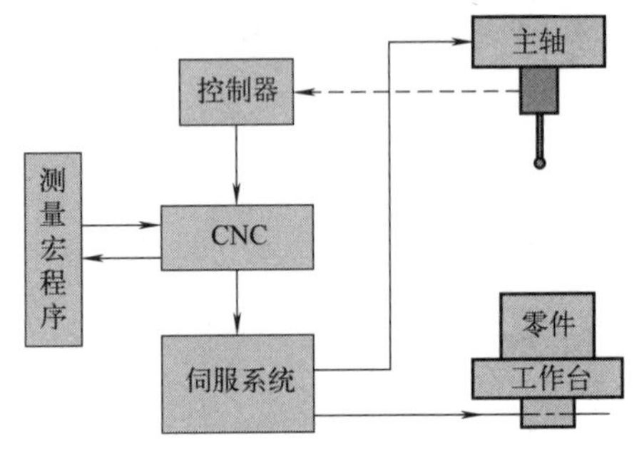

图 1-37　数控机床在线测量系统

1.5.2 机床在线测量过程

在线检测系统中直接影响精度的关键部件是测头，具有搜索前进能力的触发式测头最为常用，向数控系统提供触发信号以获得触发点的坐标。测头系统最关键的一个功能是可生成程序中断指令，当测头测端与被测工件接触时，测头系统向数控机床发送一外部中断请求（该中断请求由测头触发信号提供）。当机床控制系统接收到中断后，便通过定位系统锁存此时测端球心的坐标值，以此来确定测端与被测工件接触点的坐标值。测头系统检测过程如图 1-38 所示。

数控机床在线测量系统是一种通过采样来进行测量的系统。因此采样点的数量和分布情况将直接影响测量结果，对自由曲面的测量尤为重要。对整个被测表面全部进行采样是不现实的，为提高测量结果可信度，通常会采用增加检测点数目的方式，但获得高准确度的同时也会极大降低测量效率。因此如何规划高效、准确的检测路径成为关键所在。机床在线测量在规划检测路径时，应在满足测量精度要求的基础上尽可能提高测量效率，即在满足测量精度的前提下，以最短的测量路径检测最少的测量点。

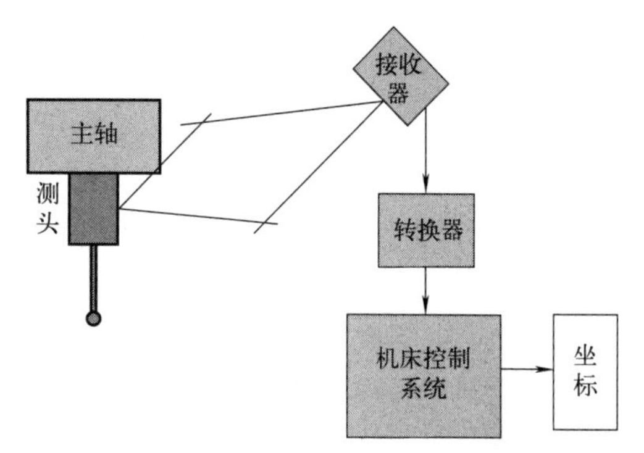

图 1-38　测头系统检测过程简图

1.5.3　测量加工一体化的应用

数控加工制造中的测量加工一体化，是以几何约束、物理约束和性能约束的非线性耦合模型与相容性分析为基础，基于实测的待加工表面及其关联面的几何数据，依据零件的加工要求、面形误差等相关信息求解出能补偿修正相应误差分布的工艺输入参数，真正实现对加工行为的定量控制。在满足零件功能、制造工艺和几何物理约束的前提下，提高加工效率、成品率，并实现性能的再提高。

测量加工一体化以保证制造件形位精度、性能指标达标和进一步提高为目标，而不仅仅局限于几何上的形似过程，是从加工和性能保证角度对当前已有加工方式的补充、完善和再提高。

随着现代测量技术的发展，可以通过原位测量方法高精度地检测出制造件的面形误差和表面粗糙度，从而在误差分析、评定和校正的基础上生成加工输入数据，省时省力地加工制造出高性能零件。因此，高精度、高性能复杂曲面零件制造，有时并不单纯依赖机床的精度，更依赖测量技术，需要复杂的数据处理，经反演计算与实验验证而形成的加工制造工艺的一体化综合考虑，制造出满足要求的高性能、高品质的零部件。下面通过举例，说明测量加工一体化技术的主要应用。

(1) 数字化寻位

对于规则零件，其加工定位相对容易。对于一些大尺寸小余量的复杂零件加工而言，其定位极其困难，需对工件在机床工作台上的位姿进行反复调整，有时要耗费数小时乃至数天进行定位，以避免因定位不准而出现加工欠切、余量过小等问题。为解决该问题，可利用在线测量装置获取毛坯表面数据，并进行测量数据与模型曲面间的最优配准，使毛坯最大限度地包容模型曲面，以得到加工坐标系与设计坐标系之间的坐标变换，在此基础上规划加工路径，实现零件在任意安装状态下的自寻位加工，保证毛坯各处都具有充足的加工余量，并使得加工余量分布尽量均匀。

(2) 间接修正加工

间接修正加工，即利用加工误差与机床加工调整参数之间的关系，通过机床加工调整参数的多次调整，不断修正加工误差、逼近设计曲面的方法。机床加工调整参数一般随零件类型不同而有所不同。以螺旋锥齿轮磨削为例，其轮坯安装角、砂轮齿形角等机床加工调整参数可多达几十项。该类零件调整参数反调修正的理论依据均可归结到共轭曲面原理范畴，通过建立包含各项机床空间误差的被加工面误差方程和误差敏度分析，揭示各项机床误差与面形误差之间的关系，找到对面形误差影响显著的机床误差项，就能根据零件面形的真实误差计算出调整参数的修正量，使得机床在参数反调修正后加工出的工件面形误差最小化。

(3) 直接修正加工

在大尺寸薄壁件、成型模具等高精度零件加工中，精度、表面粗糙度是零件的关键指标，几何误差的减少、补偿是加工过程中的关键环节。通过对工件进行在机原位检测，可为实时误差补偿提供必要的反馈信息，形成面向直接修正加工的闭环制造模式，使加工精度和效率均能得到大幅度提升。

在船用螺旋桨、大型叶片抛光和大尺寸结构件铣削加工中，多将触发式扫描测头、激光点/线扫描测量装置或结构光三维视觉测量装置安装于机床主轴头。该原位检测是基于机床的运动控制系统来实现工件的面形精度检测。因此，数控机床本身的运动精度将影响检测精度。一般来说，该测量方式多应用在加工精度低于机床本体精度的场合。

(4) 表面完整性控制

影响表面完整性的刀具磨损、切削力/热、加工颤振等各因素间往往是相互联系、相互影响的，因此加工中出现的某一问题可通过多种现象或参数直接或间接反映出来。例如，刀具磨损会造成切削力、切削热变化，加工表面完整性恶化和诱发刀具振动，同时也会导致主轴功率的变化。因此，刀具磨损的在线预报可以采用接触测量、机器视觉等手段直接检测刀具的磨损情况，也可以通过检测切削力、振动、噪声、扭矩或电流等方式对刀具状态进行间接评估。

1.6 数控加工中的其他问题

(1) 工序集中

为便于组织生产、安排计划和均衡机床的负荷，数控加工中常将若干个工序集中起来，采用工序集中的方法生产。工序集中与工序分散比较如表 1-8。

表 1-8 工序集中与工序分散

项目	内容	特点
工序集中	使每个工序所包括的加工内容尽量多些，将许多工序组成一个集中工序。最大限度的工序集中，就是在一个工序内完成工件所有表面的加工	数控加工按工序集中原则组织工艺过程，生产适应性好，转产相对容易，有足够的柔性，零件的加工精度和质量高
工序分散	使每个工序所包括的加工内容尽量少些。最大限度的工序分散就是每个工序只包括一个简单工步	传统的流水线、自动线生产基本是按工序分散原则组织工艺过程的，这种组织方式可以实现高生产率生产，但对产品改型的适应性较差，转产比较困难

(2) 加工工序的划分

根据数控加工的特点，加工工序的划分一般可按下列方法进行。

① 以同一把刀具加工的内容划分工序法。有些零件虽然能在一次安装后加工出很多待加工面，但程序太长会受到某些限制，如控制系统的限制（主要是内存容量）、机床连续工作时间的限制（如一道工序在一个班内不能结束）等。此外，程序太长会增加出错率，查错与检索困难。因此，程序不能太长，一道工序的内容也不能太多。

② 以加工部位划分工序法。对于加工内容很多的零件，可按其结构特点将加工部位分成几个部分，如内形、外形、曲面或平面等。

③ 粗、精加工分序法。零件表面的加工顺序一般按照粗加工、半精加工、精加工、清角加工和光整加工的顺序进行，目的是逐步提高零件加工表面的精度和表面质量。

工序安排一般按粗加工、半精加工、精加工的顺序进行，即粗加工全部完成后再进行半精加工和精加工。粗加工时可快速去除大部分加工余量，再依次半精加工、精加工各个表面，这样既可提高生产效率，又可保证零件的加工精度和表面粗糙度。

(3) 对刀点与换刀点的确定

对刀点（起刀点）：确定刀具与工件相对位置的点。对刀点可以是工件或夹具上的点，或者与它们相关的易于测量的点。对刀点确定之后，机床坐标系与工件坐标系的相对关系就确定了。

选择对刀点的原则——便于确定工件坐标系与机床坐标系的相互位置、容易找正、加工过程中便于检查、引起的加工误差小。换刀点应根据工序内容安排。为了防止换刀时刀具碰伤工件，换刀点往往设在零件的外面。

(4) 切削用量选择

合理选择切削用量对于发挥数控机床的最佳效益有着至关重要的作用。选择切削用量的原则是：粗加工时，一般以提高生产效率为主，但也应考虑经济性和加工成本，通常选择较大的背吃刀量和进给量，采用较低的切削速度；半精加工和精加工时，应在保证加工质量的前提下，兼顾切削效率、经济性和加工成本，通常选择较小的背吃刀量和进给量，并选用切削性能高的刀具材料和合理的几何参数，以尽可能提高切削速度。

主轴转速：主要根据工件和刀具的材质和加工条件，确定切削速度 v_c，依据所选刀具直径 D，计算主轴转速 n。主轴转速 n 由下式确定：

$$v_c=\frac{\pi \times D \times n}{1000}\mathrm{m/min}$$

式中　D——工件（车削）或刀具（铣削）的最大值，mm；

　　n——工件（车削）或刀具（铣削）的转速，r/min。

进给速度：根据零件加工精度和表面粗糙度要求以及刀具与工件材料选取。进给速度由下式确定：

$$v_f=nzf_z$$

式中　v_f——进给速度，mm/s 或 mm/min；

　　f_z——每齿进给量，mm/z；

　　z——铣刀的齿数；

　　n——主轴转速。

切削深度（轴向切深 a_p、径向切深 a_e）：主要受机床、工件和刀具的刚度限制，在刚度允许的情况下，尽可能加大切削深度，以减少走刀次数，提高加工效率。

切削用量的具体数值，首先选择切削策略，然后根据数控机床说明书、刀具说明书、切削用量手册，并结合经验而定。

(5) CAM 编程的原则和方法

CAM 编程原则是尽可能保持恒定的刀具载荷，把进给速度变化降到最低，使程序处理速度最大化。

主要方法有：尽可能缩小程序段，提高程序处理速度；在程序段中可加入一些圆弧过渡段，尽可能减少速度的急剧变化；粗加工不是简单地去除材料，要注意保证本工序和后续工序加工余量均匀，尽可能减少铣削负荷的变化；多采用分层顺铣方式；切入和切出尽量采用连续的螺旋和圆弧轨迹进行切向进刀，以保证恒定的切削条件；充分利用数控系统提供的仿真、验证的功能。零件在加工前必须经过仿真，以验证刀位数据的正确性、刀具各部位是否与零件发生干涉及刀具与夹具附件是否发生碰撞，确保产品质量和操作安全。

在切削加工中，机床、夹具、刀具、数控系统及软件等只是必要装备，加工工艺方法及参数设定等才是直接影响加工是否成功的重要因素。这些因素需要经验的积累及反复实践和总结，才能真正发挥数控切削加工的优势。

在数控切削中的 NC 编程代码并不仅仅局限于切削速度、切削深度和进给量的不同数值。NC 编程人员必须使用不同的加工策略，以创建有效、精确、安全的刀具路径，从而得到预期的表面精度。

1.7 hyperMILL 介绍

OPEN MIND 是一家德国的 CAM 公司，总部在慕尼黑。公司创立于 1994 年 11 月，第一个 PC-based 系统是一个车间级的 NC 系统，第一个 UNIX-based 系统是一个具有开放性的 NC 控制器——MK21。1995 年，OPEN MIND 参与了 Autodesk 和 Hewlett 的 CAM 模块的研究，就此开发了其主产品——hyperMILL。1998 年，与 Daimler Chrysler 合作开发五轴 CAM 系统，也就是从那时起，OPEN MIND 开始了真正的五轴 CAM 产品的开发。1999 年，OPEN MIND 获得了独立的专利权，开始独立经营 hyperMILL。

1.7.1 hyperMILL 与 CAD

hyperMILL 是一个集成于 CAD 程序内，用来产生 2D、3D、五轴以及车削加工程序的 CAM 模块。hyperMILL 是下列 CAD 系统中的一个集成应用程序：

hyperCAD-S；

hyperCAD；

Autodesk Inventor；

SolidWorks。

hyperMILL 支持各种几何图形文件格式（如：DXF、DWG、IGES、VDA），以便可以与主要的 CAD 程序交换数据。当读取模型时，数据转换是在后台进行。hyperMILL 以模块方式针对以下数据格式提供直接接口：CATIA V4、CATIA V5、PTC Creo、Siemens NX、Parasolid 和 SolidWorks。hyperMILL 支持的 CAD 模型文件类型如表 1-9 所示。

表 1-9　受支持的文件类型

产品	文件类型
CATIA V4	*.model；*.exp；*.CATpart；*.CATproduct；*.CGR
PTC Creo Parametric	*.prt；*.asm
PTC Creo	*.xpr；*.xas
Siemens NX	*.prt
Parasolid	*.x_t；*.x_b
SolidWorks	*.sldprt；*.sldasm
Autodesk Inventor	*.dwg；*.dxf；*.iges；*.sat；*.step
JT-Open	*.jt

1.7.2 hyperMILL 界面

hyperMILL 是 hyperCAD-S 系统中的一个集成应用程序，打开 hyperCAD-S，当新建、打开文档时，hyperMILL 浏览器将自动打开，可通过菜单栏中的 hyperMILL 菜单访问所有 CAM 功能。hyperMILL 用户界面如图 1-39 所示。

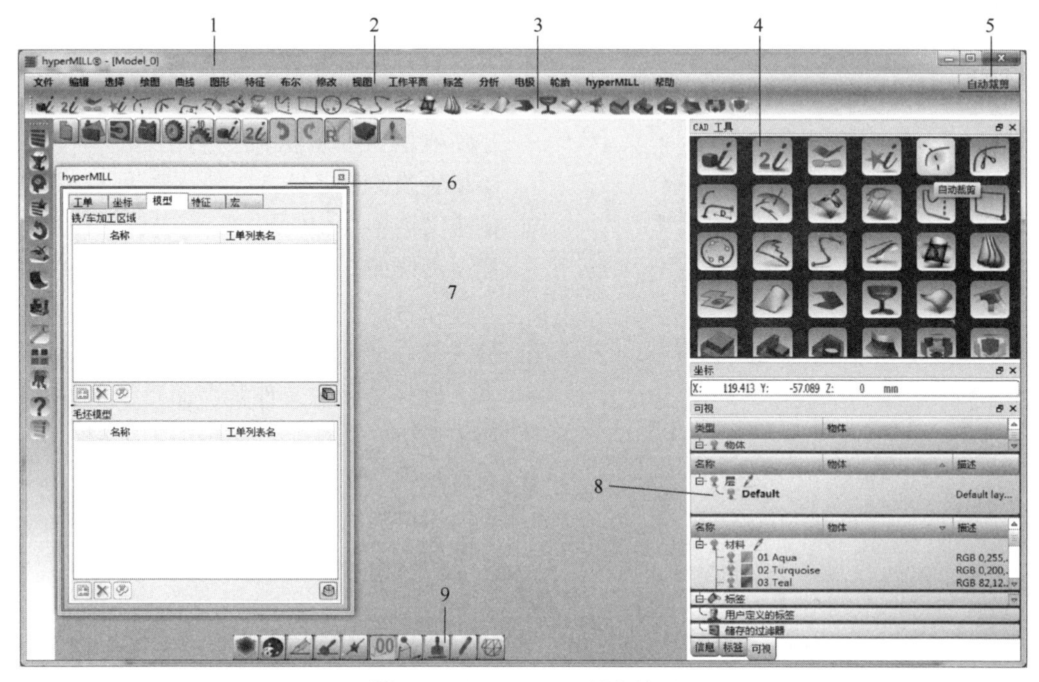

图 1-39 hyperMILL 用户界面

标题栏（1）：显示当前打开文档的名称。

菜单栏（2）：是静态的，不可更改，可从菜单栏中访问软件功能。

工具栏（3）：使用鼠标左键单击图标调用软件功能，用户可创建自己的工具栏，并且可以修改工具栏内容。

工具选项卡（4）：通过图标调用功能。如果选项卡的内容部分隐藏，可在按住 ALT 键的同时使用滚轮浏览所有可用的功能。

概述信息（5）：当鼠标指针停留在某功能上时，会显示有关功能的简洁信息，或显示功能需要的输入。

hyperMILL 浏览器（6）：用来创建和管理工单、工单列表和加工坐标系以及模型、特征和宏，进行 NC 编程。

图形区域（7）：通过几何方式与文档图元进行交互。

选项卡工具（8）：用于结构性信息、筛选、显示消息和特性以及 hyperMILL 浏览器。

图形区域中的工具栏（9）：固定在其位置上，工具栏内容可以更改。

1.7.3 hyperMILL 基本设定

hyperMILL 基本设定主要用来完成环境的设定，包括的内容如下：定义测量系统和 hyperMILL 数据的储存目录，配置对话框控件，配置刀具和宏数据库等基本设定。

图 1-40　hyperMILL 文档选项卡设置

指定基本设定通过点击（鼠标左键单击）菜单栏上的 hyperMILL 菜单→设置→设置，打开 hyperMILL 设置对话框。hyperMILL 设置对话框包含下列选项卡：文档、应用、hyperCAD-S 文档、数据库、维护和轮胎。

(1) 文档选项卡设置（如图 1-40 所示）

单位：公制/英制。所选单位系统适用于所有输入和输出值。在 CAM 编程期间，不要更换测量系统；否则，那些已经创建好的定义值不会相应转换。不允许在使用不同测量系统的 hyperMILL 文档之间复制工单。

项目：创建特定项目的目录来储存生成的文件。使用路径管理选择一个项目文件夹。所有生成的文件都存储在子文件夹中。如果选择模型路径，所有生成的文件都存储在与该模型文件相关的子文件夹中。

工单列表专用子目录：系统使用名字与工单列表名称相同的子目录来储存所生成的文件。

(2) 应用选项卡设置（如图 1-41 所示）

默认路径：保存由 hyperMILL 生成的文件的路径。hyperMILL 搜索路径可根据需要更改。如果这里设置的路径正确，那么在以后的操作过程中只需输入每个文件的名称即可。临时文件，仅限程序内所需的临时文件，包括边界文件（.bnd）、轮廓文件（.prf）和用于单个循环的计算文件（.omx）。

默认路径的设置主要包含项目、3DF 文件、Hmrep 文件、毛坯文件、刀具路径、备份文件、报告文件、NC 文件、导出/导入文件、宏、CPF 文件等内容的设置。

项目：如果在“hyperMILL 设置...”对话框的“文档”选项卡上已选择项目选项，则文件将储存在该目录中。

3DF 文件：多面体文件（用于计算刀具路径的数学碰撞模型）的目录。

Hmrep 文件：临时几何形状文件的目录。

毛坯文件：*.stl 或 *.vis 格式毛坯文件的目录。

刀具路径：含生成 NC 程序所需信息的刀具路径的目录。

备份文件：*.bak 备份文件的目录。

报告文件：含有刀具路径计算过程中程序发出的消息（错误消息、警告等）的报告文件的目录。

NC 文件：NC 文件（后置处理器运行）的目录。

导出/导入文件：工单列表的已导出或导入工单的目录。

宏：宏文件的目录。

CPF 文件：定制过程特征文件的目录。

性能：利用全部CPU资源满足工法运算，绝大多数循环支持多核处理器，并行执行计算。如果选择该选项，那么计算机的所有CPU资源都将用于循环计算。如果未选择该选项，那么计算机的部分CPU资源在循环计算时同时可供hyperMILL使用，这意味着刀具路径计算速度可能会放慢。

备份：激活该选项则允许hyperMILL创建所用CAD模型文件（*.hmc/*.e3）的备份副本。

文件备份次数：指明每个CAD模型文件的备份数。

存储备份文件到自定义的资料夹：该目录可以是默认路径→备份文件中显示的目录，或者是（如果文档标记内的项目选项已启用）相应的项目目录。

存储备份文件到原始位置：将备份文件保存在与原始文件相同的文件夹内。

(3) 数据库选项卡设置（如图1-42所示）

设置向导/管理数据库项目：打开hyperMILL设置向导以管理数据库项目。每个数据库项目都会包括一个刀具数据库、一个宏程序库以及一个颜色表。在数据库选项卡中，也可指定是否使用应用程序数据库项目、全局/用户数据库项目。

图1-41　hyperMILL应用选项卡设置

图1-42　hyperMILL数据库选项卡设置

1.7.4　hyperMILL浏览器

hyperMILL浏览器包含下列元素：选项卡（1）、浏览器窗口（2）、工具条（3）。hyperMILL浏览器界面如图1-43所示。

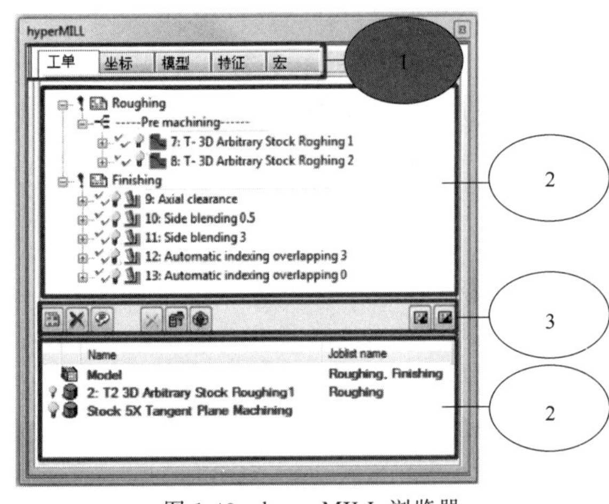

图 1-43　hyperMILL 浏览器

选项卡：包含工单、坐标、模型、特征和宏选项。

浏览器窗口（树窗格）：带有已定义元素。

工具条：有编辑和计算元素功能的工具。工具的含义如表 1-10 所示。

1.7.5　从模型到 NC 程序

hyperMILL 的模块结构可在模型和 NC 程序之间创建一个流畅的工作流程，工作流程如图 1-44 所示。该工作流程的重要元素包括：

表 1-10　工具条的工具含义

工　具	含　义	工　具	含　义
	打开所选条目(工单/工单列表)进行编辑		图形区域的模型透明显示
	删除所选条目(工单/工单列表)		选中工单时将自动显示已移除的材料
	显示所选条目(工单/工单列表)的消息		检查所选条目(工单/工单列表)的刀具路径的状态
	显示所选条目(工单/工单列表)的刀具路径		计算所选条目(工单/工单列表)的刀具路径
	打开刀具数据库以选择 NC 刀具		

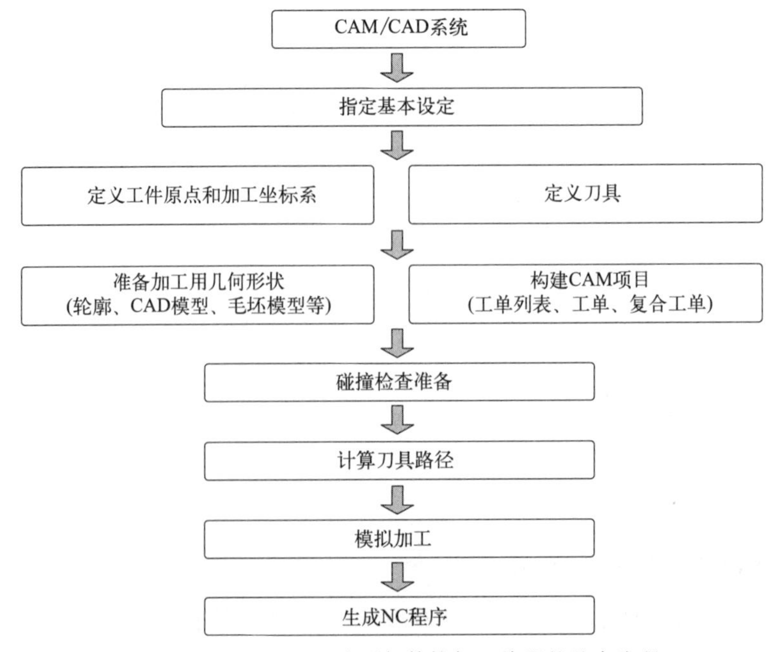

图 1-44　hyperMILL 造型与数控加工编程的基本流程

(1) 指定基本设定

对 hyperMILL 进行设置，定义测量系统和 hyperMILL 数据的储存目录。配置对话框控件，配置刀具和宏数据库。

(2) 定义工件原点（工件坐标系）**和加工**（用户）**坐标系**

在 hyperMILL 中存在 NC 系统和加工坐标系，NC 系统定义工件原点的位置和加工轴（*XYZ*）方位（工件坐标系）。NC 坐标一次应用于整个工单列表。加工坐标系定义当前的加工面和加工方向。在定轴加工中，必须为每个加工面定义加工坐标系。在工单定义中将加工坐标系分配给工单。在生成刀具路径前定义所有加工坐标系。加工坐标系一旦发生变化，例如移动或旋转就意味着必须先重新计算所有受变化影响的刀路轨迹。

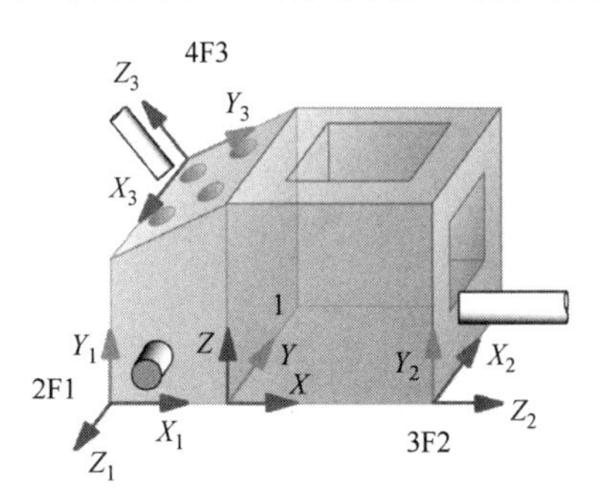

图 1-45　NC 系统与加工坐标系

1—NC 系统；2～4—加工坐标系

如果 NC 系统已修改，则必须重新计算整个工单列表。如果加工坐标系已修改，则必须重新计算受影响的工单。NC 系统与加工坐标系的关系如图 1-45 所示。

(3) 定义刀具

在 hyperMILL 中刀具以两种形式存在：外部刀具和文档刀具。外部数据库中储存的刀具叫作外部刀具。文档数据库中储存的刀具叫作文档刀具。外部数据库和文档数据库可用于管理刀具。标准刀具及与其相关的特定数据（如刀具编号、加工类型等等）一起储存在外部 OPEN MIND 刀具数据库中。在 CAM 编程过程中定义刀具时，可以随时访问外部 OPEN MIND 刀具数据库，以将适当的刀具导入当前文档。如果外部数据库中没有需要的刀具，用户可以在当前文档（模型文件）中建立一个新文档刀具。文档刀具以列表形式储存在 hyperMILL 浏览器的刀具标记下，分为铣削刀具、钻削刀具和车削刀具这三个部分。其中文档刀具状态以“✓”显示，外部刀具状态以“●”显示，如图 1-46 所示。外部刀具可以根据预先设定的工件材料、刀具材料选定切削用量，文档刀具需要用户进行设定。

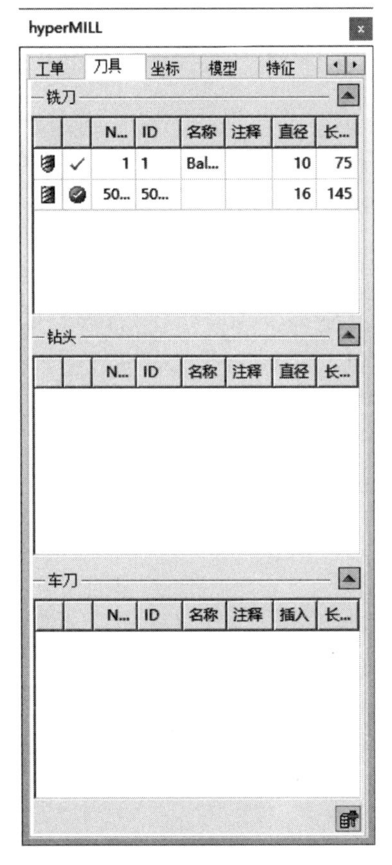

图 1-46　刀具

(4) 准备加工用几何形状

在 CAM 项目中，用户根据编程需要预先准备几何形状，几何形状主要有轮廓、CAD 模型、毛坯模型等，如果考虑碰撞检查，需要准备夹具模型。

轮廓：2D 加工可以选择直线、圆、多段线、样条、omx 格式加载的图形（轮廓铣削、型腔铣削和螺旋钻孔）、点（钻孔位置）。

CAD 模型：3D 和五轴加工基于 CAD 模型。CAD 模型包含：所有要加工的区域，为优化加工和执行碰撞检查而设的不需加工的相邻区域，设定工单定义值时要用到的用作限制轮廓的 2D 或 3D 线、限制轮廓（边界）及投影的引导曲线。

毛坯模型：可为不同加工操作定义 stl 格式（stereo lithography）或 vis（visicut）格式的毛坯模型。通常建议使用 vis 格式的毛坯模型。每一工单完成后，可以生成结果毛坯模型，它是根据之前定义的毛坯模型计算，结果毛坯模型可用作后续加工的基础。

CAD 模型的质量与生成的刀路质量息息相关，CAD 模型的曲面缝隙、重叠曲面会导致加工质量下降，严重时会出现加工故障。CAD 模型需要保证在相邻的曲面之间或在曲面与实体之间的模型创建没有很大的间隙。过大的间隙会使刀具在加工过程中发生扎刀的故障。小于所用刀具半径的间隙值不会造成严重的问题，但影响表面加工质量；曲面重叠会造成多余的残余材料区，如图 1-47 所示。这些区域在“清根加工循环”中是无法清除掉的。原因：它们不是由于刀具直径太大造成，而是由于曲面相交造成的。

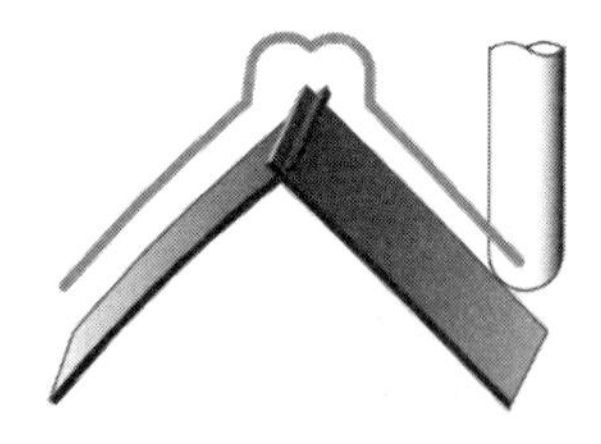

图 1-47　曲面重叠造成残余材料区

(5) 构建 CAM 项目

在 hyperMILL 浏览器内构建 CAM 项目。CAM 项目的构建通过在 hyperMILL 浏览器定义工单列表、刀具、加工系统（转换坐标系）及特征来实现。主要包括：工单列表、工单、复合工单、链接工单。

工单列表（=工作进度）包括正确工序加工一个工件所需的所有工单。工单列表是 hyperMILL 浏览器工单中的最高管理级别，可以为一个 CAD 模型指派多个工单列表。

工单（=加工步骤）包含不同对话框页面，具体取决于使用的策略。工单是 hyperMILL 浏览器工单中的最低管理级别。下列加工策略可用来定义工单：测量、车削、钻孔、2D 铣削、3D 铣削、五轴铣削。

复合工单用来整理工单列表，清晰构建工单列表。可以将任何的 2D、3D 或五轴工单合并到一个复合工单内，清晰构建大量 CAM 项目。

链接工单将使用相同刀具的工单链接起来，整个加工顺序的进刀和退刀运动以及各个工单之间的所有链接运动得到优化，可缩短加工时间，并监控碰撞情况。可通过平面、圆柱设置已链接子工单中的刀具路径链接方式，如图 1-48 所示。

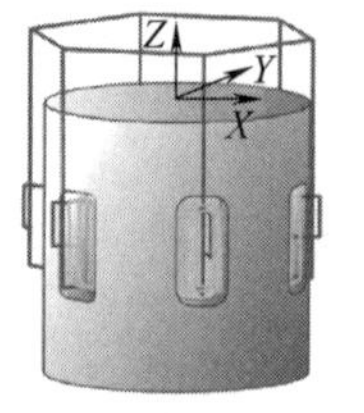

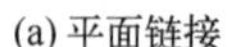

(a) 平面链接

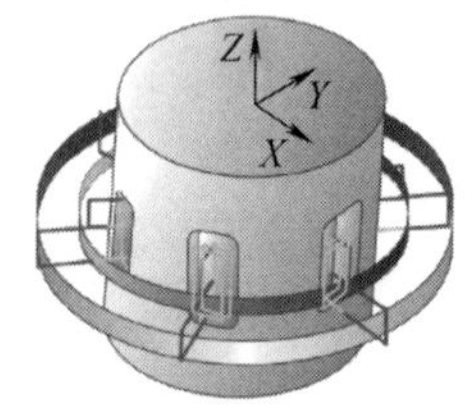

(b) 径向链接

图 1-48　工单链接

工单复制中，所有参数对应于原始工单参数。工单副本与原始工单关联链接。如果在原始工单中更改了某个参数，则此参数在关联工单副本中也将更改。

一个工单列表中所有工单的 NCS 必须相同。一旦 NCS 被移动，以前计算过的工单都无效。

(6) 碰撞检查

铣削区域定义了要加工且同时检查碰撞的 CAD 模型区域，夹具区域也进行碰撞检查。铣削区域或夹具区域以多面体模型（3DF 文件）存在。每个 CAD 模型创建至少一个 3DF 文件（多面体模型），根据工单列表，不同的工单对应不同的 3DF 文件，不同的 3DF 文件具有不同的精度和不同的毛坯余量。

在 hyperMILL 浏览器中，点击工单选项卡，双击打开所需工单。在零件数据选项卡上，选择已定义选项，选择夹具、铣削区域，如图 1-49 所示。

(7) 计算刀具路径

计算刀具路径在工单设置完成后施行，在计算刀具路径之前，需要进行以下工作：检查并确认工单列表中的工序与加工顺序相符，消除具有错误或警告通知的工单。对于3D和五轴加工时，须提供铣削区域。

图 1-49 工单列表

刀具路径的计算结束后，会显示刀具路径，如果刀具轨迹碰撞，系统将其以图形方式显示；如果刀具路径不满足要求，需对工单进行修改、编辑，并重新计算。对已计算的刀具路径可以进行修剪、删除、复制、连接等编辑。

(8) 模拟加工

模拟加工可通过以下方式实现：内部模拟/内部机床模拟；hyperVIEW 模拟；外部模拟程序（例如 VERICUT）。

内部仿真（模拟）按照加工顺序连续显示计算得出的刀具路径，不进行材料去除处理。如果需要材料去除，使用内部机床模拟。

hyperVIEW 除具备内部机床模拟的功能，还具备以下功能：显示刀具路径及刀具移动的控制；根据刀具路径文件（POF 文件）进行机床模拟，包括显示毛坯、模型及结果；使用 hyperMILL 创建的现有刀具路径生成的 NC 文件；生成报告文件；打印报告文件。

(9) 生成 NC 程序

一般将生成刀具轨迹的过程称为前置处理，刀具轨迹按照“刀具移动，工件静止”的原则生成，而不考虑机床的具体结构及工作空间。后置处理根据具体的机床结构和各机床坐标轴的运动将前置处理生成的刀具轨迹（刀位数据文件）转化为机床坐标系下机床各坐标轴的运动。

(10) 后置处理

后置处理是 CAM 系统与数控加工之间的一座桥梁，其最重要的任务是将 CAM 软件生成的刀位文件（刀具轨迹）转化为适合特定数控系统、特定机床结构及工作空间的加工程序。后置处理主要任务包含机床运动学变换、运动学误差校验、进给速度校验、数控程序格式变换及数控程序输出等方面的内容。

设置后置处理需要设定后置处理文件、机床模型文件、NC 文件保存的位置和文件类型。后置处理文件的格式为 .oma，机床模型文件的格式为 .mmf。

例 1-7：机床为 MikronUCP 800 Duro，控制系统为 Heidenhain iTNC530，数控程序的文件格式为 .h，其具体设置为：双击工单名称→单击后置处理→勾选机床、设定 NC 目录，点击进入机床管理对话框，单击新建，进入机床属性对话框，在机床属性对话框中，设定名称、后置处理器、模型文件、NC 文件扩展名。如图 1-50 所示。

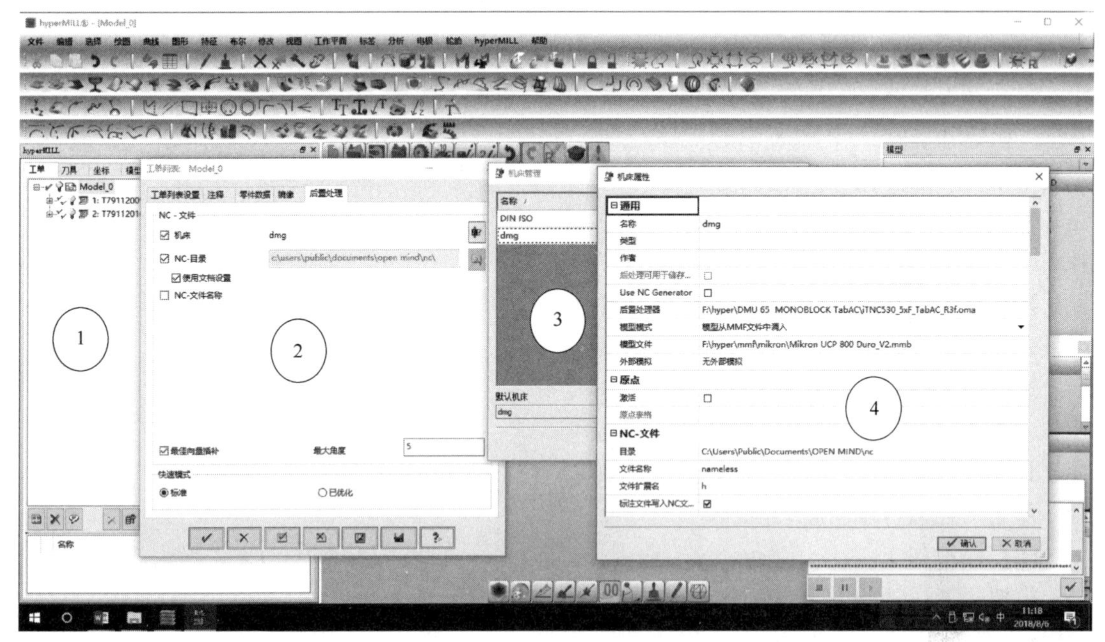

图 1-50　后置处理设置

1.8　实例

实例视频

加工零件如图 1-51 所示，材质铝，毛坯尺寸选用 100mm×100mm×100mm，机床选用双转台（摇篮式）五轴加工中心，控制系统为海德汉（Heidenhain iTNC530）系统。根据以上的加工条件，编制数控加工程序。

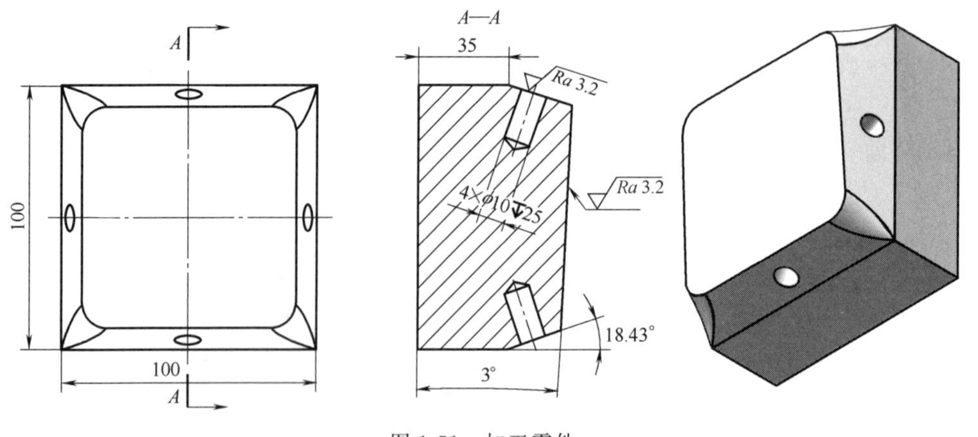

图 1-51　加工零件

1.8.1　零件工艺分析和工艺规程制订

由零件图可知，零件上表面为 3°斜面，四边由拔模角 18.43°的拔模斜面组成，在转角处存在变半径倒圆角，四个拔模斜面上孔 ϕ10mm 深 20mm。根据零件和五轴机床工艺特点，采用工序集中原则，一次装夹，完成粗、精加工。

粗加工采用分层粗加工，使用圆鼻刀加工，留余量0.5mm。圆鼻刀结合了球刀与立铣刀的优点，既避免了球刀中心部分与工件之间不是铣削，而是磨削，又避免了立铣刀角落容易刀刃磨损、崩刃的缺点。

精加工阶段，3°斜面采用立铣刀加工，18.43°拔模斜面、变半径圆角采用球刀加工。其中，3°斜面使用3+2方式加工，Z轴垂直于加工表面；18.43°拔模斜面采用五轴铣削方式。铣削过程中，为避免球刀与斜面的干涉，球刀侧倾。球刀的走刀行距，根据表面的粗糙度要求和球刀半径确定。加工方法如图1-52所示。工艺规划如表1-11所示。

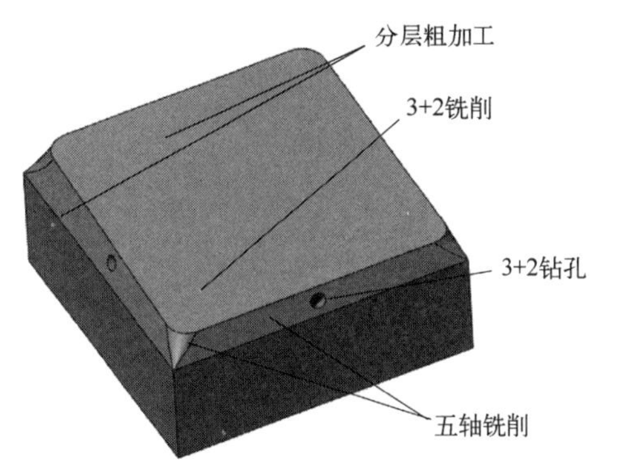

图1-52 粗、精加工方法

表1-11 工艺规划

工步	内容	加工策略	刀具
1	粗铣，留加工余量0.5mm	3D粗加工	12R2圆鼻刀
2	精铣3°斜面	端面加工	R6立铣刀
3	精铣拔模斜面、变半径圆角	投影加工	R6球刀
4	钻4×ϕ10mm深20mm孔	5X钻孔加工	ϕ10钻头

4×ϕ10mm孔使用ϕ10钻头，采用3+2钻削方式，啄钻（排屑）完成。钻孔时，钻头与拔模斜面垂直，机床A轴旋转71.57°（90°−18.43°），使用专用夹具将工件抬高到一定的高度，避免主轴与工作台干涉。防碰撞原理如图1-53所示。

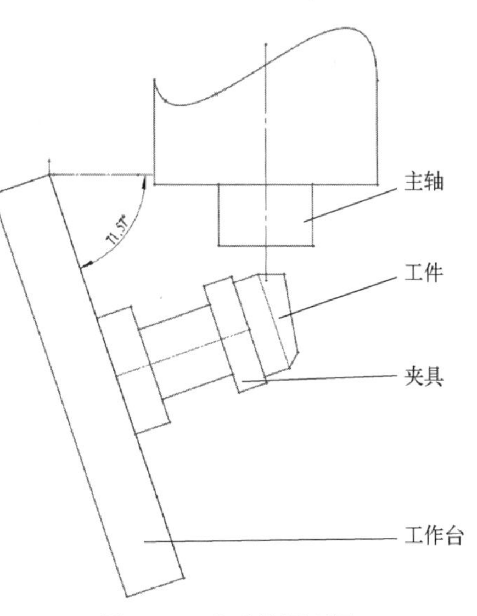

图1-53 防碰撞原理图

1.8.2 夹具、零件CAD模型准备

当建立和打开hyperCAD文档时，可通过hyperCAD菜单栏中的hyperMILL条目访问所有CAM功能。hyperMILL工具集的功能，还包括所有输入页面、菜单以及程序，都可用图标打开，同时也可用键盘指令打开，并可用<return>重复调用。

在CAD软件中完成零件和夹具建模，零件保存格式为.igs，如图1-54所示。根据设计基准与加工基准一致的原则，为方便建模、编程和加工，建模的绝对坐标系原点（WCS）与编程的NCS坐标系原点（工件坐标系原点）位于零件模型底面的中点。在hyperCAD中点击文件→打开模型。在“打开模型”对话框中选择文件类型.igs、文件位置、文件名，点击“打开”，如图1-55所示。

打开模型后，按“W”键，在模型中显示坐标系，点击hyperMILL菜单→浏览器，浏览器打开，如图1-56所示。

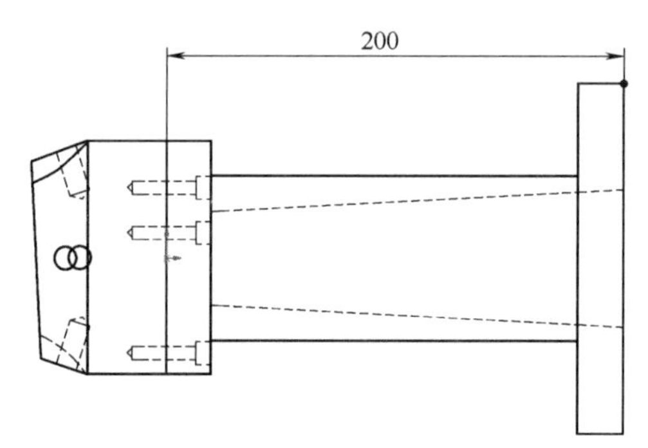

图 1-54 零件和夹具

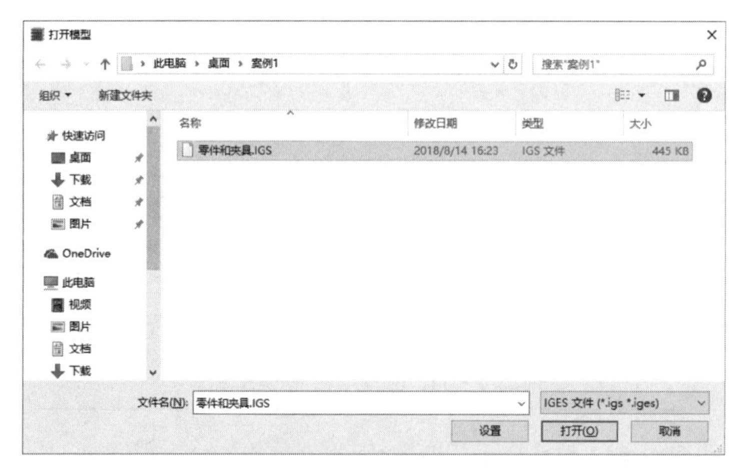

图 1-55 “打开模型”对话框

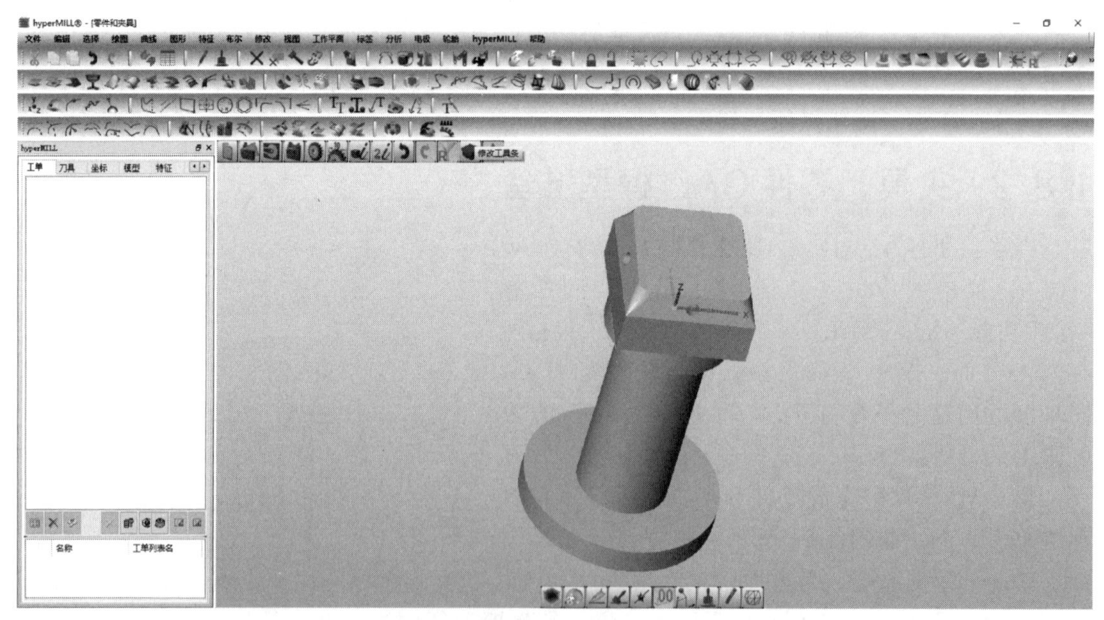

图 1-56 零件 CAD 模型准备

在 4×ϕ10 孔口使用有界平面建立补偿平面，平面的矢量方向向外，如图 1-57 所示。建立补偿平面方便球刀铣削拔模面时，避免由于模型孔的存在，导致刀具路径上存在间隙出现“扎刀”现象。

图 1-57　建立补偿平面

1.8.3　hyperMILL 的基本设置

图 1-58　文档选项卡设置

（1）hyperMILL 项目路径的设定

点击菜单栏 hyperMILL 设置→设置，点击文档选项卡，设置项目路径，以便将与文档有关的文件保存在同一个目录下，防止文件丢失。如图 1-58 所示。

（2）hyperMILL 数据库的设定

点击数据库选项卡，在对话框中点击设置向导/管理数据库项目，打开设置向导，如图 1-59 所示。设置 hyperMILL 默认的数据库，调用 OPEN MIND 已有的数据库或用户自己建立的数据库。

（3）定义 NCS

在 hyperMILL 浏览器对话框中，点击工单选项卡，在浏览器空白处右击打开快捷菜单，选择新建→工单列表，建立工单列表，如图 1-60 所示。双击已建立的工单列表，打开工单列表对话框，如图 1-61 所示。

在工单列表对话框中，点击工单列表设置选项卡，设置刀具路径和补偿刀具中心。补偿刀具中心可将刀尖或刀心设为刀具参考点，如图 1-62 所示。一般将球形刀具刀心设为刀具参考点。

世界坐标系（world coordinate system，WCS）又称为绝对坐标系。当打开一个新的（空的）工单列表时，NC 系统与世界坐标系工作平面对齐，即 NCS 与 CAD 的 WCS 对齐。NCS 坐标系图标如图 1-63 所示。

点击图标打开加工坐标定义对话框。在对话框中，可以通过多种方式定义 NCS。选择参考系统确定加工坐标系的原点。对齐模式，可选择参考、工作平面或 3 点，其中：参考、工作平面是通过激活参考坐标系或工作平面调整加工坐标系原点和方位；3 点是通过三点指定加工坐标系方位，点 1＝原点，点 2＝X 方向，点 3＝Y 方向。

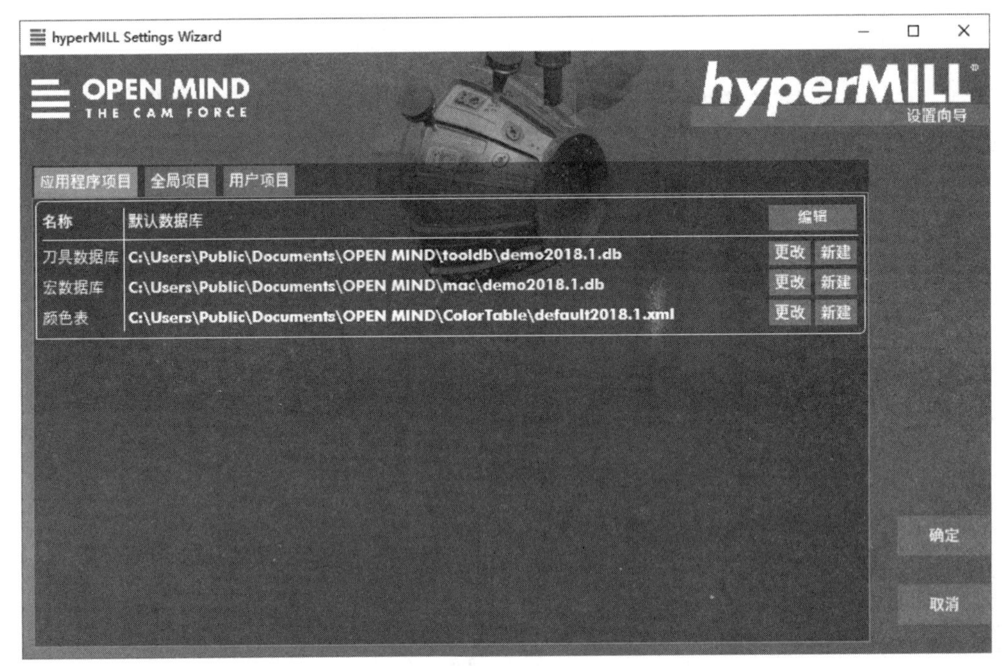

图 1-59　数据库路径设置

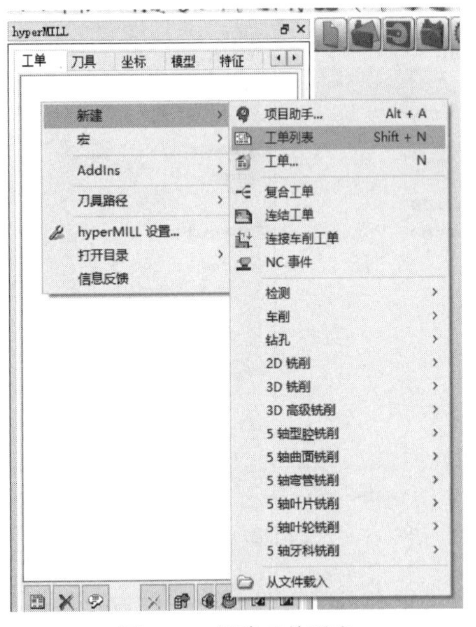

图 1-60　新建工单列表

图 1-61　工单列表设置对话框

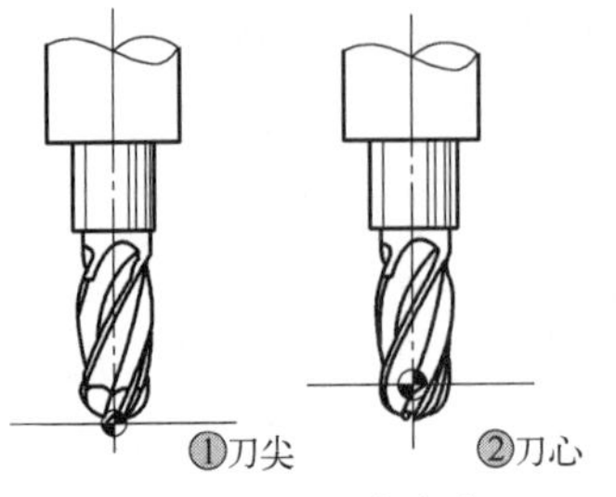

图 1-62　刀具参考点

图 1-63　NCS 坐标系图标

参考系统选择 WCS，对齐模式选择参考建立加工坐标系，如图 1-64 所示。

图 1-64　定义 NCS

(4) 装夹位置的设定

装夹位置指定了机床加工模拟的零点，模拟的零点以机床模型的工作台台面中点为参考。装夹位置有三种状态：装夹位置未启用；装夹位置已启用，未定义运动；装夹位置已启用，也定义了运动。

装夹位置未启用：零件和夹具模型放置于模拟所用机床模型的工作台台面中点。

装夹位置已启用，未定义运动：设置原点为 $X=0$，$Y=0$，$Z=0$；NCS 系统放置于模拟所用机床模型的工作台台面中点。

装夹位置已启用，也定义了运动：NCS 系统根据所定义的运动（设置的原点值）决定零件模型和夹具模型放置于模拟所用的机床模型的工作台台面中点的位置。

本例夹具高度 200，设置装夹位置选项已启用，设置原点为 $X=0$，$Y=0$，$Z=-200$，即工作台台面中点相对于 NCS 距离 -200，如图 1-65 所示。

图 1-65　定义装夹位置

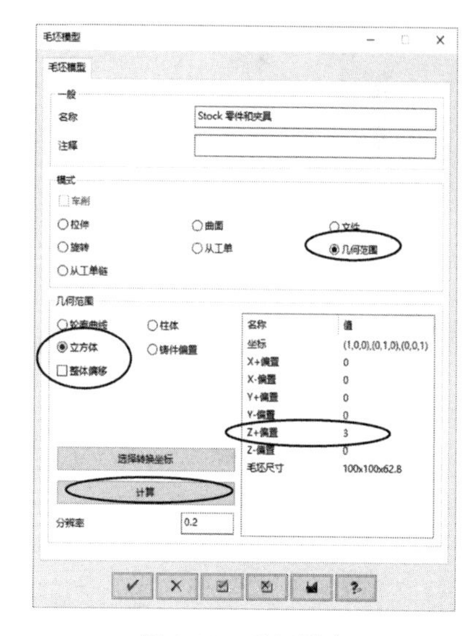

图 1-66　毛坯设定

(5) 毛坯、模型、工件材料设置

按下“H”键，使用隐藏命令，选中夹具部分隐藏。在工单列表对话框中，点击零件数据选项卡，在对话框中，勾选毛坯模型下的已定义，点击新建毛坯，分别设定毛坯、模型，如图 1-66、图 1-67 所示。选定材料。零件数据选项卡设置结果如图 1-68 所示。

(6) 后置处理设置

在工单列表对话框中，点击后置处理选项卡，在对话框中，设置机床模型 .mmf、后置处理器 .oma、NC 程序格式（海德汉系统 .h）。设置的具体内容和过程如图 1-69 所示。

图 1-67　模型设定

图 1-68　零件数据选项卡设置

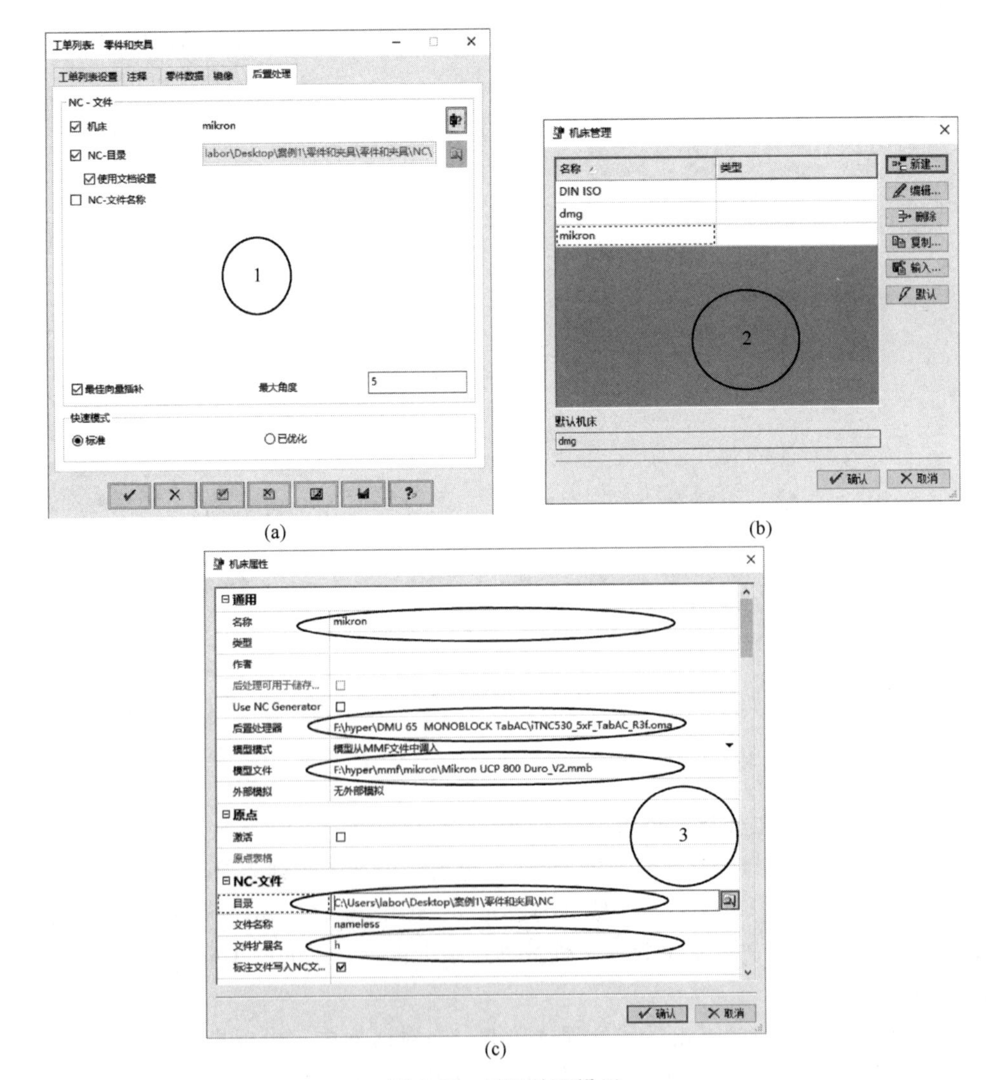

图 1-69　后置处理设置

1.8.4 刀具轨迹生成

(1) 3D 任意毛坯粗加工

对整个加工区域采用分层法进行粗加工，典型的加工方法为 3D 任意毛坯粗加工，如图 1-70 所示，使用的刀具可以是立铣刀或圆鼻刀，本例使用 12R2 圆鼻刀开粗。

3D 任意毛坯粗加工主要完成工单、策略、参数、进退刀、设置选项卡的设置。

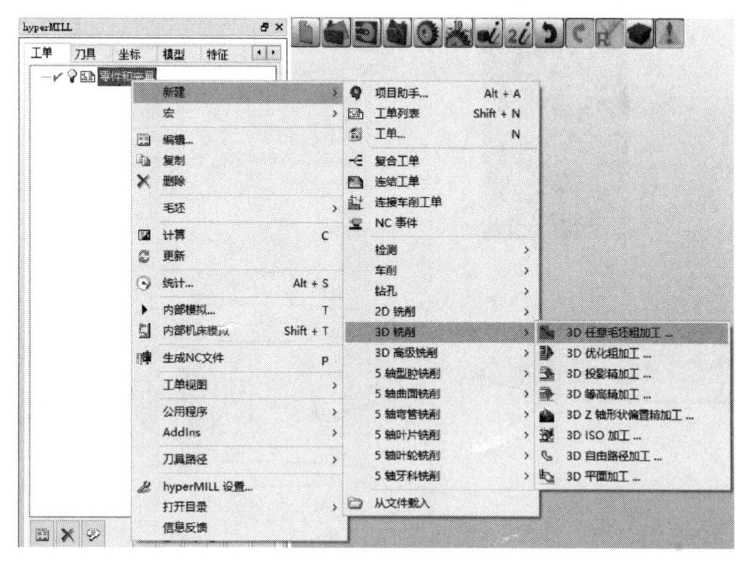

图 1-70　工单启动

1）刀具设置

刀具设置有两种方法：一种是使用刀具数据库；另一种是使用文档刀具，用户自己建立。刀具设置主要包含几何图形和工艺。几何图形设置刀具的类型、几何参数、与机床刀柄的连接；工艺设置刀具的刀齿数、切削速度、铣刀的每齿进给量、刀具的参考点、刀具的转速、进给速度。文档刀具的建立如图 1-71 所示。

刀具的转速、进给速度可采用公式自动计算，其中 $v_c=\pi dn/1000$，$v_f=f_z zn$。式中，v_c 为切削速度，m/min；d 为刀具直径，mm；n 为主轴转速，r/min；v_f 为进给速度，mm/min；f_z 为每齿进给量，mm/齿。

2）策略选项卡的设置

策略（图 1-72）主要完成以下功能：确定刀具的加工方向，选择铣削平面和型腔的优先顺序，顺逆铣的选择，刀路在转角处的圆弧半径设置，刀具满刀切削时的进给速度的变化。

3）参数的设置

参数（图 1-73）主要完成以下功能：加工区域的最高点和最低点确定（可通过模型选点确定），刀具路径水平步距、垂直步距、余量的设定，退刀模式的选择。退刀模式中的安全距离为相对值（相对于加工区域的最高点），安全平面为绝对值。余量设置与检测平面层选项配合，可设置不同的底面和侧面余量。

4）高性能的设置

高性能（图 1-74）主要完成以下功能：适应数控加工高速铣削的要求，满足高速铣削过程中对切削量恒定的要求，刀路中增加了摆线铣削和相应的策略。

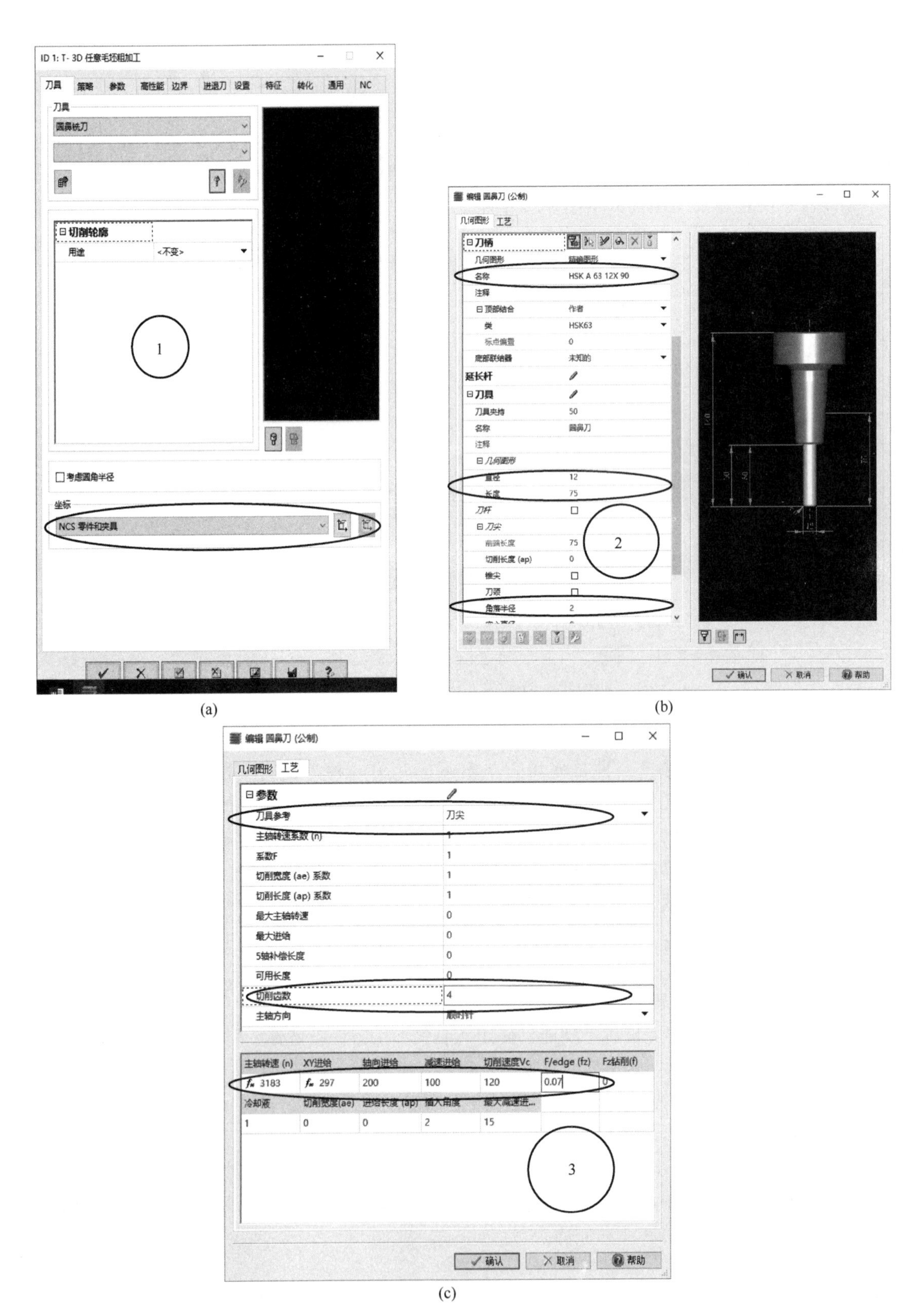

图 1-71　文档刀具的建立

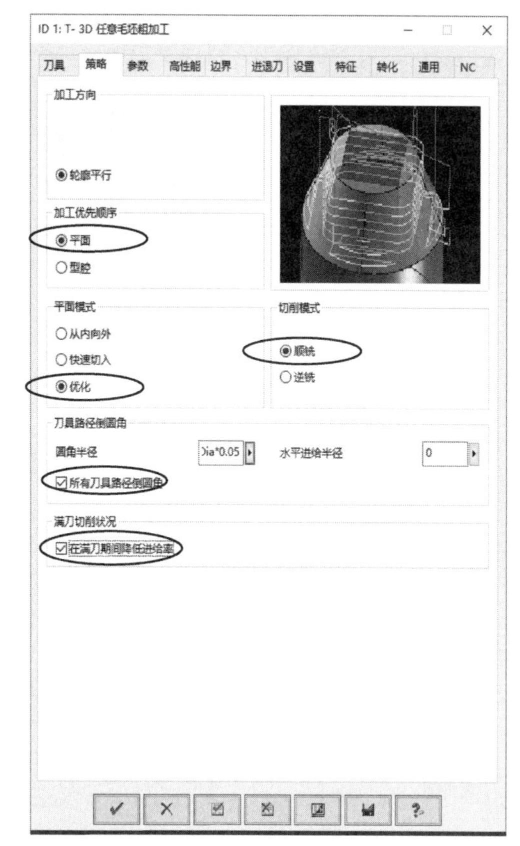

图 1-72　策略的设置

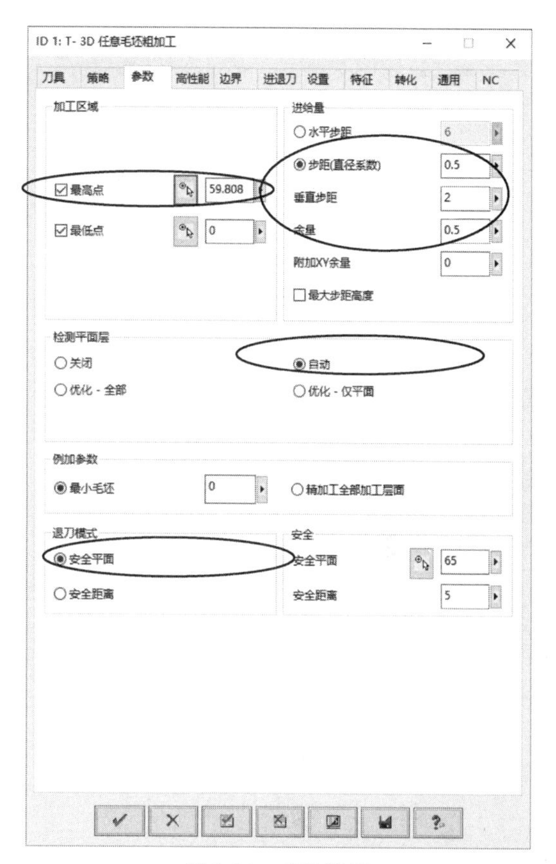

图 1-73　参数设置

5）边界的设置

边界（图 1-75）主要完成以下功能：刀具在加工区域边界的三种形式选择，防止刀具在边界碰撞的下切点的设置。

6）进退刀的设置

进退刀（图 1-76）主要完成以下功能：选择刀具下刀方式，防止立铣刀端面横刃不过刀具中心，立铣刀与工件发生碰触。

7）设置的设置和刀路计算

设置（图 1-77）主要完成以下功能：为加工区域设置加工模型和毛坯模型，进行刀路碰撞检查，以及设置发生碰撞时的对策。加工模型和毛坯模型可以采用已经建立的模型，也可根据需要重新建立。

以上参数设置完成后，点击计算，计算刀具路径，如图 1-78 所示。

（2）端面加工

精加工 3°斜面，Z 轴垂直于加工表面，使用 3+2 方式加工。由于机床的形式不同，可能是工作台（机床工作台摆动）或主轴（主轴摆动）旋转 3°。刀具可采用立铣刀或球刀，球刀加工刀具最低点切削速度为“0”，铣削过程中一般采用五轴铣削，刀具前倾。本例使用 $R6$ 立铣刀。

1）建立加工坐标系

将 3°斜面确定为工作平面。在菜单栏上点击工作平面菜单→在面上，在在面上对话框中点击面，选择 3°斜面，点击“确定”，如图 1-79 所示。

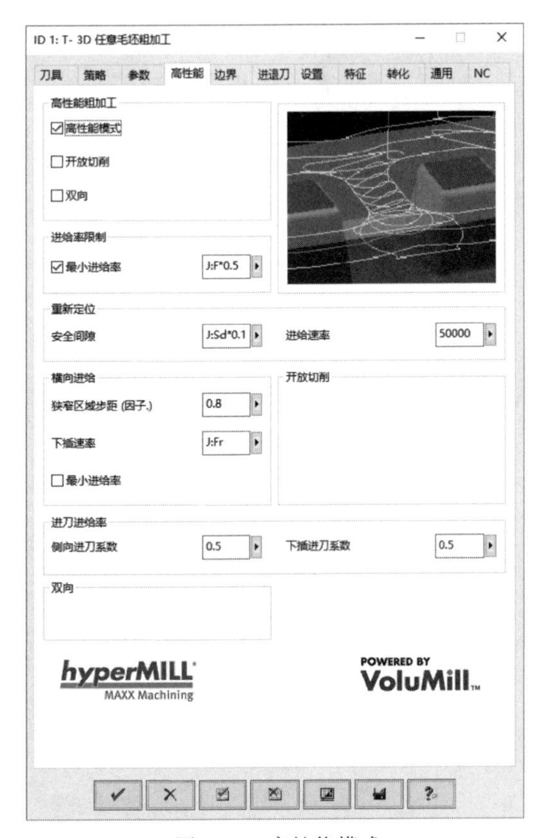

图 1-74　高性能模式

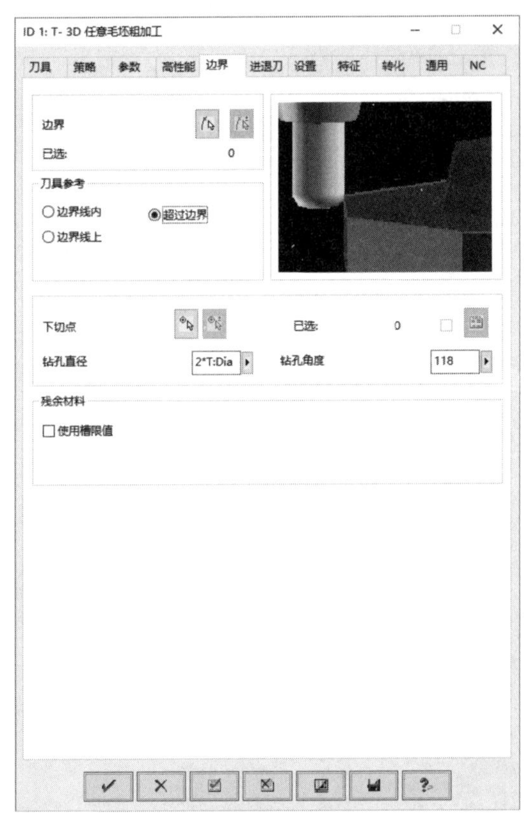

图 1-75　边界

图 1-76　进退刀

图 1-77　设置

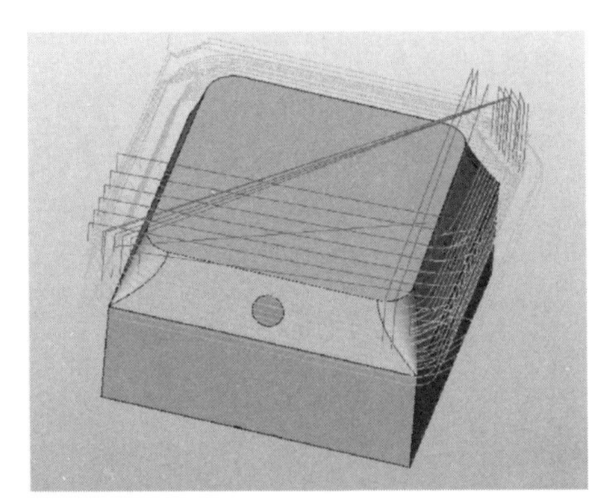

图 1-78　刀具路径计算

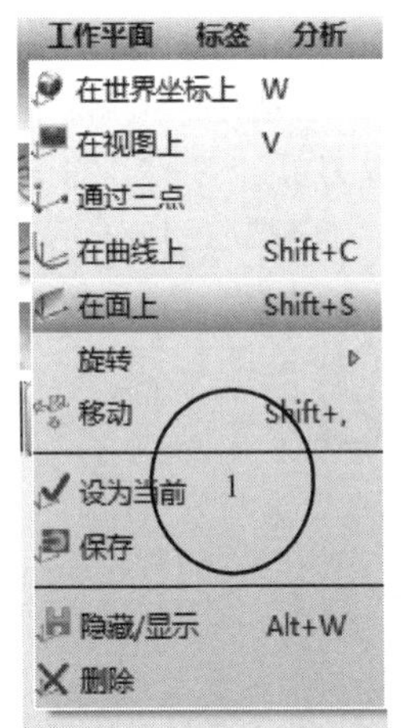

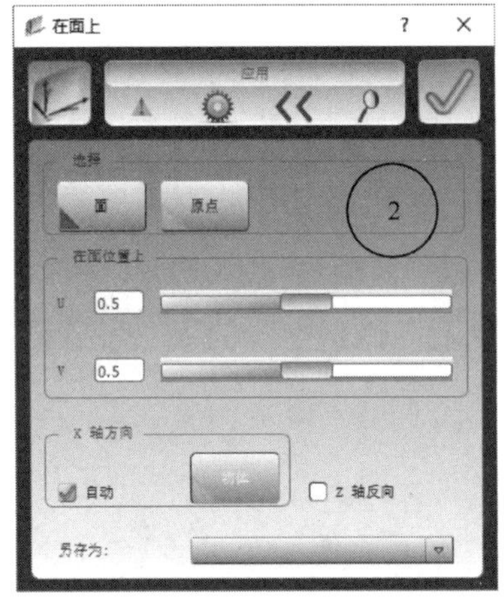

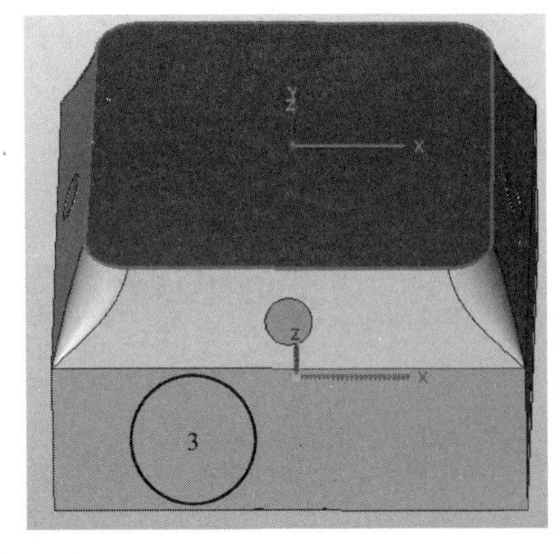

图 1-79　工作平面设定

在工作平面建立加工坐标系。点击浏览器坐标选项，点击“新建”图标，在加工坐标定义对话框中，点击“工作平面”，完成加工坐标系建立，如图 1-80 所示。

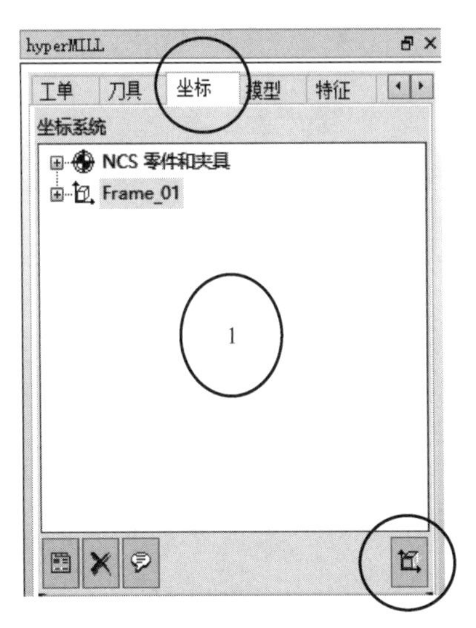

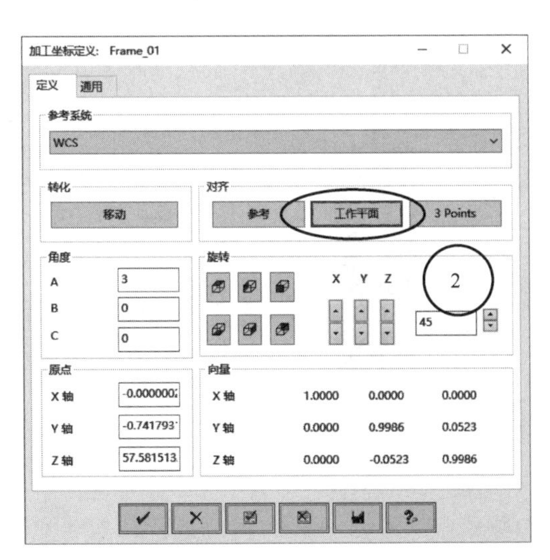

图 1-80

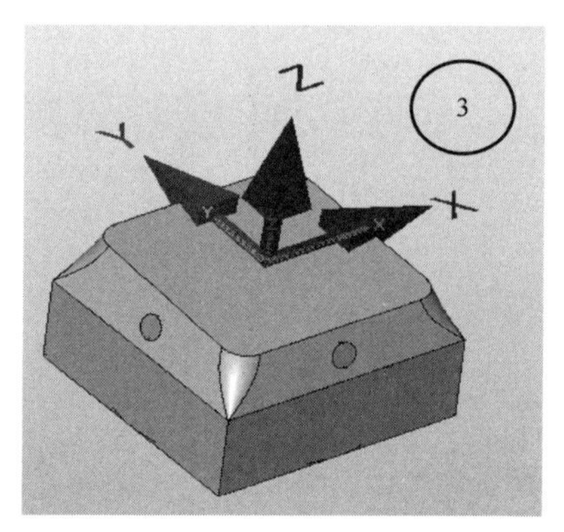

图 1-80　工作平面坐标系的建立

2）平面加工工单设置

鼠标指向工单列表，在工单列表下方空白处右击鼠标弹出快捷菜单，点击新建→3D 铣削→3D 平面加工，如图 1-81（a），打开工单对话框。在工单选项卡中，设置刀具、刀柄、加工坐标系，如图 1-81（b）所示。设置完成后，点击“计算”，计算刀具路径，如图 1-82 所示。

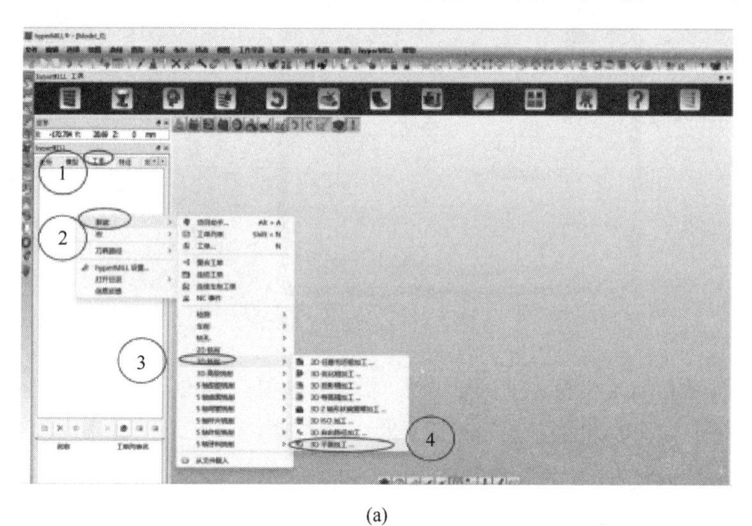

(a)

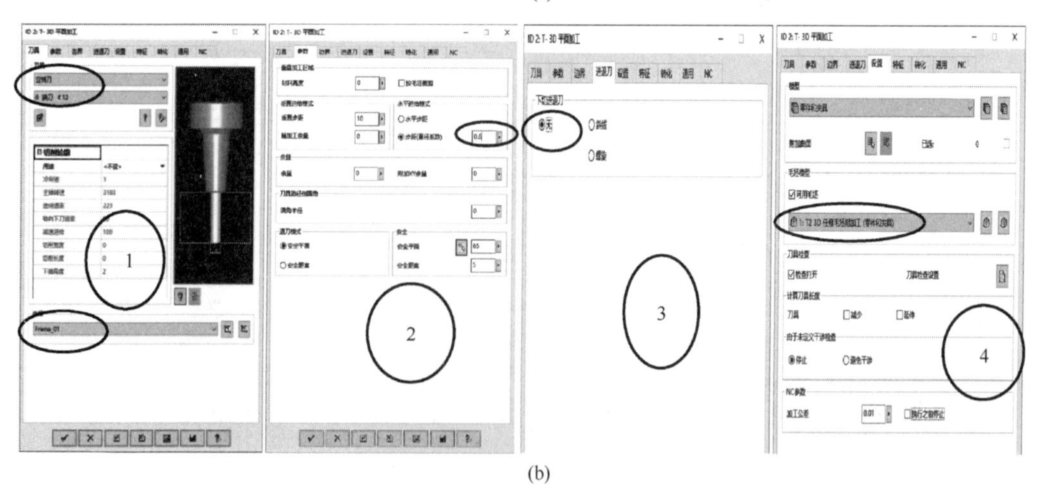

(b)

图 1-81　工单设置

(3) 投影加工

18.43°拔模斜面、变半径圆角可以采用三轴加工，本例采用五轴投影加工铣削。

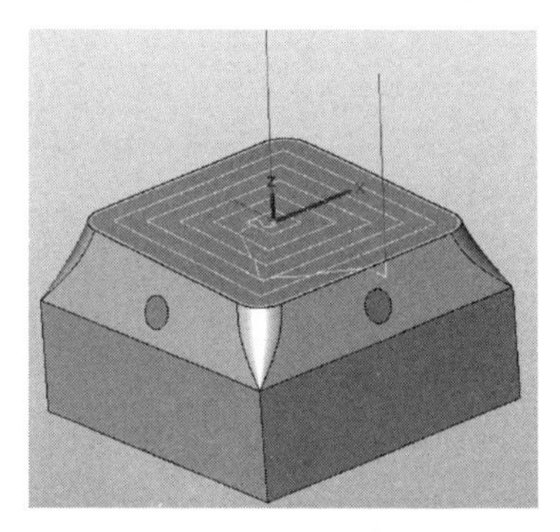

图 1-82　刀具路径

鼠标指向工单列表名称后右击，弹出快捷菜单，点击新建→五轴型腔铣削→5X 投影精加工，打开工单对话框。在工单选项卡中，设置刀具、策略、参数、刀柄、加工坐标系。刀具设置如图 1-83 所示。在五轴加工中应把刀具参考点设置为中心点，特别是当两点之间有急剧倾斜移动时，中心点路径会导致比带有刀尖参考点的路径平滑得多的线路。

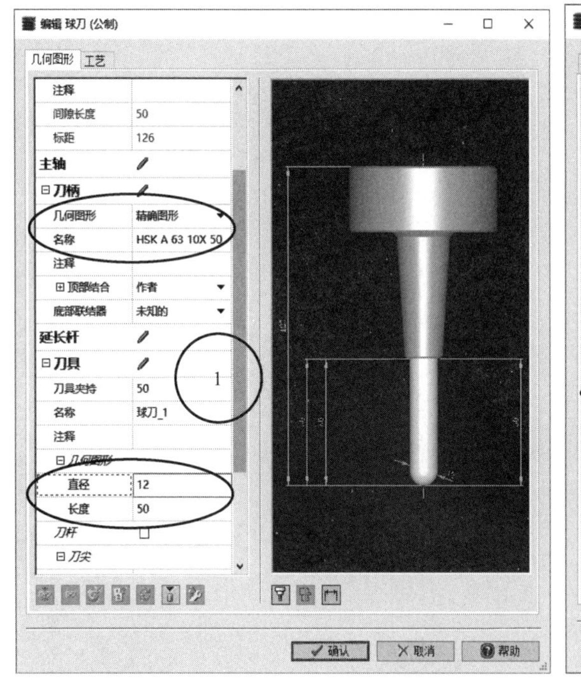

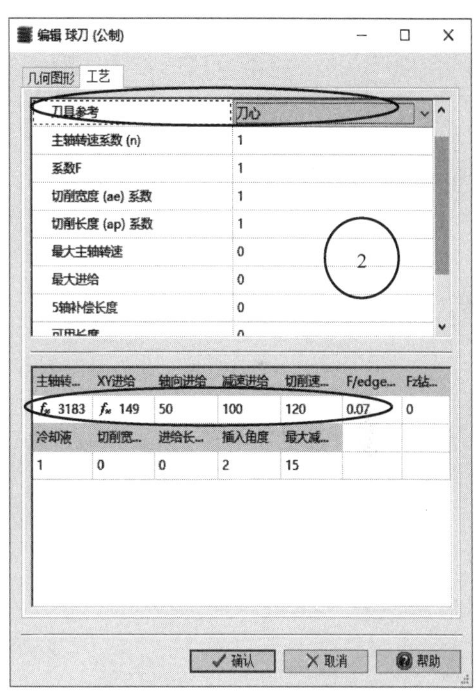

图 1-83　刀具设置

策略设置中，横向进给策略选择偏置，偏置的轮廓曲线选择结果如图 1-84 所示。偏置的轮廓线选择采用链接方法，具体步骤如图 1-85 所示，首先单击图标，弹出选择轮廓线窗口，在绘图区空白处右击，弹出快捷菜单，选择在交叉处停止，选择上表面。

参数设置如图 1-86 所示。

五轴参数设置如图 1-87 所示。在五轴机床中，C 轴为第 4 轴。刀轴的控制是五轴加工的核心技术，刀轴的倾斜分为侧倾和前倾。“倾斜策略”设置为自动，刀轴的方向始终打开，生成的刀具轨迹光顺。A/B 轴设置与侧倾角度控制有关，有利于碰撞避让。“机床限制”中的最大 Z 轴角度，在坐标系的 Z 轴测得，防止倾斜角度输出超过机床的定位范围。选择“自动分度”，计算 NC 路径时，分段成固定轴位置；区段过渡时，选择“允许联动”，所有五轴可实施同时移动。

通过边界设置加工区域，点击边界→加工面，选择曲面，如图 1-88 所示。

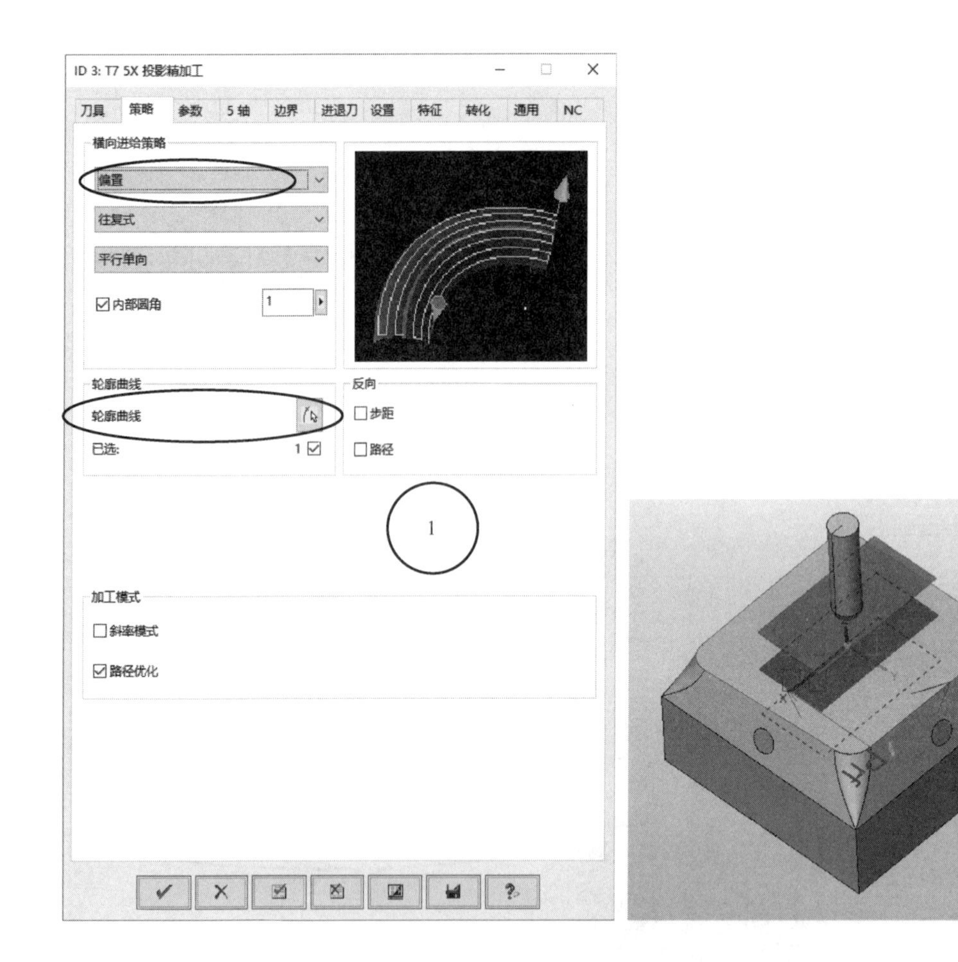

图 1-84　轮廓曲线的结果

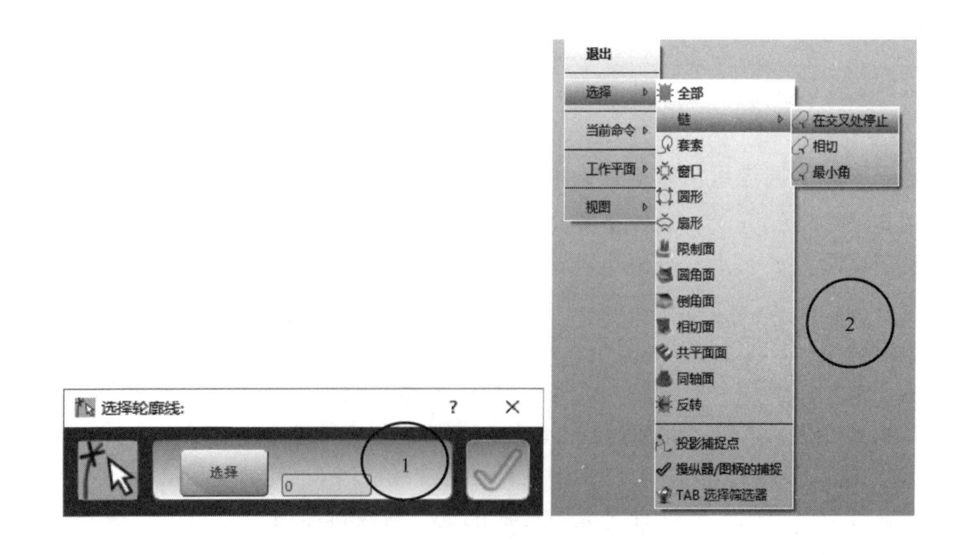

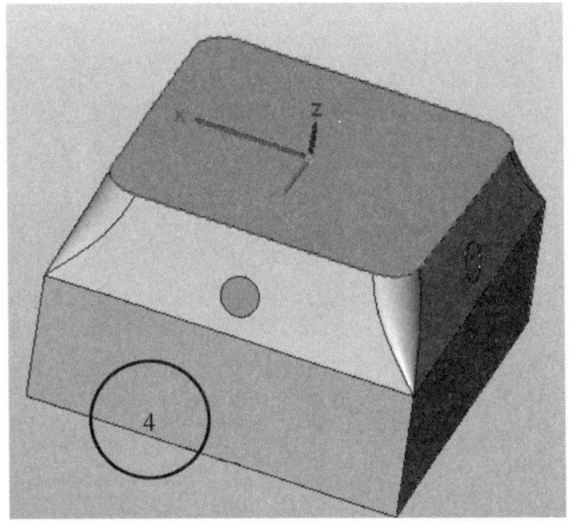

图 1-85　轮廓线的选择

图 1-86　参数设置

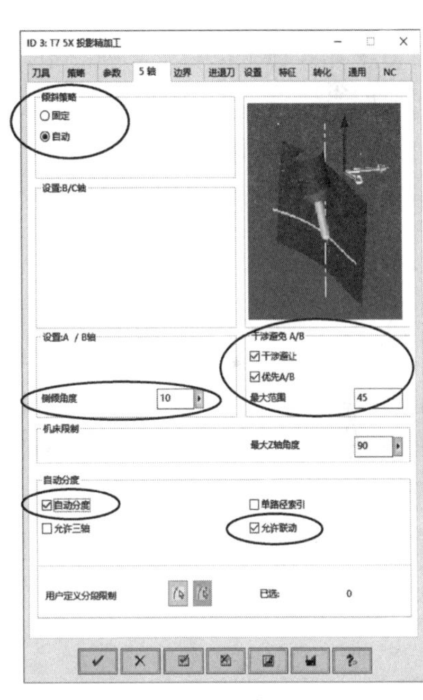

图 1-87　五轴参数设置

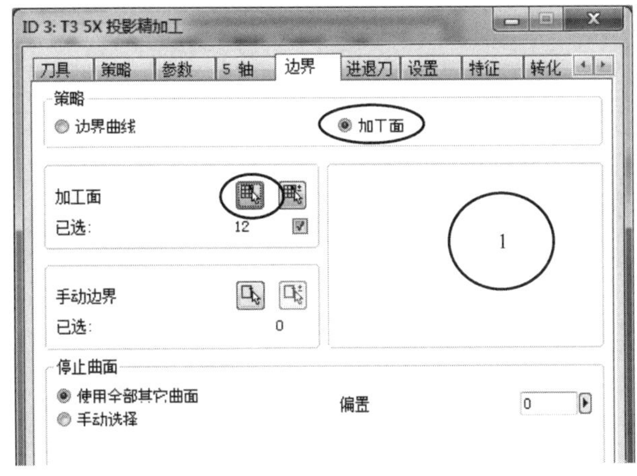

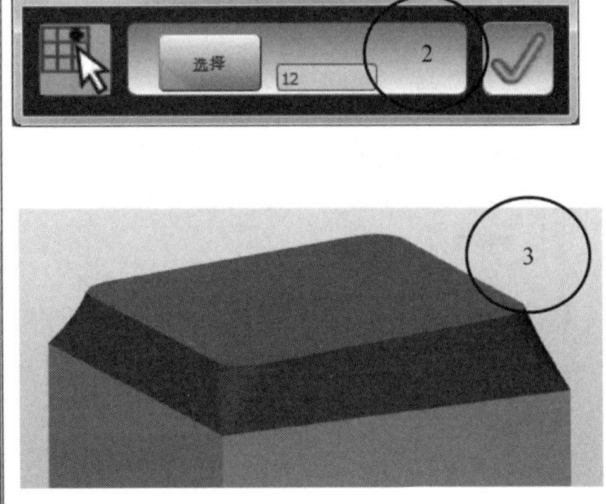

图 1-88　边界设置

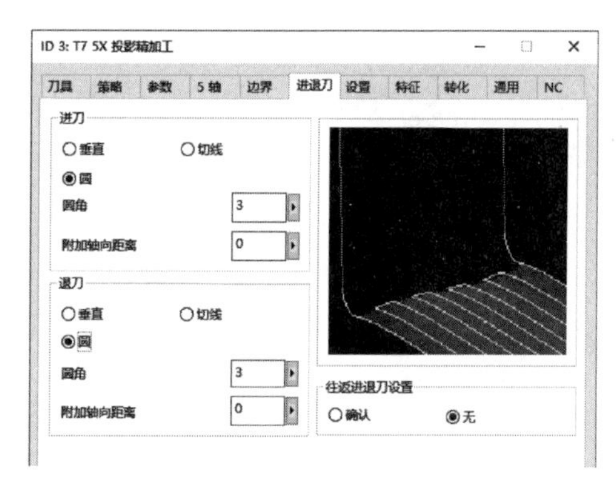

图 1-89 进退刀设置

进退刀设置如图 1-89 所示，定义了刀具的进刀、退刀方式。

设置参数的设置如图 1-90 所示，NC 数据与刀具路径有关。其中“加工公差”数值定义了刀具路径生成计算时的准确度。

设置完成后，点击“计算”，计算刀具路径，如图 1-91 所示。

(4) 5X 钻孔加工

钻 4×ϕ10 深 20 孔，利用 hyperMILL 工艺特征完成。工艺特征将加工用的几何形状数据从特征传输到工单定义（特征工单连接器），增加编程自动化。在此过程中，各种工作流程被定义并存储为技术宏，可应用于类似的加工任务，以便于在各种工单和工单列表中使用。特征技术显著减少了编程工作量，增加了效率，节约了时间。

hyperMILL 浏览器中的特征选项卡称为特征浏览器。特征浏览器包括：具有特征列表和快捷菜单功能的顶部范围；具有特征列表和快捷菜单功能的底部范围；具有过滤器功能和控制特征可见性功能的工具栏。如图 1-92 所示。

图 1-90 设置参数的设置

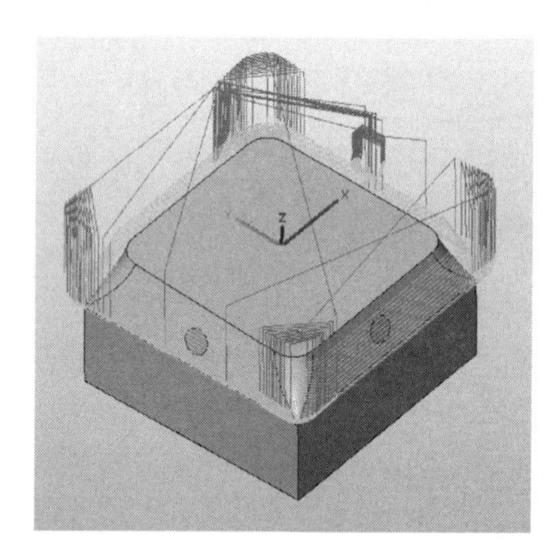

图 1-91 五轴投影加工刀路

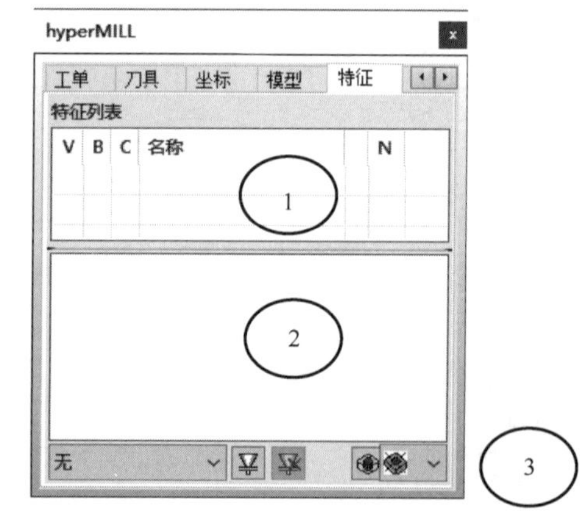

图 1-92 特征浏览器

特征的建立如图 1-93 所示。在特征浏览器的顶部范围的空白处右击，弹出快捷菜单，点击“单孔识别”，在弹出的单孔识别对话框中分别进行 $\phi10$ 范例孔的确定和 $4\times\phi10$ 的搜索，完成特征建立。

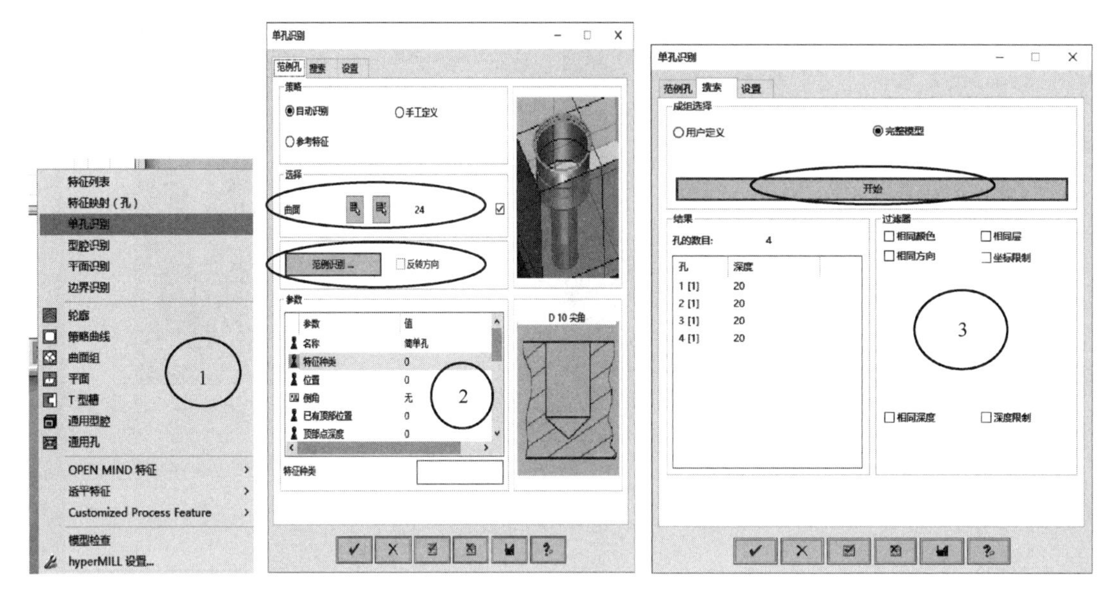

图 1-93　特征的建立

带有特征的工单建立。在鼠标底部范围已建立的复合特征选项上右击，在弹出的快捷菜单中选择断屑钻，如图 1-94 所示，启动断屑钻工单。在断屑钻工单对话框中设置刀具的几何图形和工艺，如图 1-95 所示。在轮廓选项卡中设置钻孔模式，如图 1-96 所示。在参数选项卡中设置加工参数，如图 1-97 所示。在设置选项卡中设置模型，如图 1-98 所示。参数设置完成后单击计算，完成带有特征的工单的刀具路径生成，如图 1-99 所示。在 hyperMILL 浏览器中单击工单，将显示系统自动添加的断屑钻工单。

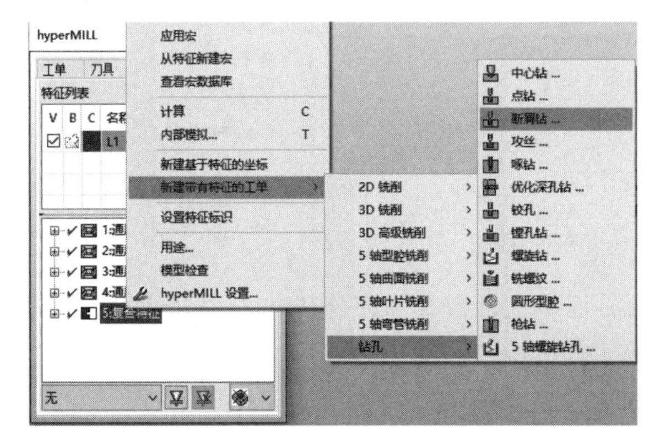

图 1-94　断屑钻特征的工单的启动

1.8.5　模拟加工

hyperMILL 可以对工单列表中所有工单和单个工单进行模拟，如果只进行刀路模拟则采用内部模拟，如果需要进行碰撞检查则采用内部机床模拟，如果需要报告文件则使用 hyperVIEW

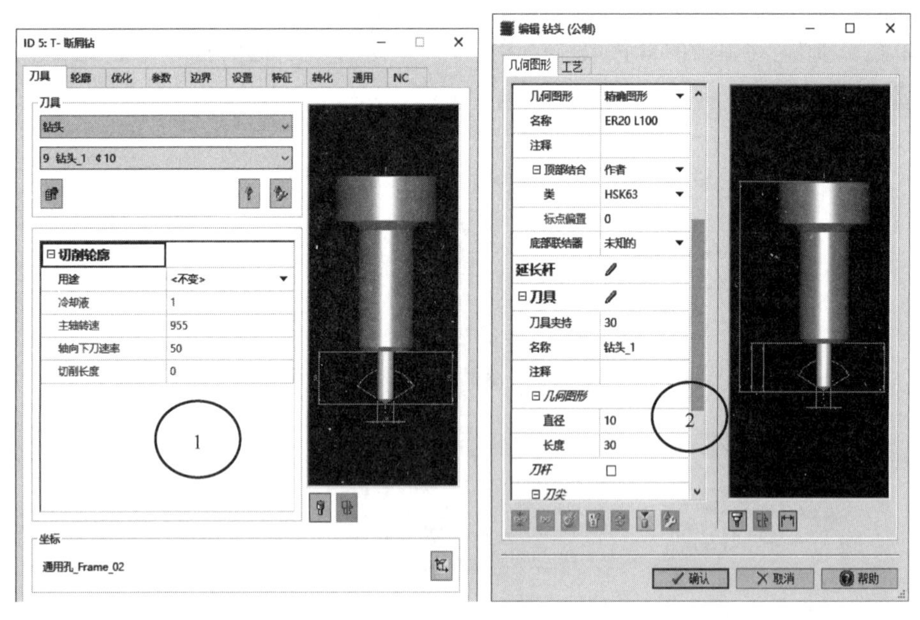

图 1-95　刀具的设置

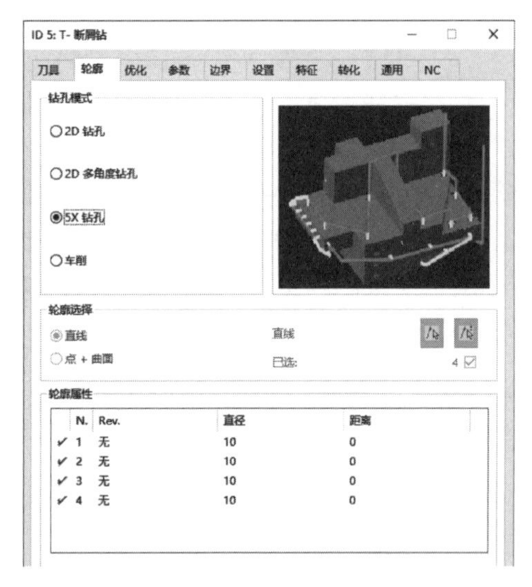

图 1-96　钻孔模式设置

图 1-97　加工参数设置

模拟，对后置处理生成的程序进行模拟和刀路优化采用外部模拟程序（例如 VERICUT）。本例中采用内部机床模拟和 hyperVIEW 模拟。

(1) 内部机床模拟

在 hyperMILL 浏览器中，鼠标指向工单列表名称，右击，在弹出的快捷菜单（如图 1-100 所示）中点击“内部机床模拟”，打开加工模拟对话框，如图 1-101 所示。

加工模拟主要完成以下设置：

工单状态：显示模拟的工单、工件坐标系、刀具，可选择进行加工的模拟的工单，文件格式为 . pof。

刀具显示：是否显示刀具和刀柄。

图 1-98 模型设置

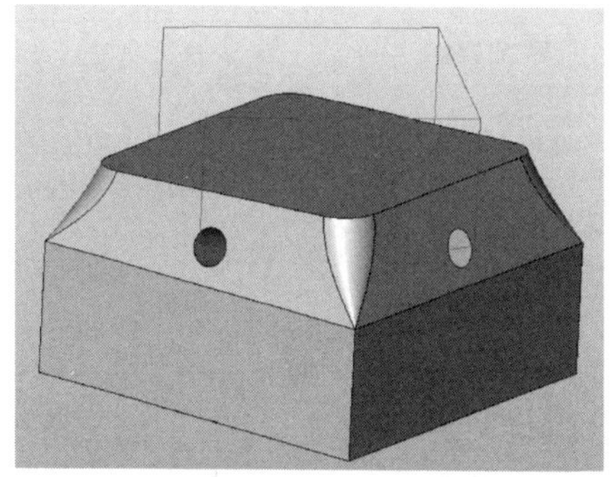

图 1-99 刀具路径生成

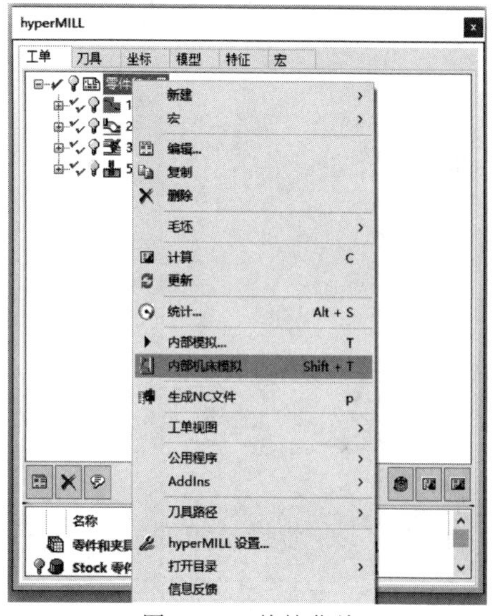

图 1-100 快捷菜单

仿真控制：是否显示刀具路径和仿真的方向等。

工艺：显示工艺状态和坐标。

可去除的材料仿真：是否显示毛坯、夹具、切除毛坯。

设置机床：显示机床的结构，方便碰撞检查。单击“启用加工零件”，弹出机床结构对话框，设置需要显示的机床机构，如图 1-102 所示。

内部机床模拟参数设置完成后进行模拟，如果有碰撞、干涉现象，模拟系统报警，需要从夹具、刀具、刀柄、机床行程、刀路等方面检查原因，排除故障。模拟的结果如图 1-103、图 1-104 所示。

(2) hyperVIEW 模拟

hyperVIEW 的仿真功能必须输入机床才能使用。hyperVIEW 的基本功能包括：

① 显示刀具路径及刀具移动的控制；

② 根据刀具路径文件（POF 文件）进行机床模拟，包括显示毛坯、模型及结果；

③ 使用 hyperMILL 创建的现有刀具路径生成的 NC 文件；

④ 生成报告文件，以及打印功能。

单击菜单栏→运行→hyperVIEW，启动 hyperVIEW 软件，hyperVIEW 软件用户界面如图 1-105 所示，包含下列元素：菜单栏（1）；工具条（2）；浏览器（3）；图形窗口（4）；状态栏（5）。

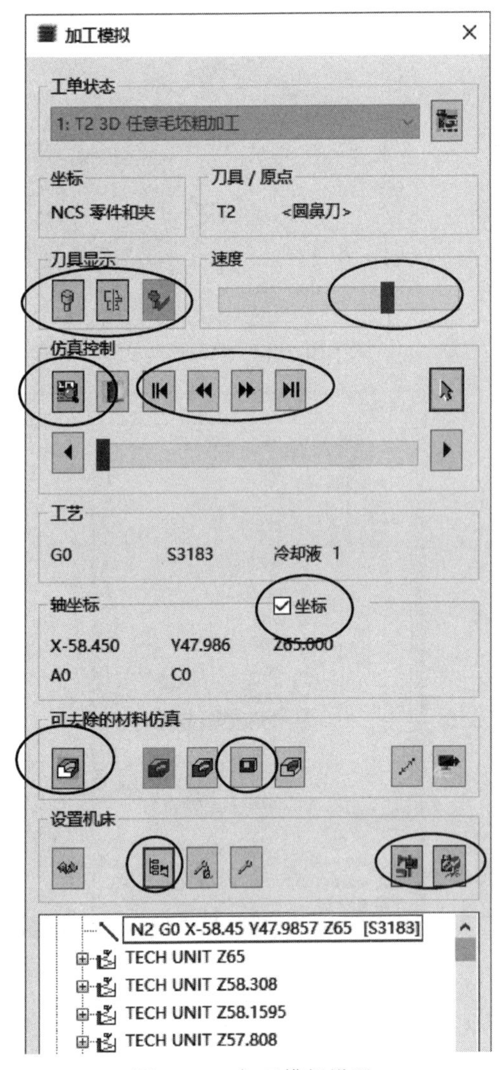

图 1-101　加工模拟设置

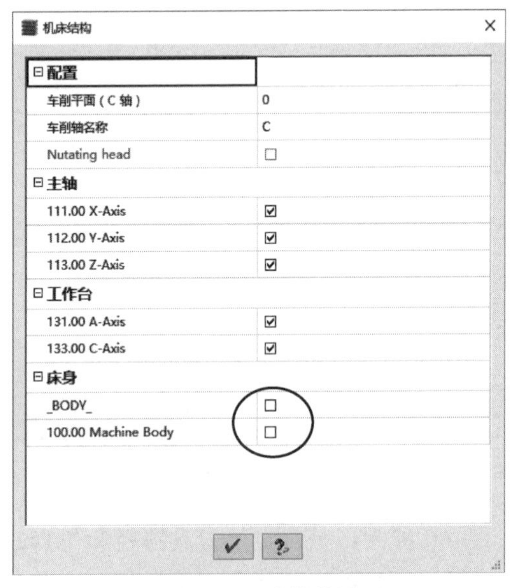

图 1-102　机床结构设置

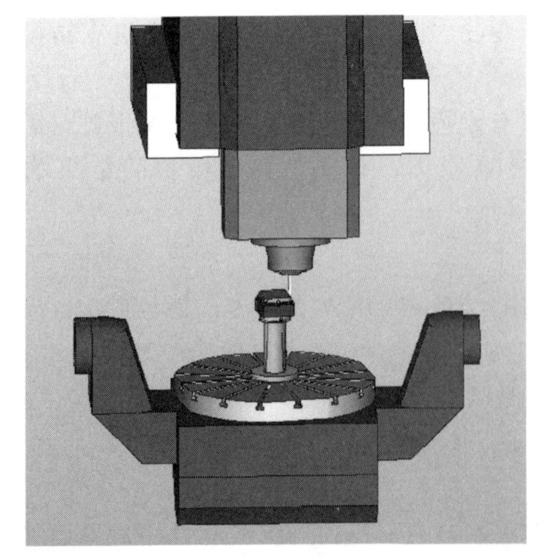

图 1-103　精铣上表面

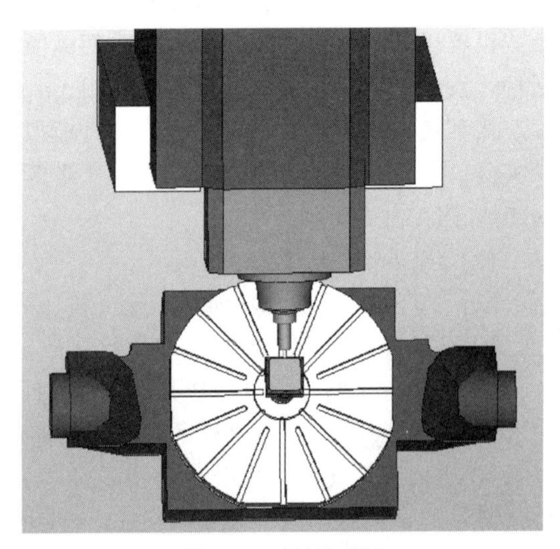

图 1-104　钻孔模拟

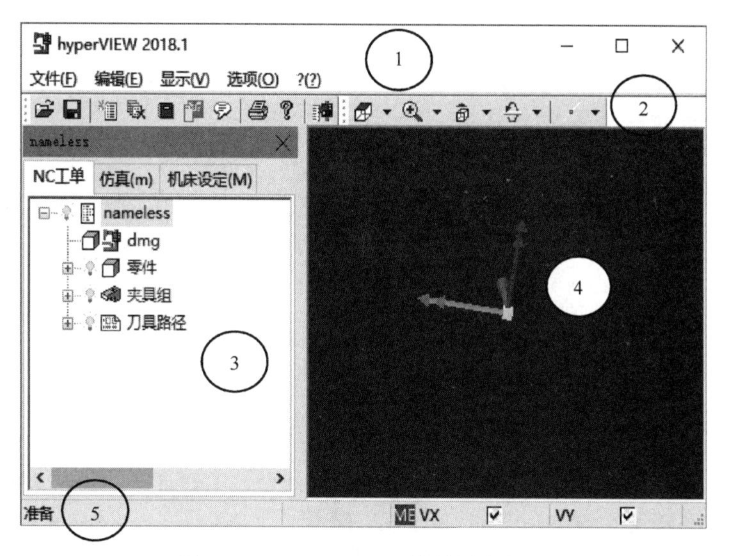

图 1-105　hyperVIEW 软件用户界面

NC 工单建立。在浏览器空白处右击弹出快捷菜单，点击 新建NC-工单(N) 菜单，在浏览器中新建 NC-工单，如图 1-106 所示。

文件建立。右击毛坯，在弹出的快捷菜单中，点击选择插入网格（M），在弹出的对话框中选择项目下 STOCK 文件夹中的毛坯文件，如图 1-107 所示。

依此方法分别插入项目文件夹的模型、夹具、刀具路径，结果如图 1-108 所示。

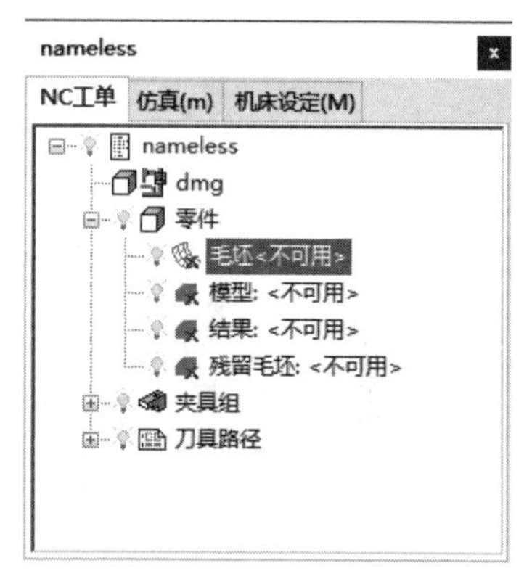

图 1-106　新建 NC-工单

机床设定。点击浏览器机床设定选项卡，点击编辑机床原点及参考位置点，在机床原点及参考位置点对话框中，设定参考点为机床模型原点。由于机床原点为工作台上表面的中心，夹具高度 200，工件坐标系原点为模型下表面中心，工件坐标系原点为 X0-Y0-Z200。机床参考位置点设置 Z400，使得主轴离开工件上表面。如图 1-109 所示。

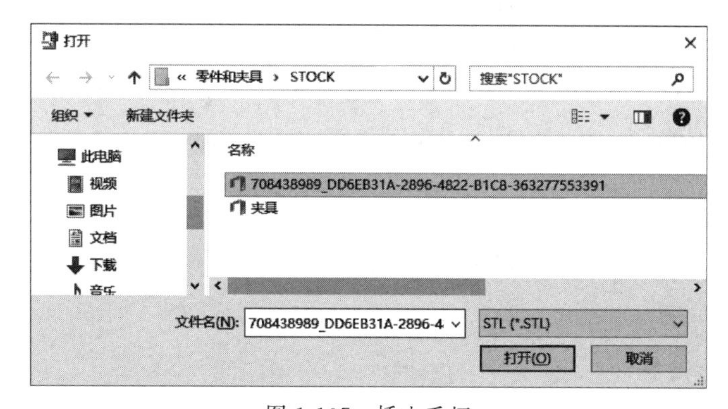

图 1-107　插入毛坯

仿真。点击仿真选项卡，再打开换刀、碰撞等选项，设置启用毛坯、显示刀具、模拟速度，模拟。如图 1-110 所示。

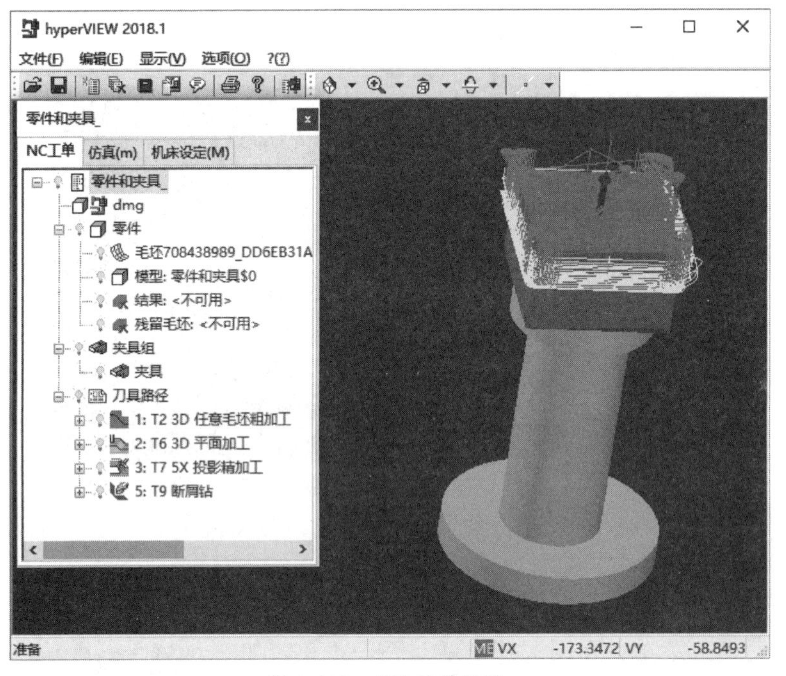

图 1-108　NC 工单设置

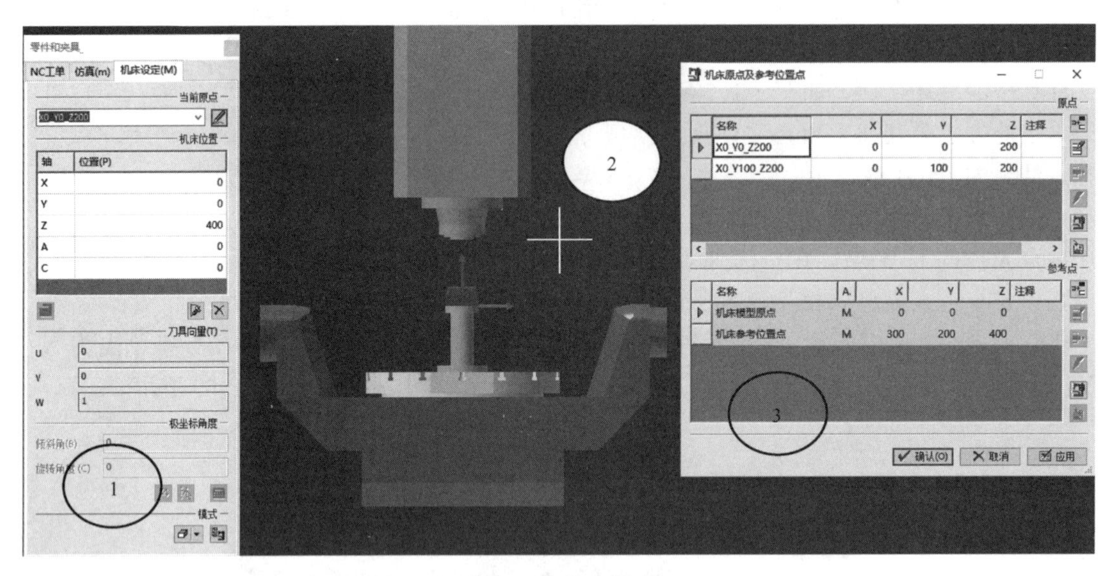

图 1-109　机床设定

报表生成。点击菜单栏文件→ 报告 2018(2)... ，在打开对话框中选择报表模板（图 1-111），生成报表如图 1-112 所示。

1.8.6　后置处理生成 NC 程序

在 hyperMILL 浏览器中，鼠标指向工单列表名称，右击，在弹出的快捷菜单中，点击生成 NC 文件，打开后置处理器对话框进行后置处理，生成 NC 程序。如图 1-113、图 1-114 所示。

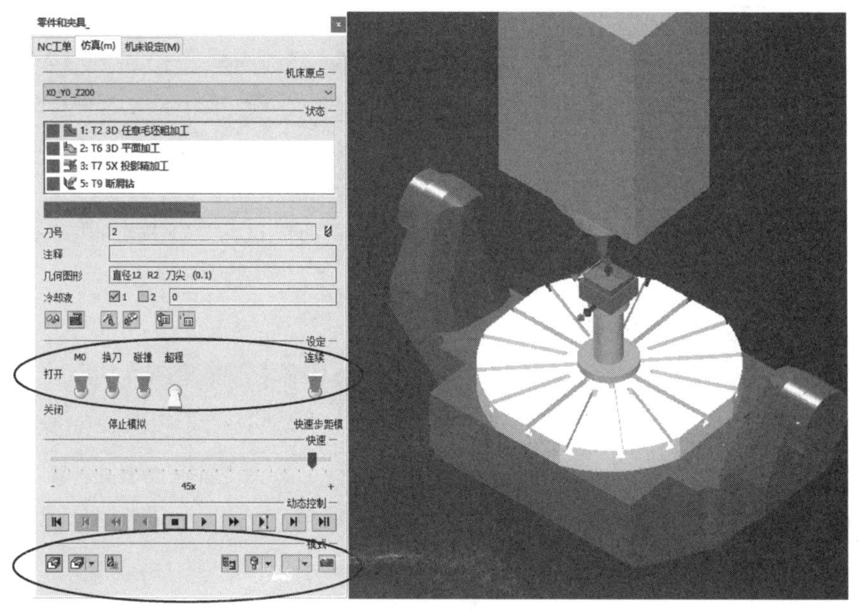

图 1-110　仿真

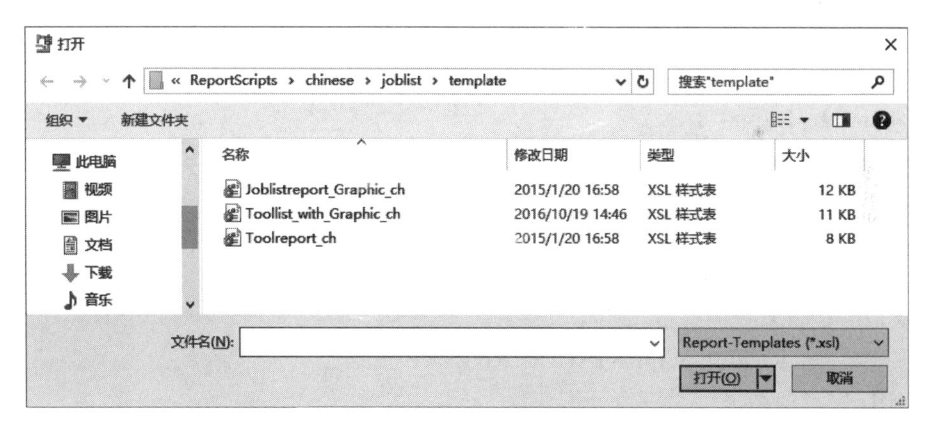

图 1-111　打开报表模板

机床: dmg
材料: 铝 M11
Nc文件: C:\Users\Public\Documents\OPEN MIND\nc\零件和夹具_.h

OPEN MIND
THE CAM FORCE

工单名:	**1: T2 3D 任意毛坯粗加工**	注释:	OPERATION 1 圆角刀
刀具:	**圆角刀(2)**		
直径:	12		
圆角半径:	2		
参考:	主轴頭		
刀柄:	**HSK A 63 12X 90**	**延伸:**	**(长度: 0)**
偏置量:	0.5	进给速率:	223
附加XY余量:	0	轴向下刀速率:	50
水平步距:	6	刀具路径[mm/inch]:	12696
Z 轴垂直步距:	2	[min]:	34.49
主轴转速:	3183	轴向切削速度:	100
安全平面:	65		
(zmax):	65.31	(zmin):	35.81
(xmax):	65.74	(xmin):	-58.54
(ymax):	64.78	(ymin):	-62.00
Nc文件:	C:\Users\Public\Documents\OPEN MIND\nc\零件和夹具_.h		

图 1-112　报表

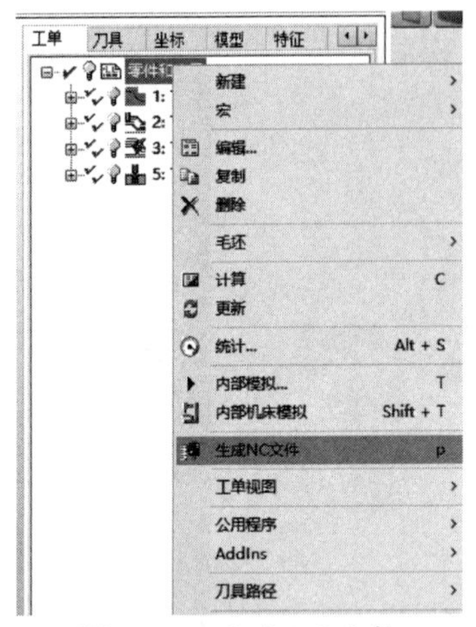

图 1-113 生成 NC 文件

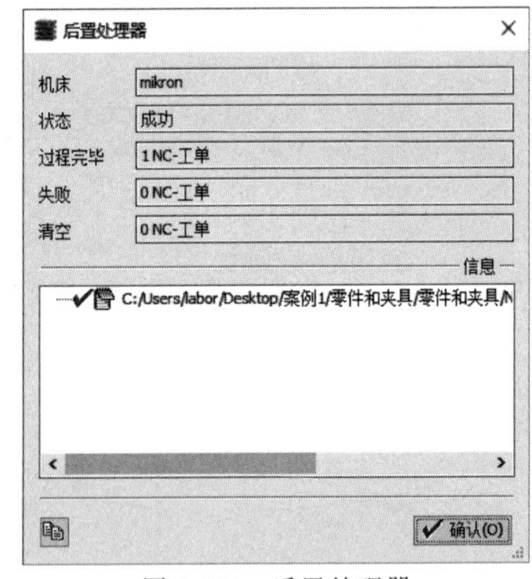

图 1-114 后置处理器

NC 程序如下：

```
0 BEGIN PGM 零件和夹具 MM
1 ; 19.08.2018  16:56
2 BLK FORM 0.1 Z X-50 Y-50 Z0
3 BLK FORM 0.2 X50 Y50 Z62.807
4 ; A_mode_5X: 1
5 ; A_mode_frame: 1
6 ;created by hyperMILL 2018.1 OPEN MIND Technologies AG
7 * - OPERATION 1
8 ;O  C
9 M127 ; SHORTER PATH TRAVERSE OFF
10 M129
11 * -   * RESET WORKING PLANE *
12 LBL 1
13 CYCL DEF 7.0 DATUM SHIFT
14 CYCL DEF 7.1 X+0
15 CYCL DEF 7.2 Y+0
16 CYCL DEF 7.3 Z+0
17 PLANE RESET STAY
18 LBL 0
……
20457 PLANE VECTOR BX1 BY0 BZ0 NX0 NY0 NZ1 STAY SEQ+ TABLE ROT
20458 L A+Q120 C+Q122 R0 F MAX M126
20459 M10
20460 M15
20461 CALL LBL 1
20462 M2
20463 END PGM 零件和夹具 MM
```

第2章 自由曲线与自由曲面的基本原理

自由曲面是工程中最复杂而又经常遇到的曲面，在航空、造船、汽车、家电、机械制造等部门中，许多零件外形，如飞机机翼或汽车外形曲面，以及模具工件表面等均为自由曲面。

工业产品的形状大致上可分为两类或由这两类组成：一类是仅由初等解析曲面例如平面、圆柱面、圆锥面、球面等组成，大多数机械零件属于这一类，可以用画法几何与机械制图完全清楚表达和传递所包含的全部形状信息；另一类是不能由初等解析曲面组成，而由以复杂方式自由变化的曲线曲面即所谓的自由曲线曲面组成，例如飞机、汽车、船舶的外形零件。自由型曲线、曲面因不能由画法几何与机械制图表达清楚，成为摆在工程师面前需首要解决的问题。

曲面造型是三维造型技术的主要组成部分，难度较大，难以理解和掌握。由于曲面造型功能本身的复杂性，即使是同一种曲面造型功能，其中也往往有许多不同的选项，每一种生成效果都不一样。从事CAD/CAM工作，需要具有一定的自由曲线和自由曲面的基础知识。

2.1 曲线和曲面的表达

一般情况下，我们表达曲线（面）的方式有以下三种：显式表达、隐式表达和参数表达。

(1) 显式表达

曲线的显式表达为 $y=f(x)$，其中 x 坐标为自变量，y 坐标是 x 坐标的函数。曲面的显式表达为 $z=f(x, y)$。在显式表达中，各个坐标之间的关系非常直观明了。如在曲线表达中，只要确定了自变量 x，则 y 的值可立即得到。如图2-1所示的直线和正弦曲线的表达式就是显式的。

(2) 隐式表达

曲线的隐式表达为 $f(x, y)=0$，曲面的隐式表达为 $f(x, y, z)=0$。显然，这里各个坐标之间的关系并不十分直观。如在曲线的隐式表达中确定其中一个坐标（如 x）的值，另外一个坐标（如 y）的值，需要对该方程求解才能得到。图 2-2 所示的圆和椭圆曲线的表达式就是隐式的。

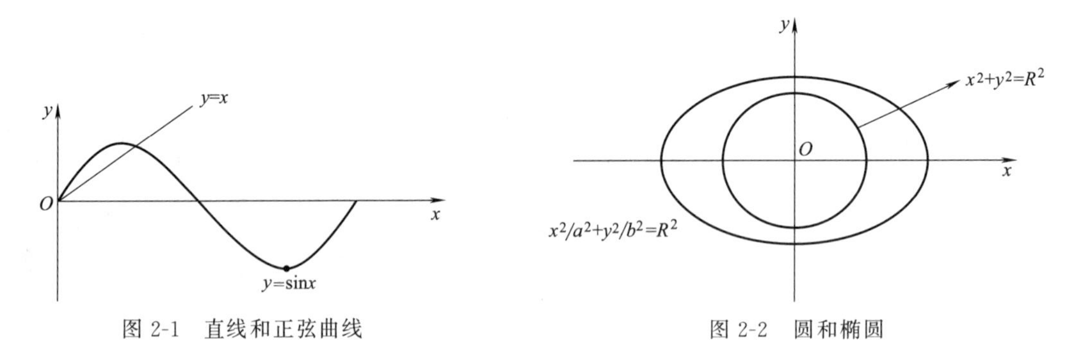

图 2-1 直线和正弦曲线　　图 2-2 圆和椭圆

(3) 参数表达

曲线的参数表达为 $x=f(t)$；$y=g(t)$。曲面的参数表达为 $x=f(u, v)$；$y=g(u, v)$；$z=h(u, v)$。它们是通过一个（t）或几个（u，v）中间变量来间接地确定其间的关系。所有的显式表达都可以转化为参数表达，如在图 2-1 所示的直线 $y=x$ 中，如果引入一个新的变量 t，并且令 $x=t$，那么 $y=x$ 就可以改写为：

$$\begin{aligned} x&=t \\ y&=t \end{aligned} \tag{2-1}$$

上式中，x 和 y 的关系式通过 t 间接地反映出来，t 称为参数。这种通过参数来表达曲线的方式称为曲线的参数表达。参数的取值范围称为参数域，通常规定在 0～1 之间。

由此，我们可以得出结论，参数表达方式所能表示的曲线（面）种类一定多于显式表达，因此更灵活。

在图 2-1 所示的直线 $y=x$ 的表达式中，如果令 $x=t^2$，则代入后可得 $y=t^2$，这时，t 与 x、y 的关系由之前的等价关系变成了现在的平方关系，而所表达的曲线却没有什么不同。

由此，我们可以得出结论，对同一曲线（面）的参数表达有多种。鉴于参数表达方法在表达曲线（面）上的灵活性，因此在 CAD/CAM 软件中自由曲线（面）均采用参数表达。

2.1.1 一阶 Bezier 曲线的生成原理

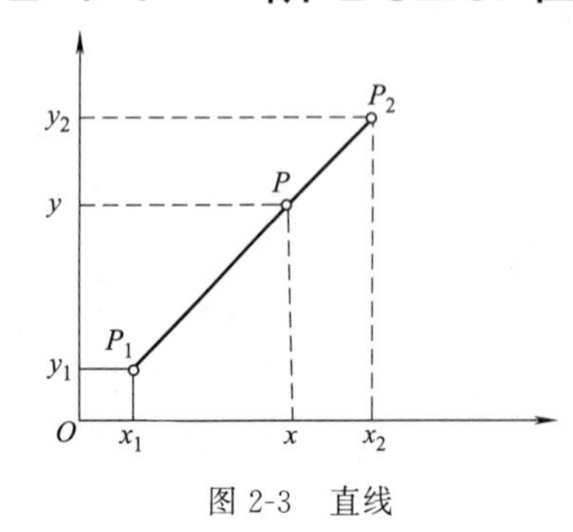

图 2-3 直线

虽然 NURBS 是目前最流行的自由曲线和自由曲面的表达方式，但由于其生成原理和表达式相对较为复杂，不易理解，因此，我们以另一种相对简单但同样十分典型的参数表达式，即 Bezier，来说明参数表达的自由曲线和自由曲面是如何生成的。

如图 2-3 所示，两点 $P_1(x_1, y_1)$、$P_2(x_2, y_2)$ 构成一条直线段，设该直线段上任意点 P 的坐标值为 (x, y)，将 P 到起始点 P_1 的距离与线段的总长的比值定义为

参数 t，则由简单的几何原理可得到如下关系式：

$$|P-P_1|/|P_2-P_1|=t \tag{2-2}$$

即

$$P=(1-t)P_1+tP_2 \tag{2-3}$$

上式就是该线段的参数表达式。其中 t 为参数，其取值范围为（0，1）。将 P_1 和 P_2 的坐标值（x_1，y_1）和（x_2，y_2）分别替换式中的 P_1 和 P_2 即可得到 $P(t)$ 点的坐标 $x(t)$ 和 $y(t)$，如下

$$x(t)=(1-t)x_1+tx_2 \tag{2-4}$$
$$y(t)=(1-t)y_1+ty_2$$

式（2-3）就是直线段的一种参数表达式。其中 P_1 称为起点，P_2 称为终点。参数 t 有直观的几何意义，它代表了线段上任意一点 P 到起点 P_1 的距离 $|PP_1|$ 与线段总长度 $|P_1P_2|$ 的比值。显然，t 在 0～1 之间变化，并且 t 越小，点 P 就越靠近 P_1。当点 P 向 P_2 移动时，t 就变大。

下面我们进一步讨论式（2-3）的几何意义，从式（2-3）可以看出，P 是由 P_1 和 P_2 计算得到的，即 P 的位置是由 P_1 和 P_2 决定的。我们将 P_1、P_2 称为线段的控制顶点。同时，式（2-3）中的 P_1 和 P_2 分别与一个小于或等于 1 的系数（$1-t$）和 t 相乘，这两个系数分别称为 P_1 和 P_2 对 P 的影响因子，反映了各个控制顶点对 P 的位置的“影响力”或者“贡献量”。由于（$1-t$）和 t 之和为 1，因此控制顶点对 P 的影响因子的总和是不变的。

可见，式（2-3）直观、形象地反映了 P 在直线段上所处的位置，以及 P_1 和 P_2 对 P 所作出的“贡献量”。我们将式（2-3）所代表的计算方法称为对控制顶点 P_1 和 P_2 的线性插值计算。所谓线性，是指控制顶点影响因子均为参数 t 的一次函数。所谓插值，是指 P 由 P_1 和 P_2 按一定的方法（称为插值方式）计算得到。插值方式决定了控制顶点影响因子的计算方法。直线段的这种参数表达方式称为一阶 Bezier 样条。以这种方式表达的直线段是最简单的 Bezier 曲线，由于表达式中参数 t 的幂次为 1，因此称为一阶 Bezier 曲线。

2.1.2 二阶 Bezier 样条曲线的生成方式

如图 2-4 所示，P_1、P_2、P_3 是空间任意三个点，若用 Bezier 样条表达直线段 P_1P_2，并以 P_{11} 表示直线段 P_1P_2 上参数为 t 的点，则由一阶 Bezier 样条曲线的表达式 $P(t)=(1-t)P_1+tP_2$ 可得：

$$P_{11}=(1-t)P_1+tP_2 \tag{2-5}$$

同样地，若以 P_{12} 表示直线段 P_2P_3 上参数为 t 的点（注意，此时 P_2 为起点），则有：

$$P_{12}=(1-t)P_2+tP_3 \tag{2-6}$$

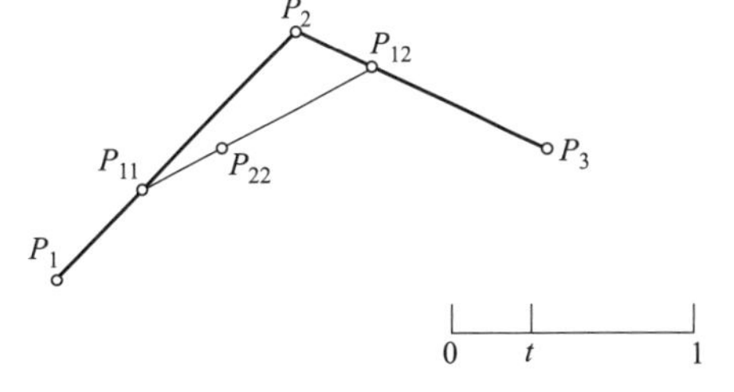

图 2-4　二阶 Bezier 样条曲线生成过程

显然，P_{11} 计算表达式是对 P_1、P_2 进行插值计算，而 P_{12} 计算表达式是对 P_2、P_3 进行插值计算。进一步地，我们以 P_{11} 作为起点，P_{12} 作为终点，并将直线段 $P_{11}P_{12}$ 上参数为 t 的点记为 P_{22}。同样可以得到表达式：

$$P_{22}=(1-t)P_{11}+tP_{12} \tag{2-7}$$

如果将 P_{11}、P_{12} 代入式 $P_{22}=(1-t)P_{11}+tP_{12}$，可以推出：

$$P_{22}=(1-t)^2P_1+2t(1-t)P_2+t^2P_3 \tag{2-8}$$

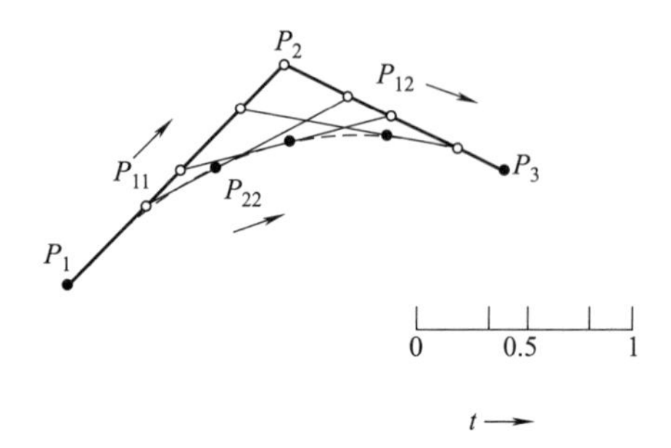

图 2-5　二阶 Bezier 样条

由于 P_{22} 的位置随着 t 的变化而变化，因此上式还可表达为：

$$P(t)=(1-t)^2P_1+2t(1-t)P_2+t^2P_3$$
$$=\sum_{i=1}^{3}P_iB_i^2(t)\quad(0<t<1)\tag{2-9}$$

式中，$B_i^2(t)$（$i=1$，2，3）称为二阶 Bernstein 基函数。i 的取值不同，$B_i^2(t)$ 的表达式也不同。例如 $i=1$ 时，$B_i^2(t)=(1-t)^2$；$i=2$ 时，$B_i^2(t)=2t(1-t)$；$i=3$ 时，$B_i^2(t)=t^2$。如图 2-5 所示，当 t 在 0 到 1 之间变动时，P 的相应移动轨迹就形成了一条曲线，即由控制顶点 P_1、P_2、P_3 构成的二阶 Bezier 样条曲线。

与一阶 Bezier 曲线相同，二阶 Bezier 曲线上任意点 P_{22} 的位置又是各控制顶点综合影响的结果，而且各控制顶点对 P_{22} 的影响因子之和仍然是 1。

n 个控制顶点按上述同样的方法（进行 $n-1$ 轮插值运算）即构成 $n-1$ 阶的 Bezier 样条曲线，其表达式为：

$$P(t)=\sum_{i=1}^{n}P_iB_i^{n-1}(t)\quad(0<t<1)\tag{2-10}$$

通过 Bezier 曲线的生成原理和公式，可以得到一个重要的结论，即自由曲线是由一组控制顶点以某种方式（如线性）插值生成的，其最终形状也必然取决于这两个要素：一是控制顶点；二是插值方式。

通过改变控制顶点控制曲线形状比较简单，也很直观，是通常采用的一种方式。而通过改变插值方式来控制曲线的形状则很少使用，因为插值方式决定了曲线的类型（如 Bezier 或 NURBS 等），因此对插值方式的修改是受到限制的，一般仅能通过所谓的加权系数（weight）进行调整。如图 2-6 所示：图 2-6（a）是一个二阶 Bezier 曲线（三个控制顶点），如果我们将中间的控制顶点 P_2 的系数（即 P_2 对曲线形状的影响力）加倍，即乘以加权系数 2，可得到 P_2 的系数变为 $4t(1-t)$；这时曲线形状就会更向 P_2 靠拢，如图 2-6（b）所示。

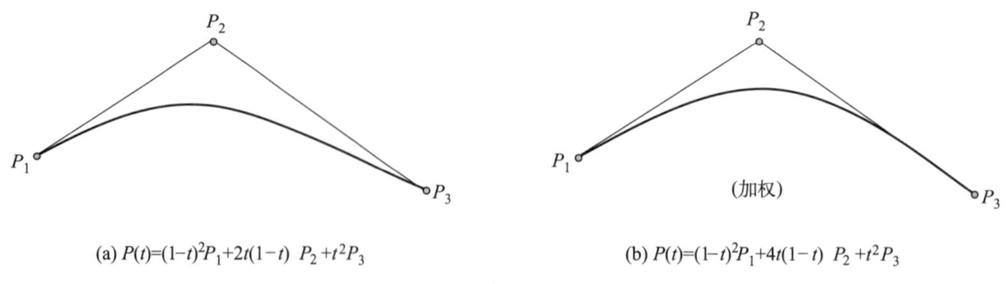

图 2-6　二阶 Bezier 曲线形状控制

2.1.3　自由曲面的生成

自由曲面的生成原理可以看作是自由曲线生成原理的扩展，也是将一组控制顶点进行插值得到的，其形状也同样取决于控制顶点和插值方式这两个因素。不同的是，自由曲面的插值是在两个参数方向上进行的，其过程也分为两个阶段，如图 2-7 所示。

图 2-7 中的自由曲面以一个 3×4 的控制顶点方阵定义，沿参数 u 方向有三行控制顶点，沿参数 v 方向有四列控制顶点。曲面上任一点 $P(u, v)$ 的计算过程：第一阶段是对沿 u 方向的三行控制顶点以参数 u 进行插值计算，得到 $P_1(u)$、$P_2(u)$ 和 $P_3(u)$；第二阶段是对 $P_1(u)$、$P_2(u)$ 和 $P_3(u)$ 沿 v 方向以参数 v 进行第二次插值计算得到 $P(u, v)$，当 u、v 在 0～1 之间取不同的值时，$P(u, v)$ 的位置也会不断变化，其运动轨迹形成一个曲面。以 $P_1(u)$、$P_2(u)$ 和 $P_3(u)$ 为控制顶点插值（v 在 0 到 1 之间变化）生成的自由曲线则称为等 u 参数线。

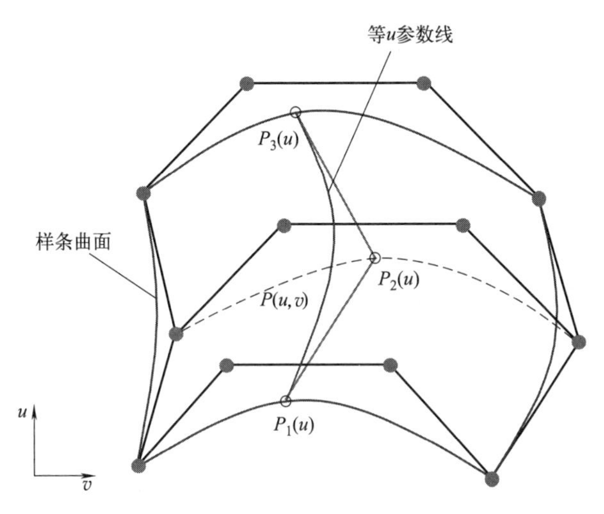

图 2-7　曲面的生成

显然，自由曲线是由 m 个控制顶点在一个参数方向上进行插值得到的。而自由曲面则是由 $m \times n$ 个控制顶点组成的点阵经过两个方向的插值得到的。需要注意的是，在图 2-7 中，如果先沿参数 v 方向插值，然后再沿参数 u 方向插值，所得到的点将与前述结果一样。也就是说，不管先进行哪个方向的插值，由控制顶点所决定的 Bezier 曲面的形状是不变的、唯一的。

2.1.4　利用 CAD 软件生成自由曲线、曲面

（1）两种自由曲线的生成方法

一般的 CAD/CAM 软件提供两种自由曲线的生成手段：一是采用控制顶点，另一种是采用通过点生成自由曲线，如图 2-8 所示。基于控制顶点的生成方式与自由曲线生成原理是

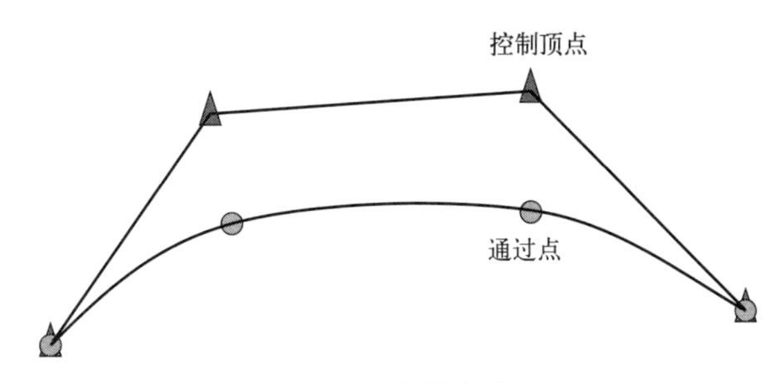

图 2-8　曲线生成

一致的，那么采用通过点又是如何生成自由曲线的呢？实际上，在这种情况下自由曲线仍然是由一组控制顶点决定的，只不过这组控制顶点不是由设计人员指定，而是计算机软件根据设计人员指定的通过点换算出来的，这个由通过点换算控制顶点的过程称为反算拟合，基本过程如下：

设计人员 → 通过点 → 软件反算拟合 → 控制顶点 → 曲线

由于采用控制顶点生成自由曲线时设计人员一般难以直观预测和准确控制生成效果，因此在实际应用中，多数采用通过点生成自由曲线。

(2) 非均匀有理 B 样条（NURBS 曲线）

当前主流的 CAD/CAM 软件均采用非均匀有理 B 样条（NURBS 曲线）来表达自由曲线和自由曲面。不同的曲线类型（如 Bezier 曲线、B 样条曲线、NURBS 曲线等）的区别主要在于它们有着不同的影响因子计算式，但非均匀有理 B 样条（NURBS 曲线）的控制顶点影响因子计算式比 Bezier 样条要复杂得多，但其基本原理还是十分相似的。与 Bezier 曲面相比，NURBS 样条曲面表达式更复杂，也更灵活。这是它替代 Bezier 的一个主要原因。

2.2 曲面连接质量的评价

对于数控编程、加工而言，曲面模型曲率变化对加工切削参数如切削速度、走刀步长、刀轴矢量的变化等影响很大，因此，对曲面质量的分析很有必要。曲面模型评价的指标一般分为量化指标与非量化指标。量化指标所表示的是精度数值大小，它能反映曲面模型与数据、曲面模型与产品的误差值。非量化指标多应用于对曲面模型的光顺性、曲率变化大小的评估。

2.2.1 曲线、曲面的连续性分析

曲线（面）连续性可以理解为相互连接的曲线（面）之间过渡的光滑程度。曲线、曲面的连续方式、平滑程度常用于判断曲线、曲面质量。曲线、曲面的桥接，或者其他的连接，有 5 种连续性的分类：G0、G1、G2、G3、G4 分别为位置连续、相切连续、曲率连续、曲率的变化率连续、曲率变化率的变化率连续。

如果把一条曲线用一个函数来表示的话，G0 就代表函数在某一点连续，此时函数的一阶导数不一定连续，G1 就是函数在该点的一阶导数连续，同理，G2 就是二阶导数连续，G3 就是三阶导数连续，G4 就是四阶导数连续。曲线、曲面质量分析的曲率连续性一般通过曲率梳、斑马线分析实现。

(1) G0 位置连续（图 2-9）

G0 位置连续是指曲线、曲面连续，两组边界仅仅在端点重合，相接处无裂缝。连接处的切线方向和曲率均不一致。这种连续性的表面看起来会有一个很尖锐的接缝。

(2) G1 相切连续（图 2-9）

G1 相切连续是指两组边界不仅在连接处端点重合，而且切线方向一致。这种连续性的表面不会有尖锐的连接接缝，但是由于两种表面在连接处曲率突变，所以在视觉效果上仍然会有很明显的差异：会有一种表面中断的感觉。

(3) G2 曲率连续（图 2-9）

G2 曲率连续是指两组边界不但符合上述两种连续性的特征，而且在接点处的曲率也是

相同的。这种连续性的曲面没有尖锐接缝，也没有曲率的突变，视觉效果光滑流畅，没有突然中断的感觉，可以用斑马线测试，所有斑马线平滑，没有尖角。

(4) G3 曲率的变化率连续（图 2-9）

G3 曲率的变化率连续是指两组边界不仅具有上述连续级别的特征，在接点处曲率的变化率也是连续的，这使得曲率的变化更加平滑。

(5) G4 曲率变化率的变化率连续

G4 曲率变化率的变化率，听起来比较深奥，实际上可以这样理解，它使曲率的变化率开始缓慢，然后加快，然后再慢慢地结束，能够提供更加平滑的连续效果。

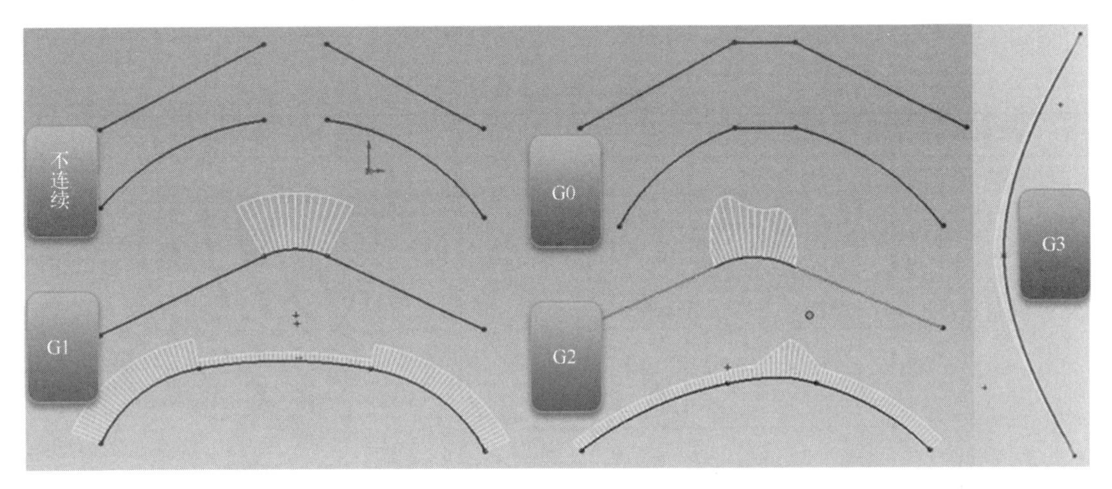

图 2-9　连续性的曲率梳分析

2.2.2　曲率梳

曲率梳可以显示曲线的曲率方向变化和大小。当曲率梳线条显示变化比较均匀时，则表示曲线的光顺性比较好，反之，则比较差，如图 2-10 所示。

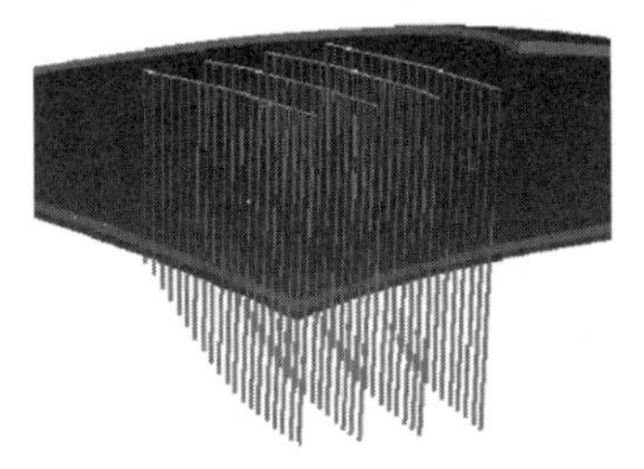
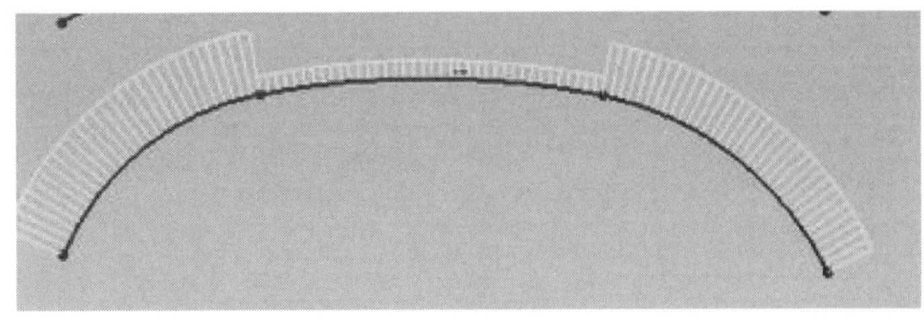

图 2-10　曲率梳

2.2.3　斑马线

斑马线实际上是模拟一组平行的光源照射到所要检测的曲面上所观察到的反光效果，如图 2-11 所示。表 2-1 中列出曲面不同连接的曲率梳和斑马线图。

G0 的斑马线在连接处毫不相关，各走各的，线和线之间不连续，通常是错开的。

G1 的斑马线虽然在相接处是相连的，但是从一个表面到另一个表面就会发生很大的变形，通常会在相接的地方产生尖锐的拐角。

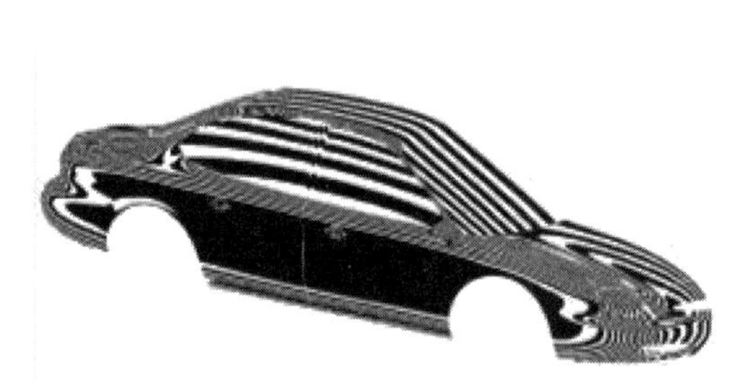
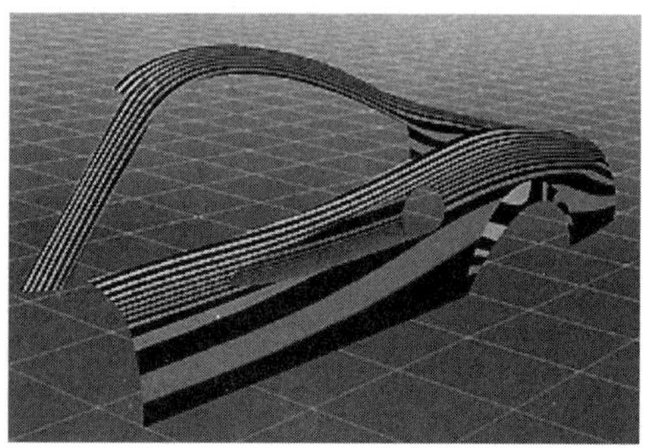

图 2-11 曲面斑马线

表 2-1 曲面质量分析

连续类型	曲率梳	斑马线
G0 连续		
G1 连续		
G2 连续		
G3 连续		

G2 的斑马线则是相连，且在连接处也有一个过渡，通常不会产生尖锐的拐角，也不会错位。G3、G4 的斑马线和 G2 的区分开比较困难。

2.3 hyperCAD®-S

hyperCAD®-S 是 OPEN MIND 开发的 CAD 软件，主要为了满足 CAM 编程人员的需求，是纯粹的“CAM 专用 CAD”，可以帮助 NC 编程人员大幅加快 CAD 任务的处理，可轻松选择点、曲线、面、实体或多边形网格，并可快速添加、删除、修改、显示或隐藏图素。

2.3.1 hyperCAD®-S 基本操作

在 hyperCAD®-S（简写为 hyperCAD）软件中绘图时，一般需要根据个人喜好进行环境设置，以方便操作。hyperCAD 的环境设置基本步骤为：点击菜单栏文件→选项→选项/属性，打开选项/属性对话框，如图 2-12 所示，显示模型结构以及文档和软件的图形特性，可以进行必要的特性修改，对属性可以重设、保存、加载。如绘图区域的背景颜色可以在图形选项下完成，如图 2-13 所示。

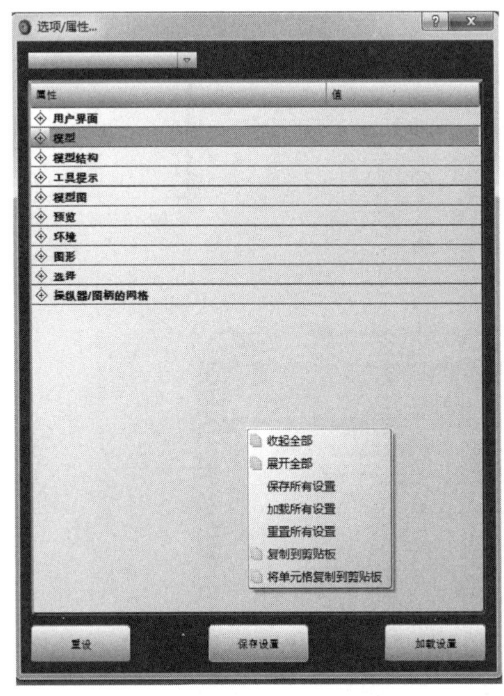

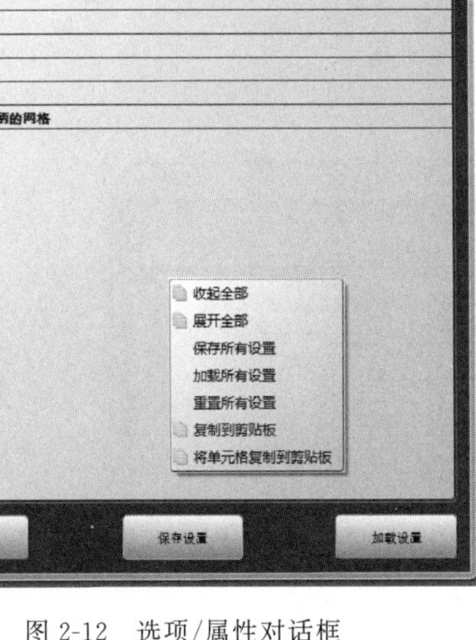

图 2-12　选项/属性对话框

图 2-13　背景颜色设置

(1) 工作平面

在 hyperCAD 中，绘制图形如线条、坐标等结构值的输入需要在当前工作平面（x-y 平面）中完成。hyperCAD 存在两个坐标系：工作平面坐标系、世界坐标系。当新建文档时，世界坐标系的 x-y 平面默认为工作平面，可以在文档中利用菜单栏中的工作平面命令快速、灵活地建立所需要的工作平面；对已经建立的工作平面可以进行保存、删除操作；在多个工作平面之间，可以设置某个工作平面为当前工作平面。

(2) 物体信息

单一物体和两个物体之间的信息分析：选中需要分析的物体，利用hyperCAD的分析工具（点击菜单栏分析→物体属性或两个物体信息）进行分析，如图2-14、图2-15所示。单一物体的属性可以在物体属性对话框中修改，如物体所在的图层、材料等。

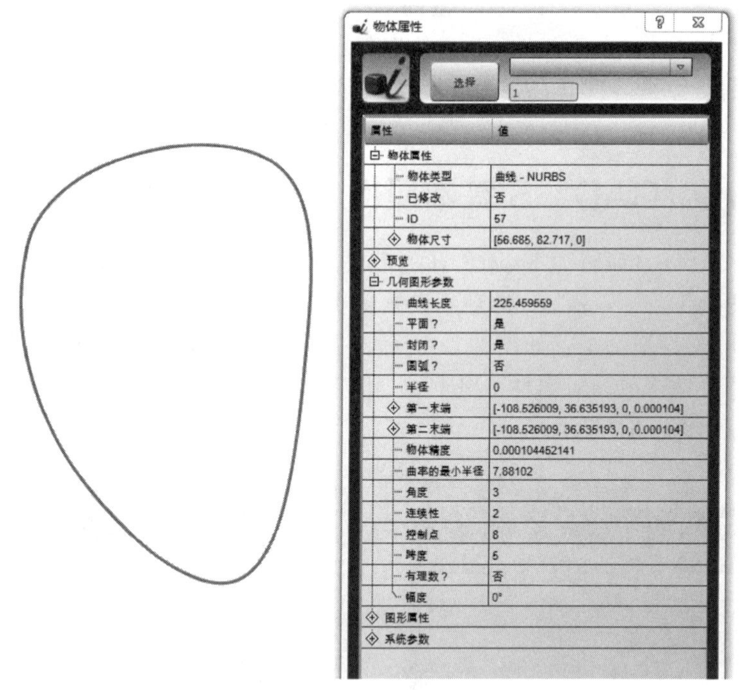

图 2-14　单一物体属性

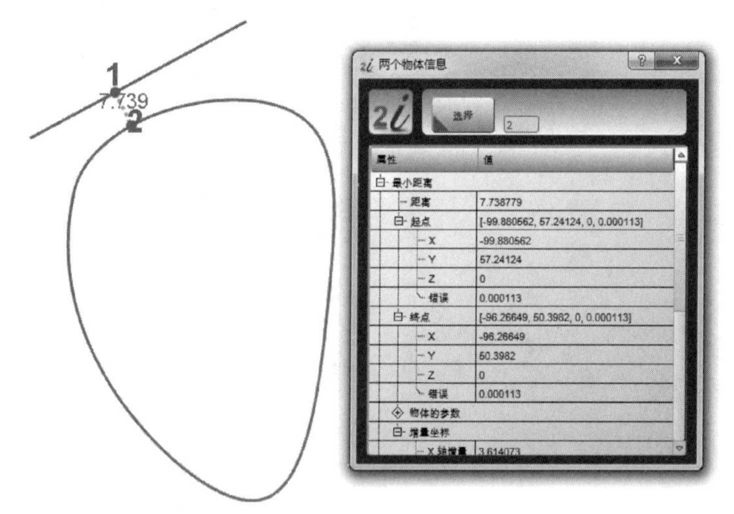

图 2-15　两个物体信息

(3) 基本操作

在hyperCAD中，操作通过鼠标和键盘完成，表2-2中列出了常用的鼠标和键盘操作，主要分为鼠标操作、可视操作、视图操作三部分。

表 2-2　基本操作

基本操作		含义
鼠标操作	单击左键(点击)	选中对象
	按住 Ctrl 键+单击左键	连续选择多个对象
	按住中键(滚轮)	移动图形
	滚轮向上、向下滚动	放大、缩小图形
	单击右键(右击)	弹出快捷菜单,鼠标箭头指向的对象不同,所弹出的快捷菜单不同
	按住 Shift+右键	移动鼠标,放大、缩小图形
	按住 Ctrl+右键	移动鼠标,图形移动
	按住左键,从左到右拖动鼠标	选择的对象必须全部在矩形中,才被选中
	按住左键,从右到左拖动鼠标	选择的对象部分在矩形中,对象即被选中
可视操作	快捷键 F	图形适合屏幕
	快捷键 H	选择图形隐藏
	快捷键 Ctrl+H	选择所隐藏的图形,显示
	图层显示/隐藏	在可视对话框中,点亮或关闭图层前的灯泡(单击),当前层的层名黑体字显示
	材料显示/隐藏	在可视对话框中,点亮或关闭材料前的灯泡(单击),当前所使用的材料黑体字显示
	物体显示/隐藏	在可视对话框中,点亮或关闭物体前的灯泡(单击)
视图操作	Ctrl+1	顶部工作视图
	Ctrl+2	正面工作视图
	Ctrl+3	左侧工作视图
	Ctrl+4	右侧工作视图
	Ctrl+5	后部工作视图
	Ctrl+6	下部工作视图
	Alt+1	顶部世界视图
	Alt+2	正面世界视图
	Alt+3	左侧世界视图
	Alt+4	右侧世界视图
	Alt+5	后部世界视图
	Alt+6	下部世界视图
	Alt+W	隐藏/显示视图

2.3.2　曲线、曲面的制作和编辑

曲线制作的基本命令视频

NC 编程人员在根据 CAM 任务进行数控编程时，往往需要对 CAD 模型进行快速处理，快速添加、删除、修改、显示或隐藏图素。表 2-3 中列出了曲线制作的基本命令。表 2-4 列出了曲面的制作和编辑的基本命令，表 2-5 列出了特征制作和编辑的基本命令。

表 2-3　曲线制作的基本命令

名称	内　　容	说　　明
样条曲线	三次样条自由 2D/3D 形状曲线。若要插入其他插补点，可在所需样条位置上或旁边单击鼠标左键。若要删除单个的插补点，可选中相应的点，然后按住 Shift 键，同时按 Del 键	
混合	在两条曲线之间创建新的样条曲线。如果结果的起点不在曲线 A 和曲线 B 的起点或终点上，那么自动裁剪就会缩短曲线 A 和曲线 B	
ISO 参数	从面上 u 或 v 方向创建一条或几条曲线。可使用曲线数量创建所需数量的平行曲线。可使用鼠标左键拖拽第一条和最后一条曲线的图柄来改变位置。 面：选择一个或几个面。 点：可通过选择在面上的点来定位曲线	
边界曲线	创建与一个或多个面的面边界或网格边缘对应的曲线	
相交线	可以得到两个曲面(或者实体表面)相交产生的曲线	
截面曲线	借助于截面平面，使用形状、面和曲线创建曲线和点。 选择：选择用于生成截面的物体。 原点：必须指定一个放置截面平面的点	

续表

名称	内　　容	说　　明
投影	可以将一个曲线沿着某个方向投影到一个或多个曲面或平面上	
在面上偏移	创建沿着所选面的形状的偏移曲线，也可选择在面法线方向进行偏移	
裁剪/缩短曲线	使用不同模式延伸 2D 和 3D 曲线	
曲线的分割	通过边界或在其 NURBS 弧接合点分割一条或几条曲线。其中，限制：选择要分割曲线的图像。节点：在所选曲线的交点处进行分割	
连续曲线	修改两个独立曲线之间的过渡。其中，位置在两条曲线之间创建位置过渡；切线创建切向过渡；曲率创建曲率常量过渡	
曲率区	显示曲率区，用来检查曲线和边界的曲率或曲率半径路径	

曲面的制作和编辑命令视频

表 2-4 曲面的制作和编辑的基本命令

名 称	内 容	说 明
平面	创建平面。其中,物体:选择一个物体的表面来创建一个新的平面;三点:选择不在一个平面的三点来构建一个平面;方向+原点:选择方向和原点,将显示垂直于方向和原点的面	
有界平面	从共面曲线、平面边界和近似平面的边界创建面。其中,曲线:按任意顺序可单独选择面的边界;反转方向:反转所生成面的面法线的方向	
线性扫描(拉伸)	通过线性扫描曲线和边界的外部轮廓和岛屿轮廓来创建单个曲面。 利用曲线和面边界,使用高度命令创建拉伸面,或可使用双侧命令沿着曲线的两个方向创建拉伸面。 如果所选曲线和面边界产生一个封闭轮廓线,则可创建带有基础的顶部和底部面。 使用实体选项可将面收集到实体中	
旋转	通过旋转所选图元创建一个或多个面。 曲线:选择曲线和边界。 方向:借助于图元选择方向 ,使用 2 点指定方向或通过选择当前工作平面(X 工作平面、Y 工作平面、Z 工作平面)的轴向来选择方向或使用矢量输入方向。反向选项将反转方向	
规则(放样曲线)	从两个相对的曲线集合和面边界创建一个或多个面。 曲线集合 A 和 B 必须"相对"。可使用鼠标左键交替选择相对的边界	

续表

名称	内容	说明
从边界	从最多四个边界创建面。 在两个和四个边界(曲线、面边界和形状边缘)之间选择。将显示选中的图元数	
填充	从所选曲线或面边缘创建一个填充面。可以将几个曲面用一个连接曲面连接起来。 边界:选择外边界(曲线、面边界)。边界无需封闭。将显示选中的图元数。 连续性:使用位置实现位置过渡和切线实现切向过渡,来指定外边界的连续性。 通过内部点/曲线控制曲面。 选择:如果想专门设置填充面的曲率,可在边界内选择曲线和点。填充面可通过所选图元进行自我调整。将显示选中的图元数	
通过截面	使用一组曲线创建一个面,这些曲线在面中作为 u 方向上的 ISO 参数曲线。 如果选择适合,则将插入内部计算使用的截面曲线。如果选择光顺,则将近似处理截面曲线,确保创建的面波动较小	
沿着引导曲线	根据沿着引导曲线的轮廓曲线创建一个导引面。 曲线:选择将沿着引导曲线的轮廓曲线。将显示选中的图元数。 导引:选择一条或几条曲线。将显示选中的图元数。特殊情况就是带有半径的管。如果使用带有基础,管或封闭的平面边界两端就会使用平面进行封闭。比例可用来从终点改变管半径。反向交换起点和终点	
混合	使用面的切向常量过渡。在两个面之间插入混合面,作为 NURBS 图元。 使用权重设置混合面的形状。如果生成了扭曲的面,使用反向进行纠正	

续表

名　称	内　容	说　明
偏移	通过从现有面或实体偏移来创建面或实体内的面。 选择保留原始，则将保留基础图元。使用侧面将调整为现有面。 过渡：在多个偏移间创建过渡； 无：在多个偏移之间不会创建过渡，面不会延伸； 尖角：使用锐边在多个偏移之间创建过渡； 修圆：在多个偏移间创建圆形过渡	
裁剪面	在边界裁剪面。使用曲线分割实体内的面。 选择几个边界或曲线作为裁剪曲线，选择要裁剪的面。通过保留指令可以选择想要保留的区域	
延长/缩短面	更改面的长度。 使用 ISO 参数曲线的 u 和 v 参数或输入长度来延伸面。如果面的外边界未裁剪，可选择并延伸面本身。可创建面作为面的分隔位置或加工的停止曲面	
分割面	沿 ISO 参数曲线分割一个或多个面。 选择分割的面和决定分割的点。在分割点的 u 或 v 方向进行分割	
面连续性	修改两个独立面之间的过渡。自由边界选择：选择位置以指定可改变的面的区域	
斑马条纹分析	将水平图案投影到图元上以便分析面过渡	

特征制作和编辑视频

表 2-5　特征制作和编辑的基本命令

名　称	内　容	说　明
线性挤出	通过线性扫描实体中面的曲线和边界轮廓,来创建挤出。首先构建平面,然后创建挤出	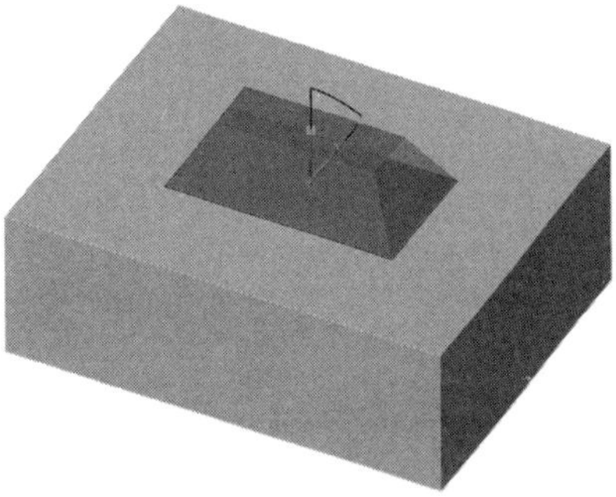
旋转挤出	通过绕旋转轴旋转一条旋转曲线,向现有实体的面中添加挤出	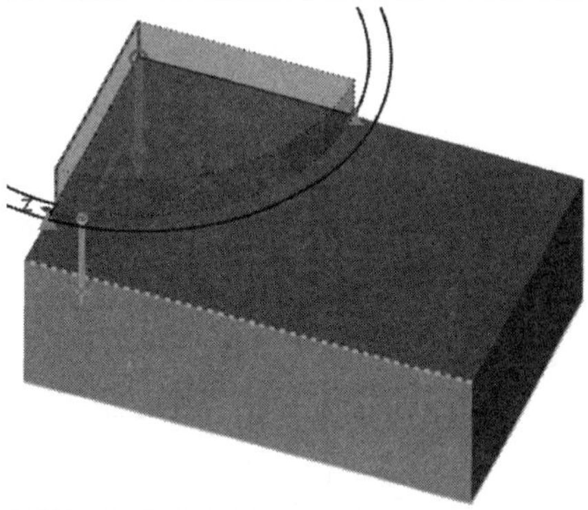
线性槽 (拉伸切除)	通过线性扫描实体中面的曲线和边界轮廓,来创建槽	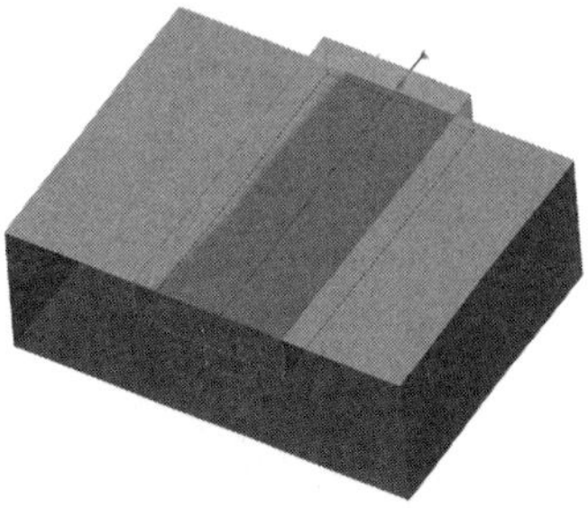
旋转槽 (旋转切除)	通过从实体中旋转轮廓来移除圆槽	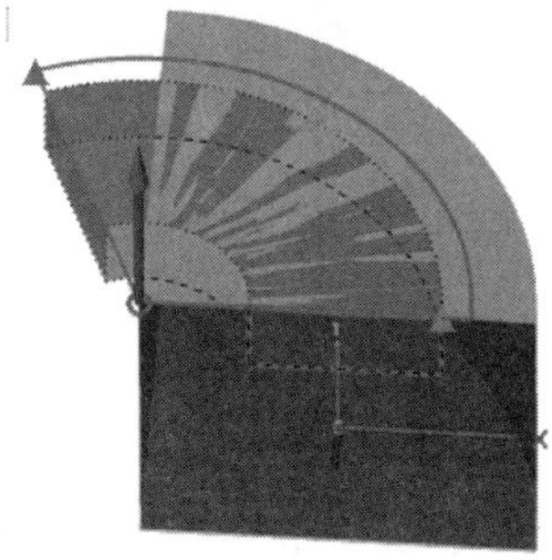

续表

名　　称	内　　容	说　　明
孔	创建或修改孔的 CAD 特征	
阵列	倍增现有 CAD 特征来形成决定性阵列并修改该阵列	

2.3.3 综合实例

综合实例视频

模型按照绘制草图，线性挤出、切除、孔、倒角过程，完成基本模型的建立，规则的多孔采用阵列。

具体如下。

模型 1 如图 2-16 所示，建模过程如表 2-6 所示。

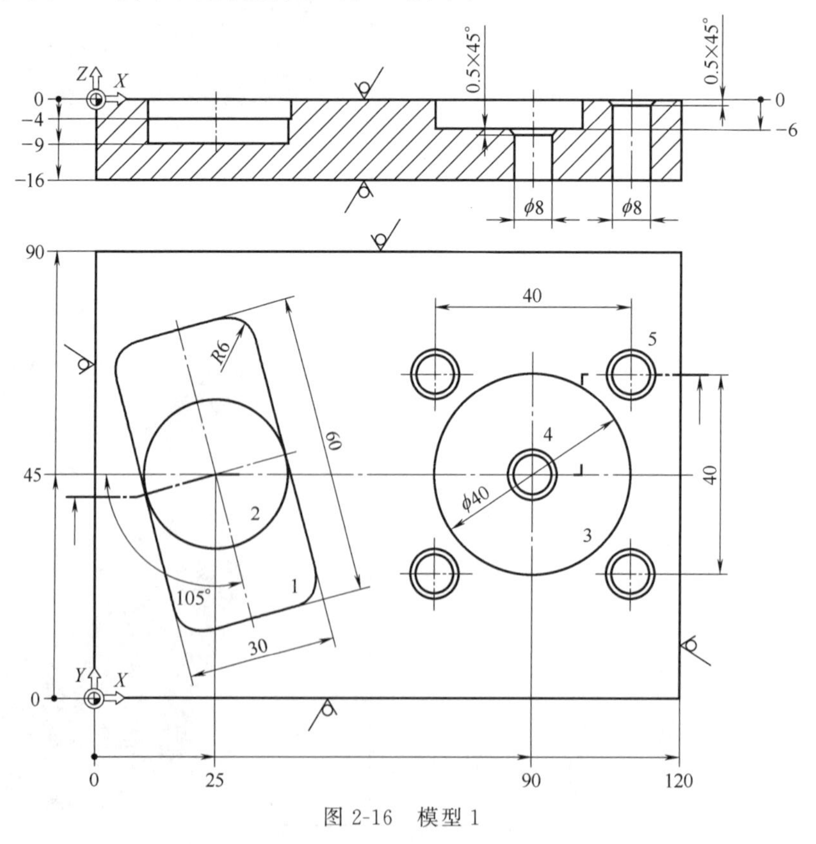

图 2-16　模型 1

表 2-6　模型 1 建模过程

草图绘制	如图 2-16，模型外形和矩形型腔部分采用绘图中矩形命令绘制，五个圆孔部分采用圆/圆弧命令绘制。矩形型腔圆角部分采用 2D 圆角命令绘制	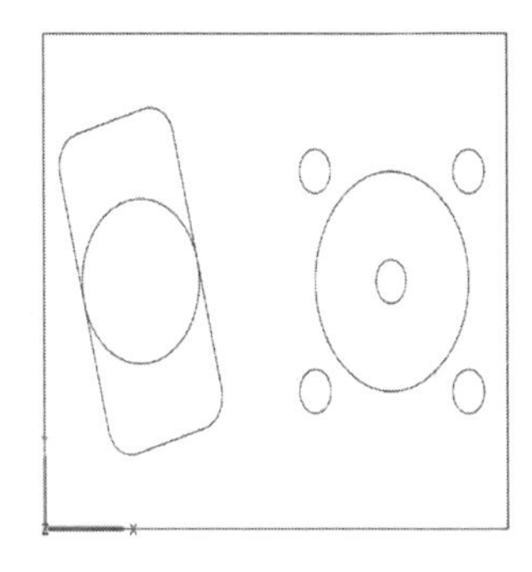
模型建立	如图 2-16，模型整体外观通过线性挤出命令拉伸建立，圆形型腔通过线性槽命令进行切除，圆孔部分通过孔命令进行打孔，建立一个孔之后使用阵列命令完成其他孔的建立，最后圆孔倒角使用特征中的倒角命令完成	

模型 2 如图 2-17 所示，建模过程如表 2-7 所示。

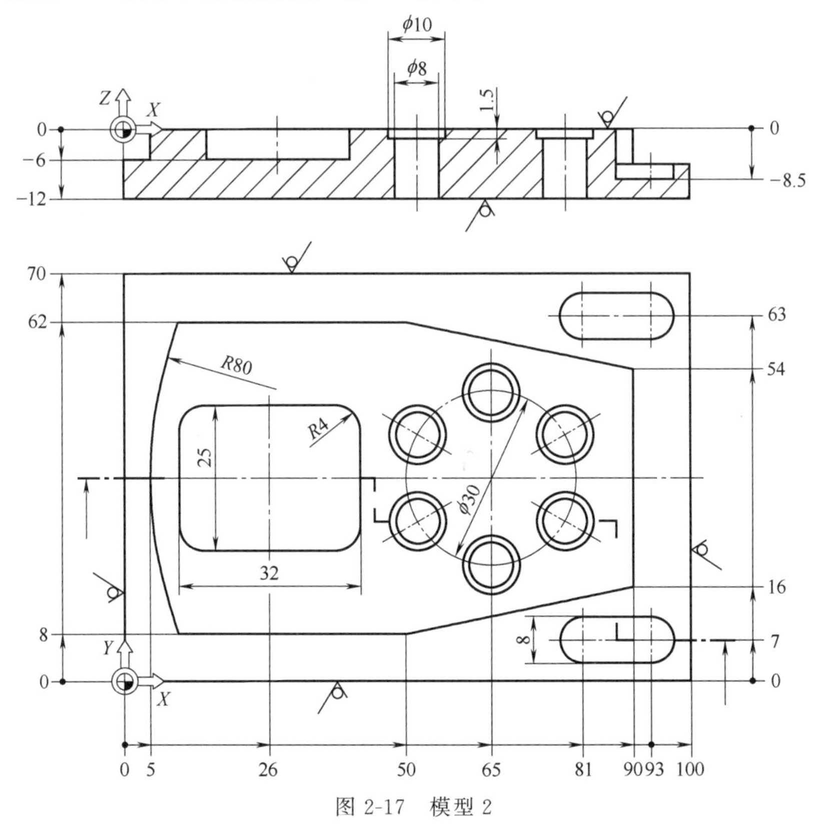

图 2-17　模型 2

表 2-7　模型 2 建模过程

草图绘制	如图 2-17，模型外形和矩形型腔部分采用绘图中矩形命令绘制，中间凸台采用圆弧命令和草图命令绘制，最后修剪而成，ϕ18 和 ϕ20 圆孔采用圆/圆弧命令绘制	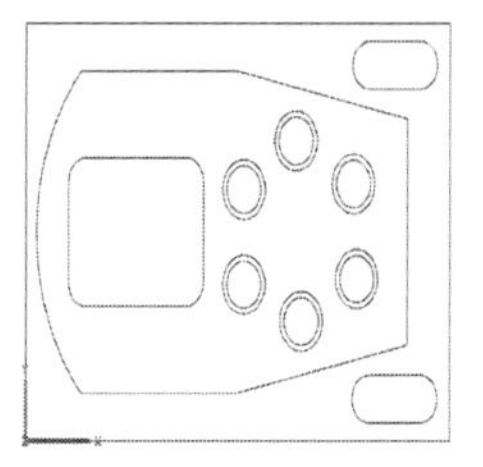
模型建立	如图 2-17，模型整体外形通过线性挤出命令拉伸建立，矩形型腔、ϕ8 和 ϕ10 的孔通过线性切除命令进行切除。孔部分采用阵列命令以 ϕ30 的圆为基准完成所有孔的建立	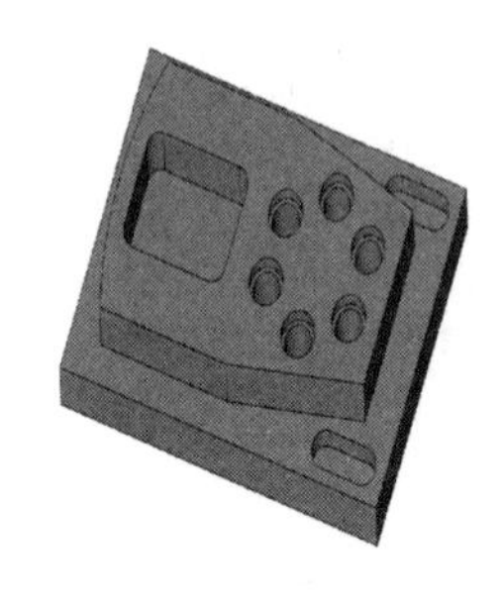

模型 3 如图 2-18 所示，建模过程如表 2-8 所示。

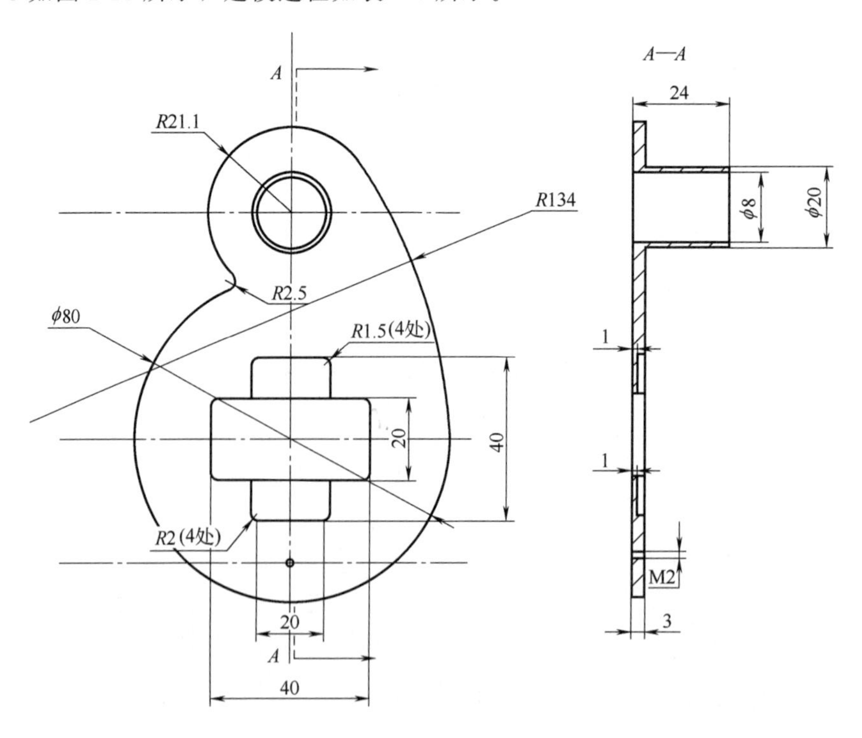

图 2-18　模型 3

表 2-8 模型 3 建模过程

草图绘制	如图 2-18，模型外形采用圆弧命令，绘制 $R21.1$ 的圆与 $\phi80$ 的圆外切，并且两圆还与 $R134$ 的圆内切，最后修剪而成。$\phi20$ 的圆管采用圆/圆弧命令绘制，矩形型腔部分采用矩形命令绘制	
模型建立	如图 2-18，模型整体外形以及空心圆管通过线性挤出命令建立，矩形型腔部分通过线性槽命令切除，圆角部分采用倒角命令完成	

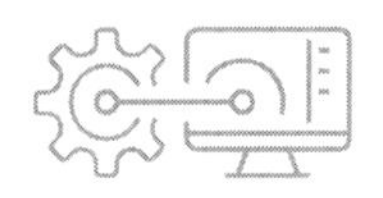

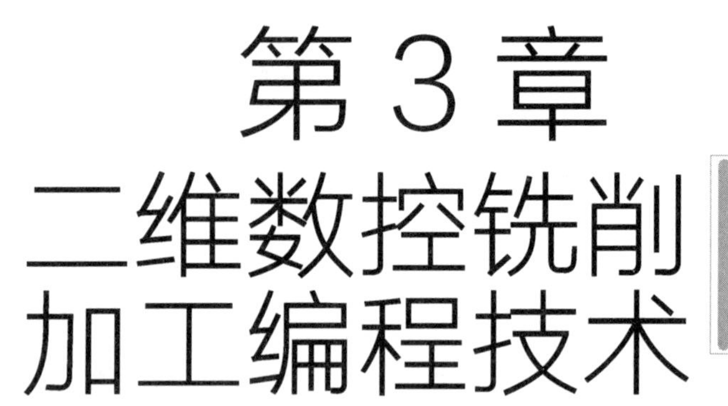

第3章 二维数控铣削加工编程技术

二维数控铣削主要包括二维外形轮廓、型腔（简单型腔和带岛型腔）、平面、孔加工（钻孔、扩孔、镗孔、铰孔和攻螺纹等），孔的大小一般由刀具保证，大直径孔的铣削除外。二维字符（平面上的刻字加工）刀具轨迹就是字符轮廓轨迹，字符线条宽度一般由雕刻刀刀尖直径保证。

3.1 二维外形轮廓铣削数控加工刀具轨迹生成

3.1.1 二维外形轮廓（profile）加工

二维外形轮廓分为内轮廓（internal profile）和外轮廓（external profile），铣刀周铣外形轮廓，刀具中心线偏离轮廓，刀具中心轨迹为外形轮廓的等距线，如图3-1所示。

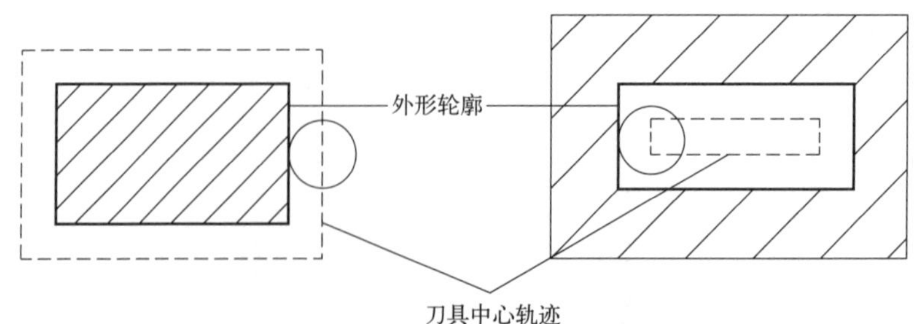

图3-1　内外轮廓加工

（1）刀具半径选择

内外轮廓圆角铣削，需要合理选择刀具半径。根据刀具半径与圆角半径的关系，分三种情况进行讨论，设圆角直径为D，刀具直径为D_c。

① 刀具直径 D_c=圆角直径 D。当刀具加工内轮廓圆角进给时，铣刀直线进给运动时的径向切深 a_e，在圆角处突然增大（图 3-2），a_e 加大将使刀具的径向力加大，切削过程经常会变得不稳定，引起刀具振颤，圆角根切，有刀具切削刃崩碎的风险，或整个刀具损坏。

② 刀具直径 D_c＞圆角直径 D。一般粗加工使用大直径的刀具（图 3-3），大直径刀具的使用，可有效降低铣削圆角值。为了避免在圆角处产生过切，刀具编程的圆弧大于工件的圆角，会产生残料，需要在后续的加工中完成残料切削。粗加工刀具直径 D_c＞圆角直径 D，可降低吃刀圆角和径向切削力，降低振动趋势，从而允许更大的切削深度和进给率，保持高生产效率。

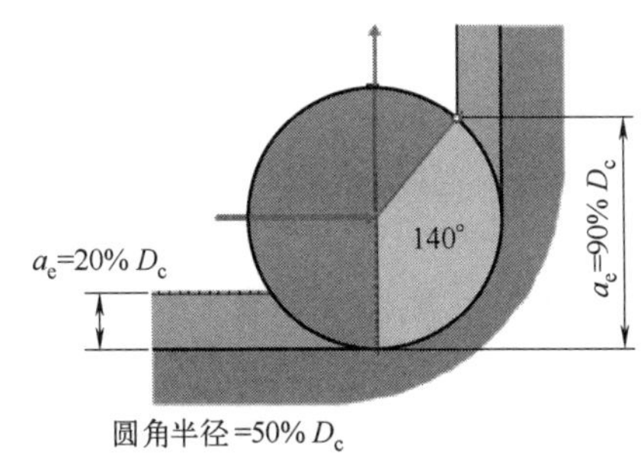

图 3-2　刀具直径 D_c=圆角直径 D

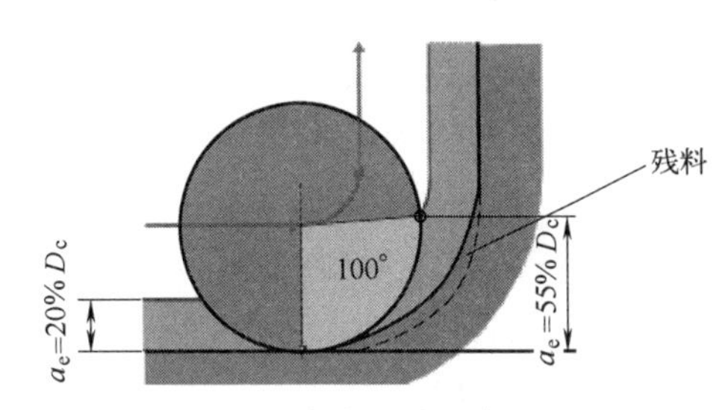

图 3-3　粗加工内圆角切削

③ 刀具直径 D_c＜圆角直径 D。精加工使用较小刀具直径 D_c，即刀具直径 D_c＜圆角直径 D，保证圆角的完全切削（图 3-4）。根据经验，一般铣刀直径应为圆角的 85%，即刀具直径 $D_c=D\times85\%$。如零件圆角直径 $D=20$mm，刀具直径 $D_c=20\times0.85=17$mm，选择刀具直径 D_c 为 16mm 的立铣刀。

(2) 进给速度

内圆角铣削的刀具中心线进给速度 v_f 与铣刀圆周进给速度 v_{fm} 值区别很大，如图 3-5 所示。在加工内圆角时，刀具按照轴线进给，刀具中心轨迹形成的圆弧比图纸中的圆弧小很多，v_{fm} 大于 v_f。数控机床轮廓铣削编程普遍采用刀具半径补偿，刀具中心偏离加工面，进给速度编程采用刀具中心编程，而不是圆周编程。对于直线切削（G1），在轮廓上的 v_{fm} 等于编程 v_f；但在内圆周切削（G2）将大于刀具中心进给（图 3-6）。刀具的每齿进给量 f_z 值增大，刀片断裂的风险加大。因此，为了保持 f_z（每齿进给量）的恒定，需要降低 v_f 以保持每齿进给量 f_z。

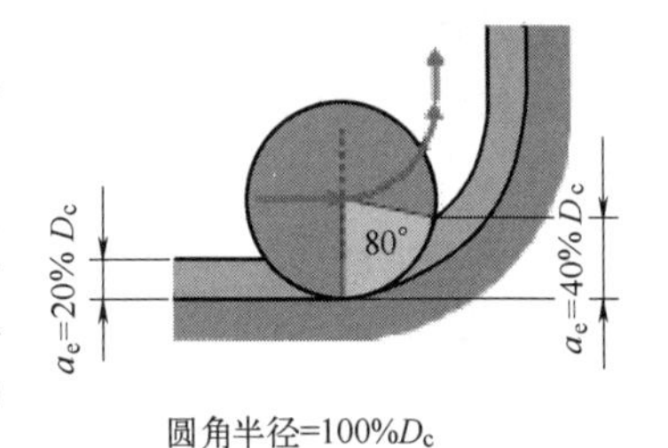

图 3-4　采用小直径刀具精加工

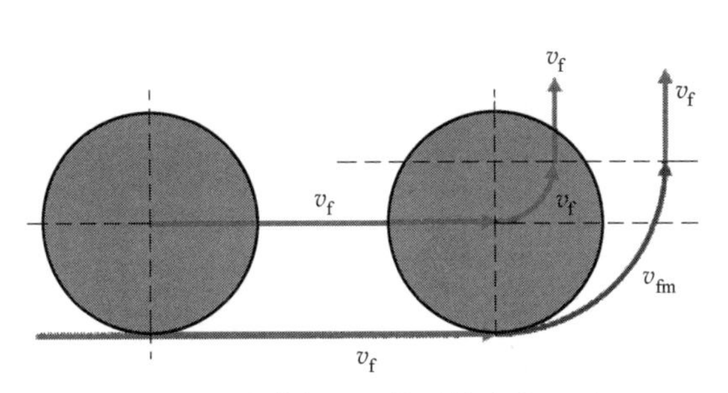

图 3-5　直线与圆弧的进给速度区别

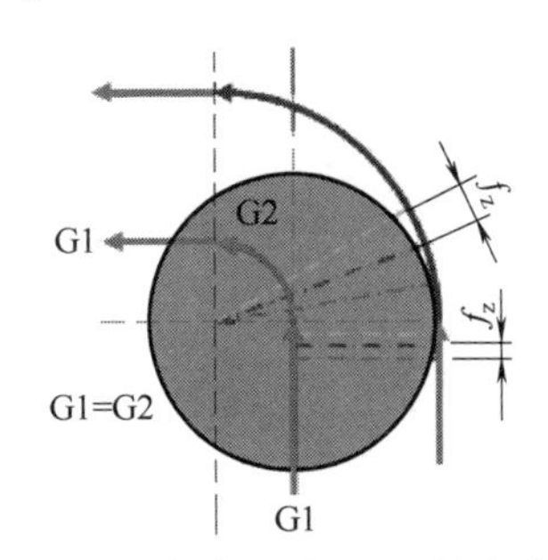

图 3-6　每齿进给量 f_z 的变化

铣削圆角一般通过调整进给速度 v_f，进而改变每齿进给量 f_z，达到轮廓铣削过程中 f_z 恒定，保证铣削的平稳性。降低圆弧进给率调整的基本规则是：外圆弧增大，内圆弧减小（如图 3-7 所示）。可以使用下面两个公式计算调整后的进给率，从数学上说等同于直线进给率。两个公式分别适用于外圆弧和内圆弧加工，但不适用于实体材料的粗加工。

加工外圆时需要提高进给率：

$$v_f = F_1(R+r)/R$$

式中 v_f——外圆弧的进给率；
F_1——直线插补进给率；
R——工件外半径；
r——刀具半径。

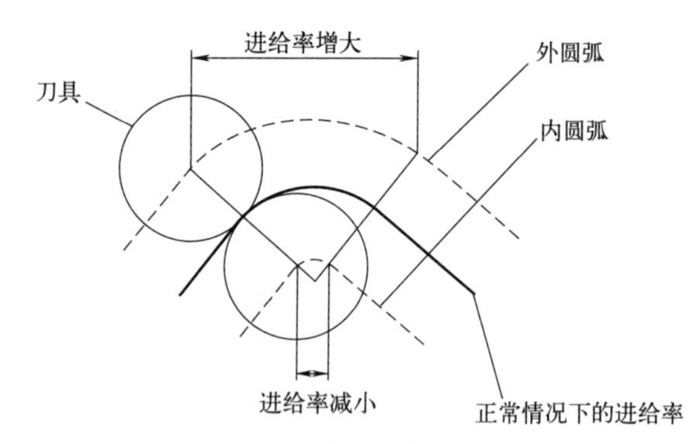

图 3-7　圆弧插补进给率

加工内圆时需要提高进给率：

$$v_f = F_1(R-r)/R$$

式中 v_f——内圆弧的进给率；
F_1——直线插补进给率；
R——圆弧半径；
r——刀具半径。

例 3-1：如果直线插补进给率为 350mm/min，外半径为 10mm，那么 ϕ20mm 的刀具上调的进给率为：

$$v_f = 350 \times (10+10)/10 = 700$$

结果的增幅是很大的，提高到 700，是原来的 2 倍。

(3) 走刀路线

走刀路线是指加工过程中刀具相对于被加工件的运动轨迹和方向。合理选择走刀路线有利于轮廓的加工效率和表面质量提升。

1）切线切入和切出

对于二维外形轮廓的铣削，无论是外轮廓还是内轮廓，刀具的切入和切出轮廓一般遵循：切线切入和切出。安排刀具从切向进入轮廓进行加工，当轮廓加工完毕之后，安排一段沿切线方向继续运动的距离退刀，这样可以避免刀具在工件上的切入点和切出点处留下接刀痕。

例 3-2：当铣削轮廓时，刀具沿法向切入。如图 3-8（a）所示，法向切入导致 x、y 轴的进给速度发生剧烈变化，在 y 轴减速直到速度为零，然后在 x 轴加速，在换向处出现短暂的换向停留，在切入处产生刀具的刻痕而影响表面质量。沿轮廓的切向切入，如图 3-8

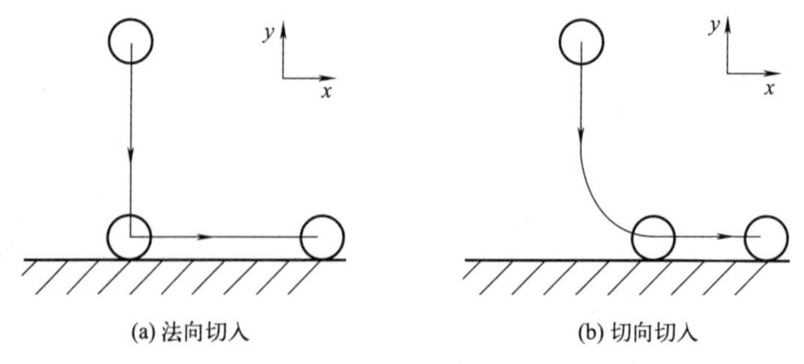

(a) 法向切入　　(b) 切向切入

图 3-8　切入方式

(b) 所示，x、y 轴的进给速度过渡平稳，保证了刀具切削轮廓曲线平滑过渡。同理，在切出工件时，也应避免在工件的轮廓处直接退刀，而应该沿零件轮廓线的切向逐渐切出工件。

2）刀具半径补偿

数控轮廓铣削编程采用刀具半径补偿，将刀具中心轨迹向待加工零件轮廓指定的一侧偏移一个刀具半径值。手工编程时，一般根据零件的外形轮廓采用左补偿或右补偿实现刀具半径补偿，如图 3-9 所示。刀具半径补偿执行过程一般分为补偿建立、补偿进行、补偿取消三个步骤。

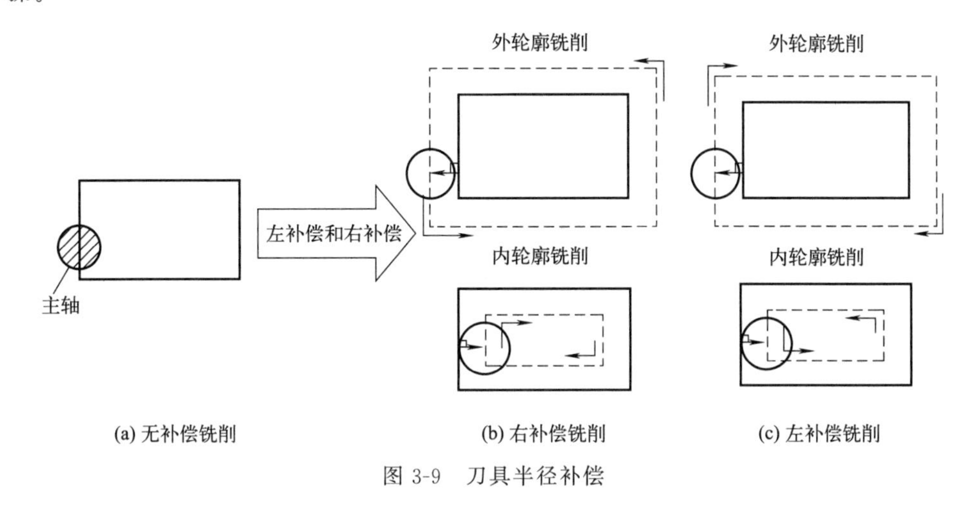

(a) 无补偿铣削　(b) 右补偿铣削　(c) 左补偿铣削

图 3-9　刀具半径补偿

采用计算机辅助数控编程，使用刀具半径补偿，除可以由数控系统实现外，也可以由数控编程系统实现，即根据给定刀具半径和待加工零件的外形轮廓，由数控编程系统计算出实际的刀具中心轨迹。粗加工通常采用数控编程系统，切除加工余量。精加工采用数控系统实现，控制轮廓尺寸精度，具体试切过程：试切→测量→计算，确定尺寸误差、修改刀具半径补偿值→试切……，直到轮廓达到尺寸精度。

3）轮廓顺、逆铣

外形轮廓采用顺铣加工。外轮廓铣削时，刀具走刀路线为顺时针，即为顺铣；内轮廓铣削时，刀具走刀路线逆时针为顺铣。反之即为逆铣。如图 3-10 所示。

例 3-3：两种常用的切入和切出。

- 外轮廓采用直线切入和切出，顺铣。如图 3-11 所示。

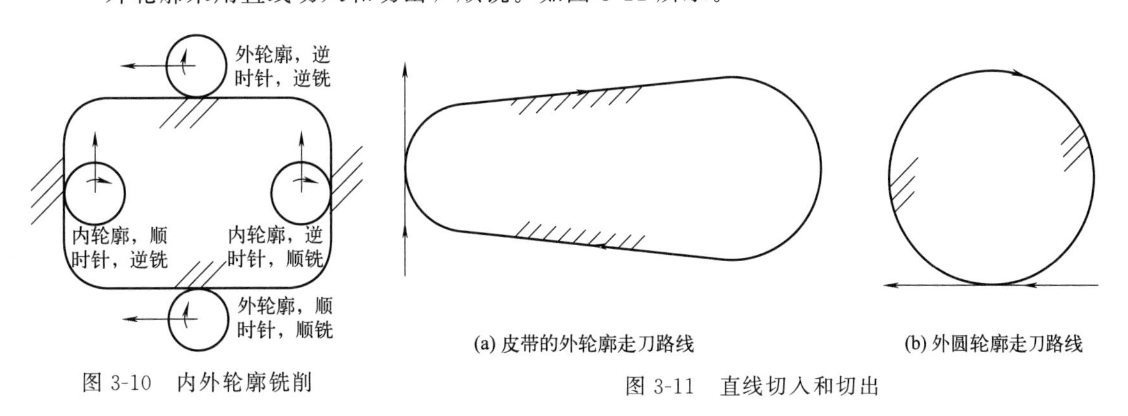

图 3-10　内外轮廓铣削

(a) 皮带的外轮廓走刀路线　(b) 外圆轮廓走刀路线

图 3-11　直线切入和切出

- 内轮廓采用直线＋圆弧切入和切出，顺铣。如图 3-12 所示。

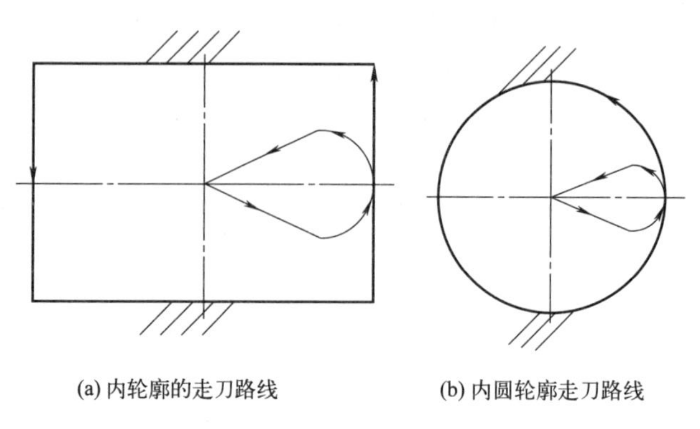

图 3-12　直线＋圆弧切入和切出

3.1.2　轮廓铣削刀具轨迹生成

外形轮廓铣削数控加工刀具轨迹生成，可以在二维图和三维模型中，通过选择轮廓，偏置刀具路径实现，基本过程如下。

(1) 外形轮廓的有序化串联

对于二维外形轮廓的数控加工，要求外形轮廓曲线是连续和有序的，只有这样刀具才能沿外形轮廓线进行连续有序的加工。将组成二维外形轮廓的曲线（直线、圆弧和自由曲线）首尾相接，构成分段有序 G0 阶连续曲线，分段有序 G0 曲线要求前一段曲线的终点为下一段曲线的起点。如图 3-13 所示，轮廓自由曲线、直线、圆弧连接，顺序选择，可以完成轮廓的串联。

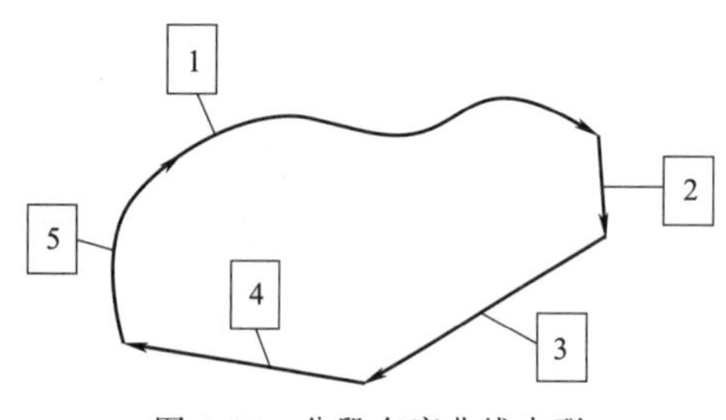

图 3-13　分段有序曲线串联

(2) 偏置外形轮廓形成刀具轨迹

将有序化串联的外形轮廓偏置一个距离（刀具半径＋余量），形成刀具轨迹。外轮廓向外偏置，内轮廓向内偏置。

3.2　二维型腔数控加工刀具轨迹生成

3.2.1　二维型腔加工

二维型腔是指具有封闭边界轮廓的平底或曲底凹坑，而且可能具有一个或多个不加工的岛屿（如图 3-14 所示），当型腔底面为平面时即为二维型腔。型腔类零件在模具、飞机零件加工中应用普遍，有人甚至认为 80%以上的机械加工可归结为型腔加工。型腔的加工包括型腔区域的加工与轮廓（包括边界与岛屿轮廓）的加工，一般采用立铣刀或圆鼻刀（取决于型腔侧壁与底面间的过渡要求）进行加工。

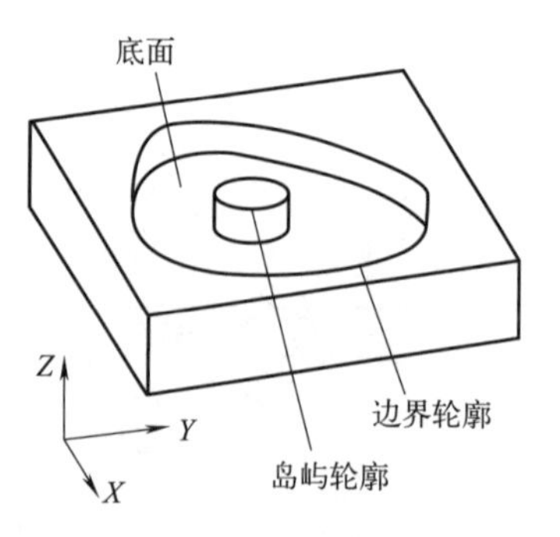

图 3-14　型腔类零件示意图

二维型腔的加工就是要切净内腔区域的全部面积，不留死角，不伤轮廓，同时要具有尽可能高的加工效率。二维型腔切削分两步：第一步是切内腔（粗加工），如图 3-15（a）所示；第二步采用先底面后轮廓切轮廓（精加工），如图 3-15（b）所示。

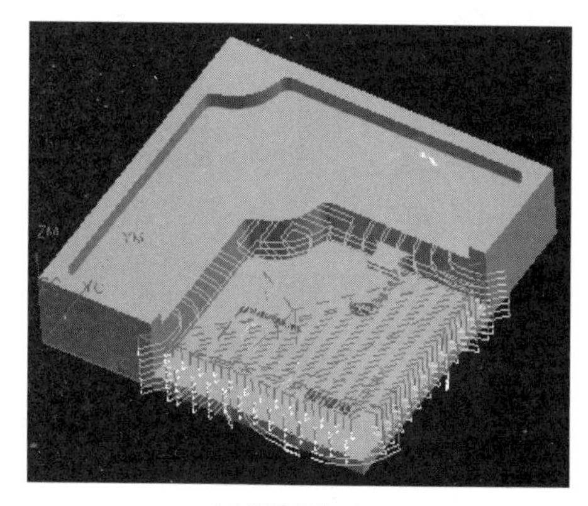

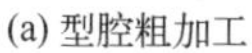

(a) 型腔粗加工

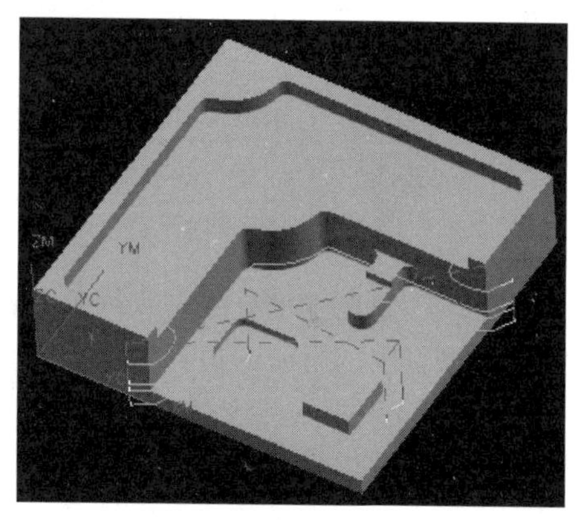

(b) 型腔轮廓精加工

图 3-15　型腔的加工

粗加工阶段：采用端铣刀，沿轮廓边界留出精加工余量，用环切或行切的方式铣去型腔的多余材料，如图 3-16 所示。当型腔较深时，则要分层进行粗加工，这时还需要定义每一层粗加工的深度以及型腔的实际深度，以便计算需要分多少层进行粗加工。

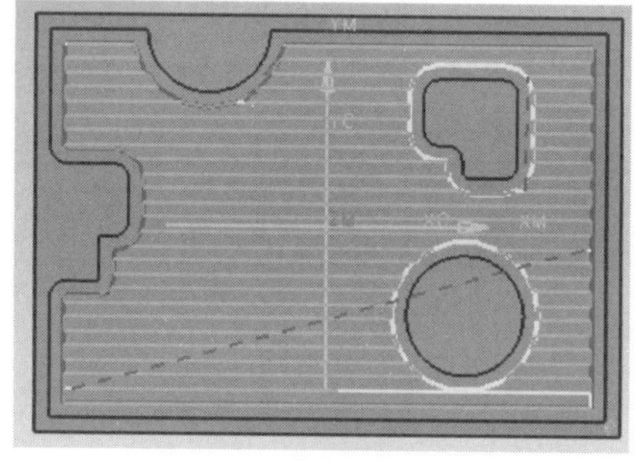

(a) 行切法加工

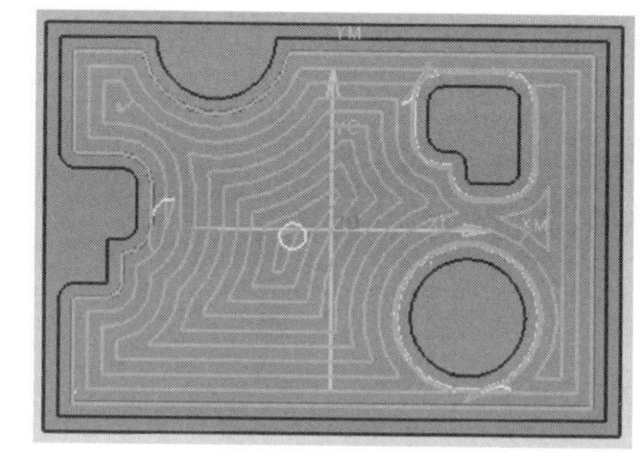

(b) 环切法加工

图 3-16　行切法和环切法

精加工阶段：首先精加工底面（与侧壁保持安全距离），然后精加工侧壁到底，沿轮廓走刀，精铣轮廓外形。可以避免当侧壁加工到底时，刀具的侧刃与底刃同时受力产生振动而影响底面的表面质量。实际中，端铣刀端面刃在型腔粗加工时，如果底面加工的底面质量要求不是很高，在精加工阶段底面可不再进行加工。

3.2.2　二维型腔加工的刀路生成过程

型腔加工路径的区别在于走刀方式的不同。采用不同的走刀方式，型腔的加工效率、轮廓的成形精度都有较大差异，实际加工中，应根据型腔边界轮廓的几何形状、加工精度和效率等要求，合理地选择走刀方式。常用的走刀方式如图 3-17 所示，分别为行切法［图 3-17（a）］、环切法［图 3-17（b）］、螺旋法［图 3-17（c）］、摆线法［图 3-17（d）］。

① 行切法。其为型腔加工中最简单的走刀方式，又分为两种：Zig（单向平行）和 Zig-Zag（往复式，之字形切削）走刀方式。

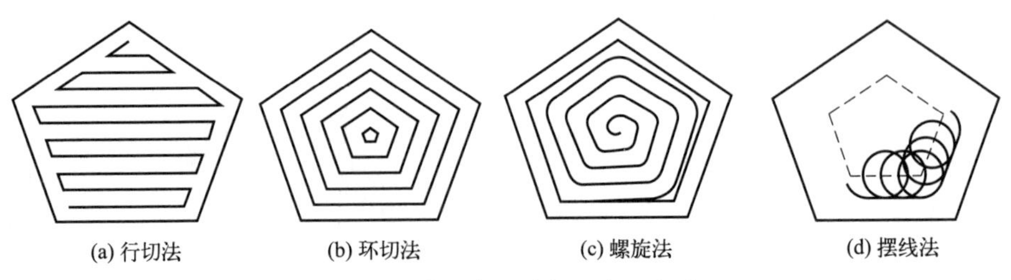

图 3-17　常见的型腔加工走刀方式

行切法是以一组相互平行的直线构成刀具运动轨迹，是将型腔边界（含岛屿的边界）轮廓有序化和串联，生成封闭的边界轮廓，边界（含岛屿的边界）轮廓偏置生成等距线，如图 3-18（a）所示，该等距线与边界轮廓的距离等于精加工余量与刀具半径之和，这些等距线确定了行切加工时的切削区域。用一组距离为行距的平行于刀具路径的平行线分别与上述等距线求交，得到交点，生成各切削行的刀具轨迹线段，如图 3-18（b）所示。Zig-Zag（往复式）行切从第一条刀具轨迹线段开始，将前一行最后一条刀具轨迹线段的终点与下一行第一条刀具轨迹的起点沿边界轮廓的等距线连接起来，生成刀路路径，如图 3-18（c）所示。行切法刀具沿边界轮廓换向，产生残料，如图 3-18（d）所示，需要沿型腔和岛屿的等距线运动，生成最后一条刀具轨迹，切除边界轮廓残料，如图 3-18（e）所示。

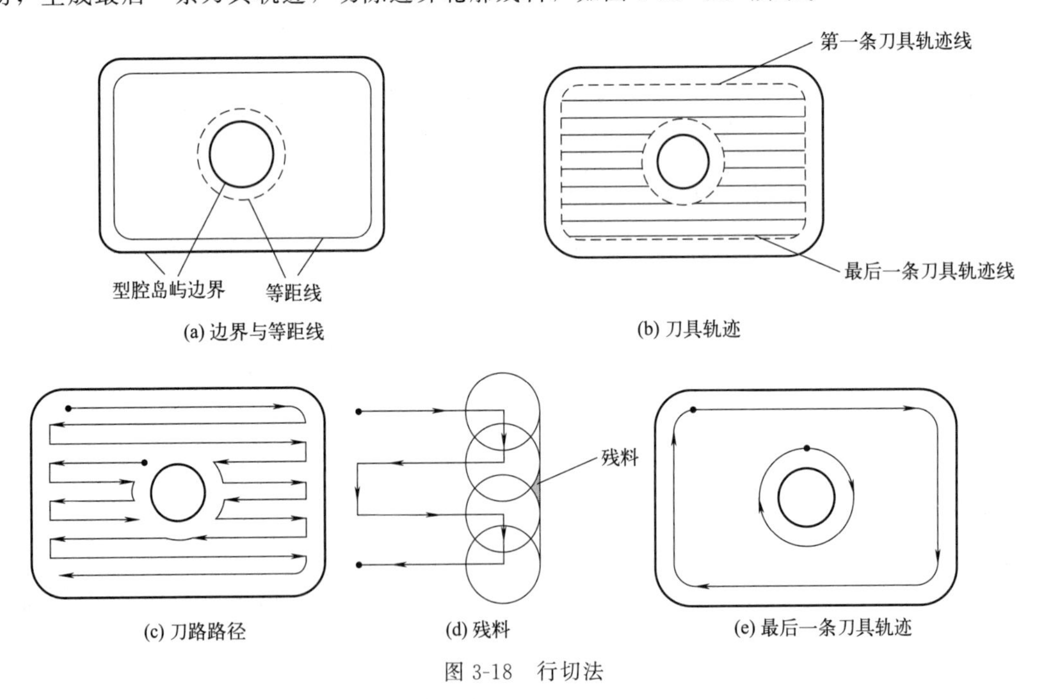

图 3-18　行切法

单向平行（Zig）走刀不同于往复式行切，能够保持一致的顺铣或逆铣操作，但存在过多的无效铣削运动；Zig-Zag 走刀方式可以减少加工过程中的抬刀次数，避免无效切削，但顺铣和逆铣的交替出现，容易引起刀具振动，影响轮廓表面的加工质量。

行切法可采用填充法生成刀轨，它是以一组平行直线段扫描整个加工区域，然后根据加工区域的内外边界截取扫描线以填充加工区域，再将填充线段首尾相连生成 Zig-Zag 路径。一般情况下，填充线的方向为 x 坐标方向或 y 坐标方向，但也可根据型腔的拓扑结构和几何形状等因素，利用优化方法选择填充线的方向，以使加工路径的总长度最短。如图 3-19 所示。

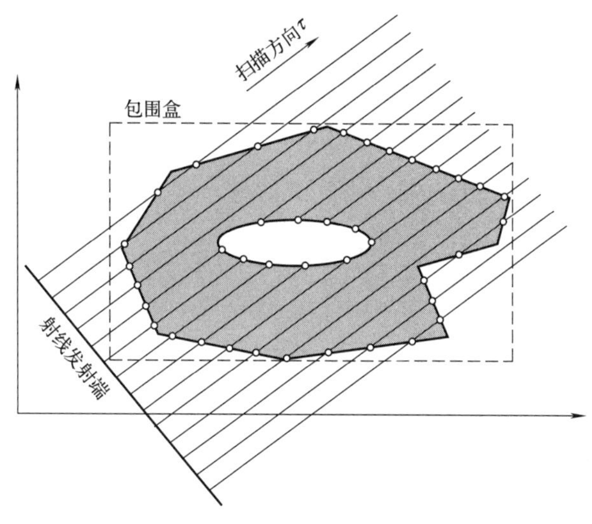

图 3-19　型腔加工区域的扫描填充

② 环切法。即环形走刀法，是以型腔轮廓的一组偏置轮廓构成刀具运动轨迹。平面型腔的环切法加工刀具轨迹的计算在一定意义上可以归纳为平面封闭轮廓曲线的等距线计算。环切法不同于行切法的铣刀进给需要频繁换向，顺铣和逆铣交替进行，环切法可以保证在加工中铣刀的切削方式不变（顺铣或逆铣），可以由内向外或由外向内。如图 3-20（a）所示，采用顺铣由内向外铣削；如图 3-20（b）所示，采用逆铣由外向内铣削。当型腔内包含多个岛屿，且型腔轮廓形状复杂时，环切法刀具轨迹的规划比较复杂。

(a) 由内向外环切

(b) 由外向内环切

图 3-20　环形刀路

环切法刀具轨迹生成与行切法有相同和不同之处。相同之处：将型腔边界（含岛屿的边界）轮廓有序化和串联，生成封闭的边界轮廓。边界（含岛屿的边界）轮廓偏置生成等距线，该等距线与边界轮廓的距离等于精加工余量与刀具半径之和，这些等距线确定了环切加工时的切削区域。不同之处：环切法的等距线按行距不断循环偏置，从而产生环切加工刀具轨迹。偏置可以由外环向内偏置，内环不偏置，如图 3-21（a）所示；内外环同时偏置，如图 3-21（b）所示。

环切走刀轨迹，能够保持一致的顺铣或逆铣加工操作，如果环切路径独立存在，刀具直接沿此类环切轨迹进行加工，在各轨迹环间将不可避免地产生频繁的抬刀、退刀，直接影响加工过程的连续性，需要对生成的环切轨迹进行优化连接。

通常，各偏置环是通过连接点之间的直线段直接相连的，如图 3-22（a）所示，在这种

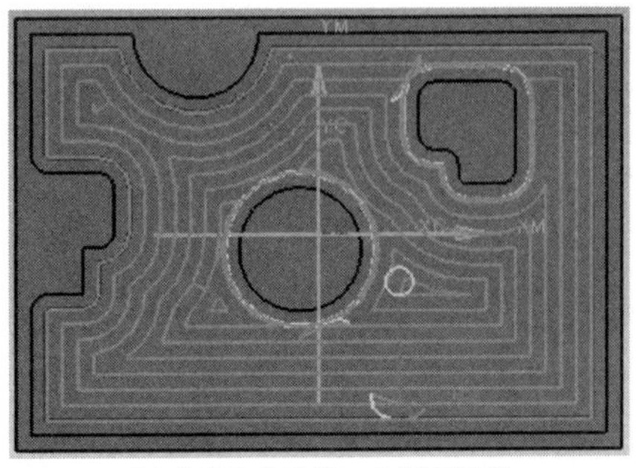

(a) 外环向内偏置，内环不偏置

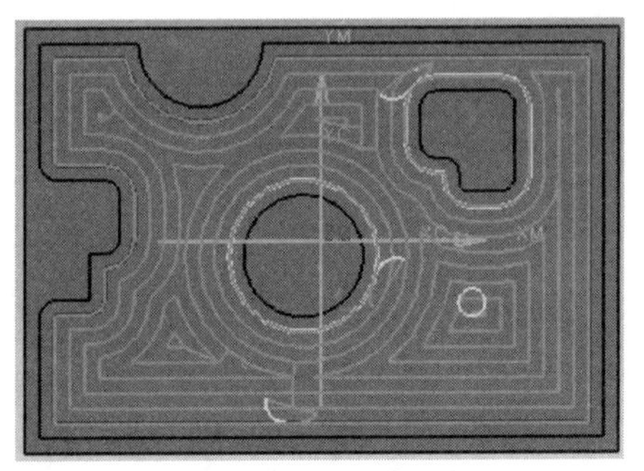

(b) 内外环同时偏置

图 3-21　偏置方法

连接方式下，刀具在环间进刀时，由于刀具路径在连接点处存在尖角突变，会导致刀具的进给方向突然发生改变，致使切削力瞬时增大，产生大的惯性冲击和加速度跃动，由此引起刀具的振动、磨损，势必影响型腔的加工效率，破坏整个加工过程的稳定性。在实际处理中，可在相邻环切路径连接点间插入过渡圆弧并使其与相邻环切路径相切，以完成刀具在环切路径间的光滑过渡。图 3-22（b）和图 3-22（c）分别为环切路径间的单圆弧和双圆弧过渡曲线。如图 3-22（d）所示，其中 P_0、P_1、P_2、P_3 为控制点，根据 Bezier 曲线的端点性质，加入的过渡 Bezier 曲线在连接点处必与环切路径相切，从而实现环切路径间的光滑过渡。

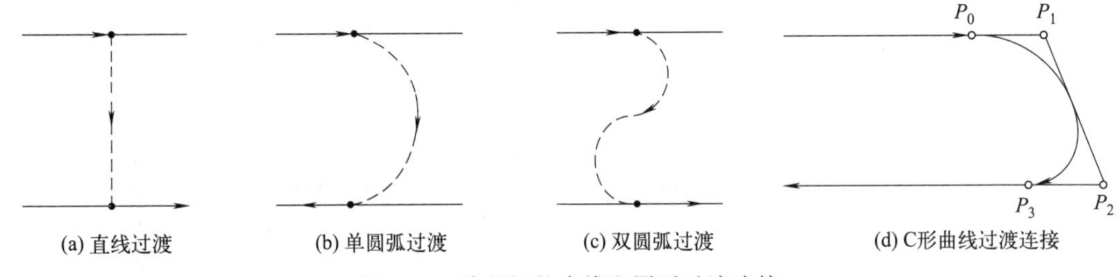

(a) 直线过渡　(b) 单圆弧过渡　(c) 双圆弧过渡　(d) C形曲线过渡连接

图 3-22　路径间的直线和圆弧过渡连接

环切法中利用偏置对每条边界轮廓计算等距线，环切等距线计算方法通常有两种：直接偏置法（分段求交法）、维诺图（Voronoidiagram）方法。下面介绍直接偏置法，如图 3-23 所示。

a. 按一定的偏置距离对封闭轮廓曲线的每一条边界曲线分别计算等距线 。

b. 对各条等距线进行必要的裁剪或延拓，连接形成封闭曲线 。

c. 处理等距线的自相交，并进行有效性测试，判断是否和岛屿、边界轮廓曲线干涉，去掉多余环，得到基于上述偏置距离的封闭等距线。

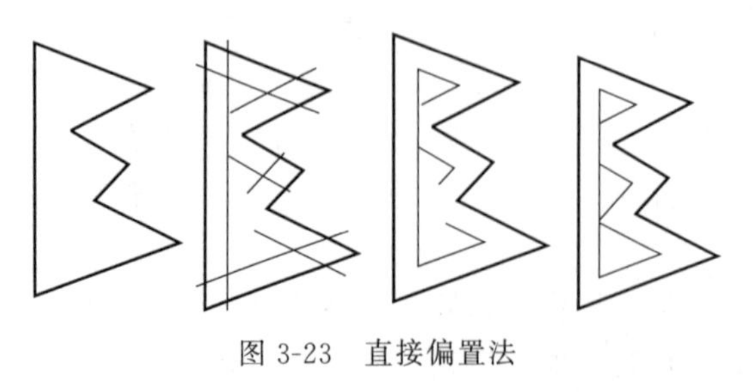

图 3-23　直接偏置法

d. 重复上述过程，直到遍历完所有待加工区域。

③ 螺旋法。其走刀轨迹光滑连续，能够有效减少加工过程中的抬刀次数和刀具的行间移动，只需要一次切入切出就可完成加工区域的铣削。为了控制相邻螺旋曲线间的加工行距，螺旋轨迹一般较环切和行切轨迹略长，且适合的型腔范围较窄，一般只用于无岛屿或孔洞的单连通型腔区域的高速切削。

④ 摆线法。摆线是指圆周上一固定点随着圆沿曲线滚动而生成的轨迹。摆线轨迹适合高速加工沟槽类型腔。加工过程中能保持恒定的进给率，但刀具在未切削和已切削区域间交替切入切出，会导致切削力发生周期性的变化，而且约一半的时间处于非切削状态，不利于型腔切削效率的提高。

3.2.3 型腔垂直方向的层切法加工

型腔在垂直方向上采用层切法是型腔最常用的加工方法。该方法在三轴数控机床上即可实现。基本思想是，根据毛坯的尺寸和预设的工艺参数构造一系列垂直于 Z 轴的平面，将这些截平面与零件曲面和毛坯体求交，求得型腔的二维封闭轮廓，然后确定这些轮廓所围的加工区域，生成刀具轨迹，并将各层的刀具轨迹统一组织，形成最终的加工路径。

垂直进刀方法主要有三种：可采用在加工之前进行开孔，垂直进刀或改用螺旋进刀和折线进刀，如图 3-24 所示。

垂直进刀：切入方式是在 Z 轴方向上执行线性运动，如图 3-24（a）所示。

螺旋进刀：未预先钻削的型腔的进刀方式。其主要的参数为：螺旋半径①表示刀具中心相对于螺旋线轴线的距离。引入角度②表示螺旋螺距。刀具所执行的旋转次数由垂直步距及螺旋的螺距计算得出，螺旋的方向由加工模式（顺铣/逆铣）决定，如图 3-24（b）所示。

折线进刀：铣削路径沿折线移动，通常窄槽使用折线进刀。其中①表示斜线的引入角度，如图 3-24（c）所示。

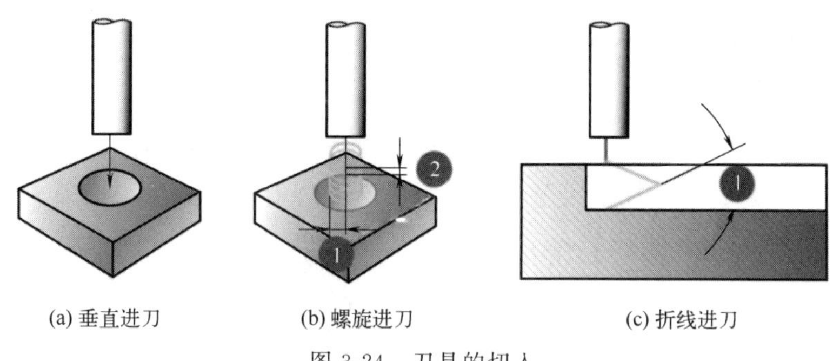

图 3-24 刀具的切入

3.3 孔加工

孔加工属于点位加工，采用定尺寸刀具加工，孔的尺寸精度取决于刀具的尺寸。孔加工包含钻孔、扩孔、镗孔、铰孔和攻螺纹等加工，如表 3-1 所示。在数控编程中采用固定循环，使得使用其他指令（G0、G01 等）需要几个程序段完成的功能可在一个程序段内完成。

表 3-1 孔加工

钻孔	钻中心孔、钻孔，断屑钻孔，排屑钻孔
镗孔	锪孔，粗镗、半精镗、精镗孔，铰孔
攻螺纹	柔性攻牙、刚性攻牙(左旋、右旋)

一个固定循环由机床六个顺序动作组成（如图 3-25 所示）：

操作 1：X、Y 轴定位（也包含其他轴）。

操作 2：快速定位到 R 点。

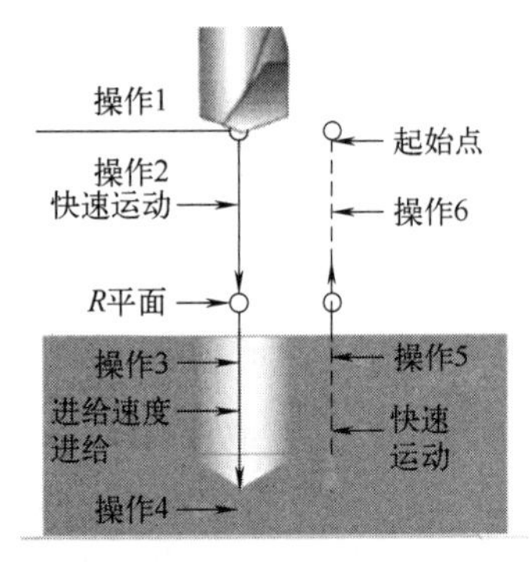

图 3-25　固定循环操作

操作 3：孔加工。

操作 4：孔底位置动作。

操作 5：返回至 R 点。

操作 6：快速移动到起始点。

例 3-4： 钻孔分为钻中心孔、钻孔，断屑钻孔，排屑钻孔，如图 3-26 所示。

钻中心孔、钻孔钻头按照进给速度进给到 Z 深度，快速返回；断屑钻孔刀具啄式进给，每进给一定的深度，快速回退，回退距离很小，达到断屑，继续进给，如此循环，直到 Z 深度，快速返回；排屑钻孔用于深孔钻，需要将切屑排出孔外，每进给一定的深度，快速回退到 R 点，然后快速定位到上一次钻孔的深度，继续钻削，如此循环，直到 Z 深度，快速返回。

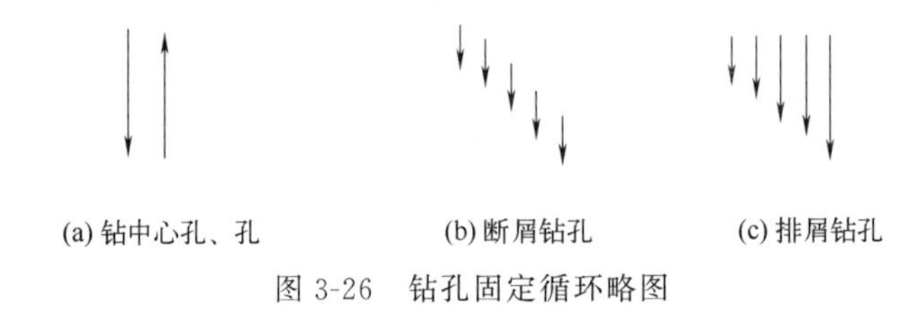

图 3-26　钻孔固定循环略图

3.4　平面铣削刀具轨迹生成

平面铣削普遍采用面铣刀和立铣刀，如图 3-27 所示。根据平面的宽度选择刀具、进刀方式，切削行距一般为 70%的刀具直径。平面的铣削进刀方式分为：一刀式铣削法、双向铣削法、单侧顺铣法、单侧逆铣法、顺铣法。

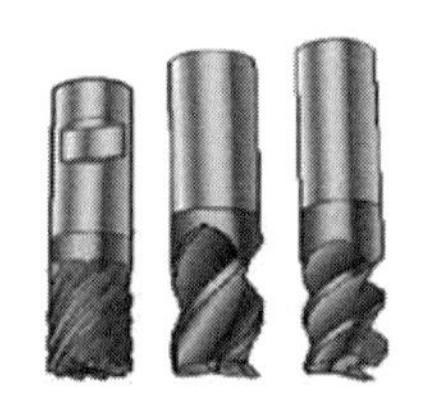

图 3-27　铣刀

（1）一刀式铣削法

平面的宽度约为铣刀直径的 70%，采用一刀式铣削法，铣刀能够一次切除整个平面。一刀式铣削普遍采用硬质合金面铣刀。刀具切入和切出采用圆弧进刀方式，非对称铣，如图 3-28 所示。圆弧进刀+非对称铣保证刀具所受径向切削力在一个方向上，避免引起机床主轴振动，加工表面质量高。

（2）双向铣削法

如果铣刀的直径相对比较小，不能一次切除整个大平面，需要多次走刀。走刀常见的几种方法为双向铣削、单侧顺铣、单侧逆铣、顺铣法。

双向铣削也称 Z 形或弓形铣削。铣削时顺铣和逆铣交替进行，如图 3-29。双向多次铣削时刀具的下刀点位于平面的外侧，切削间的移动方式有直线和圆弧两种。

（3）单侧顺铣、逆铣法

单侧顺铣、逆铣的进刀点在同一轴上的不同位置，切削到要求长度后，刀具抬刀，在工件上方移动，改变轴的位置，下刀进行铣削。单侧顺铣、逆铣是平面铣削最为常见的方法，图 3-30 为单侧顺铣，图 3-31 为单侧逆铣。单侧铣削需要频繁地快速返回运动，导致效率很低。

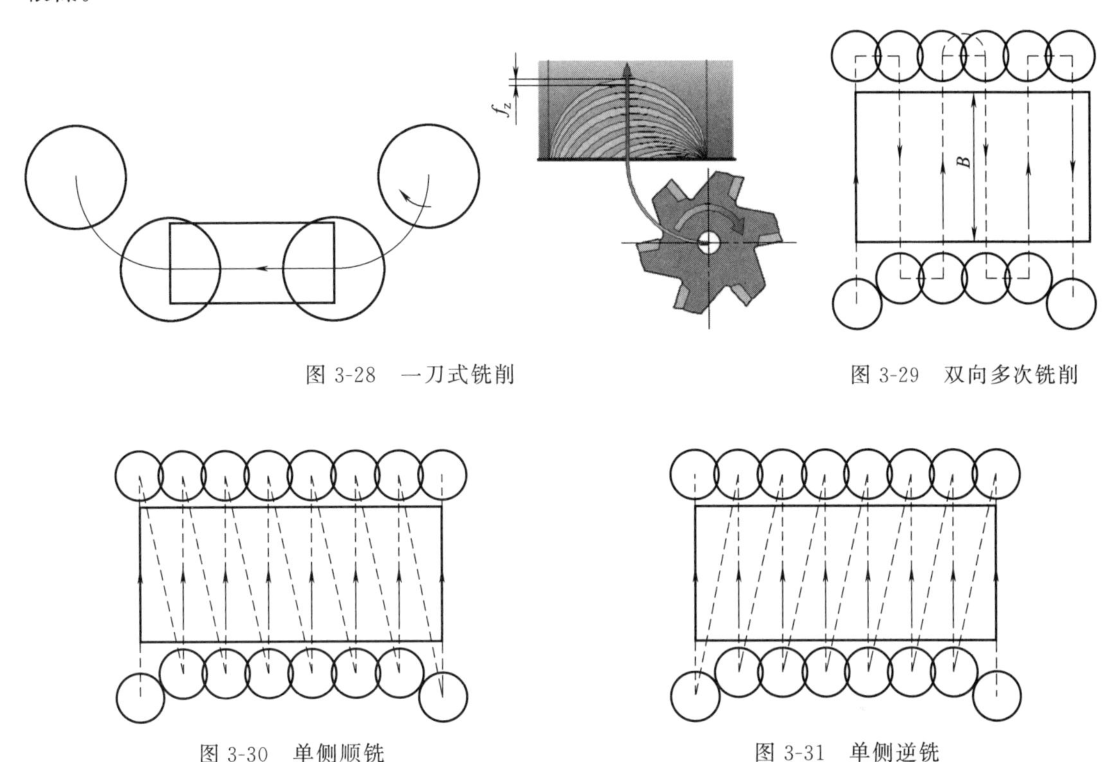

图 3-28 一刀式铣削

图 3-29 双向多次铣削

图 3-30 单侧顺铣

图 3-31 单侧逆铣

(4) 顺铣法

顺铣法是一种效率较高的铣削方法。这种方法融合了双向铣削和单侧顺铣两种方法，如图 3-32 所示。

图 3-32 (a) 为直线走刀路线，并且始终为顺铣方式。图 3-32 (b) 为曲线走刀路线，生成的程序比较长，不能够保证 a_e 恒定。图 3-32 (c) 为直线、圆弧走刀路线，铣削效果好，程序简单。

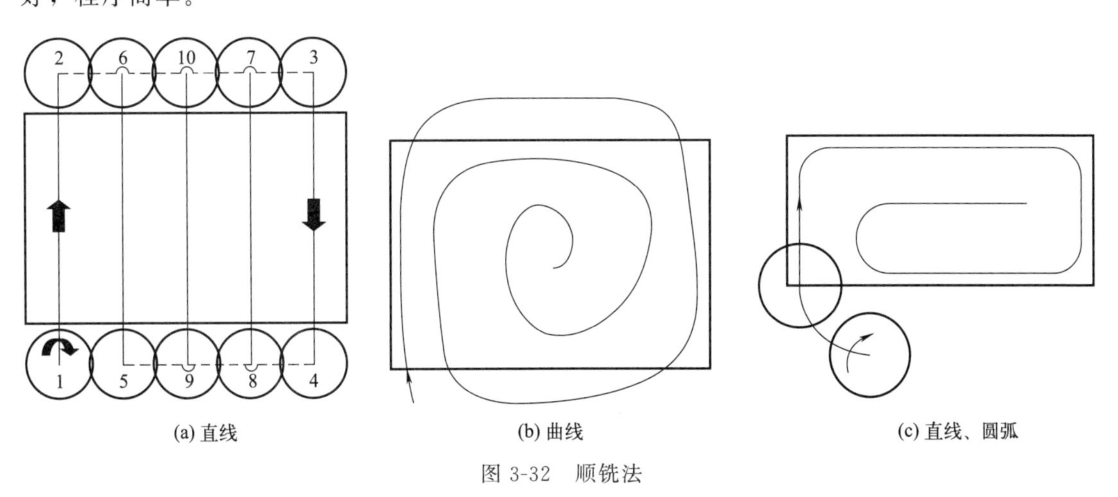

(a) 直线　(b) 曲线　(c) 直线、圆弧

图 3-32 顺铣法

3.5 二维数控加工编程参数

二维数控加工编程最基本的编程参数包括：Z 轴方向上的参数；XY 方向上的加工余量；铣削用量：进给速度 v_f、切削速度 v_c、径向切深 a_e、轴向切深 a_p。

(1) Z 轴方向上的参数

在 Z 轴方向上，通过使用安全平面和安全距离，确保刀具下刀过程的安全性，如图 3-33 所示。

安全平面：刀具可以在安全平面（XY 平面）快速移动，不会发生刀具、主轴与工件、夹具等碰撞。从安全平面运动到安全距离采用快速移动。

安全距离：在 Z 方向上，从安全平面移动到加工的 XY 平面的距离。刀具沿 Z 轴方向快速进给。

加工区域：加工区域是垂直加工区域，是由工件的顶部和底部的值定义。

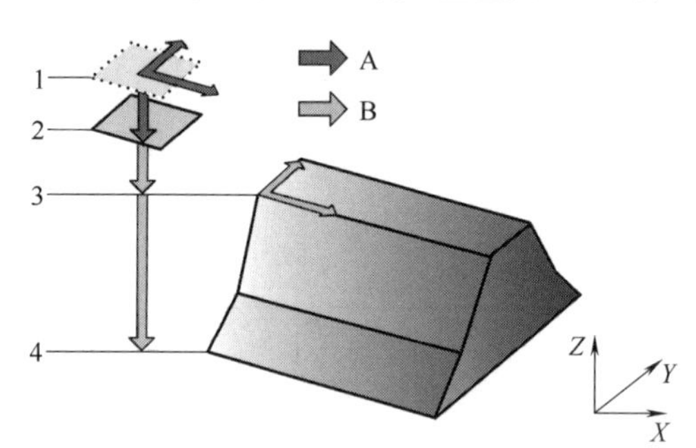

图 3-33　Z 轴方向上的参数

(2) 铣削用量

铣削用量的选择与铣削方法有关，有两种铣削方法，分别为小径向切深方法和普通铣削方法，如图 3-34 所示。普通铣削方法是铣削常用的加工方法，在粗加工时，以提高生产效率为主，选择较大的 a_e、a_p 和 v_f，较低的 v_c；半精加工和精加工时，应在保证加工质量的前提下，选择较小的 a_e、a_p 和 v_f，较高的 v_c。小径向切深方法采用 $a_e < 25\% D_c$（铣刀直径），高的 a_p。小的 a_e 使基于每齿进给量 f_z 的切屑厚度 h_{ex} 也将变薄，从而导致实际 f_z 减小，而 f_z 的减小会使刀具与工件表面发生刮擦而无法切入工件，因此当 a_e 减小时需要增大 f_z。

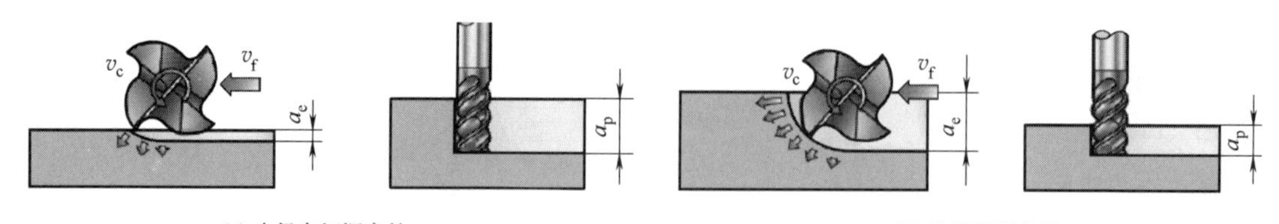

图 3-34　两种铣削方法

小 a_e 产生低的径向切削力和刀具偏斜，对系统的稳定性要求不高，小 a_e 使每次切削刀具的齿数少，甚至只有一个，能使振动趋势减至最小，能够实现高的 a_p。由于刀齿与工件接触时间短，减少了切削区域中的热量，能够使用较高的 v_c。

例 3-5：在图 3-35 中，铣刀的 $D_c=25\text{mm}$，$a_e=0.5\text{mm}$，假定每齿进给量的推荐值为 $f_z=0.2\text{mm/z}$，切屑最大厚度 h_{ex} 为 0.2mm，计算小 a_e 铣削情况下的切屑厚度 h_{ex}。

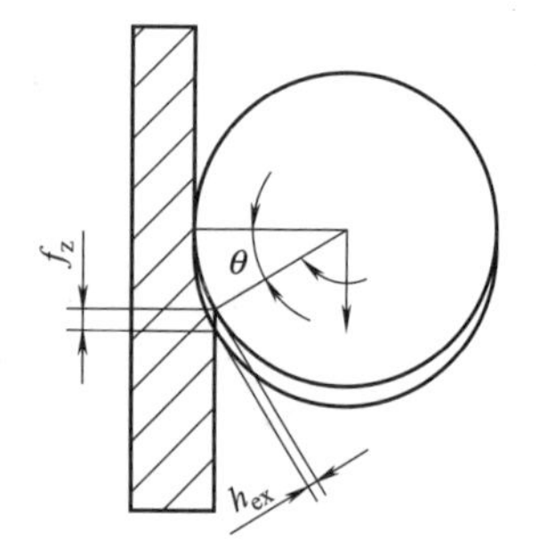

图 3-35　h_{ex} 的计算

h_{ex} 与 f_z 关系如图 3-35 所示。h_{ex} 的计算如下：

$\cos\theta=(D_c-a_e)/D_c=(25-0.5)/25=0.98$

$\theta=11.78°$

$h_{ex}=f_z\times\sin\theta=0.2\times\sin11.78=0.04$ (mm)

显然 h_{ex} 远小于 0.2mm/z。如果需要保证 $h_{ex}=0.2$mm，则实际 f_z 为：

$f_z=h_{ex}/\sin\theta=0.2/\sin11.78=0.98$(mm/z)

因此，小 a_e 切削，亦称切片切削，使用较高的 v_c 和大的 a_p、较小的 a_e、小的 h_{ex}、高的 v_f。如图 3-36 所示。

图 3-36　切片切削

3.6　hyperMILL 工法的基本操作

3.6.1　工具栏的开启和主要工具按钮的作用

通过使用 hyperMILL 工具栏的工具按钮，可以实现快速的工法建立、编辑。工具栏的开启过程如下：从菜单栏中点击文件→选项→工具条和选项卡，在开启的对话框中切换至工具条标签，并点选 hyperMILL 工具条，如图 3-37 所示。再打开 hyperMILL，可以在编辑窗口中找到 hyperMILL 工具，如图 3-38 所示。

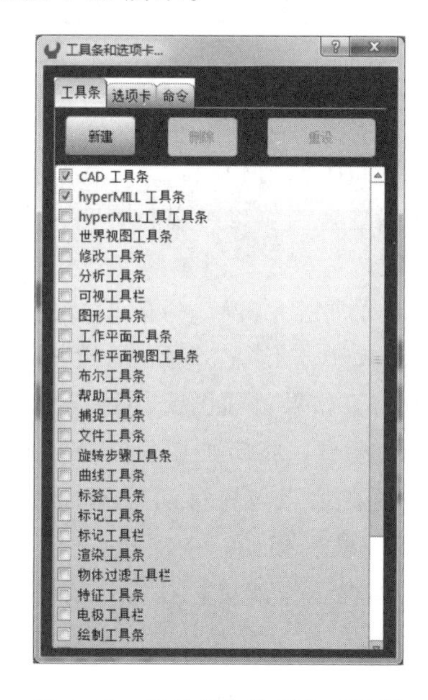

图 3-37　工具条和选项卡对话框

图 3-38　hyperMILL 工具

hyperMILL 工具栏主要按钮作用如表 3-2 所示。

表 3-2　hyperMILL 工具栏主要按钮作用

按钮	作用
	启动或关闭 hyperMILL 浏览器的主要按钮
	hyperMILLjob 按钮，加工方法选择
	hyperMILLundo，hyperMILL 专用的撤销指令按钮
	删除目前显示在窗口上的刀具路径
	hyperMILL 系统配置规划按钮
	启动 hyperVIEW 按钮
	hyperMILL 在线辅助说明按钮

3.6.2　hyperMILL 浏览器中工法的主要操作

(1) 工单列表

hyperMILL 中工法主要在 hyperMILL 浏览器中完成，工单列表的规则如下：

第一个工单列表的名称内定值和图档名相同，第二个及以后的工单列表名称，内定值为以图档名加上_2、_3、_4、…的编序，当然也可以自行定义名称。

(2) 加工（NCS）原点的设定

加工原点定义了加工程序制作的原点位置。一般系统的内定值是以目前图文件的 WCS 原点作为加工（NCS）程序的 0，0，0 点位置，为了后续加工时容易对刀，通常都会将加工原点置于工件的中心点或工件边上。如果目前图文件的 WCS 原点位置和我们欲放置的位置不同，有下列两种处置方式：移动模型、指定加工（NCS）原点。

① 移动模型。将模型的欲放置之原点位置移动至 WCS 的 0，0，0 点上。通过点击编辑菜单栏的移动/复制对象命令，实现模型移动。

② 指定加工（NCS）原点。编辑工作清单，在工作清单列表对话框中，单击 NCS 按钮，打开坐标系定义对话框，指定加工（NCS）原点在模型上欲放置的位置。

(3) 刀具清单

刀具清单是搭配工单列表使用的，工单列表中使用的刀具数据可以完整地在刀具清单中列示出来，使用的规则如下。

① 在同一张图档中可以有多个工单列表的设定，但是同一张图档中只有一个刀具清单，也就是所有的工单列表只能使用同一个刀具清单。

② 不允许重复刀号的设立，也就是不同的刀具不能设定成同一个刀号。

③ 如果相同的刀具要有不同的加工条件，如 S 值及 F 值时，应在个别的工法设定中修改，不可再新增同样刀号的刀具。

④ 当更改刀具清单中某一刀具的数据时，工单列表中所有使用这把刀的工法的刀具设定都将被修改，包含刀号、刀径数据。

⑤ 从工单列表的某一工法中修改刀具数据（如刀号、刀径）时，刀具列表中的数据也将被修改，而工单列表中所有关联使用这把刀具的工法其刀具设定也将跟着被修改。

(4) 刀具清单的产生方法

① 边建立加工工法边产生。这是比较常用的方式，通常我们必须根据工件的状况，边建立工法，边考虑刀具的使用。

② 从档案载入。对于加工依循某种模式，方式比较固定，或是数控机床上已经固定配置某些经常使用的刀具时，可以预先储存刀具清单档案，以便在每个模型档案进行加工设定时加载应用。

(5) 在刀具清单中新增刀具

在刀具清单中新增刀具的步骤：

① 在 hyperMILL 浏览器中的“刀具”选项卡内，右击，在快捷菜单中选择新建，建立一个新刀具，如图 3-39 所示。

② 设定刀具技术参数。

在几何图形选项卡内输入所需要的参数，根据加工零件的尺寸，通过输入刀具的直径、长度等建立适合被加工零件的刀具，如图 3-40 (a) 所示。

在工艺选项卡内对切削参数进行定义，可以手动输入参数，也可以选择使用公式定义工艺参数，如图 3-40 (b) 所示。

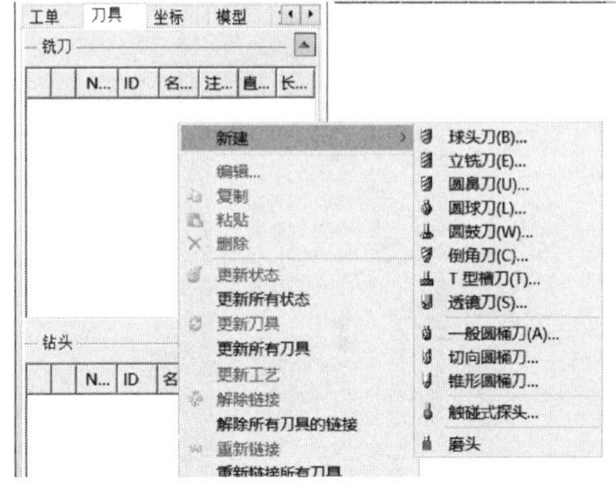

图 3-39 刀具建立

进给速度：

$$v_f = nf = nzf_z$$

式中，v_f 为进给速度，mm/min；f_z 为每齿进给量，z 为刀刃数；n 为主轴转速，r/min。

切削速度：

$$v_c = \frac{\pi D n}{1000}$$

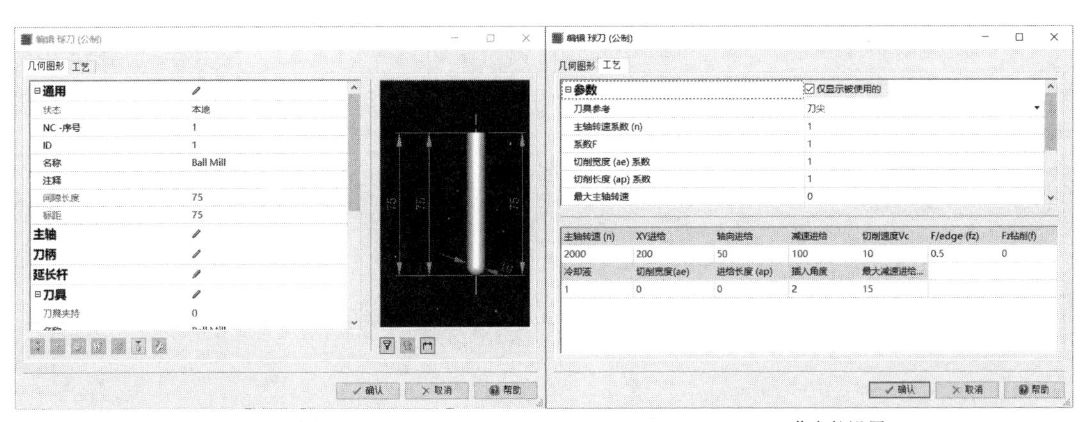

(a) 几何图形参数设置　　(b) 工艺参数设置

图 3-40 设定刀具参数

式中，v_c 为切削速度，m/min；n 为刀具转速，r/min；D 为铣刀直径，mm。

(6) 加载预先储存的刀具清单档案的步骤

在浏览器中“刀具”选项卡内右击，选择“从文件载入”，如图 3-41 所示。

3.6.3 加工工法的建立和编辑

hyperMILL 提供 2D、3D、高阶等多种加工的套装程序，需要根据每一种加工工法的特性，合理地将其组织成一连串的加工程序。

(1) 建立 2D 加工工法的步骤

① 在浏览器中的“工单”选项卡下的窗口空白处右击，选择“新建”→“2D 铣削”→选取一个适合的新工法，如图 3-42 所示。

② 依序设定每一个选项卡内的参数。

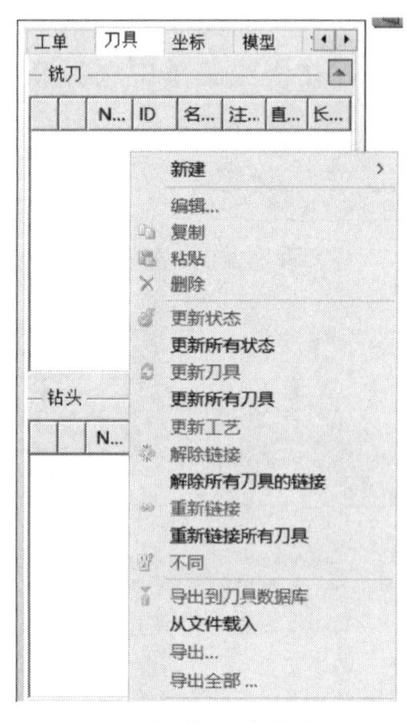

图 3-41 加载预先储存刀具

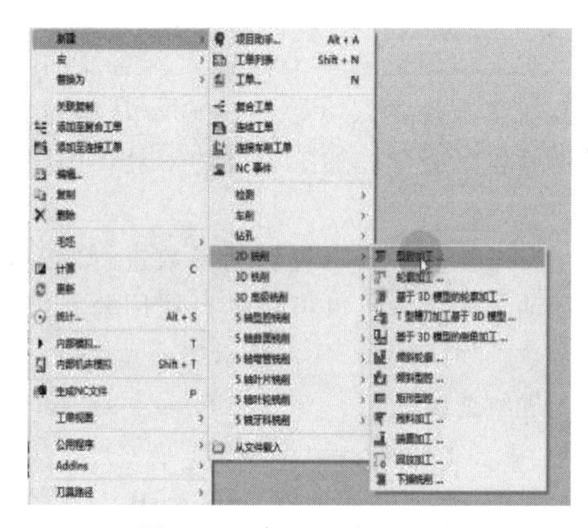

图 3-42 建立 2D 加工工法

(2) 加工工法的编辑

① 编辑单一工法，直接对欲编辑的工法双击。

② 一次编辑数个工法 。以 Shift 键或 Ctrl 键＋单击（Shift 键＋单击为连续选择，Ctrl 键＋单击为不连续选择）选择欲编辑的工法 ，被选择的工法反蓝标注，按下浏览器底部的“编辑” 按钮，如图 3-43 所示。

③ 工法的复制。单击欲移动的工法（可复选），按下“Ctrl 键”，再拖动左键至适当的位置放开。

④ 工法的移动。单击欲移动的工法（可复选），再拖动左键至适当的位置放开。

⑤ 工法的状态信息。

工法的状态可依据表 3-3 判定。

表 3-3 工法的状态

⊞···✔	设定条件完整，可以开始进行运算的信息

续表

	设定条件不完整,尚无法进行运算的信息
	设定条件完整,可以开始进行运算,但是系统有所警告提示的信息

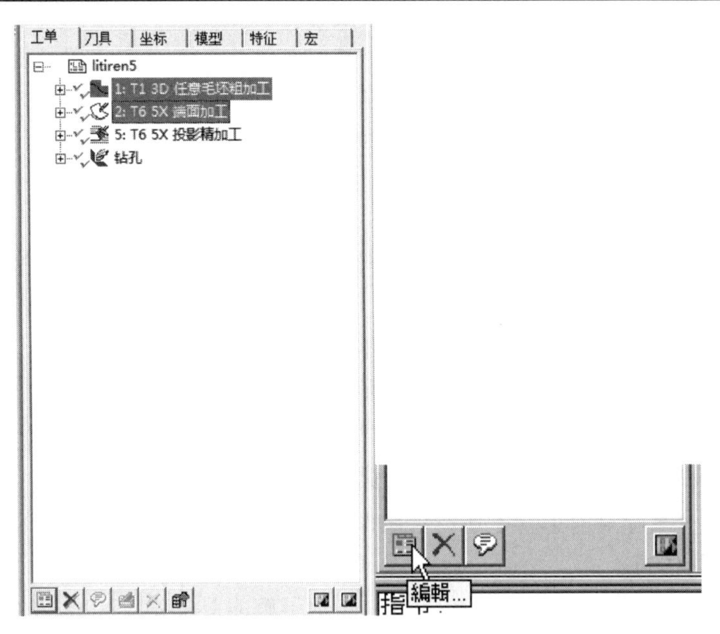

图 3-43 一次编辑数个工法

(3) **计算工法**(刀具路径的计算)

当工法完成设定后,就可以开始进行刀具路径的计算,不需要完成全部加工程序的设定才开始计算,可以边规划加工程序边计算工法。计算的刀具路径保存在指定项目路径 pof 文件夹中,通常 pof 文件的内定名称是依据图档名建立的,再自动加上编号(_1,_2,_3,……)及该工法的工序号码(_1,_2,_3,……),所以产生的 pof 文件名应为:工单列表编号_工法序号 . pof。工法计算的步骤如下:

① 对整个工作清单中的所有工法进行计算。以鼠标左键点选欲计算的工作清单后按下右键,再从快捷菜单中选择"计算",如图 3-44 所示。

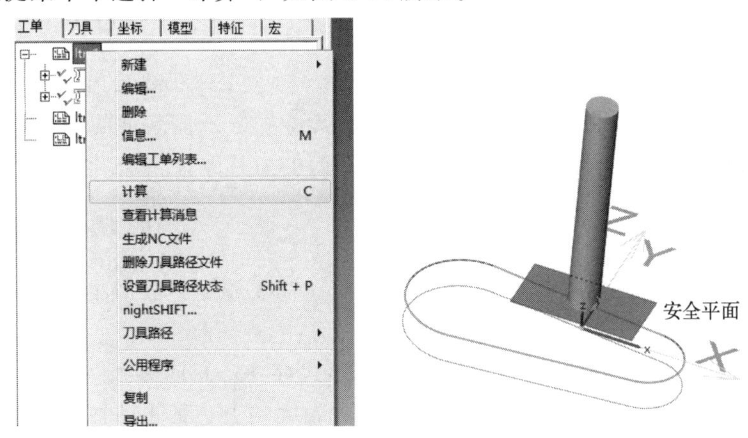

图 3-44 整个工单的工法计算

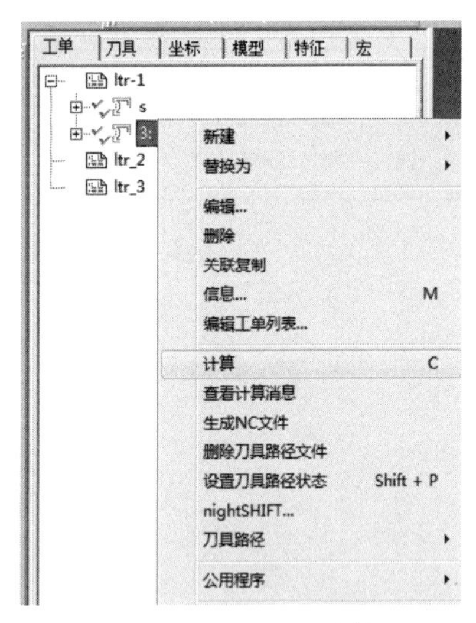

图 3-45 单一工法计算

② 对单一工法进行计算。右击欲计算的工法后，再从快捷菜单中选择“计算”，如图 3-45 所示。

(4) 刀具路径的产生

刀具路径的计算结果会依据在系统设定规划内的显示运算路径与否的参数，来决定是否在屏幕上产生图素线条，让操作者确认。而产生的图素线条会依据下列的叙述来定义性质：

依系统设定规划内颜色的设定，来决定 G1 及 G0 路径产生的颜色。

(5) 清除刀具路径

由于 hyperMILL 计算出的刀具路径是依照图层来管理的，所以我们可以利用 hyperMILL 工具栏中的清除刀具路径指令来清除经计算产生的刀具路径，或是经由使用动态刀具仿真而产生的路径，已经产生的 pof 文件是不会因为执行这个过程而被删除的。清除刀具路径的操作步骤：

① 在 hyperMILL 工具栏点选 清除刀具路径。

② 系统将自动删除目前屏幕上所有刀具路径线条。

(6) 动态刀具仿真

当计算出刀具路径数据后，如果想更进一步地了解刀具的走向，或检查刀具路径是否有碰撞的情况，可以使用动态刀具仿真功能来完成；此功能是以线架构的方式来表现刀具行走的方向，若要以更真实的方式来显示刀具切削的状况，应使用实体切削仿真的功能。

(7) 产生 NC 档案

我们之前所产生的 pof 档案，是不可以直接拿到 CNC 机器进行加工的，它只能算是 C/L 档案，其中只记录了刀具行走的位置，及一些刀具的参数，因为时下 CNC 控制器的厂牌实在太多了，衍生出许多不同的格式，又因使用者的操作习惯不同，所以在 CAM 软件都属于通用软件的情况下，必须再通过一道手续，才能将 pof 刀具路径档案转换成 CNC 机器能够接受的 NC 档案，这个程序我们称之为程序后处理。

3.7 2D 工法

2D 加工的观念是以线架构来加工的观念（图 3-46），用户只要绘出加工轮廓线条，不管是 2D 平面线段还是 3D 的曲线，系统都将不考虑该线条的 Z 值高度的变化，只针对 XY 轴的变化进行刀具的碰撞检查与补偿，产生 2D 共平面的刀具路径，加工深度通过参数指定。

3.7.1 型腔加工

在实际加工过程中，型腔广泛采用立铣刀加工，需要根据型腔最小内圆弧确定所允许的最小刀具直径。

型腔的轮廓选择是任意的，轮廓必须以下列形式存在：封闭多线（2D）、圆形、椭圆或样条。型腔和岛屿的识别则是自动的，根据型腔内轮廓的上边缘是落在环绕轮廓的型腔底面的上面还是下面，来判断它是一个内型腔还是一个岛屿，如图 3-47 所示。

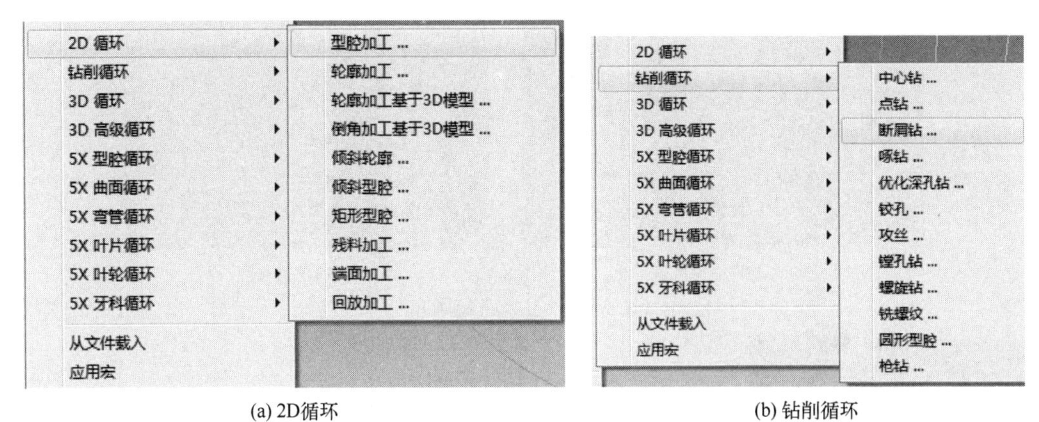

(a) 2D循环　　(b) 钻削循环

图 3-46　2D 加工工法

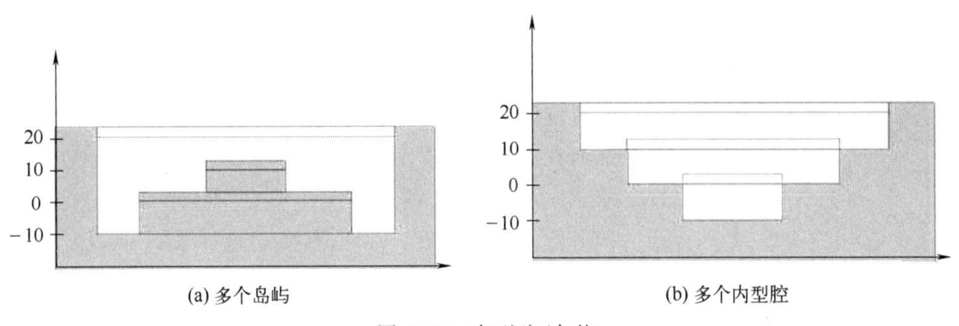

(a) 多个岛屿　　(b) 多个内型腔

图 3-47　内型腔/岛屿

型腔加工一般分为型腔铣削和型腔轮廓铣削两个阶段：型腔铣削主要完成余量的去除，在铣削型腔过程中，型腔底面的表面加工质量比较高，一般可直接加工到要求尺寸；侧面需要留余量，型腔轮廓铣削保证了型腔侧面的尺寸精度和表面质量。

在 hyperMILL 中，型腔的加工策略主要有三种模式：

① 2D 模式：用 2D 数据执行加工。即根据所选的线架，定义加工区域，由于采用线架，无法定义模型的铣削区域和毛坯。

② 3D 模式：在 3D 模式中，系统能够通过模型确定加工区域。对加工区域刀路进行碰撞检查，可生成结果毛坯。采用模型生成刀路，建议使用 3D 模式。

③ 毛坯模式：最外边的轮廓被定义为毛坯截面轮廓。而落在里面的轮廓则被看成岛屿。加工总是从外向内进行。

型腔可分为开放型腔、封闭型腔，加工开放型腔刀具的起点在型腔以外，方便刀具在 Z 轴快速下刀。定义型腔的开放区域可通过曲线，或曲线上的三点来确定。

在 hyperMILL 中，型腔铣削在 Z 向采用分层，每层采用环切。参数选择中，需要考虑环的转角处是否需要圆弧过渡，环与环之间连接方法（直线、圆弧）如图 3-48 所示，保证切削在进给方向发生变化时的平稳性。

对于矩形型腔、有同心岛的开放和闭合圆形型腔，采用自适应型腔优化的加工方法，刀具轨迹采用螺旋路径，容易实现连续的顺铣或逆铣，如图 3-49 所示。

型腔铣削在 Z 向进给，可以采用固定位置切入或者刀具从当前加工平面起点位置切入下一平面策略。

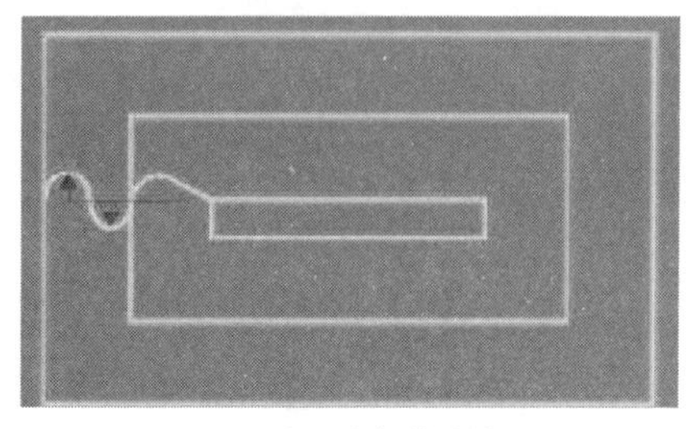

(a) 环与环之间的过渡

(b) 刀具轨迹的修圆

图 3-48　刀具路径圆角

图 3-49　自适应型腔

3.7.2　轮廓铣削

轮廓铣削刀具从切入点移向起点（S）或进刀位置，将顺着刀具路径到达指定的终点（E），可以对封闭轮廓进行重叠加工，如图 3-50 所示。对轮廓内部圆角加工，在圆角处切削量加大，以较低进给率加工。

轮廓铣削需要设置进刀和退刀动作。进刀和退刀设置用于定义刀具在起点的进刀动作及抵达轮廓终点的退刀动作，如图 3-51 所示，有以下策略。垂直：垂直于轮廓切线，输入长度；切向：在轮廓切线上，输入长度；四分之一圆/半圆：以四分之一圆/半圆，输入半径。

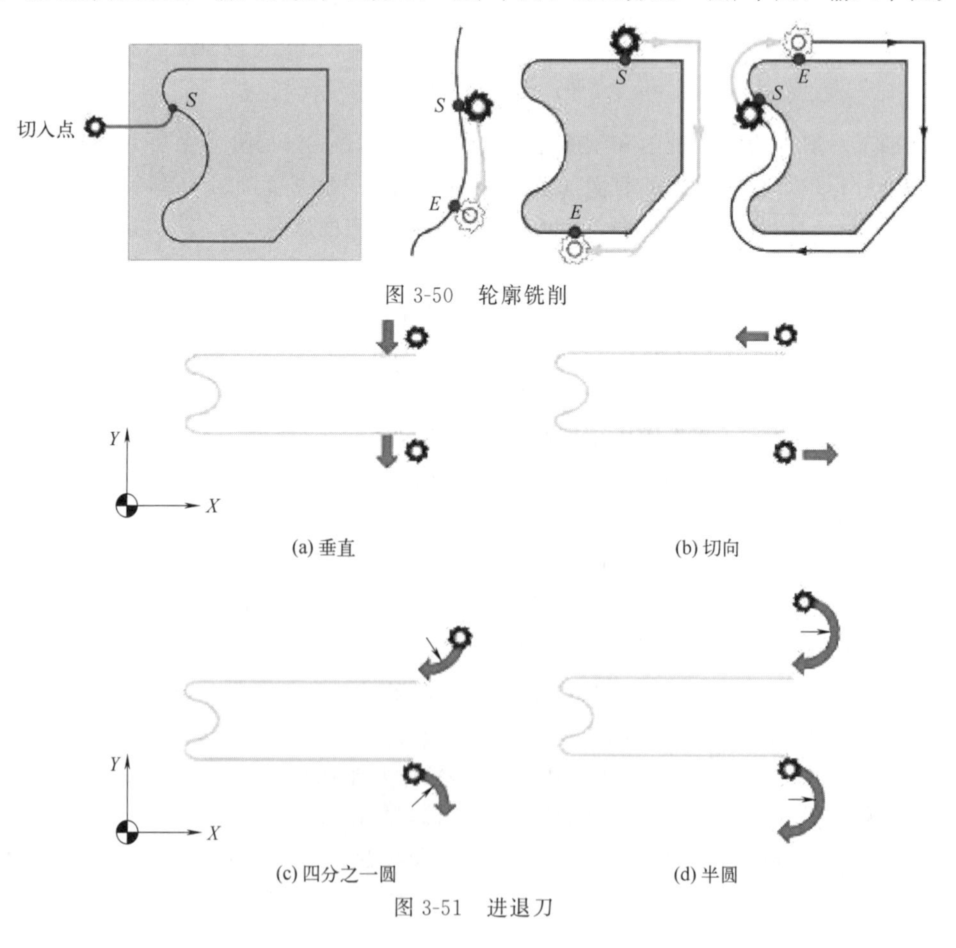

图 3-50　轮廓铣削

(a) 垂直　(b) 切向

(c) 四分之一圆　(d) 半圆

图 3-51　进退刀

轮廓铣削采用铣刀的周边加工，刀具需要偏置，进行补偿加工，根据刀具相对于轮廓的位置有以下三种方法：1 左路径补偿加工；2 右路径补偿加工；3、4 在轮廓上，刀具沿轮廓移动，加工过程中不做路径补偿。如图3-52 所示。

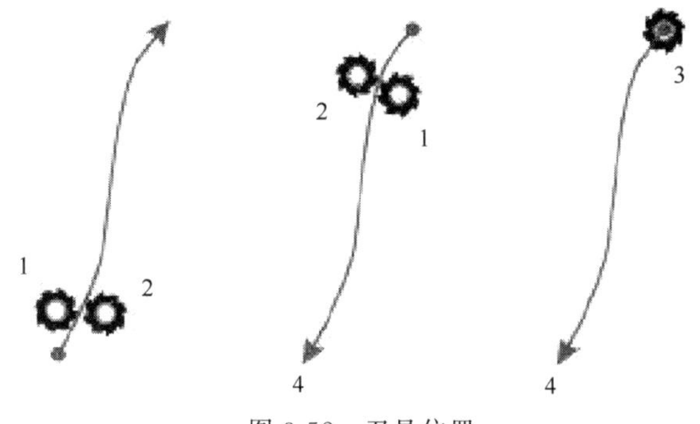

图 3-52　刀具位置

轮廓铣削，一般采用顺铣，切线切入、切出。铣刀在加工过程中，需要进行路径补偿，路径补偿有两种方式（图3-53）：

① 中心路径：hyperMILL 根据指定的刀具直径和 XY 轴的余量，偏置轮廓，计算刀具路径。

② 补偿路径：如果机床的控制系统提供路径自动补偿功能，hyperMILL 根据轮廓自动偏置刀具，计算刀具半径补偿后的刀具路径。

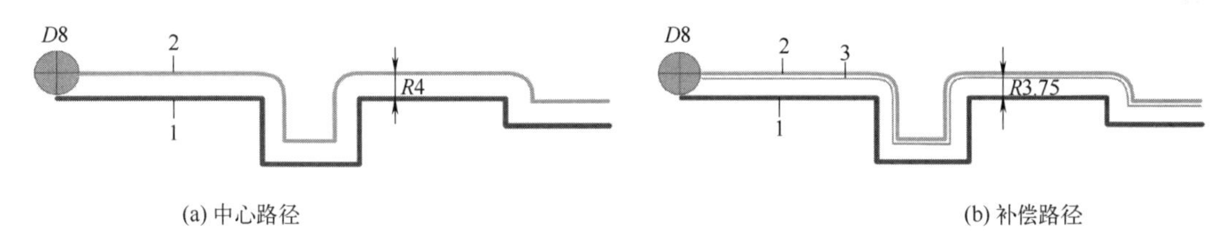

(a) 中心路径　　(b) 补偿路径

图 3-53　路径补偿

1—轮廓　2—中心路径；3—实际中心路径

图 3-53 中，刀具为 $D8/R4$ 时，1 为加工轮廓，hyperMILL 根据刀具半径，计算刀具中心路径 2。如果真实的刀具为 $R3.75$，加工过程中，采用中心路径生成的 NC 程序，仍然按照 2 路径加工。而采用路径补偿生成的 NC 程序，机床 NC 控制器自动计算刀具半径差值，进行路径补偿，按照 3 路径加工。

例 3-6：在海德汉系统的数控机床完成轮廓铣削。

在海德汉系统中，与轮廓铣削相关的指令：没有半径补偿为 R0，RR 为刀具在编程轮廓的右侧运动，RL 为刀具在编程轮廓的左侧运动，如图 3-54（a）所示；直线运动为 L（相当于 FANUC 系统中的 G01）；圆弧运动中，CC 确定圆心，C 指定为圆弧，DR＋、DR－确定圆弧的方向，如图 3-54（b）所示。

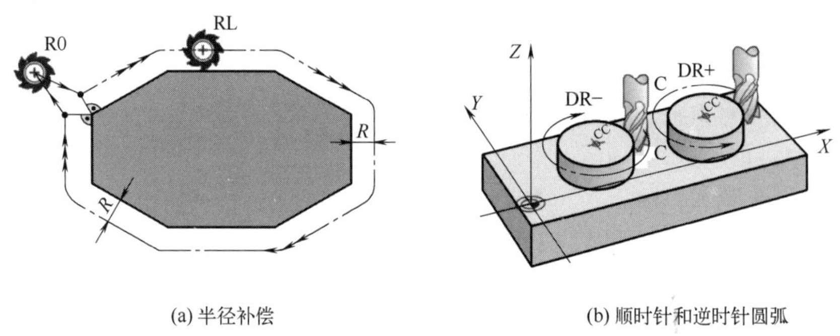

(a) 半径补偿　　(b) 顺时针和逆时针圆弧

图 3-54　海德汉编程指令

如图 3-55 所示，使用 $\phi10$ 的立铣刀加工半径为 $\phi50$ 的内圆，采用中心路径，根据指定的刀具直径（$\phi10$），偏置轮廓 5mm，生成刀具路径；使用刀具半径补偿时，在进行内轮廓加工时，按加工轮廓进行编程，控制系统控制刀具中心向零件的内侧偏移一个刀具半径值 5mm。尽管两种方式均采用直线、四分之一圆弧切入和直线、四分之一圆弧切出，圆弧半径均为 5mm，但后置处理后两种刀具路径生成的程序不同，如表 3-4 所示。刀具在切入和切出时，刀路也有很大的不同。

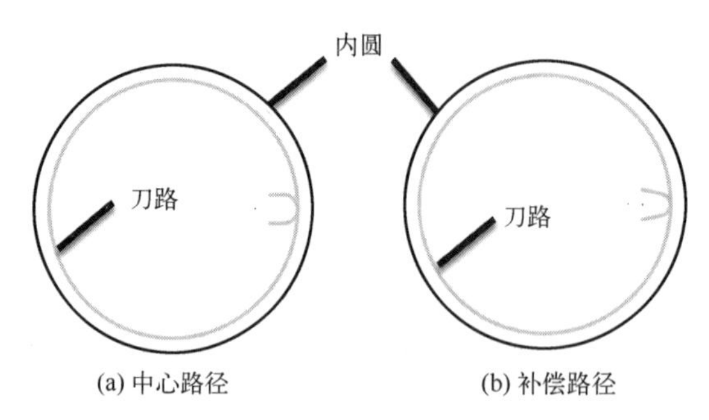

图 3-55 两种刀具路径

表 3-4 两种刀具路径程序

中心路径	补偿路径
67 L X40 Y-10 F500	67 L Y-10 RL F500 //建立刀具半径左补偿
68 CC X40 Y0	68 L X40
69 C X45 Y0 DR+	69 CC X40 Y0
70 CC X0 Y0	70 C X50 Y0 DR+
71 C X-45 Y0 DR+	71 CC X0 Y0
72 CC X0 Y0	72 C X-50 Y0 DR+
73 C X45 Y0 DR+	73 CC X0 Y0
74 CC X40 Y0	74 C X50 Y0 DR+
75 C X40 Y5 DR+	75 CC X40 Y0
76 L X35	76 C X40 Y10 DR+
	77 L X35
	78 L Y4.5 R0 // 取消刀具半径补偿

3.7.3 3D 轮廓铣

3D 轮廓铣相较于上节轮廓铣更加安全，可以借助下列选项对开放和封闭的轮廓进行加工。

- 路径补偿（切削半径补偿）。
- 自动残余材料识别。
- 3D 模型碰撞检查。
- 轮廓自动优化和排序。
- 对刀具路径进行修整以适应毛坯或模型。
- 自动进刀和退刀策略（进退刀宏）。

其中，优化起点，对于封闭轮廓，将自动进行搜索查找最佳的起点，加速无碰撞标准进刀与退刀设置宏程序的执行。如果定义的是手动起点，则该点为首选的起点。否则，最长轮廓要素的外边缘①或其中心点②将被用作起点，如图 3-56 所示。

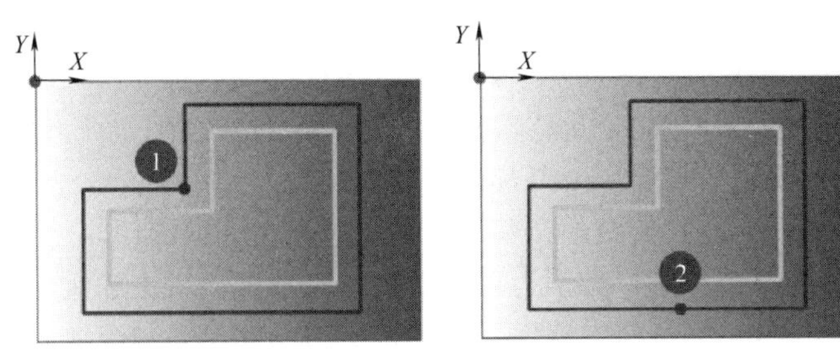

图 3-56　优化起点

① 轮廓排序。如果选择了多个轮廓，这些轮廓将按使链接快速移动运动距离最短的方式进行排序，如图 3-57 所示。如果该选项未启用，轮廓将按选择时的顺序相互链接（无排序）。

图 3-57　轮廓排序

② 边角行为。定义模型外边缘处的刀具行为，如图 3-58，具体有圆角、直角、环路三种形式。

(a) 圆角　(b) 直角　(c) 环路

图 3-58　边角行为

3.7.4　面铣

在 hyperMILL 中，面铣采用双向铣削法加工平面，以平行于坐标轴的“之”字形方式进行端面铣加工，也可与坐标轴成某一角度加工。刀具的换向，可以采用直线和圆弧方式过渡。如图 3-59 所示。

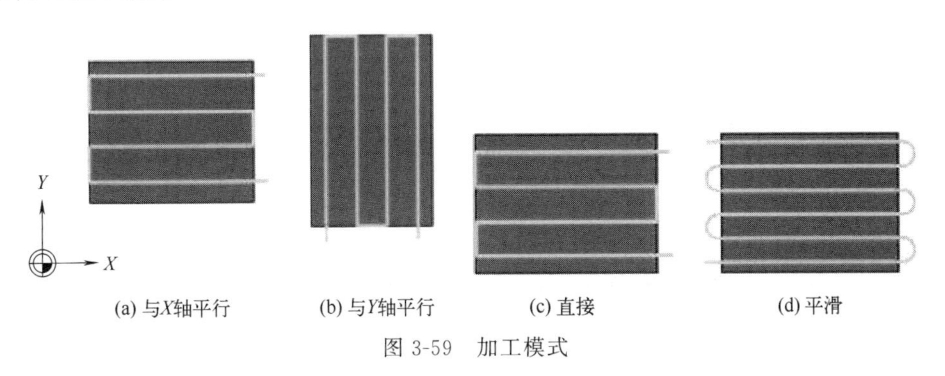

(a) 与X轴平行　(b) 与Y轴平行　(c) 直接　(d) 平滑

图 3-59　加工模式

3.7.5 孔加工

孔加工包括钻孔、粗镗孔、精镗孔、铰孔、攻螺纹、铣螺纹等，孔的方向总是与定义的加工坐标系的 Z 轴对正。孔的加工需要确定孔的中心位置、孔的顶部位置和深度、孔的大小（直径），其中孔的大小（直径）由刀具的直径决定。

在 hyperMILL 中，下列几何图形被识别为孔：点、直线（轴线）。如图 3-60 所示，点通过下列方法定义孔顶部和深度，分别为：绝对值、轮廓顶部、轮廓底部、相对于顶部的值（仅深度）。直线轮廓：所选的轮廓（直线）自动定义钻孔的顶部和深度。

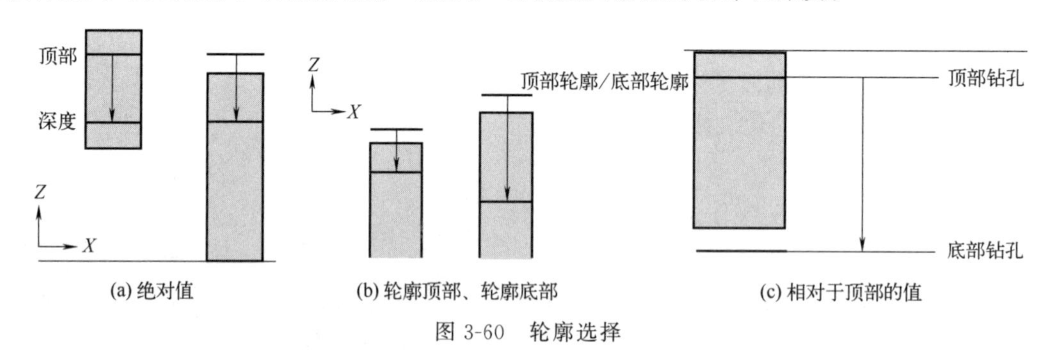

图 3-60　轮廓选择

钻孔补偿分为刀尖角度补偿和穿透补偿，如图 3-61 所示。钻头的对刀点一般位于刀尖处，钻孔时将刀具路径延长一个刀尖长度进行刀尖角度补偿，这样可彻底加工孔。钻通孔时进行穿透补偿，在轴向上延长刀具路径，以确保背面孔口不会出现毛刺。

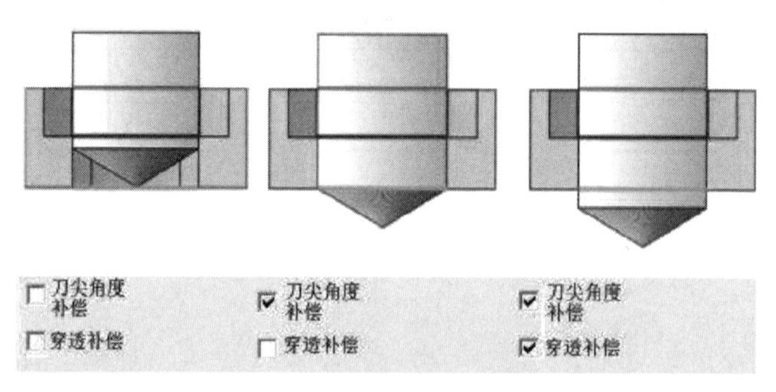

图 3-61　钻孔补偿

在 hyperMILL 中，多孔加工路径可以按选择时的顺序进行加工，也可以选择优化钻削策略，主要包括：

① 最短距离，加工从距离指定的坐标系的原点最近的（钻削）点开始，并依此原则继续。

② 圆形，欲加工的钻削孔从中心点开始被分成若干个同心圆弧分段。

③ 与 X 或 Y 轴平行，欲加工的钻削孔以所选加工坐标系（=加工坐标）的 X 或 Y 轴为参照被分成若干段。

④ 轮廓平行，钻削孔沿钻削点模式的外轮廓线进行加工。

螺纹铣循环使用按照螺旋步距加工带多重起点和倒角的内、外螺纹，如图 3-62 所示。对于内螺纹必须预先钻削一个孔。螺纹铣切削方向判断如下（图 3-63）：顺时针，从上到下加工的右旋螺纹（向下），从下往上加工的左旋螺纹（向上）；逆时针，从上到下加工的左旋螺纹（向下），从下往上加工的右旋螺纹（向上）。螺纹铣进刀、退刀时以圆弧运动方式进行。

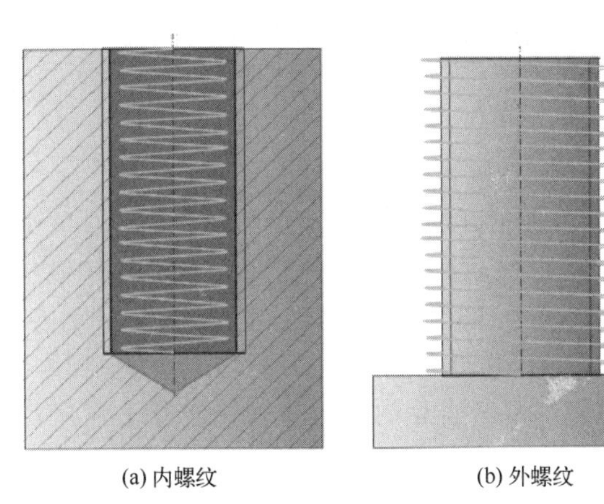

(a) 内螺纹　　(b) 外螺纹

图 3-62　螺纹铣

螺纹铣削视频

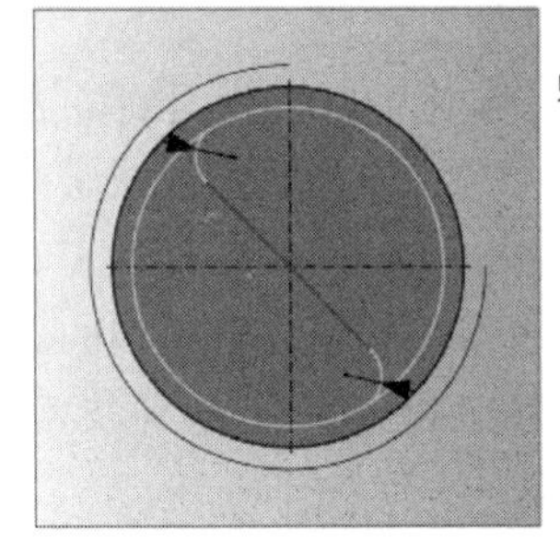

图 3-63　切削方向

3.8　基于“特征”的 NC 编程

“特征”这一术语起源于各种设计、分析和加工行为所运用的推理过程中，与特殊的应用领域密切相关，即：从不同的应用角度及层次对特征的描述不尽相同，所以没有一个统一的定义和分类。如图 3-64 从抽象的角度，可以定义特征为：一个产品模型的相关元素集，这些元素必须符合其识别与分类规则，它们被认为是独立的实体，并且在一个产品的生命周期中有一定的功能。

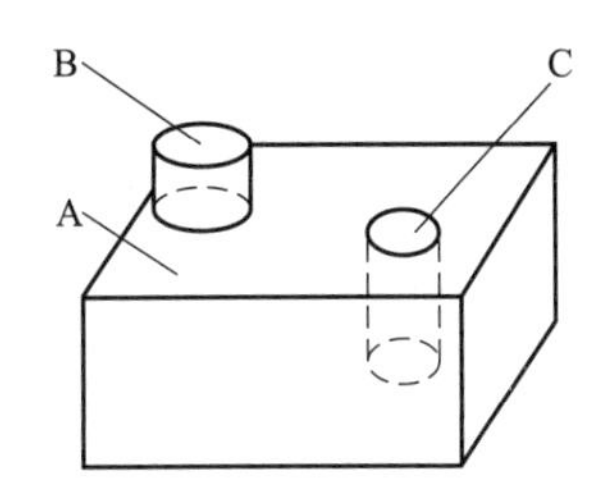

几何角度描述	加工角度描述	设计角度描述
A 平面	A 加工面	A 配合面
B 圆柱(＋)	B 凸台	B 定位凸台
C 圆柱(－)	C 通孔	C 定位孔

图 3-64　相同形状特征的不同描述

特征一般可划分为如下几类：

① 形状特征：携带某些工程意义的几何实体，是特征的主体。

② 精度特征：可细分为形位公差特征（如同轴度）、粗糙度特征、尺寸公差特征。

③ 管理特征：用于描述零件的管理信息，如标题栏里的零件名、图号、批量、设计者和日期等。

④ 技术特征：用于描述零件的性能、功能等。

⑤ 材料特征：用于描述零件材料的组成和条件，如性能/规范、热处理方式和表面处理方式与条件等。

⑥ 装配特征：用于表达零件在装配过程中需使用的信息。

相对于管理特征、材料特征及技术特征而言，形状特征是特征的主体，它具有一定的几何形状，是产品信息的主要携带者，具有工程意义和特定的性质。从设计与制造的角度来看，形状特征是零件上一组相互关联的几何实体所构成的特定形状，具有特定的设计或制造意义，是与描述零件几何形状、尺寸相关的信息的集合。在上述特征中，形状特征与精度特征是与零件建模、数控编程、加工相关的特征，而其他特征虽然不直接参与零件的建模，但是它们是实现 CAD/CAPP/CAM 集成必不可少的。

3.8.1 特征识别

20 世纪 70 年代中期，英国剑桥大学 CAD 中心最早开展了特征识别技术的研究。该中心的 Grayer 在 1975 年首次尝试从零件的实体模型中自动提取出具有工程意义的几何形状（如型腔等），并以此特征对零件的刀具轨迹进行计算。1980 年，该中心另一位研究员 Kyprianou 首次引入零件模型特征识别的思想，奠定了基于边界匹配的特征识别方法的基础。从此以后，特征概念以及特征识别技术受到了学术界和工业界的普遍重视，研究工作广泛开展。

特征的自动识别是利用几何模型中的特征部分与特征的形式描述之间的匹配来实现的，所以它的输入是物体的几何模型，输出是一系列特征实例。其过程包括：特征识别、参数确定、特征提取、特征组织。如图 3-65 所示。

特征识别：从零件几何模型中识别出所需的特征。

参数确定：从几何模型中计算出特征的参数。

特征提取：从几何模型中把特征移出来。

特征组织：将特征组织成特征图。

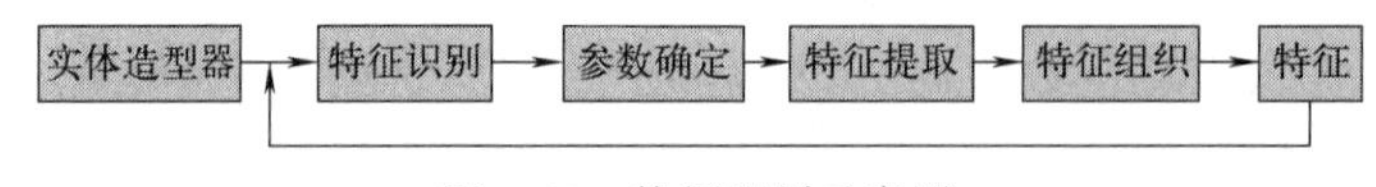

图 3-65 特征识别示意图

特征识别技术主要应用到基于特征识别的加工工艺过程规划中，即从零件的几何模型中提取出工艺规划所需的信息。其基本思想是：利用几何模型中所提供的数据模型，对几何模型进行解释，识别出所需的与指定的应用有关的特征，存储在一个独立的数据库中形成所谓的特征模型。特征识别描述了出自 CAD 模型的几何形状特征信息的互动检测。

3.8.2 使用特征进行 NC 编程

很多零件均由下列基本特征构成：孔、型腔和岛屿。对于一个有大量孔的工件，如果 CAM 用户手动编程每个孔，则这项任务不仅乏味、费力，也增加了出错的概率。使用特征进行自动 NC 编程，错误减少而质量更高，以及通过使用最佳的方法和程序实现了全面标准化。标准化和自动化是使用特征技术进行 NC 编程的两个特点。

在 ISO 标准 STEPAP224 中，规定零件的制造特征由加工特征、重复特征、过渡特征组成。将加工特征分为 17 大类，其中一些加工特征还有子类。重复特征包括圆形阵列、矩形阵列、一般阵列。过渡特征有倒角、倒内圆角、倒外圆角。17 大类加工特征是凸台、槽、孔、键槽、凸起、圆形尾端、外圆、台阶、平面、旋转特征、球冠、轮廓、螺纹、标注、滚花、一般移除体积、筋顶，部分特征还有子类。

基于特征的加工能够识别加工特征，定制工艺特征标准，通过将自动化用于 CAM 编程，可加速并简化 NC 编程。在此过程中，各种工作流程被定义并存储为技术宏，可应用于类似的加工任务。

hyperMILL CAM 软件可自动识别多数特征，例如型腔、孔或 T 形槽。也可轻松为叶片和叶轮加工创建有用的特征以便使用宏程序。hyperMILL 提供了在 CAM 编程时高效处理 CAD 系统中可用几何形状信息的多种方式。除了指定的几何形状之外，特征还包含与生产有关的信息，如顶部、底部、方向和起点。

例 3-7：孔与螺纹孔特征模型。

孔与螺纹孔可称为简单孔，根据孔底部类型，分为四种基本类型，如图 3-66 所示。

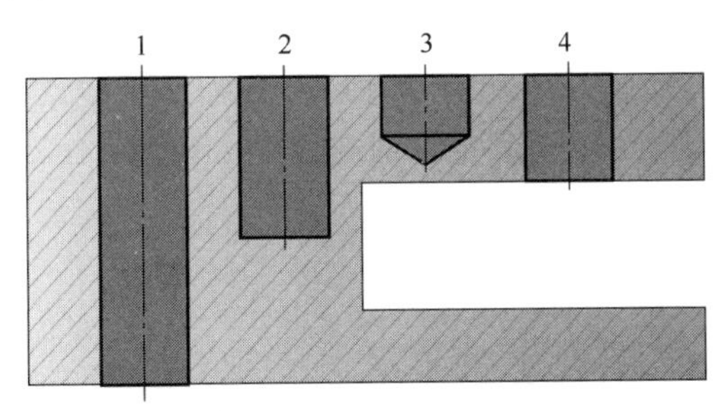

图 3-66　简单孔特征

1—通孔；2—平底孔；3—尖孔；4—间接式穿孔

根据所选定简单孔的基本类型，简单孔形状的模型如图 3-67 所示，主要参数如表 3-5 所示。

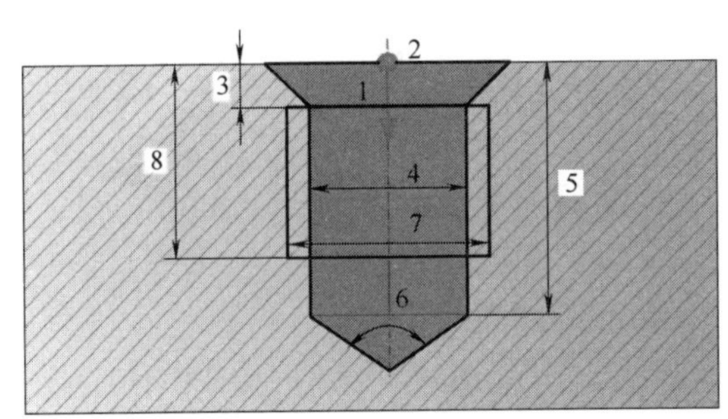

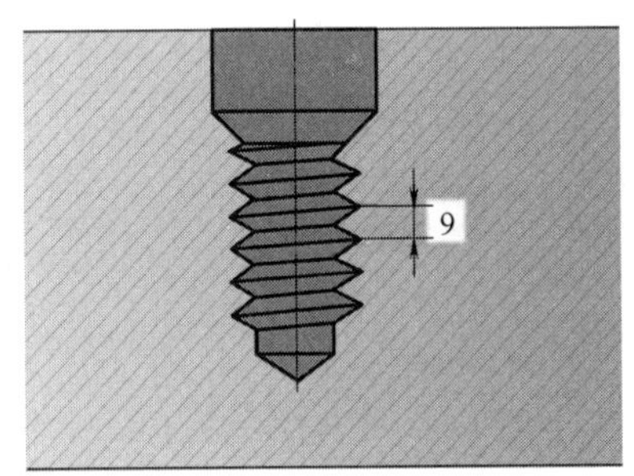

图 3-67　简单孔模型

表 3-5　简单孔参数

参　　数	含　　义	参　　数	含　　义
方向 1	确定孔的方向矢量	刀尖角度 6	尖孔底部的角度
位置 2	孔中心点坐标	螺纹直径 7	螺纹大径
倒角深度 3	倒角值	螺纹长度 8	螺纹长度
直径 4	孔的直径	螺距 9	螺距
深度 5	孔的深度		

一旦特征定义完成，就可为其指定加工策略。如果几何形状或参数修改，则只需对特征参数做出更改。然后这些更改会自动纳入到重新计算的 NC 代码中，可以显著减少编程工作量。

3.8.3 平面特征编程

平面特征视频

hyperMILL不仅针对三轴的平面识别，对空间的平面也可以识别，提供了用户定义和自动定义两种策略。用户可以采用过滤器来筛选所需要区域的平面。值得注意的是面的法线方向。识别出平面后，可以采用相应的加工策略来加工。

在hyperMILL浏览器的特征列表空白处右击，在弹出的快捷菜单中，选择平面识别功能（图3-68），弹出平面识别对话框，如图3-69所示，在过滤器设置所需要识别平面的顶面和底面高度，选择自动模式，点击开始，筛选后的平面显示在结果栏处。如图3-70所示，所筛选出的平面高亮显示。通过平面特征识别进行端面编程、加工。其刀路如图3-71。

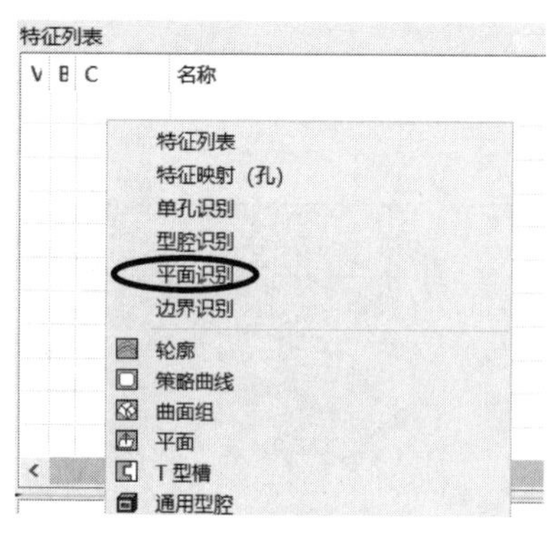

图3-68 选择平面识别

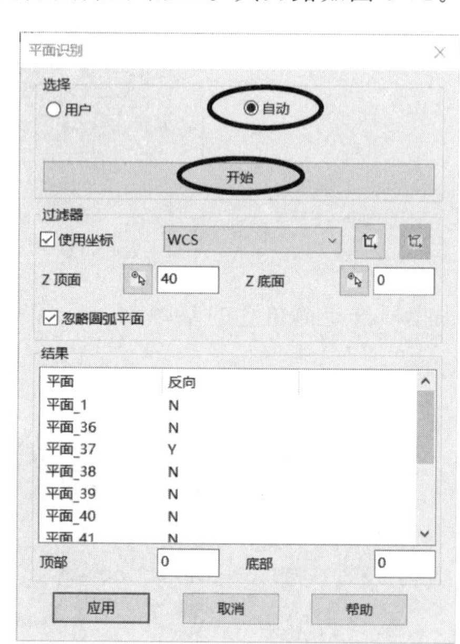

图3-69 开始识别特征

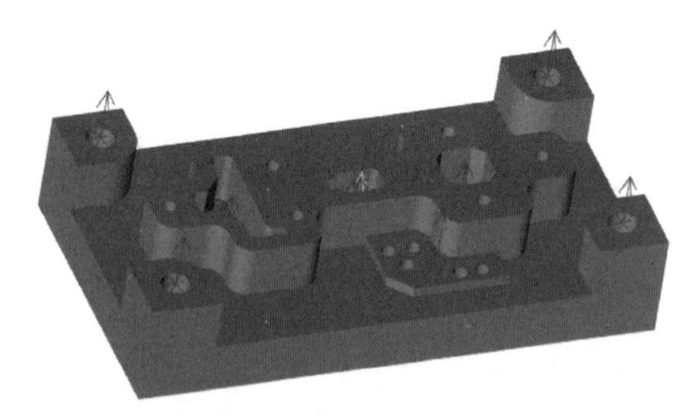

图3-70 平面特征识别结果

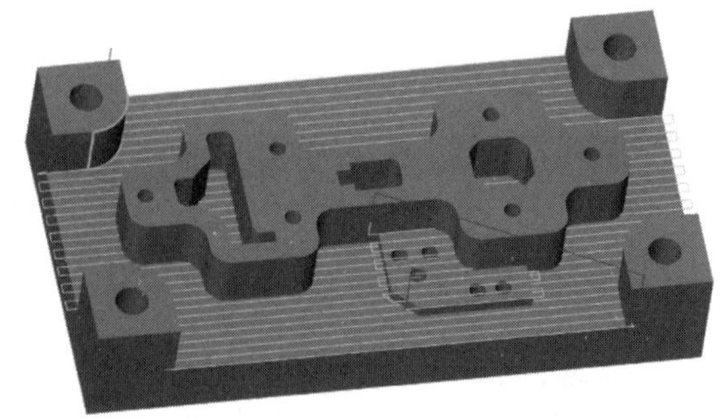

图3-71 利用平面特征加工端面

3.8.4 型腔特征编程

型腔特征编程视频

在hyperMILL型腔识别中，不仅可以定义封闭的型腔，还可以识别开放的型腔。自动定义型腔铣削的矢量方向，并且还可以修正不规则的轮廓。型腔加工的整个工艺还可以运用宏程序的方法来解决。

在特征列表处右击，选择型腔识别功能（图 3-72），弹出型腔识别对话框，如果希望非贯穿型腔得到识别，可以勾选选项更准确地指定样本型腔。单击选择全部开始搜索，结果显示在型腔结果栏里，如图 3-73 所示。图 3-74 紫色轮廓为所筛选出的型腔特征。图 3-75 为利用型腔识别特征加工型腔刀路。

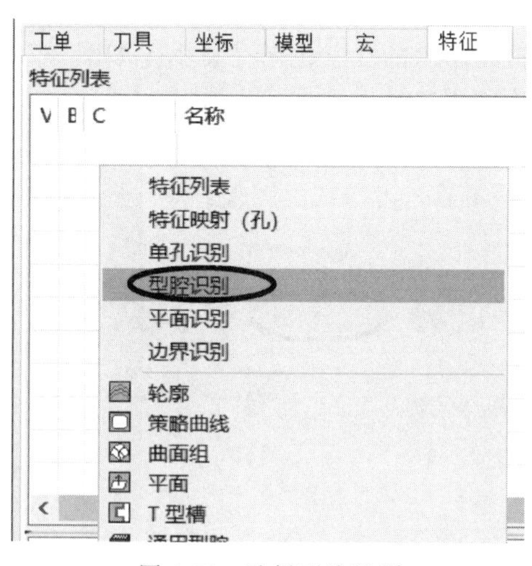

图 3-72　选择型腔识别

图 3-73　开始型腔识别

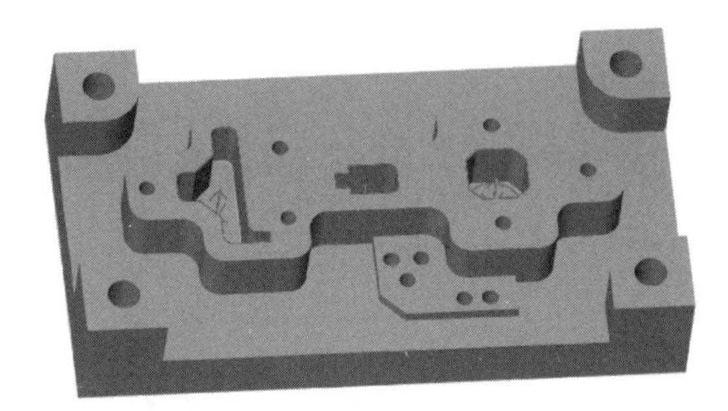

图 3-74　型腔识别结果

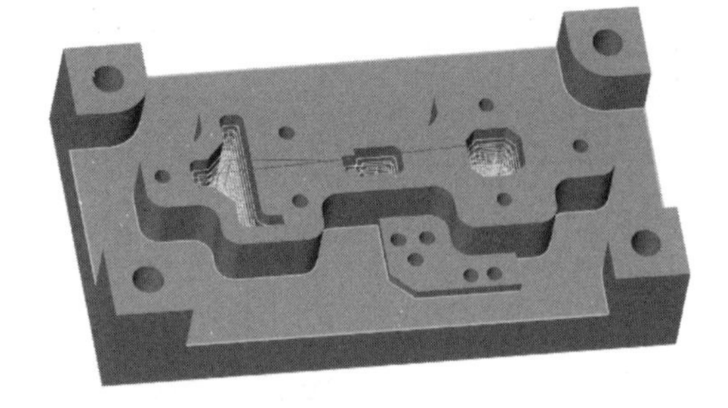

图 3-75　利用型腔识别特征加工型腔刀路

型腔识别中的参数含义如表 3-6 所示。

表 3-6　型腔识别中的参数

参　数	含　义
抑制倒角/平面	不希望对平面和倒角进行识别
开放型腔缩图	减少欲识别开放型腔的数量
组合型腔	如果需要模型的各型腔自动组合成复杂型腔，则启用
底部，选择全部	该选项搜索整个模型以寻找型腔

3.8.5　单一孔特征编程

孔特征编程视频

hyperMILL 不仅可以对单一孔进行识别，还可以针对不同大小、不同种类、不同深度的孔进行识别，按照孔的属性进行分类，例如，孔的矢量方

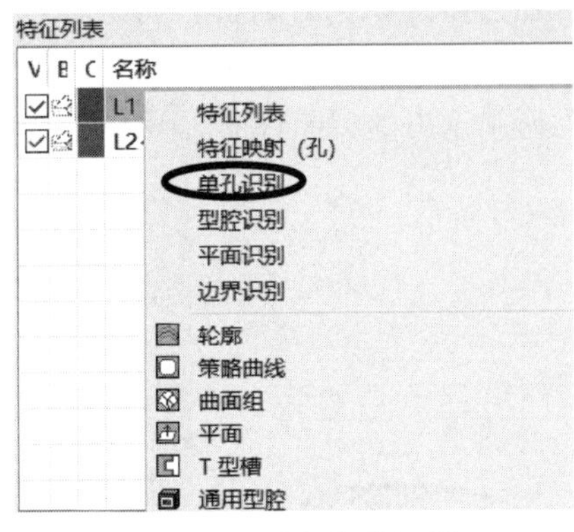

图 3-76　选择单孔识别

向、大小、深度等等。

针对单一孔的识别，只需要先找到一个样品，系统自动识别出孔的各项特征参数，再通过整体的搜索找出各项参数相同的孔。

在特征列表处右击，选择单孔识别功能（图 3-76），弹出单孔识别对话框，如图 3-77 所示，选择识别策略，然后选择所需要识别的范例孔，单击范例识别开始识别，参数栏会显示该孔的相关参数。然后单击切换到搜索选项卡，单击开始进行搜索，如图 3-78 所示。搜索出来的孔紫色高亮显示，如图 3-79 所示。图 3-80 为利用单孔识别进行孔加工。

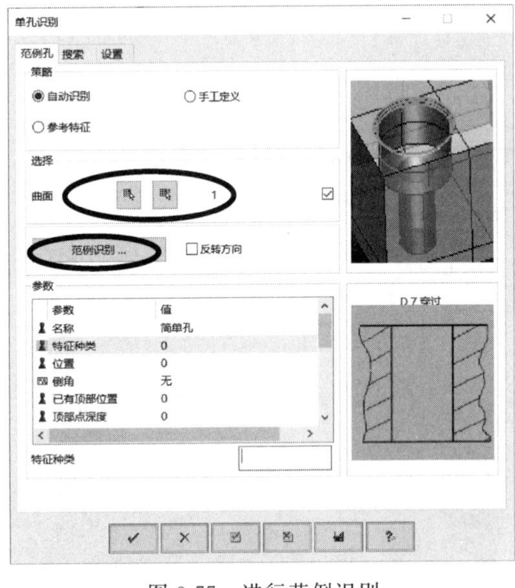

图 3-77　进行范例识别

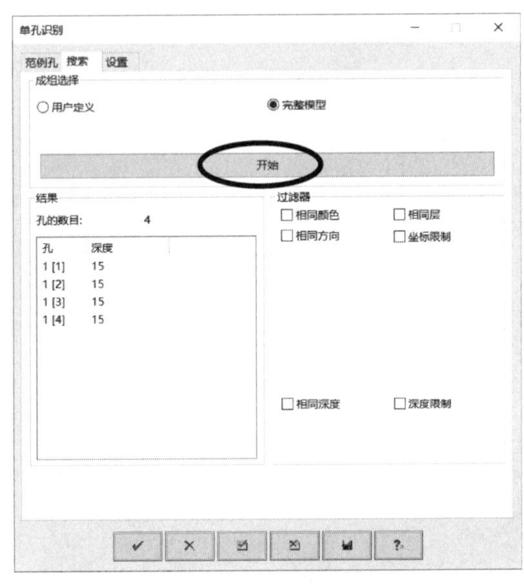

图 3-78　进行单孔识别搜索

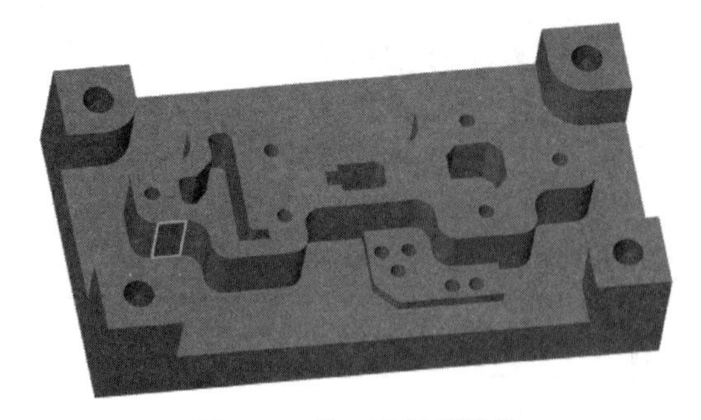
图 3-79　单一孔识别结果

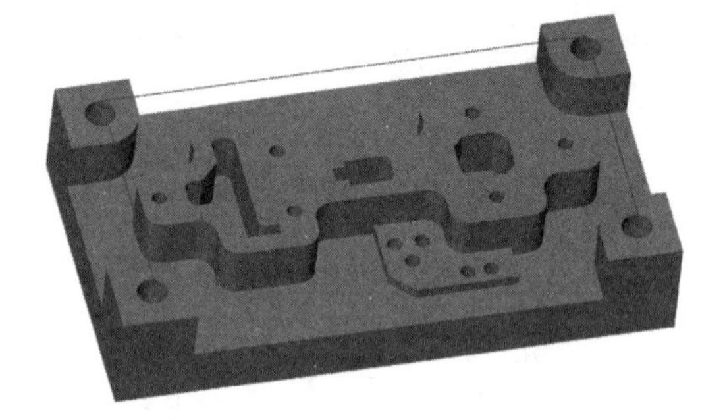
图 3-80　利用单孔识别进行孔加工

3.8.6　孔包覆特征编程

针对孔的种类较多的零件，对孔的识别采用孔包覆识别。系统根据孔的大小、矢量方向，自动查找孔的特征。系统会以列表的形式显示孔的矢量方向、数量以及孔的类型如简单孔、沉头孔，是尖角的还是穿过的。如图 3-81 所示。

图 3-81　孔包覆识别

识别特征以后，可以根据实际工艺要求来编写程序。当然也可以从宏数据库中调用宏程序。

3.9　2D 工法

2D 工法命令视频

2D 加工主要包含以下几方面的内容：型腔、轮廓、平面、孔、刻字、特征。主要的命令如表 3-7 所示。

表 3-7　2D 工法命令

名　　称	内　　容	说　　明
型腔铣	利用任意轮廓对竖直和倾斜的型腔进行铣削加工，并自动识别岛屿和残余材料区域	
开放型腔铣	加工开放型腔刀具的起点在型腔以外，需要定义型腔的开放区域。开放区域通过选择三点、曲线确定开放的侧边	
倾斜型腔铣	加工倾斜型腔需要在参数里设置倾斜角度	

续表

名　称	内　容	说　明
残料加工	对前一次使用大刀具进行轮廓铣或型腔铣工单造成的残留材料进行清根处理。调用此命令时，需要选择造成残留材料的工单	 参考工单路径 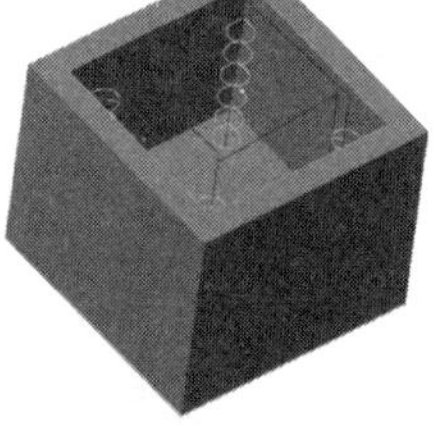　残料加工路径
矩形型腔加工	在一次循环中可以对不同尺寸的多个圆形和/或矩形型腔进行加工。 对预加工型腔加工可以避免走空刀	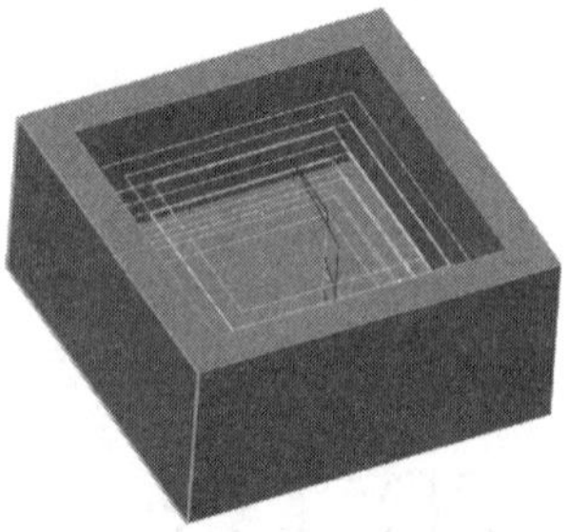 预加工型腔
端面铣	以平行于坐标轴的“之”字形模式进行端面铣粗加工，也可与坐标轴成某一角度加工	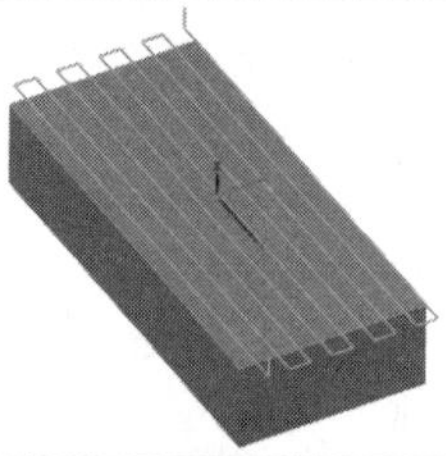
轮廓铣	对零件的外形进行切削。用于二维工件或者三维工件的外形轮廓加工	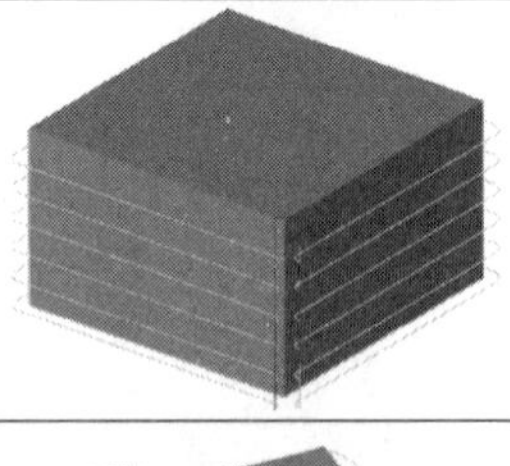
倾斜轮廓铣	加工倾斜轮廓需要在参数里设置倾斜角度	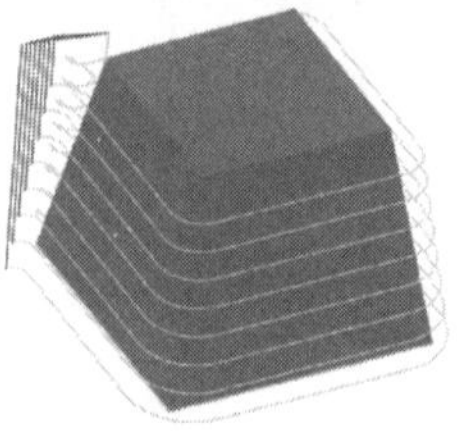
简单钻（点钻）	单一垂直步距完成钻削孔。用于中心钻钻削和预钻削等。 停顿时间：钻刀在孔底部停留的时间（以秒为单位）	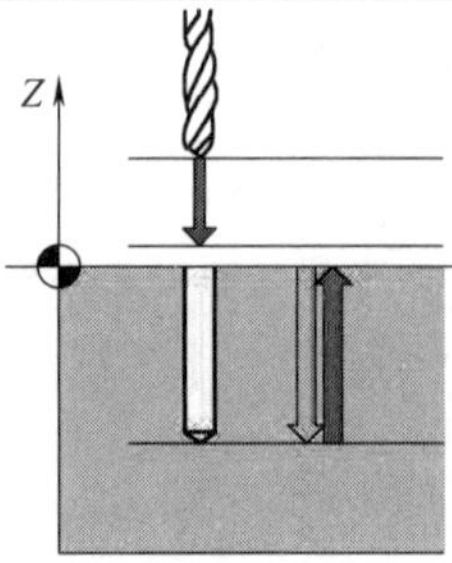 Z　X　进给速度　快速

名　称	内　容	说　明
断屑钻	啄钻，每个钻削行程中啄钻深度逐渐减小。其中，深度是指在首个钻削行程中刀具的垂直步距。在所有后续的钻削行程中，垂直步距大小(z)可通过各自的减小值减小。 $z_{n+1}=z_n-$减小值 退刀距离：用于每个钻削行程的快速退刀值。 减小值：每个钻削行程中啄钻深度的减小量	Z X z z1 z2 进给速度 快速
深孔啄钻	以断屑钻的方式定义。在每个钻削行程之间钻头迅速退回到安全平面	Z X 进给速度 快速
铰孔	用于小孔精加工，以改进孔的表面质量。输入退刀时的进给量，刀具按照退刀时的进给量退刀	Z X 进给速度 F退刀
镗孔	对于大直径孔，用镗刀进行粗镗。输入的参数与点钻相似	Z X 快速 进给速度

3.10 综合案例

综合案例视频

如图 3-82 所示，零件由平面、封闭槽（三角形长槽）、开放槽、轮廓、孔（ϕ40、M6 螺纹孔）组成，零件材质 6061-T6，尺寸 120mm×90mm×

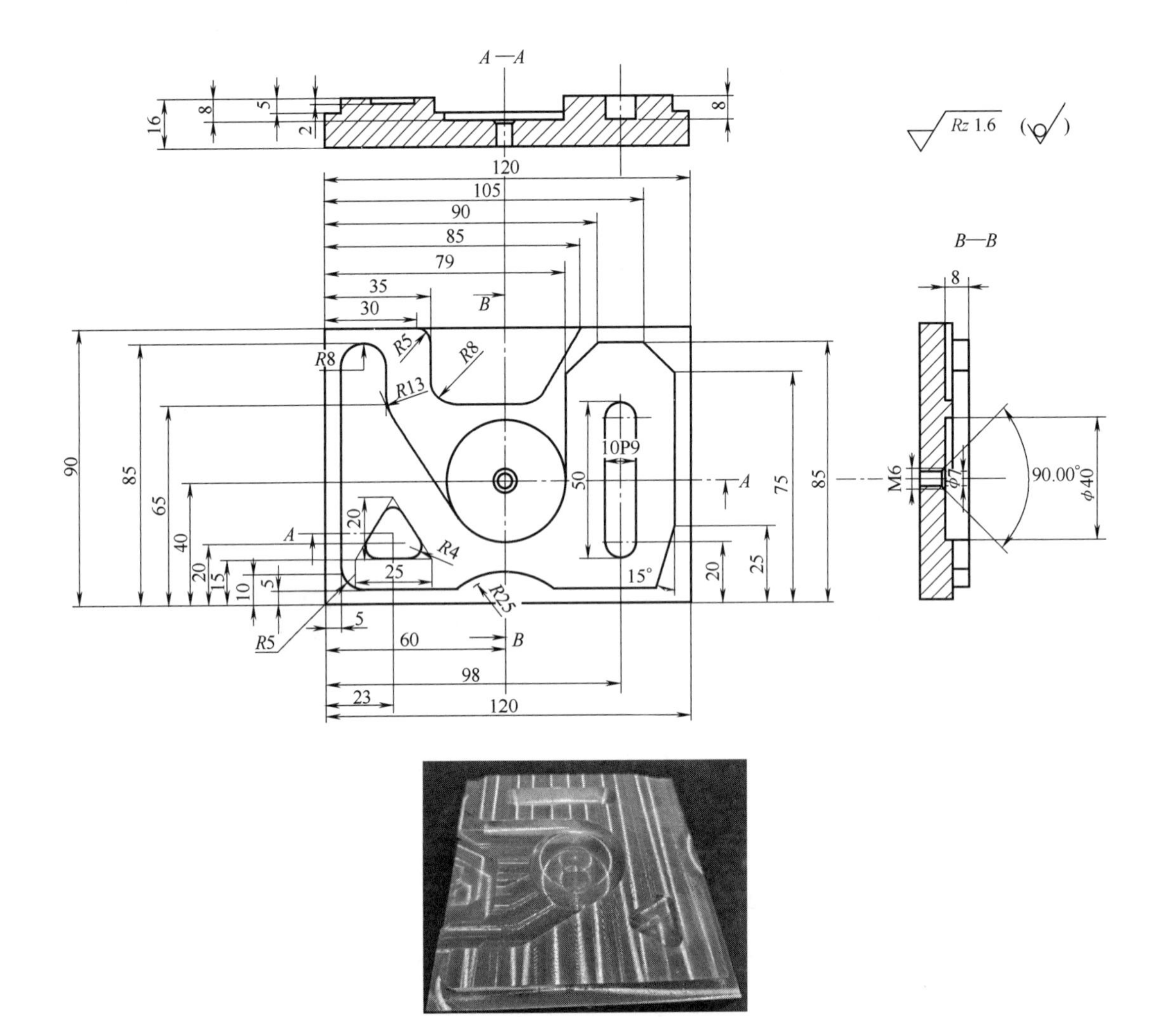

图 3-82　零件

16mm，采用平口钳装夹，按照工序集中、先面后孔、先粗后精的原则，安排加工顺序。

主要元素的加工方法如下：

轮廓（凸台外形）粗加工，如果余量比较大，通常 Z 向采用分层，XY 平面采用分刀加工，编程按照“中心路径”计算刀具路径；精加工使用自动刀路半径补偿，按照“补偿路径”计算刀具路径。

$\phi 40$ 孔采用螺旋下刀粗铣；10P9 长槽可以采用键槽铣刀垂直下刀，也可以采用立铣刀折线下刀粗加工；三角形型腔受圆角 $R4$ 的影响，可以使用 $>R4$ 的立铣刀，螺旋下刀铣削，但在圆角处产生残料，需要进行残料加工，下刀点选择三角形型腔重心，螺旋半径可以选取比较大的值。若使用 $<R4$ 的立铣刀，刀具直径比较小，刀具刚性不足。开放型腔刀具在型腔开放一侧直接下刀，效率高。精加工重复上述加工顺序。$\phi 40$ 孔、10P9 轮廓铣削，编程按照“补偿路径”计算刀具路径。

M6 螺纹孔采用定心钻，完成钻中心孔、倒角、钻底孔、攻螺纹的过程编程加工。

零件的具体工艺如表 3-8 所示。

表 3-8　加工工艺

序号	内容	刀具号,刀具	刀路
1	铣上表面	T01, D20 立铣刀	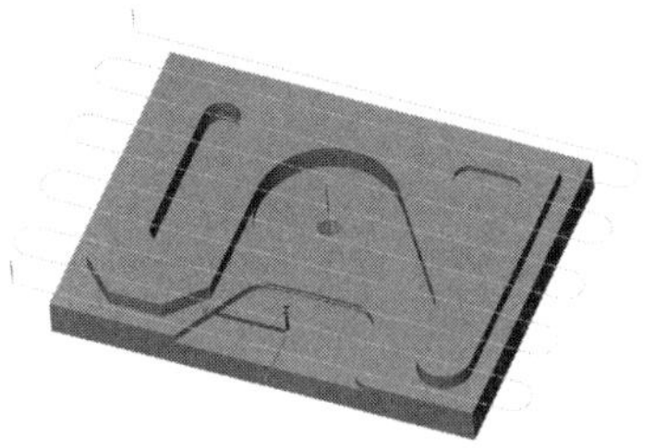
2	粗铣凸台外形	T01,D20 立铣刀	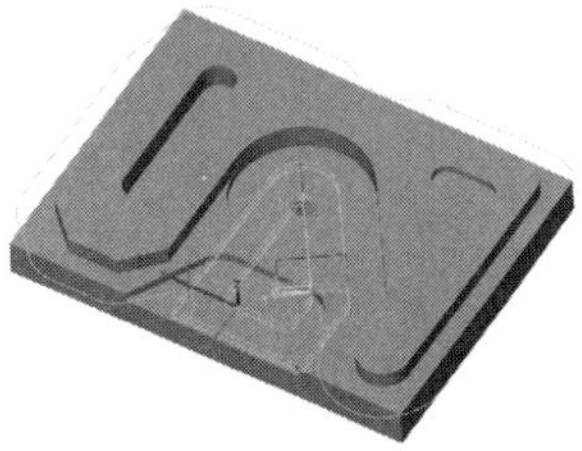
3	粗铣 $\phi40$ 孔	T01,D20 立铣刀	
4	粗铣开放型腔	T02,D12 立铣刀	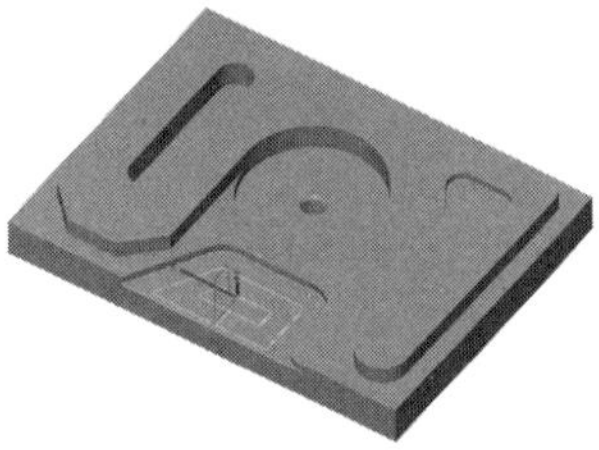
5	粗铣 10mm 宽键槽	T03,D8 立铣刀	
6	粗铣三角形 型腔	T04,D10 立铣刀	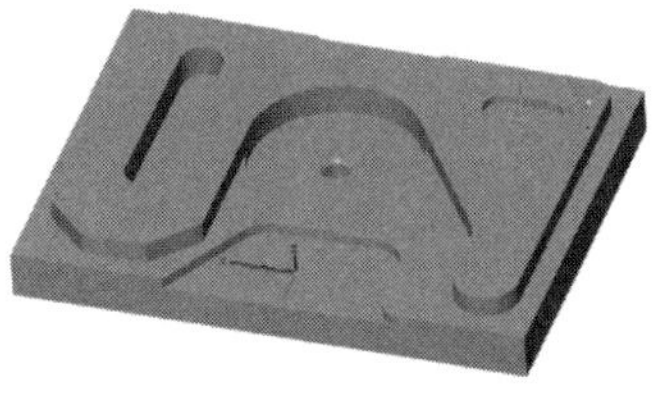

续表

序号	内容	刀具号,刀具	刀路
7	精铣凸台外形	T02,D12 立铣刀	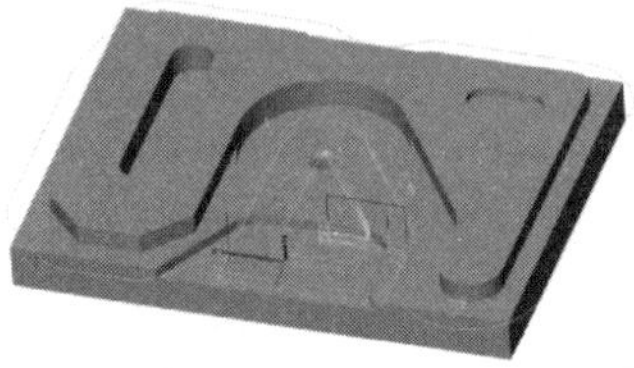
8	精铣 ϕ40 孔	T02,D12 立铣刀	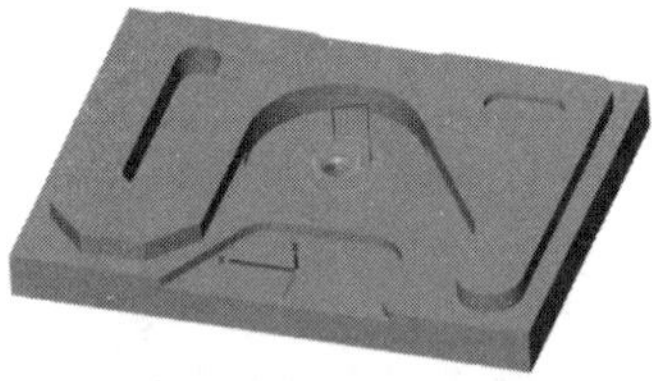
9	精铣开放型腔	T02,D12 立铣刀	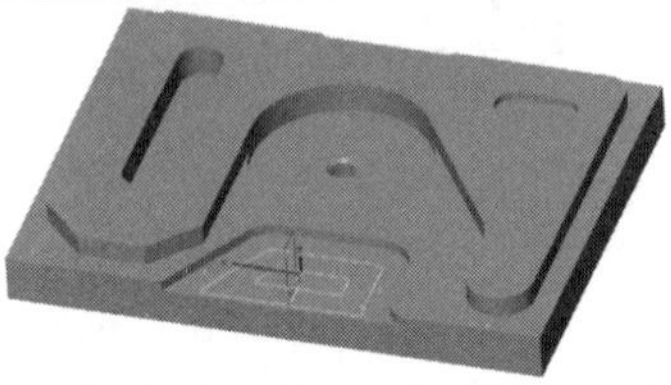
10	精铣 10mm 宽键槽	T03,D8 键槽铣刀	
11	残料加工三角形型腔	T03,D8 立铣刀	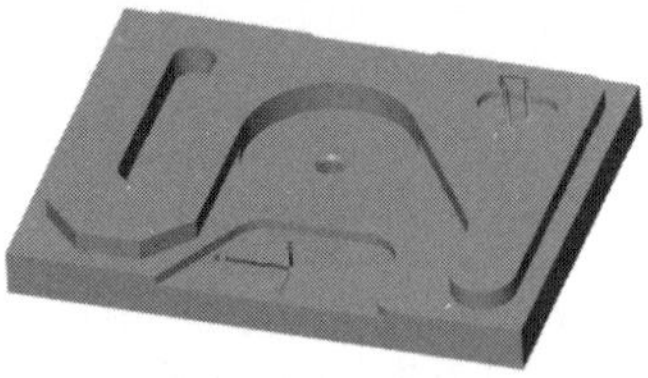
12	孔口、外形倒角	T05,D10 倒角刀	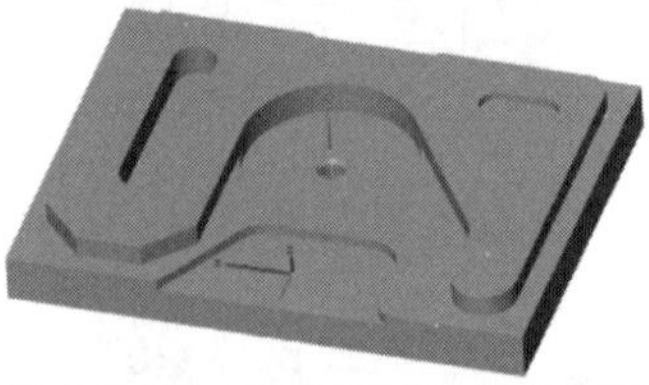
13	钻 M6 螺纹底孔	T06,D5.1 麻花钻头	
14	攻 M6 螺纹孔	T07,M6 丝锥	

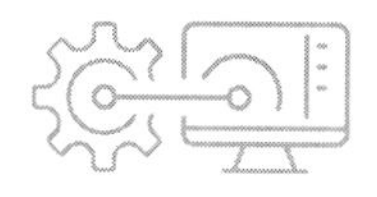

第 4 章 三坐标数控铣削加工编程技术

数控加工是一种先进的制造技术，可以提高生产效率和产品质量。它在许多行业中得到广泛应用。

曲面加工在模具、飞机、动力设备等众多制造部门中具有重要地位，一直是数控加工技术的主要研究与应用对象。曲面加工可在三坐标、四坐标或五坐标数控机床上完成，其中三坐标曲面加工应用最为普遍。

三坐标曲面加工过程中刀具轴线方向始终不变，平行于 Z 坐标轴，刀具可采用球刀、立铣刀、圆鼻刀、鼓形刀和锥形刀等，加工走刀方式则多种多样。其基本加工阶段分为：粗加工、半精加工、精加工、补加工和最后抛光。

4.1 刀具路径基础

加工路径规划的结果是求出一条或一组曲线和刀具沿这些曲线运动时的姿态，使得刀具以特定姿态沿着这些曲线运动后，切削出设计的曲面形状，并且表面质量在误差范围内。

4.1.1 刀具路径规划中的关键术语

刀具路径规划包括两部分内容：刀具路径拓扑结构和刀具参数。前者由刀具加工曲面的结构形状定义，后者由路径间的行距和每条路径的走刀步长来决定。在此过程中，最常使用到的几个关键术语为：切触点（CC，cutting contact point），切触点轨迹（cutting contact path），刀位点（CL，cutter location point），刀位点轨迹（cutter location path），刀位面（cutter location surface），刀位源文件（CLSF，cutter location source file），刀具偏置（tool offset），导动规则（guiding rules），步长（step forward），残留高度（scallop height）和行距（step over）。下面进行介绍。

① 切触点（cutting contact point），记为CC点，是加工过程中刀具与被加工表面的接触点，切触点及其周围的一小块区域（阴影部分）是某一时刻刀具实际切削工件材料的部分。几种常用刀具对应的切触点如图4-1所示。

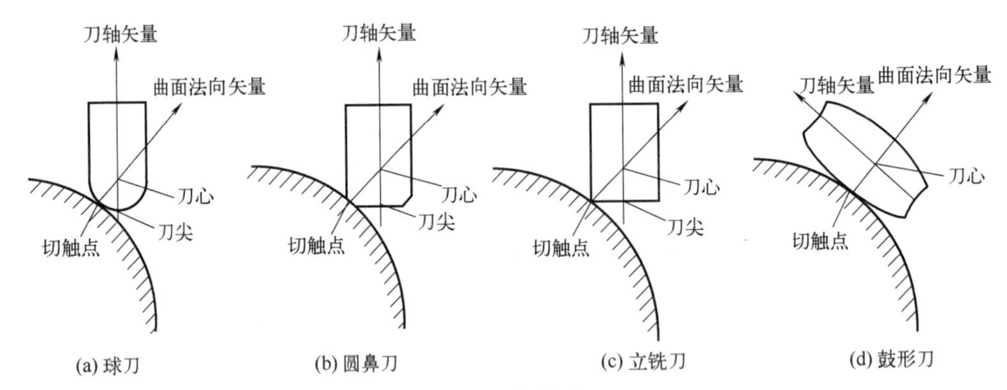

图4-1　切触点

② 切触点轨迹（cutting contact path），记为CC路径，是所有切触点按一定方式连接起来的线段的集合，指刀具在加工过程中由切触点构成的曲线。

③ 刀位点（cutter location point），记为CL点，是刀具的定位基准点，有时也叫刀具参考点（cutter reference point）。刀位点是加工过程中表示刀具位置的点，一般刀位点是刀具轴线的端点，对于钻头指的是刀尖或底平面的圆心，平底刀指的是底平面的圆心，球刀指的是球心或刀具轴线的端点。几种常见刀具的刀位点如图4-2所示。

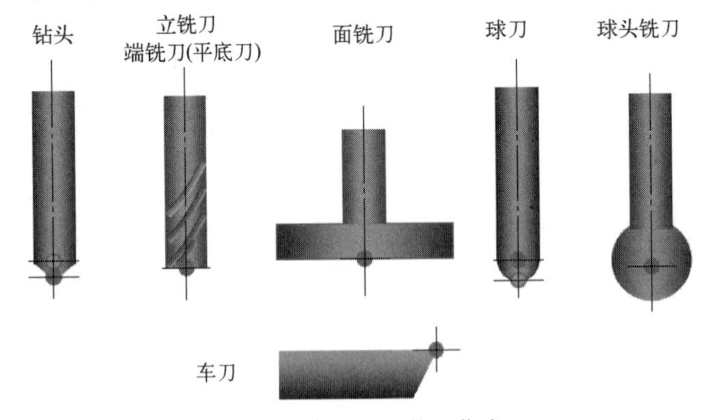

图4-2　常见刀具的刀位点

④ 刀位点轨迹（cutter location path），记为CL路径，又称刀位轨迹、刀具轨迹、刀具路径。顺序连接一系列刀位点形成刀位点轨迹。图4-3为球刀铣削斜面所显示的切触点轨迹和刀位点轨迹。

⑤ 刀具偏置曲面（cutter location surface），也称为刀位面，当刀具保持与曲面切触并遍历整张曲面时，由其相应的刀位点构成的曲面称为刀具偏置曲面，它是刀位点的集合。如图4-4所示。

根据刀具半径R与刀具端部圆角参数R_1关系，如图4-5所示，分为球刀（$R=R_1$）、圆鼻刀（$R>R_1$）、端铣刀（$R_1=0$）。由于球刀和端铣刀分别是圆鼻刀的特例，所以可统一用环形刀来表达三种刀具类型，分别计算刀位点和刀位面。如图4-6所示，P_{CC}为曲面S上的任一切触点，P_{CL}为P_{CC}对应的刀位点，刀轴单位矢量为$\boldsymbol{n}_t$，R为刀具半径，r为倒角半径，S_{CL} 为刀位面，$\boldsymbol{n}_s$ 为曲面 S 在 P_{CC} 点处的单位法矢，$\boldsymbol{n}_{XOY}$ 是切触点曲面法线在 XOY 平面的分量，则在三轴加工中，计算刀位点 P_{CL} 的表达式为：

$$P_{CL}=P_{CC}+(R-r)\cdot \boldsymbol{n}_{XOY}+r\cdot \boldsymbol{n}_s-r\cdot \boldsymbol{n}_t$$

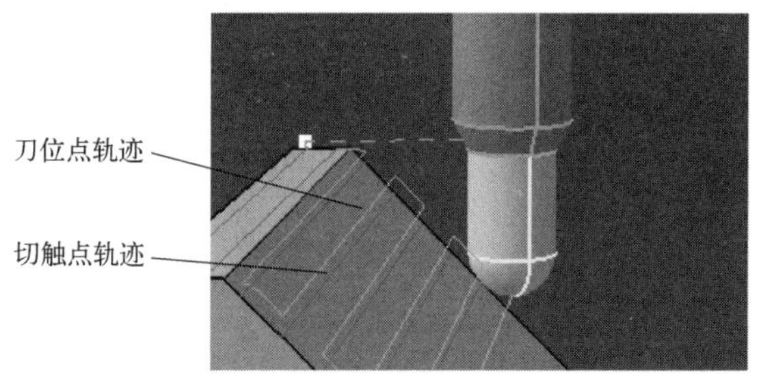

图 4-3　切触点轨迹和刀位点轨迹

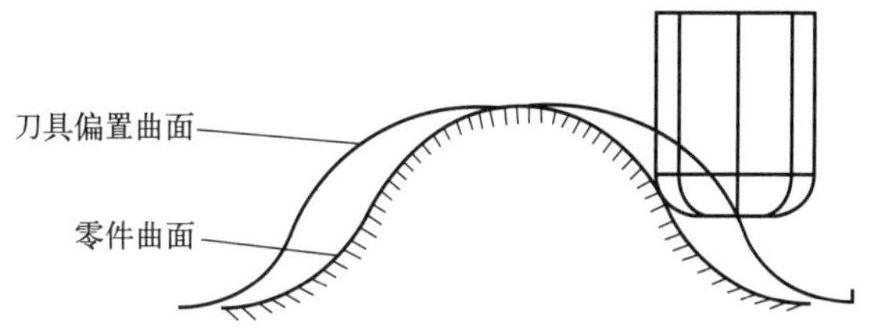

图 4-4　刀具偏置曲面

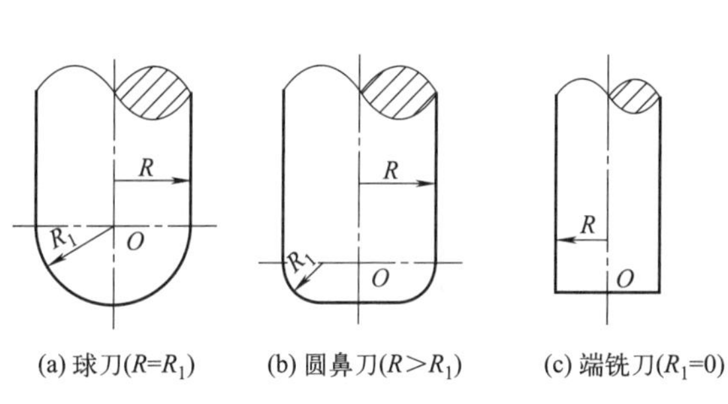

(a) 球刀($R=R_1$)　(b) 圆鼻刀($R>R_1$)　(c) 端铣刀($R_1=0$)

图 4-5　三种典型的铣刀

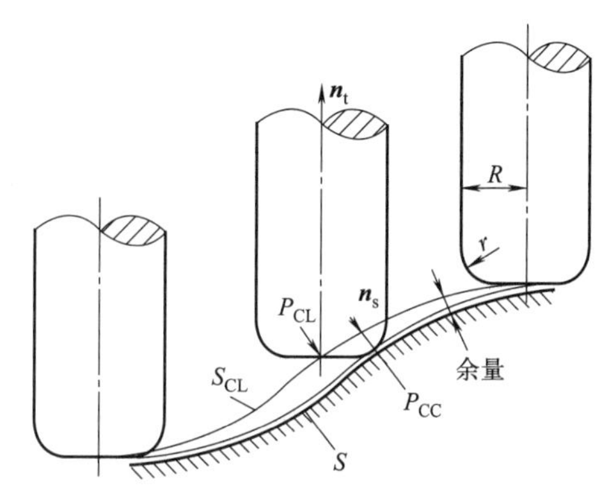

图 4-6　刀位点和刀位面

⑥ 导动规则（guiding rules），指曲面上切触点轨迹的生成方法（如参数线法、截平面法）及一些有关加工精度的参数，如步长、行距、两切削行间的残留高度、曲面加工的盈余容差（out tolerance）和过切容差（inner tolerance）等。如图 4-7 所示。

⑦ 残留高度（scallop height）。残留高度记为 h，是加工后实际曲面相对设计曲面的误差高度，如图 4-8 所示。实际残留高度是衡量一种刀具路径优劣的标准。

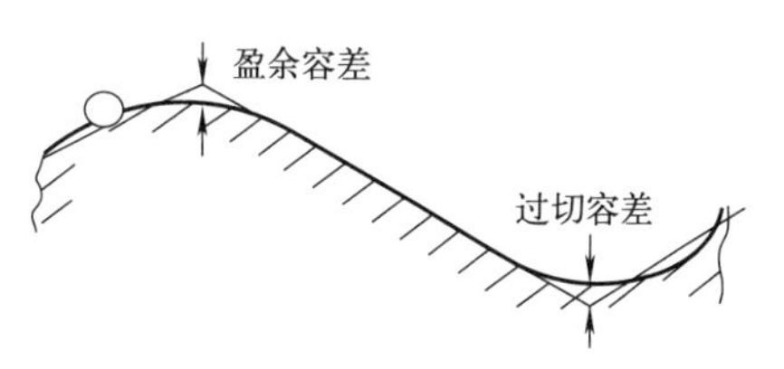

图 4-7　曲面加工精度的参数

⑧ 行距（step over）是指相邻两条轨迹线上对应刀位点之间的距离。如图 4-8 所示，s 为行距。一般情况下行距是残留高度、刀具半径及曲面的局部曲率半径的函数。在残留高度和刀具半径一定的情况下，行距由曲面的局部形态决定。合理的走刀行距应是在满足给定的残留高度要求下的最大走刀行距。在图 4-9 中，R 为球刀半径，s 为行距，h 为残留高度，可容易得到

$$h\approx R-\sqrt{R^2-\left(\frac{s}{2}\right)^2},\ s\leqslant 2\sqrt{2Rh-h^2}$$

⑨ 步长（step forward）是指同一条刀位点轨迹线上相邻两刀位点间的距离。步长是由给定的加工容差确定的，如图 4-10 所示。刀轨为曲线，在两刀位点之间直线插补运动，步长与加工容差关系为：$L_s^2=4\delta(2r-\delta)$。L_s 为步长，δ 为加工容差，步长是由加工容差 δ 和曲率半径 r 确定的。一般来说，δ、r 愈小，L_s 也愈小。

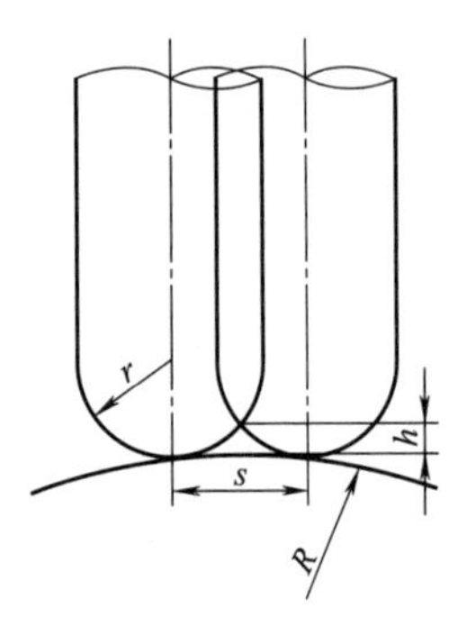

图 4-8　行距和残留高度（一）

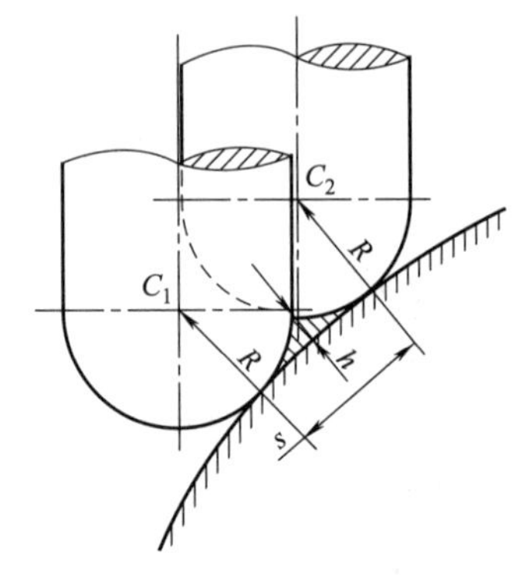

图 4-9　行距和残留高度（二）

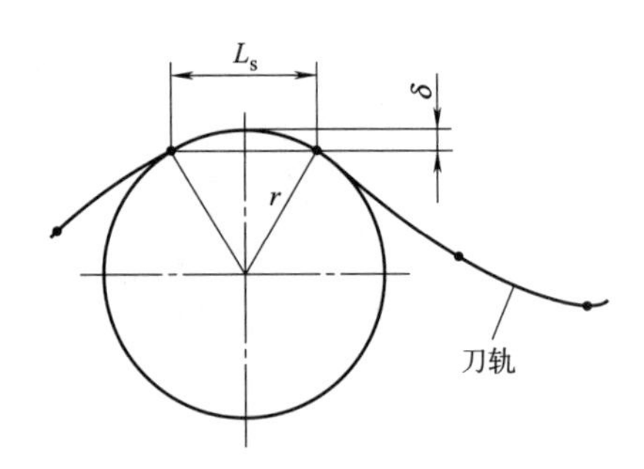

图 4-10　曲线间的刀位点

4.1.2　刀位点的计算和刀路的评价

(1) 刀位点的计算过程

加工过程中刀具经过的所有刀位点（CL），一般由切触点轨迹根据偏置计算得到。刀位点的计算过程可分为 3 个阶段。

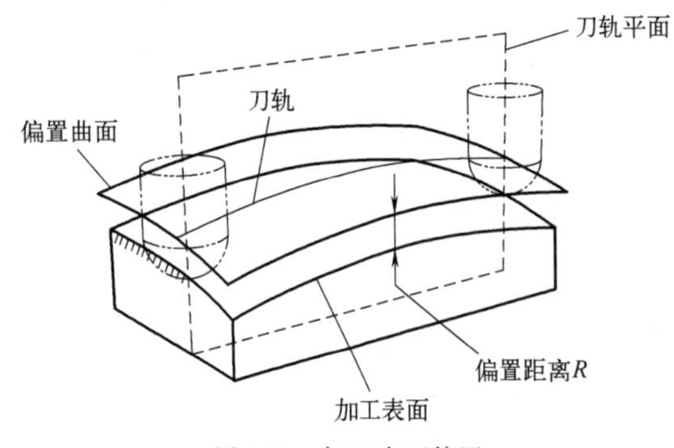

图 4-11　加工表面偏置

① 加工表面的偏置。当刀具保持与曲面切触并遍历整张曲面时，由刀位点构成的刀具偏置曲面，与加工表面存在一定的偏置关系。这种偏置关系取决于刀具的形状和大小。当刀具为半径 R 的球刀时，刀轨在距离加工表面为 R 的偏置曲面上，如图 4-11 所示。因此，刀位点计算的前提是首先根据刀具的类型和尺寸计算出刀具偏置曲面。

② 刀轨形式的确定。把刀位点在偏置曲面上的分布形式称为刀轨形式。图 4-12 和图 4-13 所示是两种最常见的刀轨形式。其中图 4-12 所示为行切刀轨，即所有刀位点都分布在一组与刀轴（z 轴）平行的平面内。图 4-13 所示为等高线刀轨（又称环切刀轨），即所有刀位点都分布在与刀轴（z 轴）垂直的一组平行平面内。

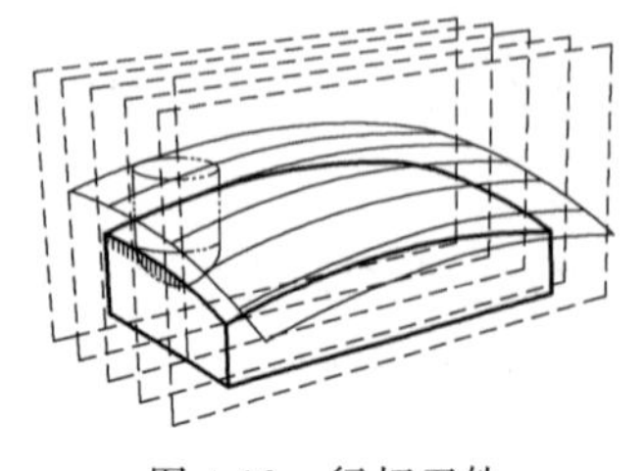

图 4-12　行切刀轨

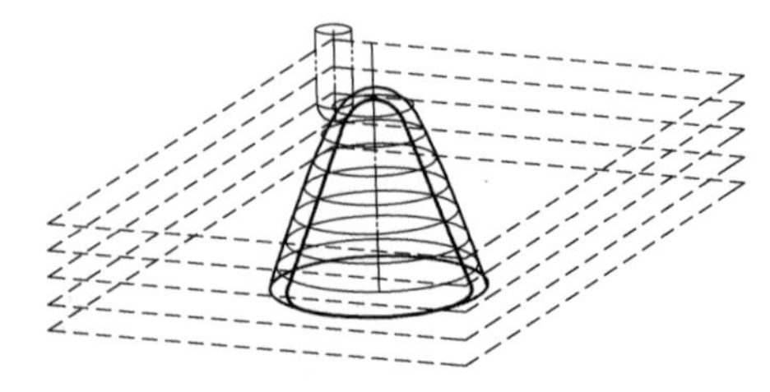

图 4-13　环切刀轨

显然，对于这两种刀轨来说，其刀位点分布在刀具偏置曲面与一组平行平面的交线上，这组交线称为理想刀轨，平行平面的间距称为刀轨的行距。也就是说，刀轨形式一旦确定下来，就能够在刀具偏置曲面上以一定行距计算出理想刀轨。

③ 刀位点的计算。如果刀具刀位点能够完全按照理想刀轨运动的话，其加工精度无疑

将是最理想的。然而，由于数控机床通常只能完成直线和圆弧的插补运动，因此只能在理想刀轨上以一定间距计算出刀位点，在刀位点之间做直线或圆弧运动，如图 4-14 所示。刀位点的间距称为刀轨的步长，其大小取决于编程允许误差。编程允许误差越大，则刀位点的间距越大；反之越小。以一定的形式和密度在刀具偏置曲面上计算出刀位点，其密度是影响数控编程精度的主要因素之一。

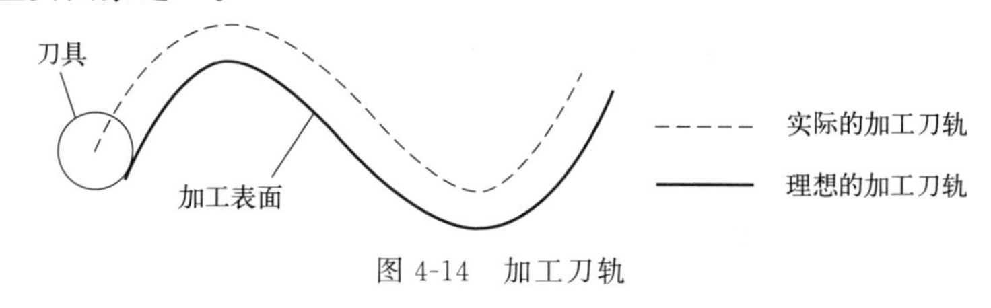

图 4-14　加工刀轨

(2) 步长确定常用的方法

由于 CNC 机床插补能力有限，通常刀具轨迹只能使用长度很小的步长进行逼近。当前应用范围较广的走刀步长计算方法包括等步长法、步长筛选法以及步长估计法三种。

① 等步长法又可分为等距离法以及等参数法，如图 4-15 所示。二者对曲线及参数等距分割，方法简单，等参数法用于参数线法生成刀具轨迹，而等距离法则可应用于各种刀具轨迹生成方法中。

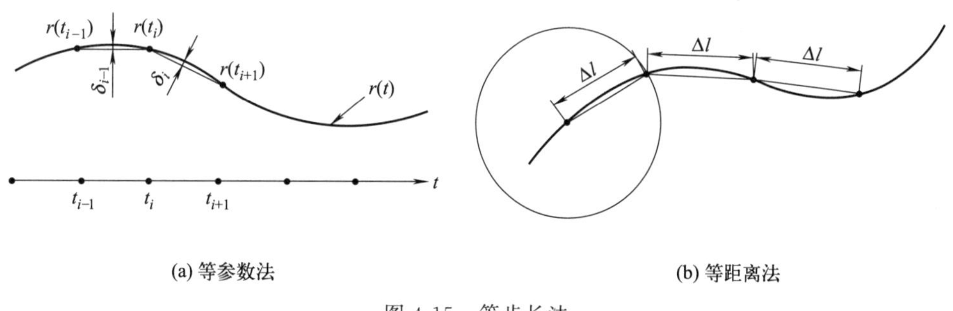

图 4-15　等步长法

② 步长筛选法先以等步长法作为基础，使用较小的相等距离或参数离散刀具轨迹，然后校核每段直线的实际逼近误差，最后删除多余的刀位点，以使剩余的轨迹误差更加均匀。如图 4-16 所示。

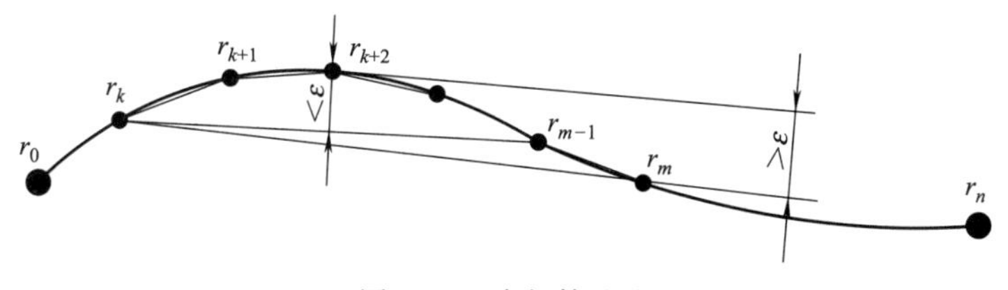

图 4-16　步长筛选法

③ 步长估计法是根据当前刀具切触点处曲面的微观几何形状与走刀方向来估计满足编程精度要求的离散走刀步长，再由此确定下一刀位点的位置。此种方法的走刀步长确定结果较为精确，但是程序庞大，加工效率较低。

步长估计的常见方法是对理论刀具轨迹和刀具切触点路径进行弧弦逼近，如图 4-17 所示，由弦弓误差近似确定加工误差和进给步长。

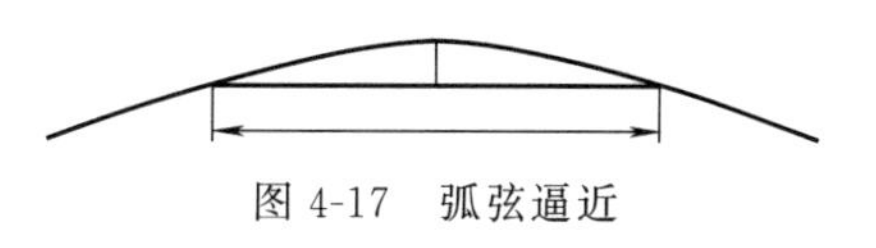

图 4-17　弧弦逼近

(3) **刀路的评价标准**

评价刀具路径优劣最直接的两个标准为加工效率和表面质量。在效率的考虑上，通常是限定刀具路径的长度、加减速、加加速度等来保证；在表面质量上是通过限定加工后的残留高度。加工的效率是刀路长度和加工速度综合的结果，但一般情况下，刀路越短，效率越高。同时，在刀路中角度的急转越少，刀具的加加速度也就越小，其引起的刀具振动也就越小，表面质量也就越好。路径规划即是通过控制上述量来保证加工效率与质量，对于刀具轨迹计算，主要是解决以下三个问题：步长计算、行距确定和干涉处理。即选定路径结构和连接策略（行距），计算加工 CC、CL 点，检测刀具的全局干涉和局部干涉。

4.1.3 刀具轨迹生成策略

刀具轨迹的生成算法是数控编程系统的核心部分，对于自由曲面的加工，由曲面模型生成无干涉刀位轨迹主要有以下几种策略：

① 曲面模型→无干涉切触点轨迹→刀位点轨迹（surface model→CC data→CL data）。

这种方式由曲面模型直接产生无干涉的切触点轨迹，仅适用于刀轴矢量固定的三轴数控加工，由于需要进行数值迭代运算，计划的稳定性较难充分保证。

② 曲面模型→切触点轨迹→无干涉刀位点轨迹（surface model→CC data→CL data）。

其基本思路是首先生成不考虑干涉问题的切触点轨迹，然后通过干涉检查与处理，生成无干涉刀位点轨迹，如图 4-18 所示。这种方式非常适用于四、五轴数控加工，因为在四、五轴数控加工中，由于刀轴控制的灵活性，很难由刀位点确定切触点和刀轴的最佳偏转角度，所以四、五轴数控加工尤其是非球刀加工刀具轨迹的生成算法基本采用该方式。

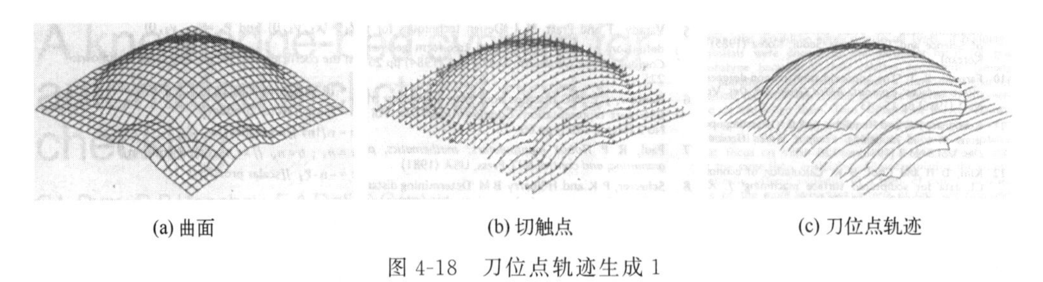

(a) 曲面　　(b) 切触点　　(c) 刀位点轨迹

图 4-18　刀位点轨迹生成 1

③ 曲面模型→偏置曲面模型→无干涉刀位点轨迹（surface model → offset-surface model → CL data）。

根据加工参数和选用的刀具，计算原始曲面所对应刀位面或偏置曲面，用偏置曲面模型直接生成无干涉刀位点轨迹，如图 4-19 所示。显然，若用球刀进行加工，不论是三轴数控加工还是四、五轴数控加工，偏置曲面都是原始曲面的等距面。但若用圆鼻刀或端铣刀加

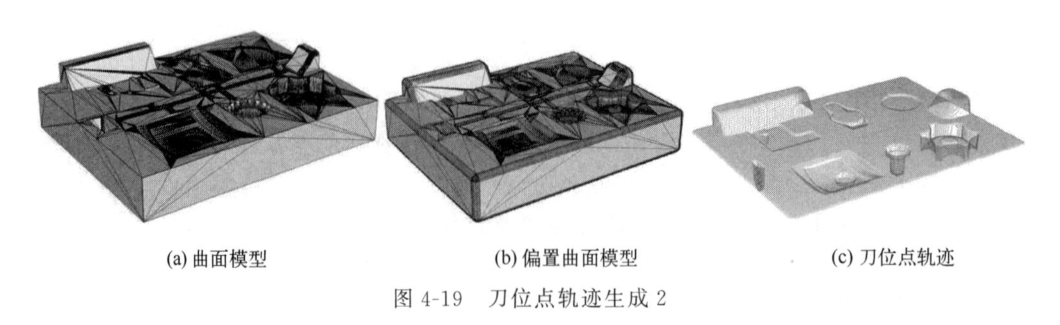

(a) 曲面模型　　(b) 偏置曲面模型　　(c) 刀位点轨迹

图 4-19　刀位点轨迹生成 2

工，只有刀轴矢量固定的三轴数控加工，可以根据原始曲面构造出偏置曲面，对于四、五轴数控加工，由于刀轴矢量方位难以确定，致使非球刀加工时偏置曲面的生成与处理困难。

④ 曲面模型→点阵模型→无干涉刀位点轨迹（surface model→polyhedron model→CL data）。

其基本思路是首先将被加工曲面在精度控制范围内用点阵代替，建立点阵模型，典型的有 Z-map 法得到曲面的 Z-buffer 数据，然后刀位点轨迹通过“逆向偏置”方法从曲面的 Z-buffer 数据中产生，如图 4-20 所示。这种策略思路简单，算法稳定，适用于三轴数控加工。

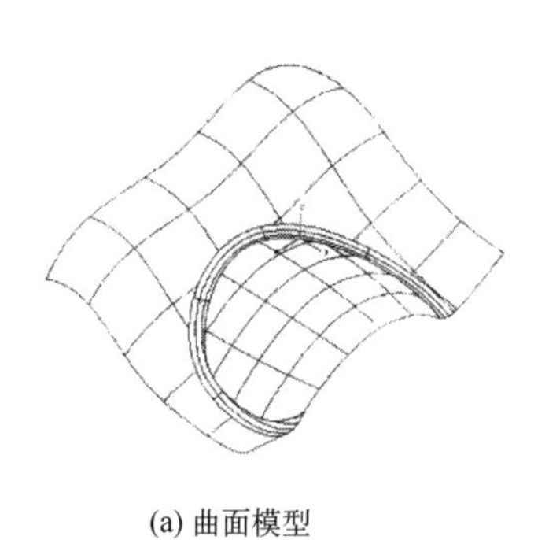

(a) 曲面模型　　(b) 点阵模型　　(c) 刀位点轨迹

图 4-20　刀位点轨迹生成 3

4.1.4　传统的刀具路径规划方法

数控加工刀具轨迹计算是数控编程的基础和关键，一种较好的刀具轨迹生成方法，不仅要求计算速度快、占用内存少，而且还要使切削行间距分布均匀、加工误差小、走刀步长分布合理、加工效率高等。在自动编程系统中，针对曲面零件，刀具路径规划的方法主要有三种类型，即参数线、导向平面、驱动曲面，分别对应于三种刀具路径生成方法：等参数法、笛卡儿法和 APT 法。

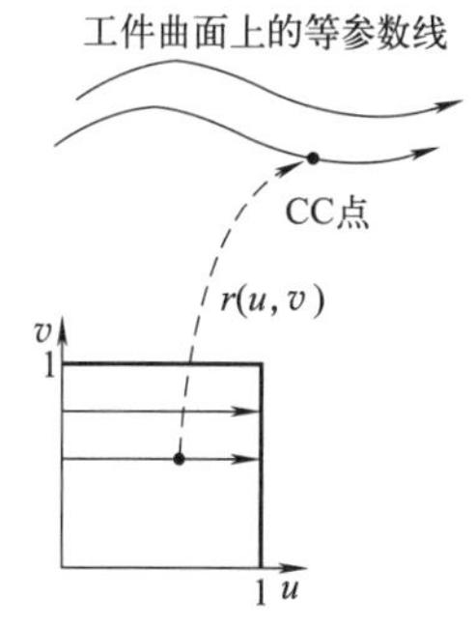

图 4-21　等参数法

① 等参数法（图 4-21）是将加工表面沿参数线方向进行细分，切削行沿曲面的参数线分布，它的算法是：令其中一个参数保持不变，另一个参数变化而形成加工轨迹曲线，即切削行沿 u 线或 v 线分布，生成的点位作为切触点。等参数法是最简单的刀具路径生成方法，但对于由多个曲面拼接成的复杂曲面的加工不太适用。

② 笛卡儿法（图 4-22）是在导向平面上生成刀具路径，一般是在笛卡儿坐标系 xy 平面中的一列平行直线，然后再将其投影到被加工曲面上。通常是采用一组截平面去截取加工表面，截出一系列交线，刀具与被加工表面的切触点就沿这些交线运动，计算每一个切触点上的刀位点，从而得到刀具轨迹。这种方法的缺点是要求在整个零件表面搜索可能与刀具相干涉的点，计算量较大。

③ APT（automatically programmed tool）即自动程序控制刀具系统。该方法 20 世纪 50 年代出现，70 年代被广泛使用，至今仍然是一个重要的国际标准。APT 法（图 4-23）首先定义驱动曲面 S_2（drive surface，简写为 d）和检查面 S_3（check surface，简写为 c），刀具的移动路线由一系列驱动曲面定义，然后让刀具沿某一方向移动且保持与工件表面 S_1 及驱动曲面 S_2 接触，直到与检查面 S_3 接触，在检查面的误差范围 λ 终止，并计算出刀具在

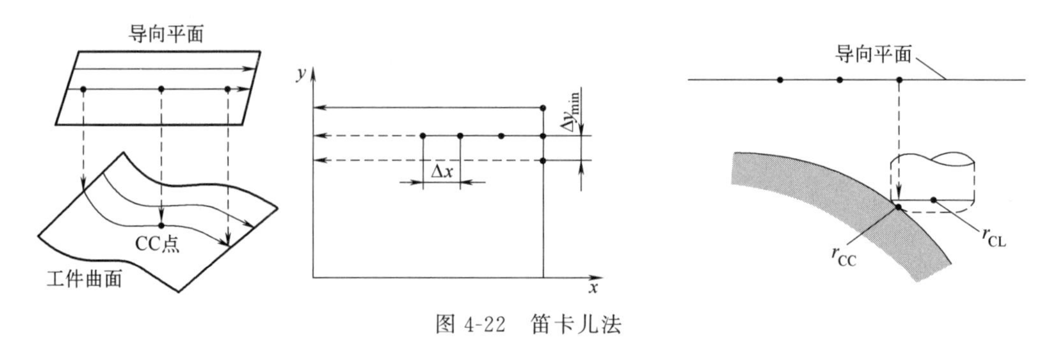

图 4-22　笛卡儿法

每一个切触点上的刀位点，从而得到刀具轨迹。APT 法简单灵活，容易保证零件精度。

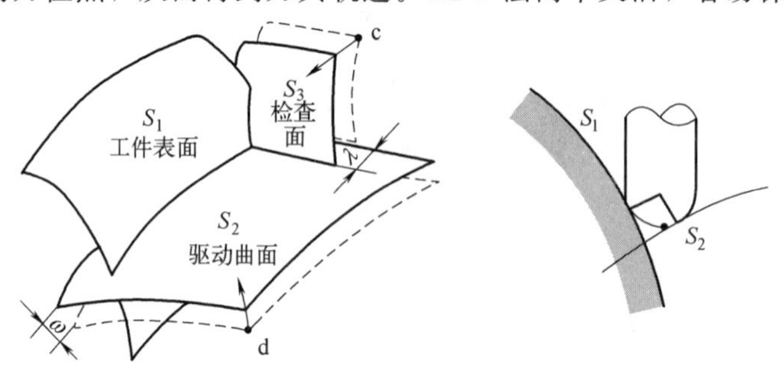

图 4-23　APT 法

4.2　三轴数控铣削加工刀具轨迹生成方法

通常，自由曲面类零件的数控铣削过程可以分为几个阶段：粗加工、半精加工、精加工、补加工和抛光。精加工的任务是保证零件的加工满足最终的设计要求，而粗加工的目的则在于迅速切除大部分余量以提高生产效率，同时为后续加工创造条件。补加工的目的是去除在精加工中由于刀具的半径大于曲面的曲率半径产生的剩余材料，主要指清根加工。

4.2.1　粗加工刀具路径生成的主要方法

目前，自由曲面粗加工的方法主要有：等距切削、分层切削和插铣。

(1) 等距切削（图 4-24）

等距切削即通过预先设定的切削用量，先计算零件的等距面，在等距面上规划刀具轨迹，且只能采用球刀进行刀位计算及加工。

(2) 分层切削（图 4-25）

分层切削（层切法）其实质是一种二维半加工，用一组垂直于刀具旋转轴的平面与零件面和毛坯体求交，将求出的交线构造成封闭的二维轮廓，采用平面型腔的加工方式，计算出每一层的刀具轨迹，一般采用立铣刀、环形刀进行刀位计算及加工。

层切法用一系列假想水平面与零件面和毛坯边界截交，得到一系列二维切削层，然后用立铣刀对各切削层进行分层加工，显然，各切削层的刀具轨迹与二维型腔加工轨迹完全一样，可见，复杂曲面的层切加工的刀具轨迹生成问题都可归结为获取各切削层加工区域的形状，其实质为曲面与平面的求交问题。下面简要给出层切法粗加工刀具轨迹生成的主要过程：

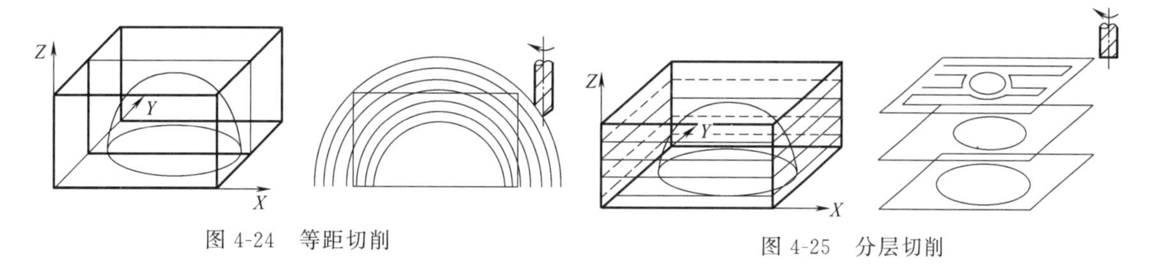

图 4-24　等距切削　　　　图 4-25　分层切削

① 确定分层铣削的切削深度，即各层切平面之间的距离。一般根据工件材料、刀具尺寸与刀具材料来分配。

② 确定各层切平面。从毛坯最高点所在平面开始依次向下移动一个切削深度即得到各层切平面。

③ 调用曲面/平面求交过程，计算各层切平面与零件曲面及毛坯的截交线，确定由其围成的二维切削区域（可为多个独立区域或带有岛屿的复杂区域）。

④ 确定各二维切削区域内的走刀方式，然后调用平行切削或环形切削的刀具轨迹计算过程生成各切削层的刀位点轨迹。

(3) 插铣

插铣法也叫钻削式粗加工（plunge machining）（图 4-26），它是将铣刀像钻头一样逐行向下钻削式加工，从而切除大量材料。插铣加工的原理是：刀具连续地沿主轴方向运动，利用底部的切削刃进行钻、铣组合切削，加工效率比普通曲面粗加工高。

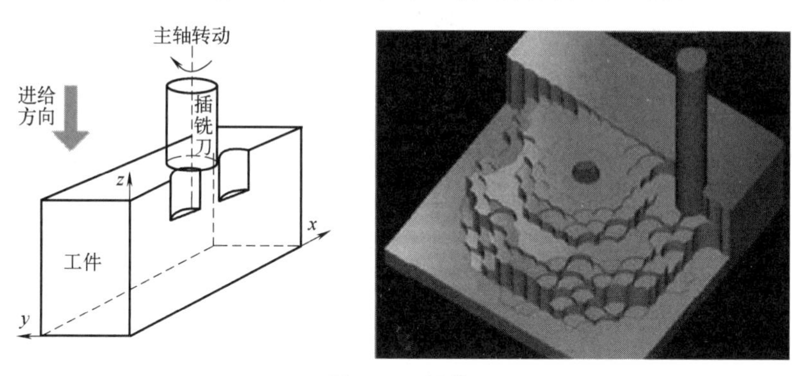

图 4-26　插铣

在插铣过程中，切削力方向从以径向为主变为轴向，使得插铣加工效率高，工件变形小，适合长悬伸刀具和/或深型腔、圆角加工，用于钛合金等难切削材料加工。

4.2.2 精加工刀具路径生成

自由曲面数控加工刀具轨迹是影响曲面的加工精度、质量和加工效率的重要因素。精加工刀具轨迹的生成方法有多种，比较常用的有等参数线法、Z-map 法、多面体法、投影法、偏置面法等 。Z-map 法、多面体法、投影法和偏置面法都适用于曲面、组合曲面、复杂多曲面和曲面型腔的加工编程。

(1) APT 刀具几何模型

精加工刀具轨迹的生成方法有多种，如果使用某种生成方法只能产生用于球刀、平底刀和环形刀的刀具轨迹，尽管算法稳定可靠，效率高，但适用的刀具类型有限，通常不能应用于包括

APT 刀具在内的多种刀具类型。采用 APT 参数化刀具模型生成的刀具路径通用性更强。

根据 APT 定义的参数化刀具模型，APT 刀具（automatically programmed tools cutter）由上锥面、倒角圆环面和下锥面三部分组成，如图 4-27 所示。在 CAD/CAM 系统中，典型的 APT 刀具通常由七个参数定义：

$$\text{CUTTER}/D,\ r,\ e,\ f,\ \beta_1,\ \beta_2,\ h$$

D：刀具直径，大小等于上、下锥面母线的交点到刀轴距离的 2 倍；

r：刀具的倒角半径；

e：刀具倒角中心到刀轴的距离；

f：刀具倒角中心到刀尖的距离在刀轴方向上的投影；

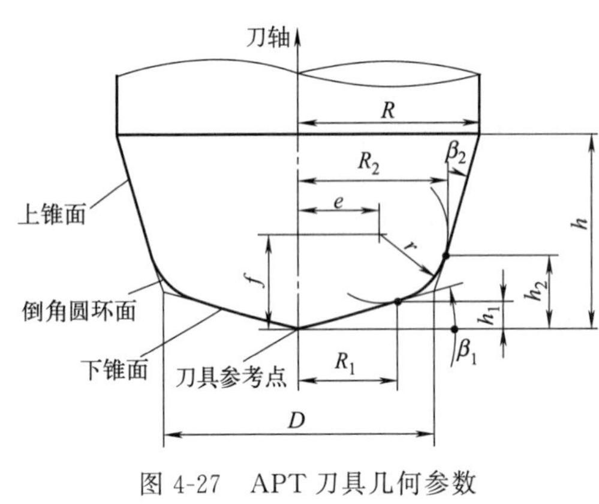

图 4-27　APT 刀具几何参数

β_1：过刀尖的水平线与下锥面母线的夹角，$0° \leqslant \beta_1 < 90°$；

β_2：刀轴与上锥面母线的夹角，$-90° < \beta_2 < 90°$；

h：刀具切削刃长度。

表 4-1 列出了几种常用的用七个参数描述的 APT 刀具，如平底刀 CUTTER/4，0，0，0，0，0，7 只需两个参数进行定义，其他五个参数说明了它是平底刀；球刀 CUTTER/4，2，0，2，0，0，7 需要四个参数进行定义。

表 4-1　常用的铣削刀具形状和参数

刀具类型		D	r	e	f	β_1	β_2	h
平底刀		D	0	0	0	0	0	h
球刀		D	$D/2$	0	$D/2$	0	0	h
圆环刀		D	r	$(D/2)-r$	r	0	0	h
普通铣刀		D	r	e	f	β_1	β_2	h

（2）等参数线法

等参数线法是最常用的一种刀具规划方法。按曲面等参数线生成刀具的走刀轨迹，切削行沿曲面的参数线分布，即切削行沿 u 线或 v 线分布。等参数线法基本思想：利用曲线曲面的细分特性，将加工表面沿参数线方向进行细分，生成的点位作为加工时刀具与曲面的切触点。如图 4-28 所示。因此，曲面参数线加工方法也称为 Bezier 曲线离散算法。

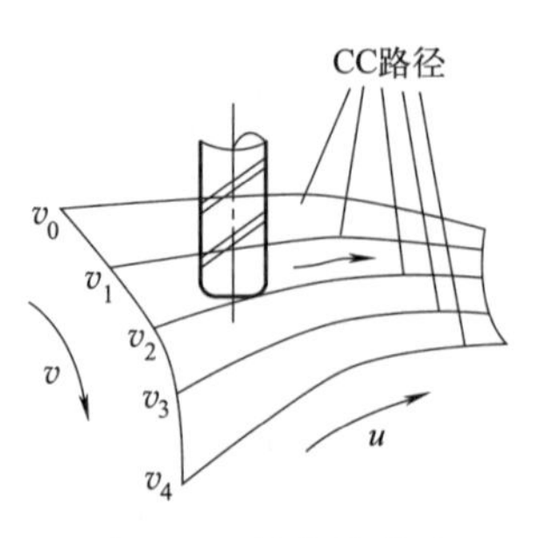

图 4-28　等参数线法走刀轨迹

等参数线法具体过程：

① 在沿切削行的行进给方向（图 4-28 中的 v 向），根据允

许的残留高度计算加工带的宽度，并以此为基础对曲面进行离散得到加工带；

② 在加工带上（图 4-28 中的 u 向）沿走刀方向对每个加工带进行离散，得到切削行。

将曲面轨迹线上的一个个点作为加工时的刀具切触点，然后根据切触点生成相应的加工刀位点，一个个刀位点顺次连接即构成了所求的刀具轨迹，如图 4-29 所示。

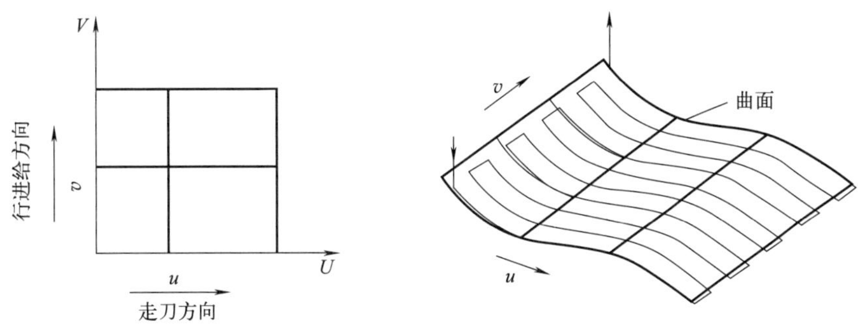

图 4-29　等参数线刀轨

比较成熟的参数线加工刀具轨迹计算方法：等参数步长法 、参数筛选法、局部等参数步长法、参数线的差分算法、参数线的对分算法等。

等参数线法特点是：刀具轨迹计算方法简单，计算速度快，计算量小，一般适用于参数网格比较规整、参数线比较均匀的单张参数曲面的加工，如图 4-30 所示；其不足之处是当被加工表面凸凹变化较大时，刀具运动轨迹线分布也不均匀，将导致零件表面各处的残留高度不一致，影响加工表面的质量，同时也降低了加工效率。当加工组合曲面时，由于每张子曲面的 u 等参数线或 v 等参数线可能不一致，所以要使整张组合曲面的刀具轨迹一致是很困难的。

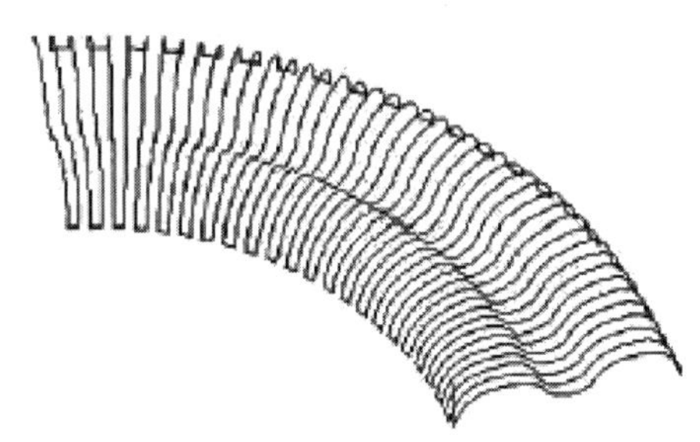

图 4-30　单张参数曲面等参数线加工轨迹分布

(3) Z-map 法

Z-map 法用离散的点阵表示曲面，如图 4-31 所示，从而计算刀具轨迹，也称 G-buffer 法。它利用反转刀具法（inverse tool method）计算刀位点。在初始刀位点处，刀具由上向下运动，判断刀具表面与 Z-map 模型中所有点的干涉关系，计算干涉量并根据干涉量调整刀具，确定刀具与 Z-map 模型发生接触时的位置，生成无干涉的刀位点。

(a) 曲面模型

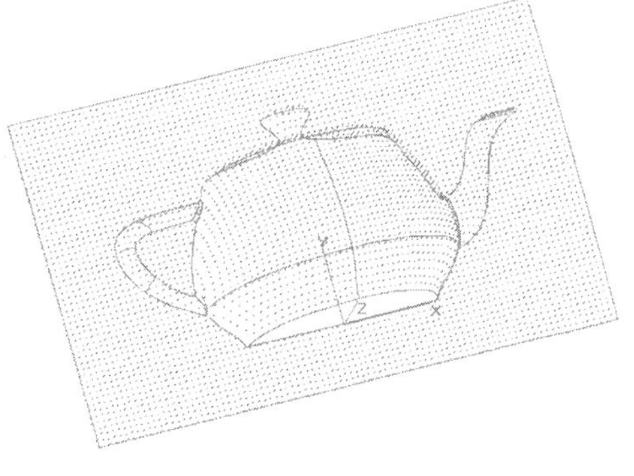

(b) 点阵模型

图 4-31　离散为点阵的曲面

Z-map 算法过程：构造被加工曲面的 Z-map 模型，在二维平面上规划网格，过网格的竖直线与曲面求交确定网格点的 Z 坐标值，如图 4-32 所示，把它保存在一个二维数组中。

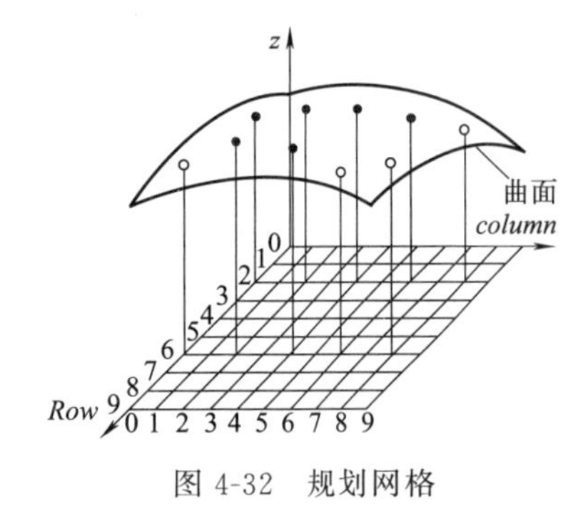

图 4-32 规划网格

定义网格点为初始刀位点集合，在每个网格点处，保持刀位点与网格点重合，将刀具反转。反转刀具的包络面形成刀位面（偏置面），如图 4-33 所示。用竖直线与反转刀具面求交，得到最高的交点就是刀位点，顺序连接无干涉刀位点生成刀位点轨迹。

Z-map 算法简单，稳定可靠，但曲面的精度与 Z-map 网格的密度有关，精度越高，网格越密，计算和存储的数据量越大；此外 Z-map 算法无法精确处理垂直壁。如图 4-34 所示。

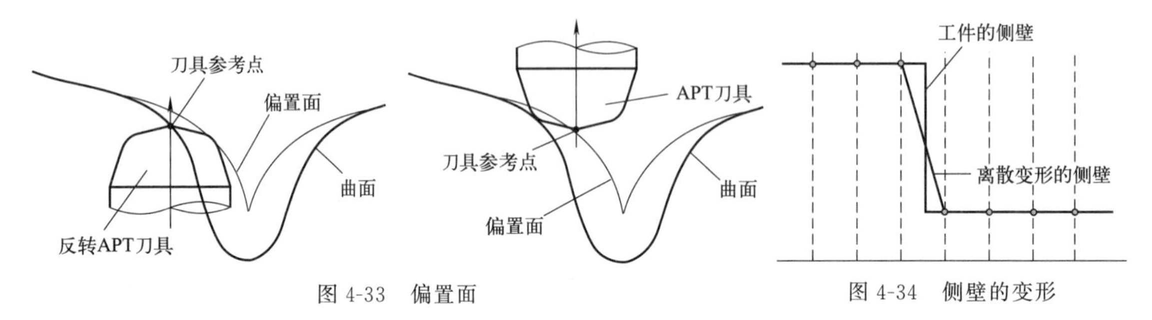

图 4-33 偏置面　　图 4-34 侧壁的变形

(4) 多面体法

多面体法采用三角片模型描述自由曲面，如图 4-35 所示，适合产生多轴刀具路径，由于其数据交换和几何计算的简单性，已被广泛应用于 CAM 和加工规划过程的模型表示。

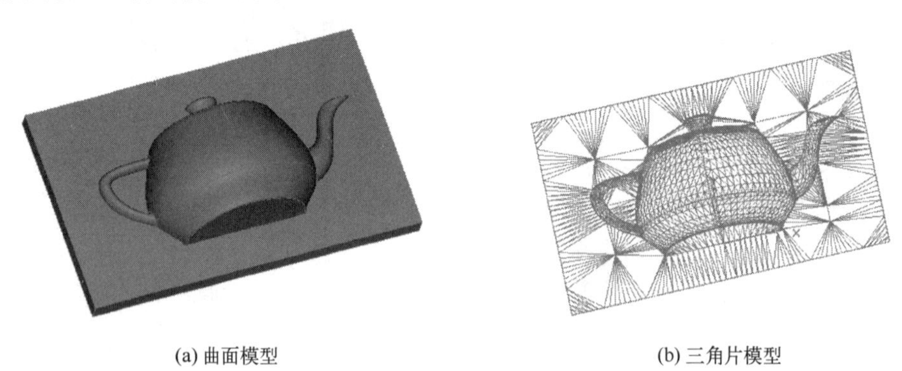

(a) 曲面模型　　(b) 三角片模型

图 4-35 曲面离散为三角片模型

多面体法就是将曲面离散为三角片模型，计算刀具轨迹。在导动面初始刀位点 C 处，如图 4-36 所示，刀具上锥面的顶面沿刀具轴线（z 轴）在 xy 平面上的投影形成了刀具投影区域。与刀具投影区域重叠的三角片可能会与刀具发生干涉，判断刀具表面与多面体中每个三角片的顶点、边和面的干涉关系，计算干涉量并根据干涉量调整刀具 z 轴位置，产生竖直由上向下的运动（平行于 z 干涉），生成无干涉的刀位点，顺序连接无干涉刀位点生成刀位点轨迹。

多面体法的具体过程（如图 4-37 所示）：将被加工曲面离散为多面体模型，定义初始刀位点集合，在每个初始刀位点处，在刀具投影区域内搜索干涉检查三角片，计算刀具到每个

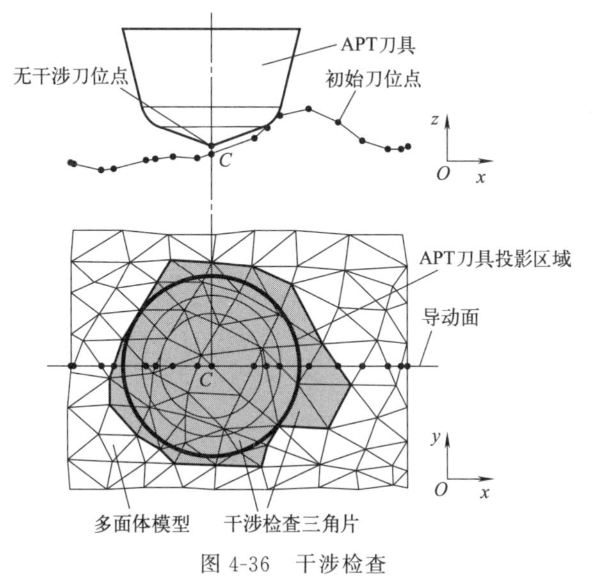

图 4-36　干涉检查

(a) 曲面模型

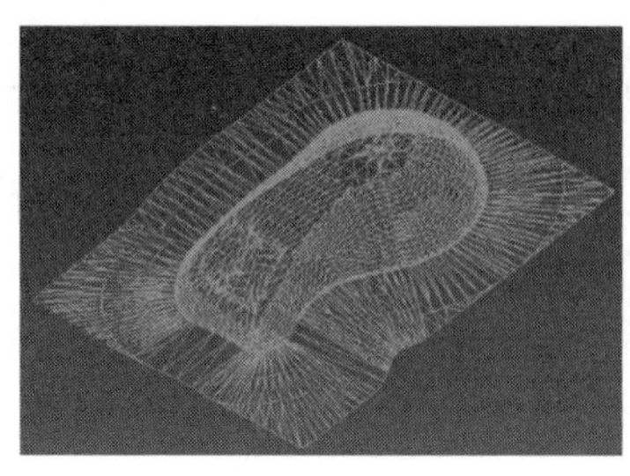

(b) 三角片模型

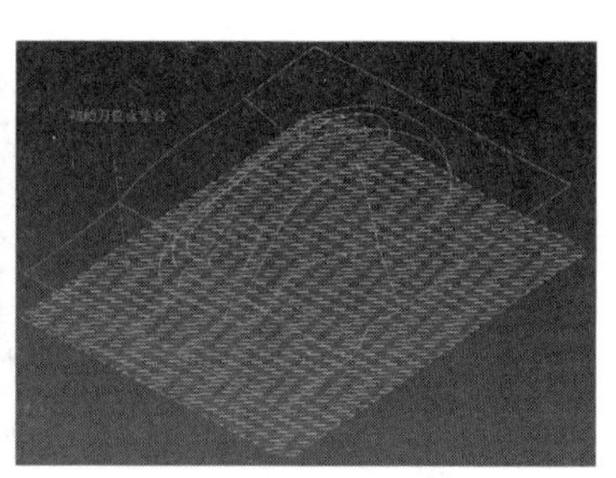

(c) 初始刀位点集合

(d) 干涉检查搜索区域

(e) 刀具与顶点抬刀量

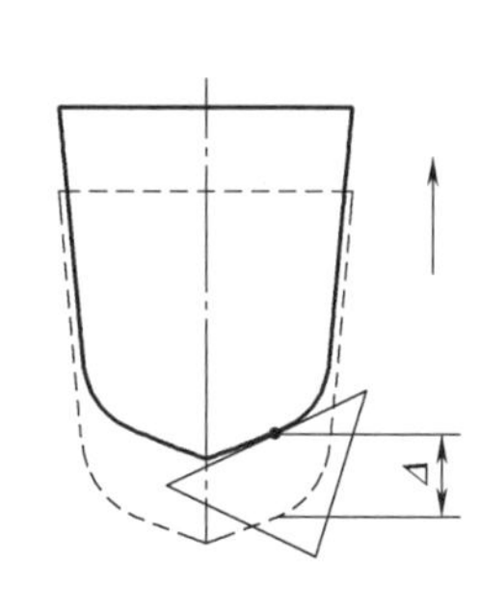

(f) 刀具与边抬刀量

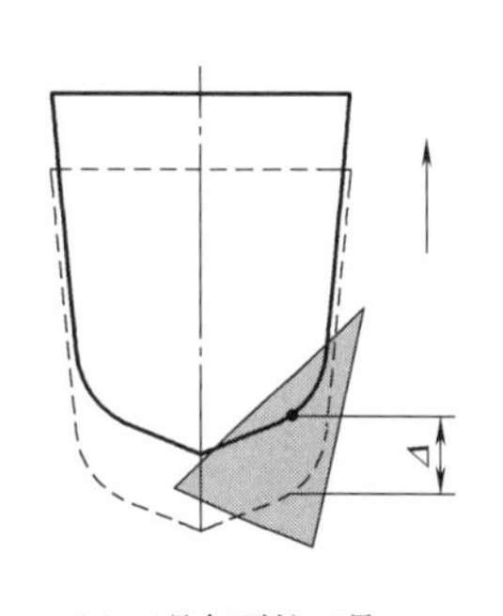

(g) 刀具与面抬刀量

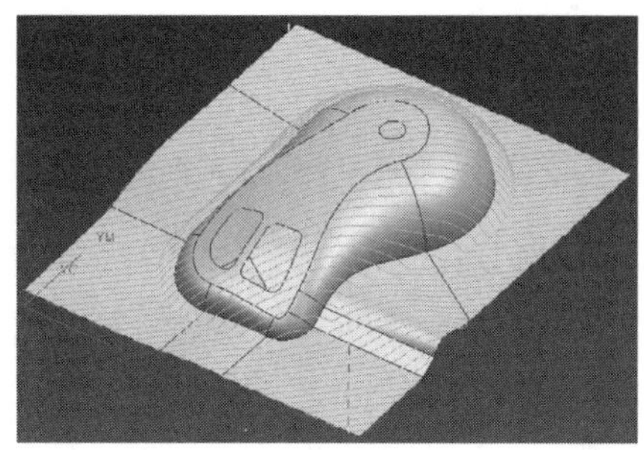

(h) 刀位点轨迹

图 4-37　算法步骤

干涉检查三角片的顶点、边和面的距离，计算确定最大抬刀量，根据最大抬刀量进行抬刀，从而生成无干涉的刀位点，顺序连接无干涉刀位点生成刀位点轨迹。

(5) 多面体法初始刀位点的确定

初始刀位点确定可以采用等参数线法、截面线法和回转截面法等方法。截面线法，其基本思想是采用一组截面去截取加工曲面或加工曲面的偏置面（刀位面），截出一系列的交线作为切削刀具的走刀轨迹。即为CC路径截面线法和CL路径截面线法。

① CC路径截面线法　该方法是用一组约束曲面与被加工曲面的截交线作为刀具切触点（CC点）路径来生成刀具轨迹，如图4-38（a）所示。约束的曲面原则上是任意类型的曲面，但实际应用中约束面一般是平面与柱面（包括圆柱面或曲线沿 Z 轴方向扫出的柱面）。通常在 XOY 坐标平面上规划出平行或环形等二维走刀路线，然后将其投影到待加工曲面上得到刀具切触点路径，由此生成刀具轨迹，如图4-38（b）所示。约束面一般均垂直于 XOY 坐标平面，用平面作为约束面时，约束面可以垂直于 Z 坐标轴。

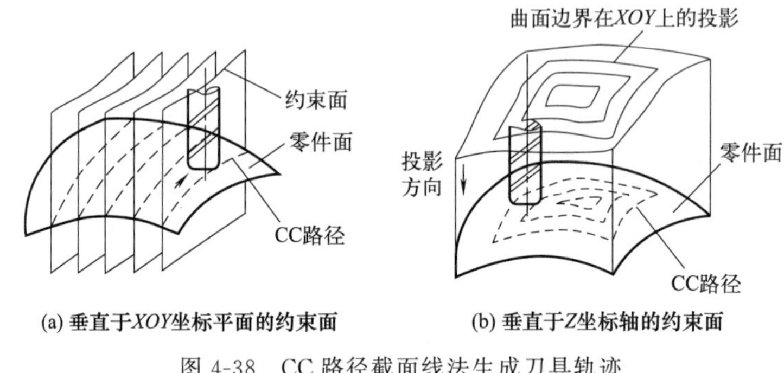

图4-38　CC路径截面线法生成刀具轨迹

② CL路径截面线法　CL路径截面线法是用一组约束曲面与被加工曲面的偏置面（刀位面）的截交线作为刀具轨迹，如图4-39（a）所示。CL路径截面线法常常在 XOY 坐标平面上规划出平行或环形等二维走刀路线，然后将其投影到待加工曲面的偏置面上得到刀具轨迹，如图4-39（b）、（c）所示。

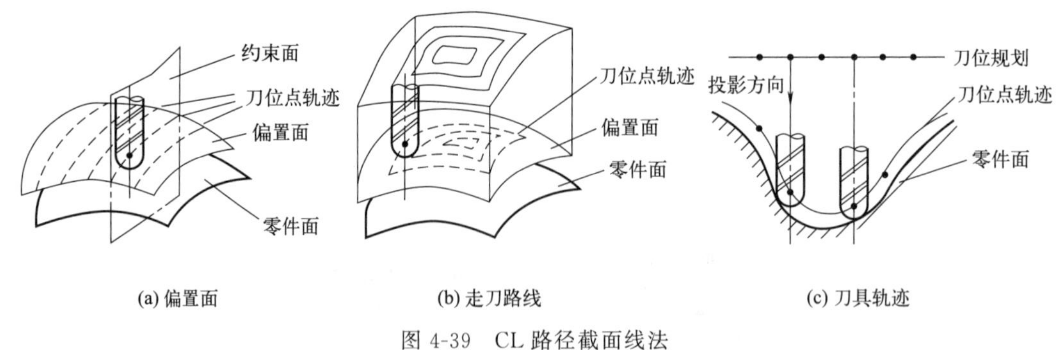

图4-39　CL路径截面线法

多面体法适合各种模型、各种刀具，如球刀、圆鼻刀、平底刀，算法稳定可靠，它是目前各商业CAM系统中应用最广泛、计算最稳定的刀具轨迹生成方式之一。

多面体法也有不足，如不能处理凸干涉（运动干涉）。所谓凸干涉，是指在曲面凸的地方，当刀具由一个刀位点移动到另一个刀位点时，与曲面发生干涉。如图4-40所示。

多面体法不能精确定位拐点，如图4-41所示，当刀具由 p_1 位置移动到 p_2 位置时，将发生欠切，要确定刀具与两个曲面同时相切时的刀位点（也就是拐点），只能采用二分采样点法逼近拐点。所谓二分采样点法就是根据加工误差不断地在两个刀位点之间插入中间刀位点，直到满足加工精度要求为止，在刀位点 p_1、p_2 之间插入中间刀位点 m_1，在刀位点 m_1、p_1 之间插入中间刀位点 m_2，欠切区域也大大减小。

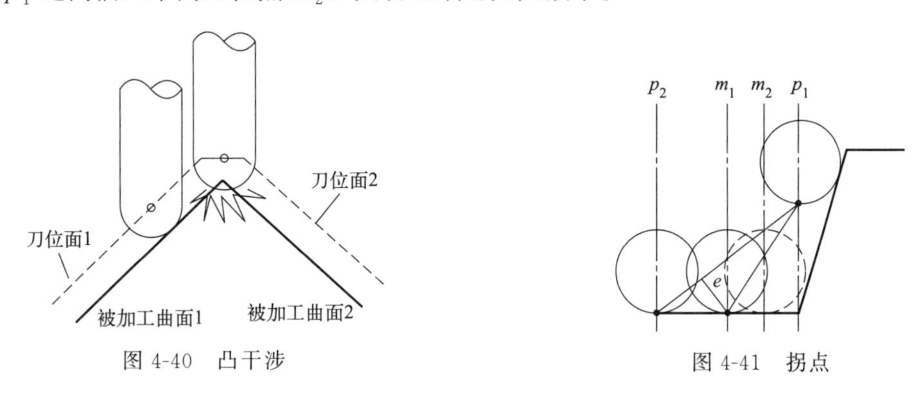

图 4-40　凸干涉　　　　图 4-41　拐点

比较 Z-map 和多面体法，Z-map 方法是三角片算法的简化。它们用点或三角片表示被加工曲面，三角片算法计算刀具到三角片的距离来确定抬刀量，Z-map 算法所使用的反转刀具法实际上就是计算刀具到网格点的距离来确定抬刀量的过程。

(6) 投影法

投影法基本原理：先由驱动几何（drive geometry）产生驱动点。在每个驱动点处，按投影方向（projection vector）驱动刀具向着加工几何（part geometry）移动，直至刀具接触到加工几何为止，得到切触点，系统根据切触点处的曲率半径和刀具半径值，补偿得到刀具定位点。如图 4-42 所示。

驱动几何：用来产生驱动轨迹路径的几何体。

驱动点（初始刀位点）：从驱动几何体上产生的，将按照某种投影方法投影到零件几何体上的轨迹点。

驱动方法：驱动点产生的方法。有些驱动方法在曲线上产生一系列驱动点，有些驱动方法则在一定面积内产生按一定规则排列的驱动点。

投影方向（投影矢量）：指引驱动点按照一定规则投影到零件表面，同时决定刀具将接触零件表面的位置。

选择的驱动方法不同，可以采用的投影矢量方法也不同。即：驱动方法决定投影矢量的可用性，在多轴加工中，驱动方法决定了刀轴控制方法的可用性。

投影法刀轨产生过程：首先将被加工表面离散为多面体模型；然后定义初始刀位点集合和投影矢量，对每个初始刀位点，使刀具从远处（此时刀具与曲面无干涉）沿投影方向向曲面移动，当刀具与曲面切触时，刀具停止运动，此时刀具参考点的位置即为无干涉刀位点的位置（此过程涉及判断刀具表面与三角片的顶点、边和面之间位置关系的计算，通过计算干涉，确定刀具的抬刀量，确定最终的刀位点，如图 4-43 所示）；最后，顺序连接无干涉刀位点生成刀位点轨迹。

投影法与多面体法的算法思想相同。多面体法在消除干涉时，刀具沿着 Z 轴运动；而投影法在消除干涉时，刀具可以沿着指定的投影矢量运动，从而增加了算法的灵活性。

投影铣削加工其缺点是难以控制加工精度。投影法加工的精度是由导动曲线来控制的。

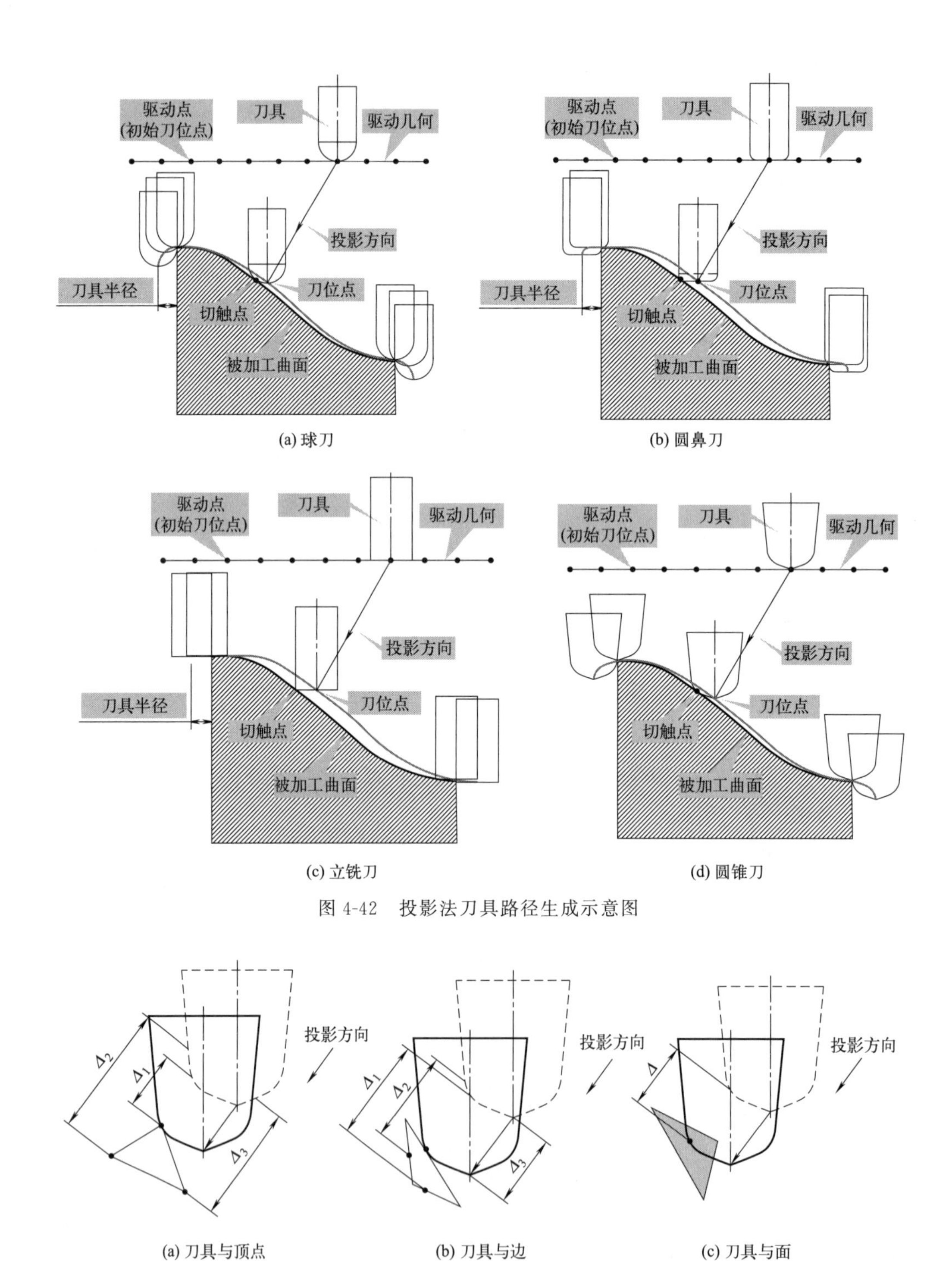

(a) 球刀 (b) 圆鼻刀

(c) 立铣刀 (d) 圆锥刀

图 4-42 投影法刀具路径生成示意图

(a) 刀具与顶点 (b) 刀具与边 (c) 刀具与面

图 4-43 抬刀量

导动曲线通常是二维的，而曲面的形状是复杂的，当导动曲线投影到待加工曲面上生成刀具轨迹时，容易导致的问题是：在曲面的平坦区域，轨迹较密集，行距较小，加工残留高度小，而在曲面的陡斜区域，轨迹较稀疏，行距较大，加工后残留高度偏大，从而导致零件表面残留高度不均匀。

在投影法加工中，行距在平面上不产生拉伸，而在曲面上因引入 Z 坐标而产生拉伸，其加工精度受曲面曲率参数和曲面截面线加工点处斜率参数的影响显著。在行距参数不变时，曲面参数沿 Z 坐标方向变化较大（行距被拉伸），如图 4-44 所示，加工表面较差，被加工曲面形状出现明显的残留面，在同样的残留高度和刀具半径下，曲率半径增大，走刀行距也随之增大。而且拉伸情况会随着曲面的曲率半径和曲面截面线加工点处斜率不同而不同。

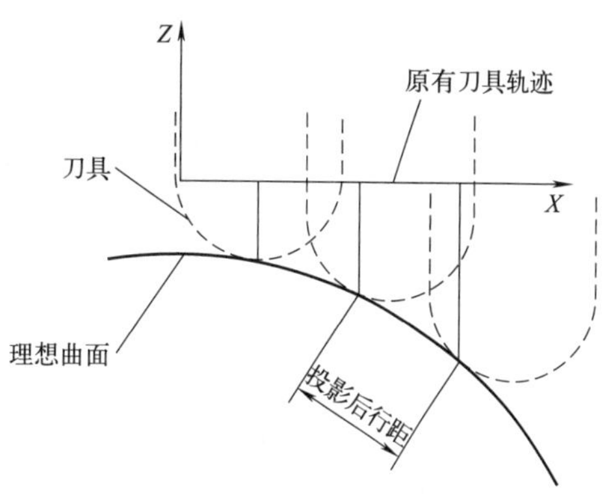

图 4-44　投影加工轨迹走刀行距的拉伸

减小投影法加工误差，提高加工表面的质量，可以采用以下两种方法：

行距进行密化处理。根据曲面曲率半径和曲面截面线加工点处斜率等参数，分成不同区域确定行距。对曲率半径大的区域，行距可相应取大值；对于同一曲率半径的曲面，曲面截面线加工点处斜率大的区域，行距可取小值。

行距采用等高度残留法。根据表面粗糙度要求，设定残留高度，根据处理曲面曲率半径和曲面截面线加工点处斜率等参数调整行距，提高加工表面的质量。

（7）偏置面法

等参数线法、Z-map 法、多面体法和投影法，都是将干涉的刀位点修正到曲面的偏置面上，从而得到无干涉的刀位点。它们没有直接利用曲面的偏置面生成刀具轨迹。而偏置面法采用直接在曲面的广义偏置面上生成刀具轨迹。

偏置面法刀轨生成的基本过程：用三角片表示被加工曲面，分别偏置三角片的顶点、边和面，形成偏置元素（点偏置成球面、边偏置成柱面和面偏置成偏置面）。偏置三角片的面和边，边的属性不同，偏置策略也不同，分为凸边、凹边、平边、边界边四种情况，如图 4-45 所示；偏置三角片的顶点，顶点的属性不同，偏置策略也不同，分为凸点、凹点、鞍点、平点四种情况，如图 4-46 所示；这些偏置元素的包络面就是刀位面，用导动面与这些偏置元素求交得到交线，如图 4-47 所示。最后排序、裁剪和连接交线生成无干涉的刀具轨迹，刀具轨迹由曲线段组成，如图 4-48 所示。

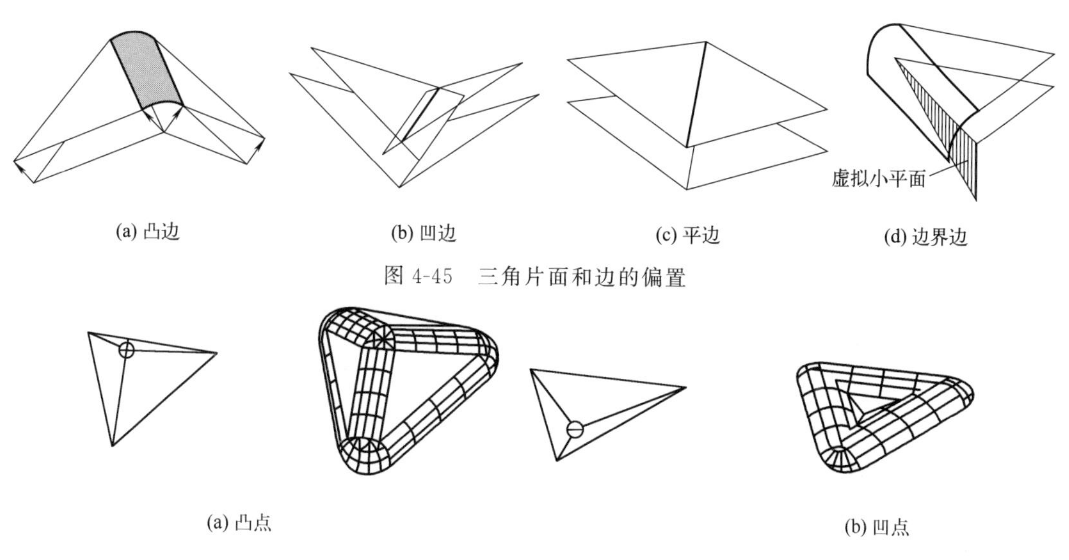

(a) 凸边　(b) 凹边　(c) 平边　(d) 边界边

图 4-45　三角片面和边的偏置

(a) 凸点　(b) 凹点

图 4-46

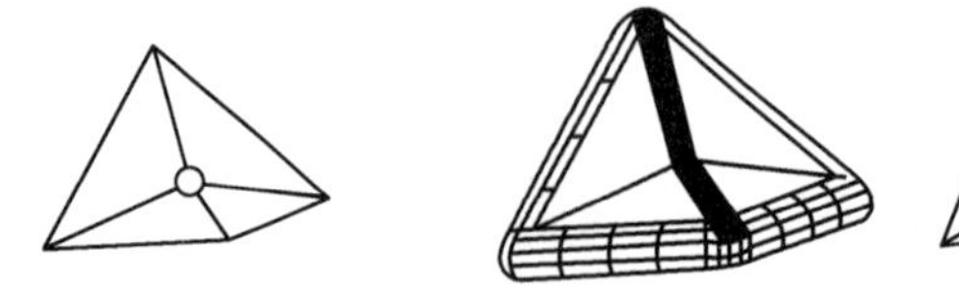

(c) 鞍点

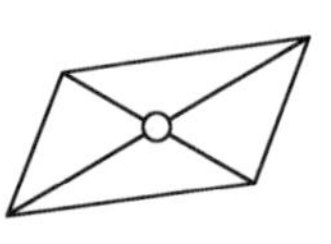

(d) 平点

图 4-46　三角片顶点的偏置

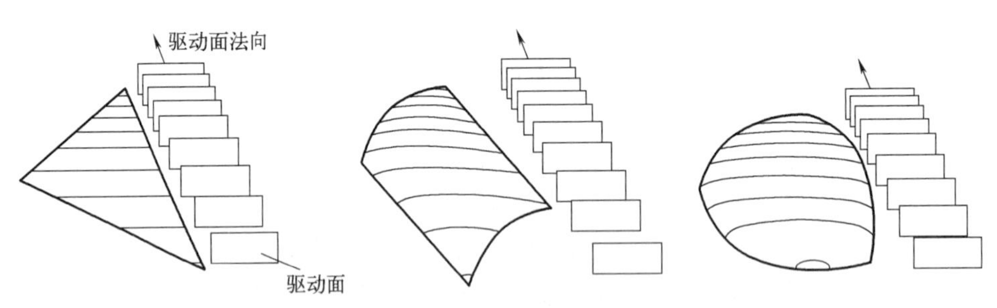

图 4-47　导动面与这些偏置元素求交

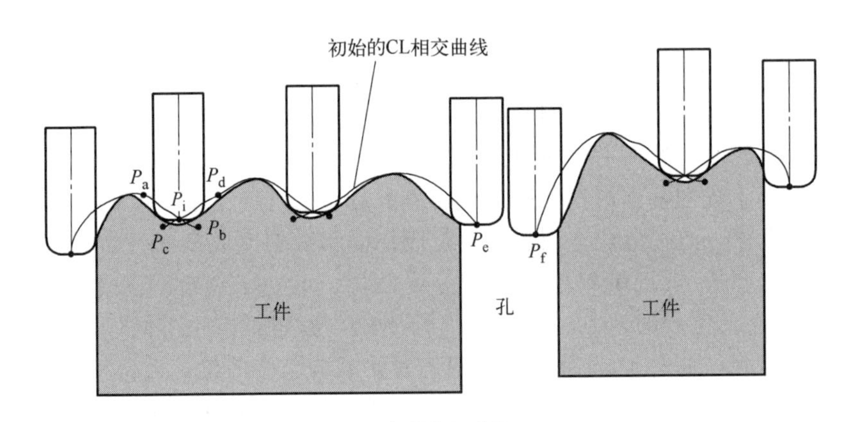

(a) 初始的CL曲线

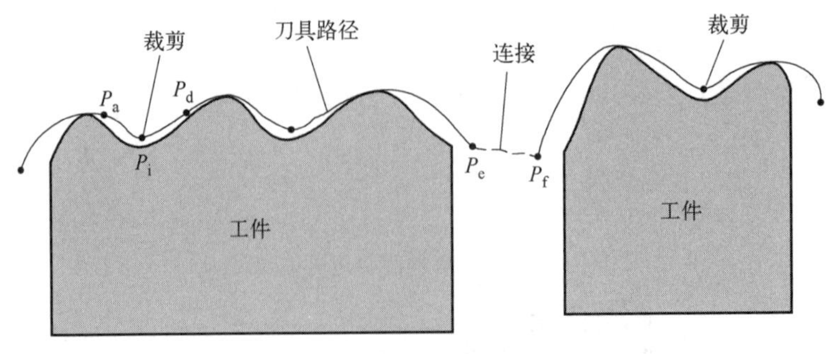

(b) 交线的裁剪和连接

图 4-48　排序、裁剪和连接

偏置面法能够消除凸干涉，在凸处以曲线代替直线。能够准确定位拐点，可以适应曲面存在缺陷的情况，如重叠、间隙；但偏置面法只适合球刀（通过广义偏置可用于其他刀具类型），计算量大（偏置元素的计算复杂，导动面与大量的偏置元素求交耗时，交线的排序、裁剪和连接也耗时)。

(8) 等高度残留法

等高度残留法是通过控制相邻轨迹间距离使轨迹间的残留高度不变，从而在已知一条加工轨迹、刀具半径和允许残留高度的前提下，可以计算出来下一条刀具轨迹。该计算方法是由美国加州大学 K. Suresh 和 D. Yang 首先提出，其基本思路是：以曲面的一条边界作为初始刀具切削运动轨迹，以允许的残留高度计算两相邻加工轨迹之间的间距，可获得较少的加工轨迹线，以达到节约加工时间的目的。

残留高度 h 是两切削行的间距 L_2、刀具有效切削半径 R 和曲面沿行距方向的法曲率半径 R^* 的函数，要保持残留高度值不变，则两切削行的间距就应该根据曲面在行距方向的法曲率半径来确定。相对于已知刀具轨迹，所求的另一条刀具轨迹应该是在该点处与已知轨迹距离最短的曲线上，如图 4-49 所示。刀具轨迹线 $P(i+1)$ 总是在前一条轨迹 $P(i)$ 基础上计算出来，计算的原则就是保持相邻轨迹之间的残留高度为某一常数，该常数小于给定误差。

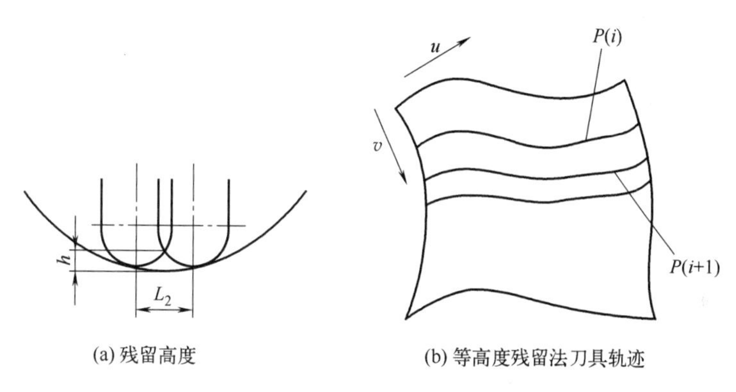

(a) 残留高度　　(b) 等高度残留法刀具轨迹

图 4-49　等高度残留法

等高度残留刀具轨迹规划方法与其他轨迹规划方法相比，加工效率和加工表面质量都大大提高了。这是因为对于等参数线和截面线等轨迹规划方法，相邻刀具轨迹线的切削宽度是根据其相邻轨迹线之间的最大残留高度的点确定的，它们的间隔只能取一常数，由于曲面各点处的局部状况是彼此不同的，这就使加工精度沿加工路径的分布呈现不均匀性。为了保证最大残留高度误差满足要求而使走刀在大部分区域趋于保守，降低了加工效率。而等高度残留刀具轨迹规划方法根据加工点局部曲面情况来计算切触点，使每一个点的加工残留高度根据局部曲面情况取得最大值，行距大小根据曲面情况动态地调整，提高了加工效率和表面质量。从理论上讲，这是一种非常理想的方法，但是还存在一些问题。

4.3　补加工刀具路径生成

补加工也叫清根加工，补加工的目的是对上一步加工工序中刀具没有加工到的欠切区域进行补充加工。在数控加工中，曲面加工表面质量与加工后的残留高度有关，在保持残留高度不变的情况下，大尺寸刀具的走刀间距较大，产生的刀具轨迹短，NC 代码的文件较小，机床加工时间短，加工效率高。然而大尺寸刀具加工曲面，在曲面局部凹区域和曲面交接处可能为了避免刀具干涉而产生欠切区域，如图 4-50 所示。这些欠切区域就是补加工区域，

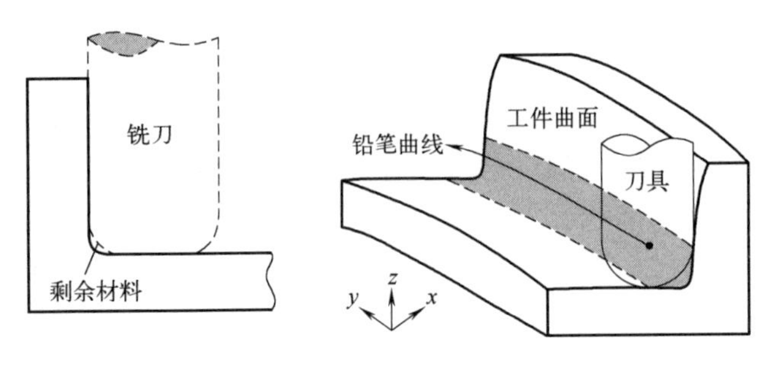

图 4-50　精加工的剩余材料

需要在后续工序中用较小的刀具对这些补加工区域进行补加工。通常是在较大直径刀具精加工之后进行的，多采用球刀，球刀的球心沿工件表面的凹区域滑动的轨迹称为铅笔曲线(pencil curve)。

补加工采用导动面法，通过引入导动面对走刀过程进行约束，使走刀过程中刀具始终保持与被加工曲面（零件面）和导动面相切，如图 4-51、图 4-52 所示。这种方法的代表是 APT（自动编程工具）的刀具轨迹算法，采用数字迭代搜索来确定刀具运动位置，使其到零件面与导动面的最小距离满足给定的编程精度要求，从而得到无干涉的刀具轨迹。

该算法的主要缺点是迭代计算量较大，并存在计算稳定性问题，特别是对跨曲面连续加工的处理复杂。在三坐标加工时，导动面法一般只能用于球刀计算，此时的刀具轨迹本质上是零件面的等距面与导动面的等距面的交线。由于导动面法的计算处理较复杂，一般用于组合曲面的交线清根处理。

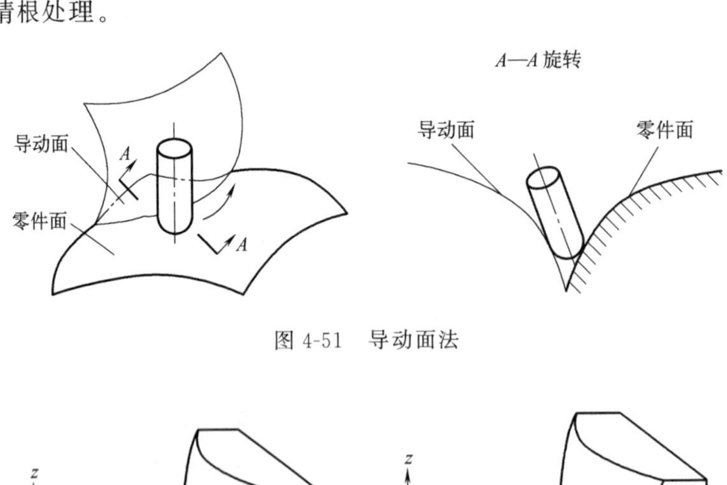

图 4-51　导动面法

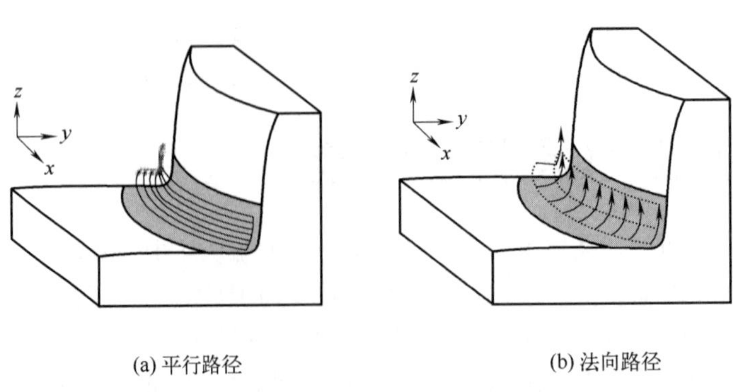

图 4-52　补加工刀具路径

4.4 刀具干涉和检查

曲面数控编程的目的是生成无干涉的刀具轨迹，刀具轨迹的干涉处理能力是衡量一个数控加工编程系统技术水平的重要标志，它直接关系到零件曲面加工后能否达到加工表面质量要求及加工效率的高低，是 NC 加工自动编程中的重要处理环节。由于干涉处理算法在实用上的重要意义，各商业公司都把它作为商业秘密，不对外公开，有些公司把干涉处理算法注册成专利加以保护。刀具干涉的形式多种多样，一般可分为面内干涉、运动干涉和面间干涉三种类型。

4.4.1 面内干涉

面内干涉指发生在单张曲面元素内的干涉，主要有“曲率干涉”和“曲面干涉”两种情况，如图 4-53（a）所示。曲率干涉是指当曲面的凹区域处的局部曲率半径小于刀具的有效切削半径时（$d>1/\rho$），刀具会与切触点附近的曲面发生干涉，产生过切和欠切。曲面干涉是指当非球刀底部处于凹曲面上切触点的切平面位置时，刀具过切该点附近的曲面，如图 4-53（b）所示。

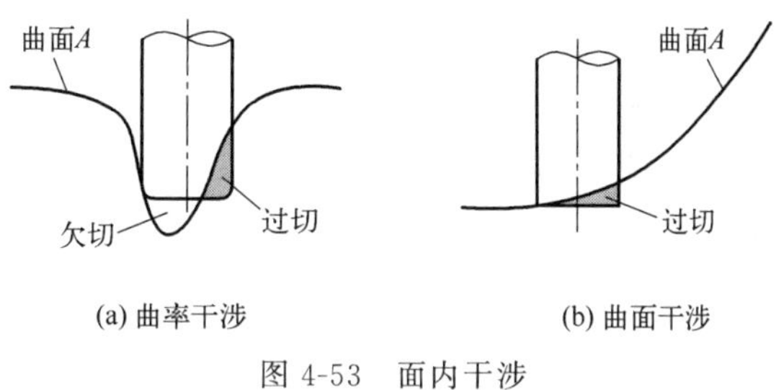

图 4-53　面内干涉

4.4.2 运动干涉

运动干涉是指加工凸曲面时由于刀具在两个相邻刀位点之间做直线运动而引起的干涉，也称为凸干涉。运动干涉一般发生于凸曲面高曲率骤变［图 4-54（a）］和曲面之间凸拼接且 G1 阶不连续［图 4-54（b）］的情况下，产生的加工误差即为相应的走刀运动误差。

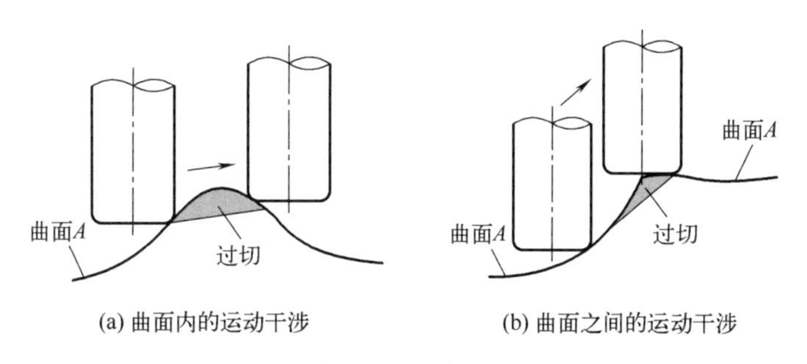

图 4-54　运动干涉

4.4.3 面间干涉

面间干涉是指刀具在加工曲面之间的过渡区域时发生的干涉。在数控加工编程中，构成组合曲面的曲面元素之间连接关系复杂，没有严格的几何连续性要求，甚至可能出现裂缝和重叠，当曲面之间的拼接为 G1 阶不连续时，在曲面之间的过渡区域存在锐边。如图 4-55（a）所示，在加工曲面 A 时，刀具轨迹相对于曲面 A 而言是正确走刀，但对于曲面 B 却发生了干涉。另外，由于复杂多曲面由一组拓扑无关的曲面元素组成，曲面之间可能存在重叠或间隙，这些造型错误造成刀具干涉，如图 4-55（b）和图 4-54（c）所示。

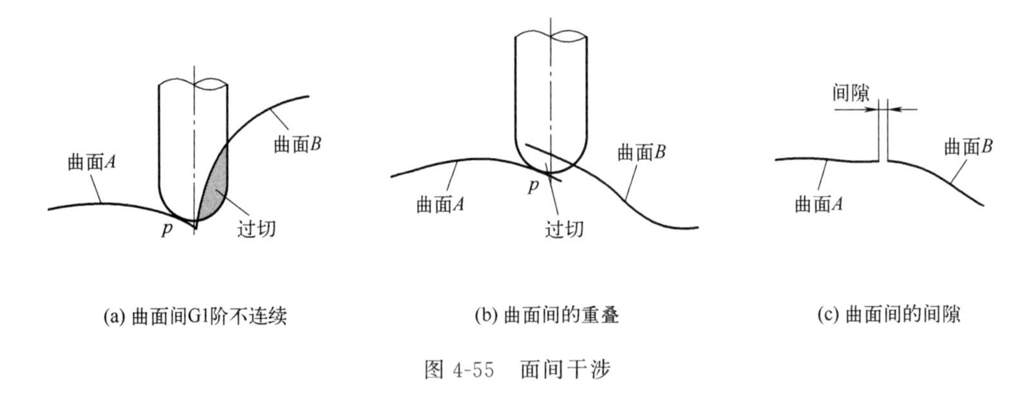

(a) 曲面间G1阶不连续　(b) 曲面间的重叠　(c) 曲面间的间隙

图 4-55　面间干涉

对于不同的刀具干涉类型，有不同的干涉检查和消除方法。对于面内干涉，可通过计算刀具与三角片的干涉量，并按该干涉量对刀具进行抬刀以消除干涉；对于运动干涉，可通过在产生干涉的两个相邻刀位点之间插入中间刀位点加以消除，通常采用二分采样点法确定中间刀位点的位置，当误差位于规定误差范围内时，结束插入中间刀位点的操作。

面间干涉的消除一直都是刀具轨迹生成算法中比较棘手的难题，国内外学者对该问题进行了广泛的研究，提出了一些解决办法，如采用迭代法计算刀具到曲面的距离来消除面间干涉、采用二分采样点法消除面间干涉、采用刀位面法在生成刀具轨迹时消除面间干涉。各种方法各有利弊，迭代法存在计算收敛性问题，二分采样点法不能精确确定两张曲面过渡区域处的拐点（双接触点），刀位面法存在刀位面构造困难的问题。

4.5 hyperMILL 3D 工法

hyperMILL 现有的 3D 程序运算功能依照加工的特性，分类出许多加工策略，我们称之为加工工法（3D 铣削、3D 高级铣削），如图 4-56 所示。包括粗加工、精加工、清角加工等各种工法，不同的工法有各自的参数，当我们分别定制完成后，可以在工作清单列表中排序串联成完整的加工程序。

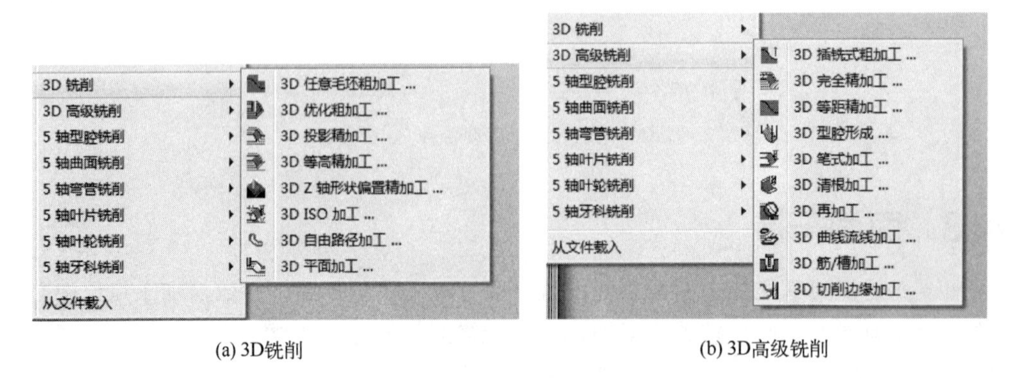

(a) 3D铣削　(b) 3D高级铣削

图 4-56　3D 工法

4.5.1 3D加工工法的组成和作用

hyperMILL 3D 工法除了 3D 自由路径加工、3D 平面加工工法外，其他 3D 加工工法的功能内容都大致相同，主要分成下列几个部分。

(1) 选择加工刀具

选择刀具类型（立铣刀、圆鼻刀、球刀、圆球刀），定义刀具尺寸（刀具直径、长度、刀柄等）或从刀具数据库中选择已定义的刀具，设定加工工艺参数（切削速度、进给速度、插入角度等）或使用切削用量计算公式定义工艺参数，定义工件坐标系，激活夹具方便仿真验证，检查切削过程中是否发生碰撞。

圆鼻刀受圆角半径的影响。在使用圆鼻刀进行操作时，如果没考虑圆角半径，在计算行距时只考虑总的刀具直径，可能会残留材料脊纹。如果考虑圆角半径后，行距基于刀具的内杆（=刀杆直径−2×圆角半径），可以避免材料脊纹。如图 4-57 所示。

(2) 设定铣削策略

铣削策略主要包含：加工策略、加工方向、加工顺序、切削模式、进给模式、刀具路径控制等内容。

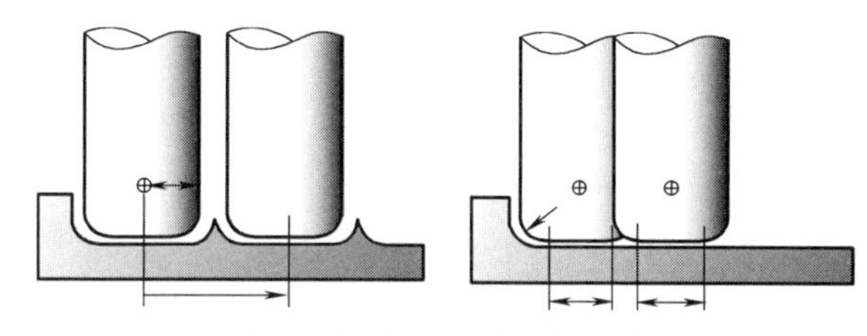

图 4-57 圆鼻刀的行距确定

① 加工策略。不同的工法有不同的策略，如切削边缘工法包含手动曲线策略、曲面策略、参考工单策略。

例如，3D 投影精加工的流线策略。流动轮廓需要两条引导曲线，每条引导曲线不相互交叉，而且方向相同。如果方向相反的话，则要逆转其中一条引导曲线的方向。如图 4-58 所示。

同步线（路径）就是两条引导曲线之间相连接的直线，控制着引导曲线上的距离计算。曲面加工可通过不同的同步线组合加以控制。

例如，3D 投影精加工的直纹策略。直纹轮廓需要两条引导曲线，每条引导曲线不相互交叉，而且方向相同。如果方向相反的话，则要逆转其中一条引导曲线的方向。如图 4-59 所示。

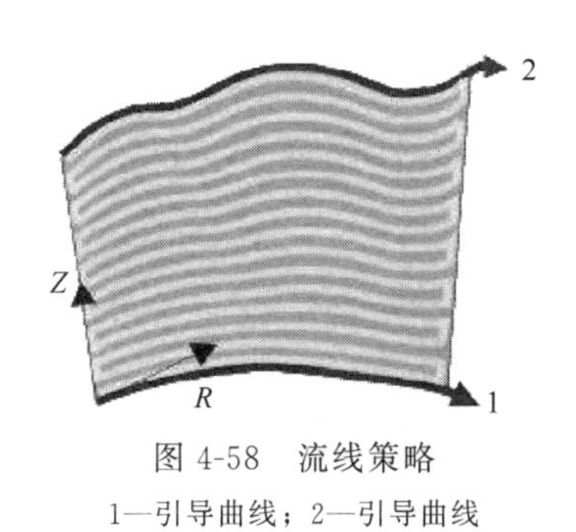

图 4-58 流线策略

1—引导曲线；2—引导曲线

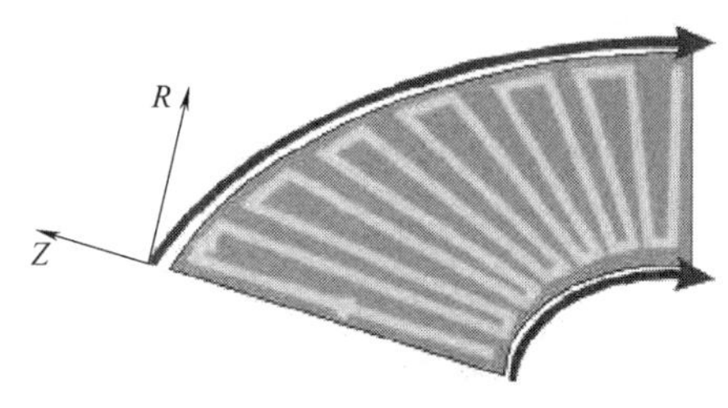

图 4-59 直纹策略

② 加工方向。定义刀路由内向外或由外向内、由下向上、由上向下等，如图 4-60 所示为刀路由内向外和由外向内。

③ 加工顺序。加工刀路是逐层进行或按顺序加工轮廓型腔或岛屿。图 4-61 中，加工优先顺序分为平面、型腔。如果选择平面，毛坯清除操作将逐层进行；如果选择型腔，毛坯移

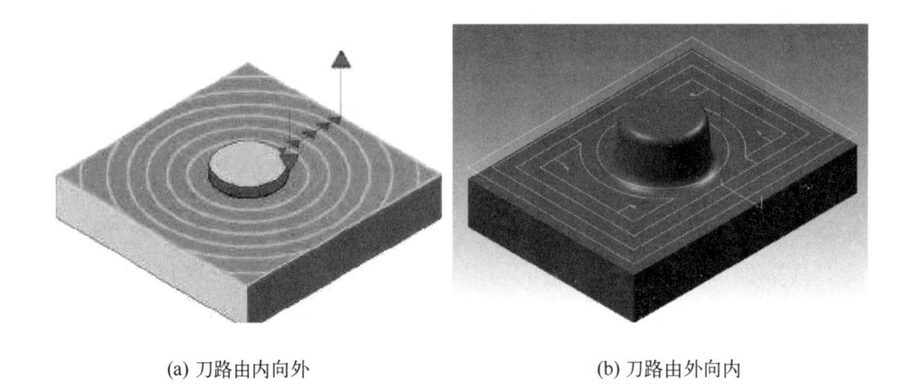

(a) 刀路由内向外　　(b) 刀路由外向内

图 4-60　刀具加工方向

除将按型腔顺序加工，图 4-61（b）在型腔 1 加工完成后，顺序加工型腔 2。

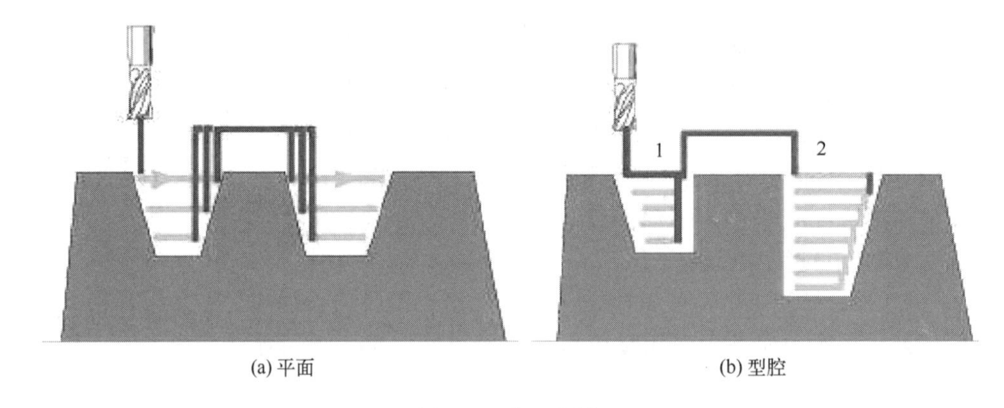

(a) 平面　　(b) 型腔

图 4-61　加工顺序

④ 切削模式。顺、逆铣模式，斜率模式（根据斜率的大小，划分区域，对指定斜率的曲面进行加工），或不同区域采用不同的加工方法。

⑤ 刀具路径控制。刀路转折处增加刀具路径圆角，对加工路径进行光滑修圆处理，环切刀路之间的连接策略包括直接、斜线、圆弧、螺旋，斜线连接的斜线长度=刀具直径×因子。图 4-62 中列举了螺旋和斜线连接。螺旋连接时一个层内的第一和最后的刀具轨迹加工时是闭合的。其间将有螺旋式刀具轨迹。斜线连接是在各层之间以斜线形、修圆角式垂直步距方式逐层加工。最后的刀具轨迹将是闭合的。

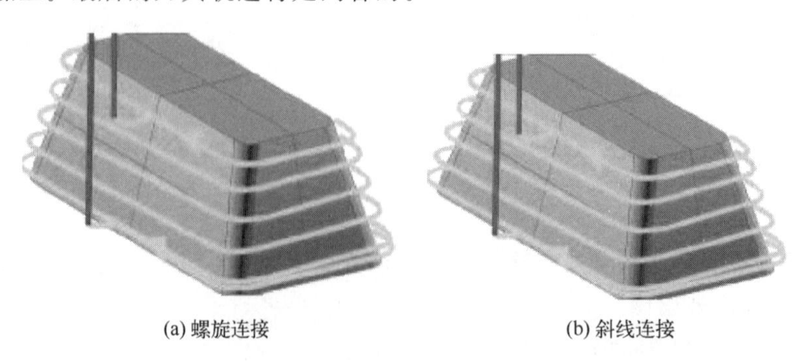

(a) 螺旋连接　　(b) 斜线连接

图 4-62　刀具路径控制

(3) 定义加工参数

加工参数包括：安全、加工区域，刀具进给量（水平、垂直），加工余量，安全退刀模式，等等。

图 4-63 中安全平面定义了垂直加工区域的上部为安全区域，刀具在安全区域快速移动，不会发生刀具、主轴与工件、夹具等碰撞。工件顶部、底部定义了加工区域。加工区域需要定义以下参数，如图 4-64 所示。

垂直步距 1：垂直方向上的进刀距离，在垂直方向上步距决定了加工层级数。

余量 2：工件上的残余材料（加工余量）。

水平步距 3：加工平面（*XY* 平面）进给量（行距）。

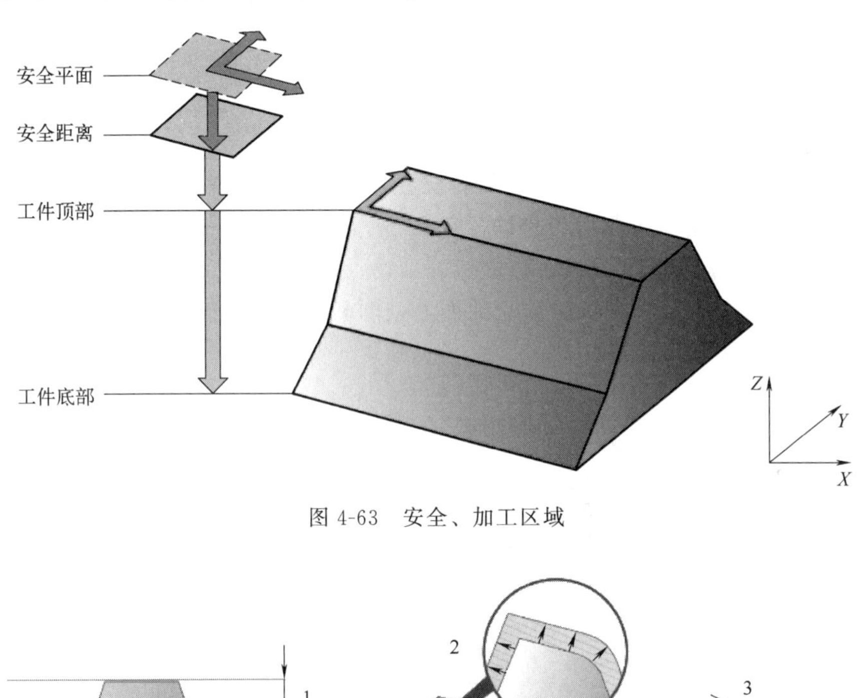

图 4-63　安全、加工区域

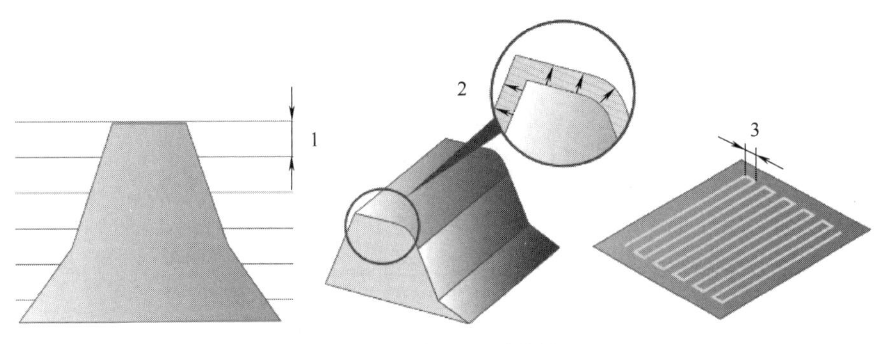

图 4-64　加工区域参数

1—垂直步距；2—余量；3—水平步距

(4) 定义加工边界

定义加工边界，保证铣削曲面的完全加工。主要包括刀具在边界的运动方式，设定停止曲面或包容曲面。

1）区域边界

通过定义区域边界，限定与其相邻的曲面接触，确保曲面的完全加工。如图 4-65 所示，加工区域的定义要么基于边界 1，要么基于加工曲面 2。如果没有为一个铣削循环选取边界，那么 hyperMILL 系统会在解析工件的限值后再加上一个内部确定的偏置量当作加工边界。

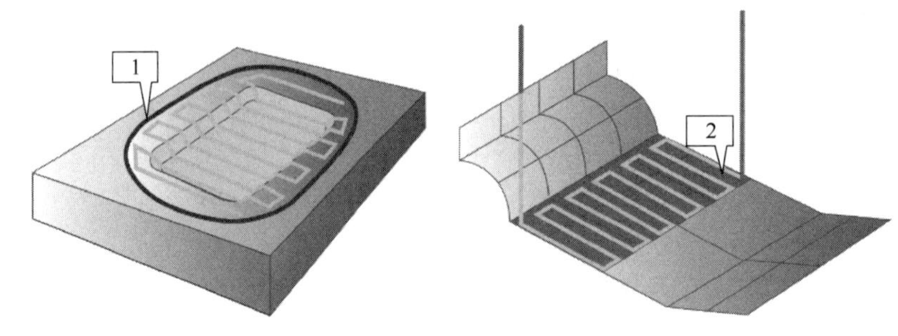

图 4-65　区域边界
1—边界；2—加工曲面

边界区域及铣削表面边缘不得含有任何刀具不能接触到的曲面（例如槽）。铣削曲面不得含有任何双重或叠加曲面。确定区域边界主要通过停止曲面、包容曲面实现。

2）停止曲面

停止曲面是指将 CAD 模型的特定区域排除在加工范围以外的曲面，当需要定义刀具不得碰触特定曲面时，使用停止曲面功能进行定义。

图 4-66 中，启用了停止曲面的手动选择选项，且停止曲面已被选中。如果突起的表面和边缘曲面分别被定义为铣削曲面、停止曲面，铣削和停止曲面的结合能以简单、精确的方式为加工区域定界，方便刀路的生成。

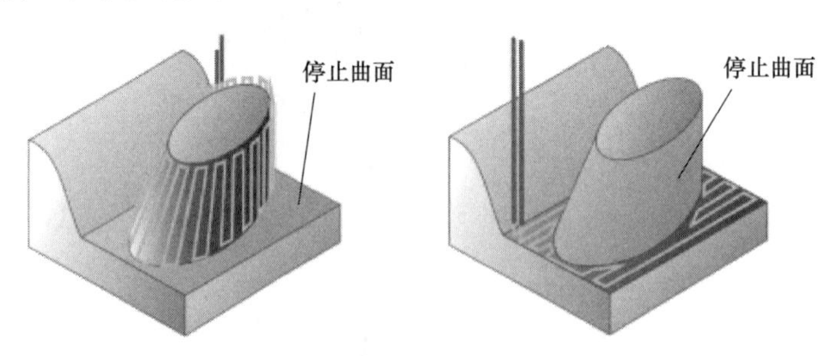

图 4-66　停止曲面

图 4-67 中启用了停止曲面的手动选择选项，且停止曲面 A 已被选中，加工在停止曲面终止，刀具不会碰触停止曲面；如果铣削曲面已选中且未选中任何停止曲面，加工不会在铣削曲面结束，因为它未被定义为停止曲面，刀具会接触曲面 B。

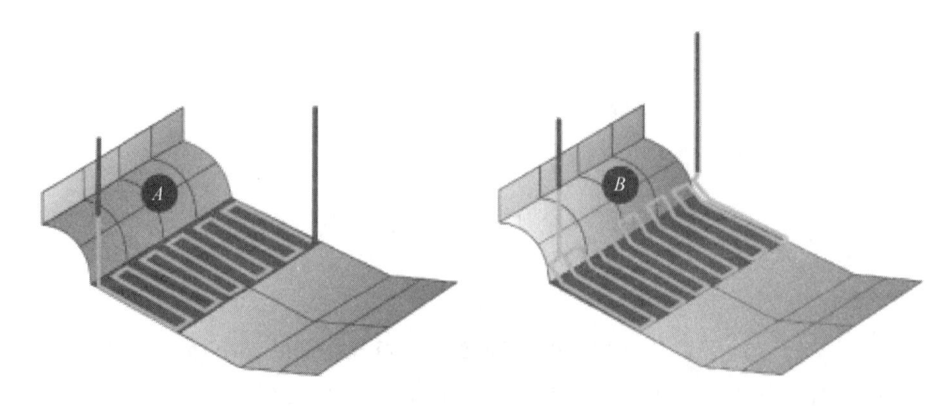

图 4-67　停止曲面的选择

3）包容曲面和软包容长度

如图 4-68 所示，所有未被定义为铣削曲面 3 或者停止曲面的区域设定为包容曲面 1。在使用球刀铣削曲面时，为了保证铣削曲面 3 进行完全加工，当刀具接触包容曲面 1 时加工不会停下，但是当刀具超出该区域的长度等于软包容长度 2 时加工会停止，将此称为软包容。软包容长度基于刀具半径（长度＝0.05×刀具半径）；允许值介于 0.02 和 0.2 之间。

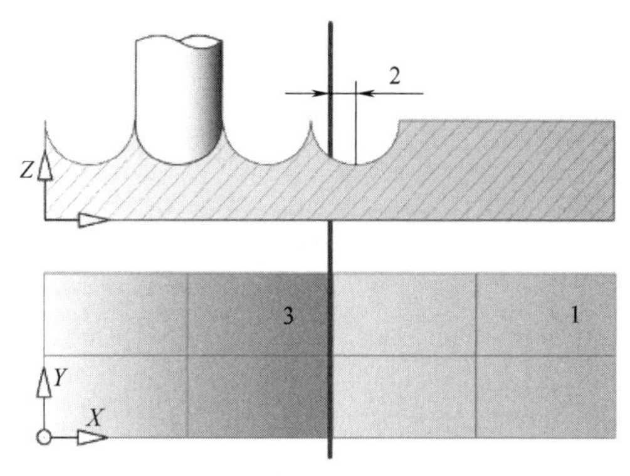

图 4-68　包容曲面和软包容长度

1—包容曲面；2—软包容长度；3—铣削曲面

4）刀具边界行为

以刀具为参考，在边界刀具的刀刃行为分为四种：边界线内、边界线上、接触、超过边界线，如图 4-69 所示。

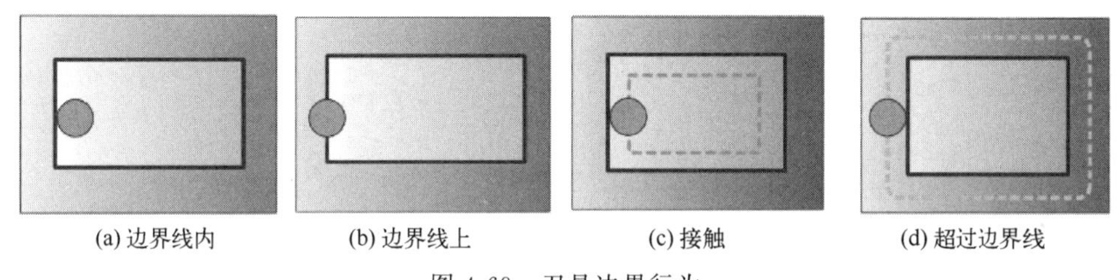

(a) 边界线内　(b) 边界线上　(c) 接触　(d) 超过边界线

图 4-69　刀具边界行为

① 边界线内　如图 4-70 所示，刀杆在开始接触边界处 1 结束。该选项保证加工时不会碰到边界外已经加工过的曲面。这种带精确边界的加工，在加工隆起和凹陷的曲面的边界时，可能会使一些区域 2 得不到加工。

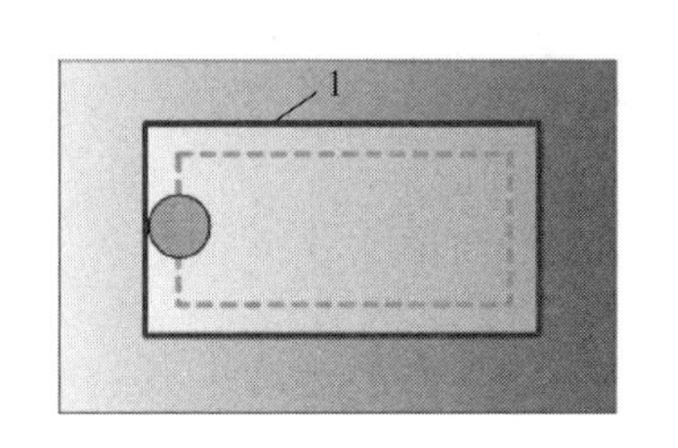

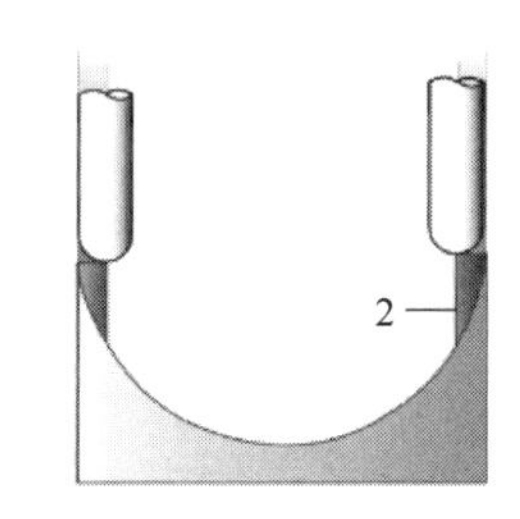

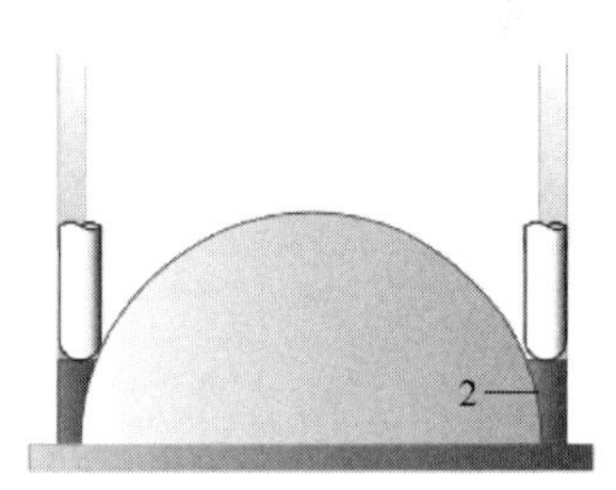

图 4-70　边界线内

1—边界；2—残料区域

② 边界线上　刀具的刀轴在开始位于边界 1 上时结束，刀具轴不能移出边界，如图 4-71 所示。

③ 接触　铣削路径在刀具几何图形开始脱离边界处 1 结束，如图 4-72 所示。可确保对曲面彻底加工。根据曲面的倾斜角度，加工时可能会跨过边界。如果没有相邻曲面，有发生刀具“扎刀”的危险。

④ 超过边界线　刀具轴离开边界，在刀杆脱离边界处 1 结束，如图 4-73 所示。用于带精确边界的加工，有利于隆起表面 2 边界区的彻底加工。

(5) 设定进、退刀方式

进刀和退刀模式，定义刀具进给（切入）运动和退刀（切出）运动形式。对于所有逐层加工循环（除等高精加工），在往下一加工级别进给时，下切进刀运动形式主要有以下三种切入策略：轴向、螺旋、斜线，如图 4-74 所示。轴向，在 Z 轴方向上线性运动。螺旋，螺旋进给方式，用于去除毛坯。斜线，斜线进给方式。

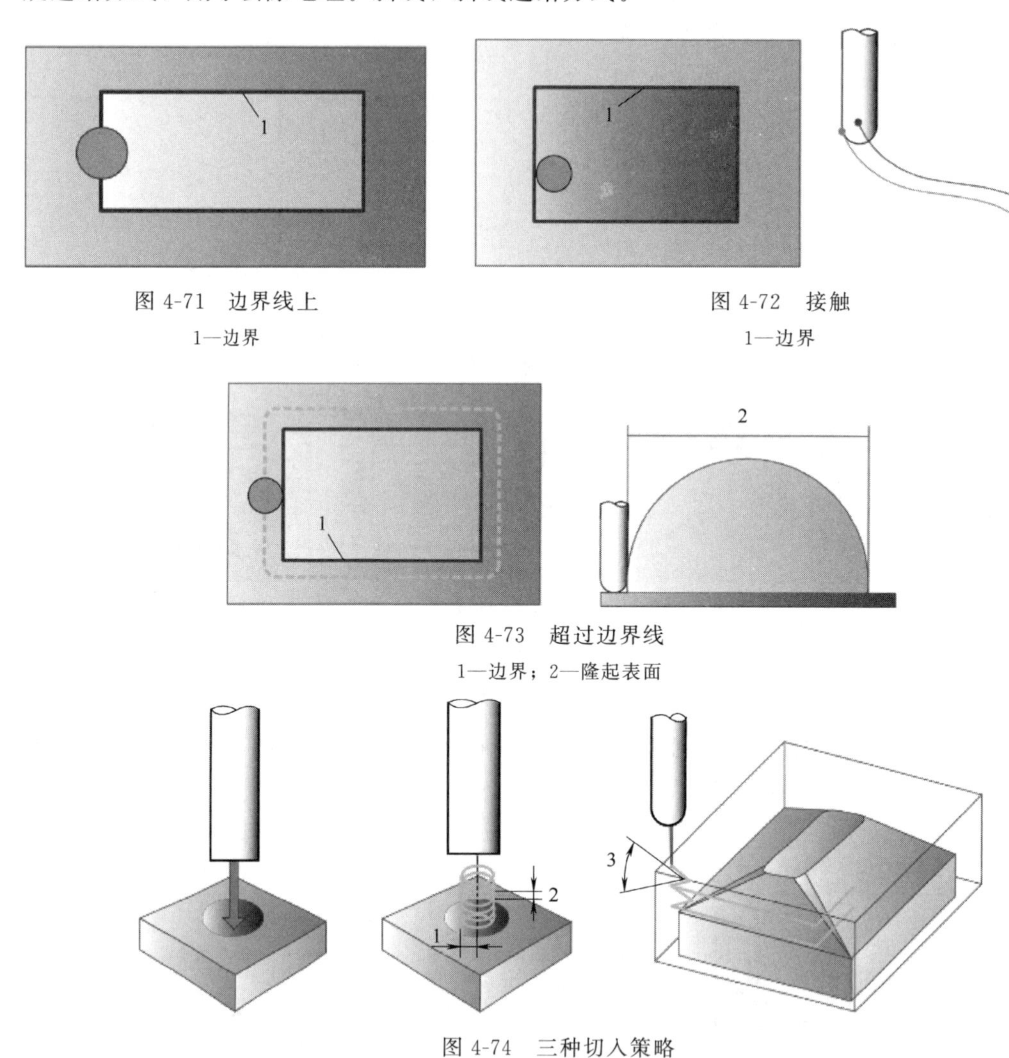

图 4-71　边界线上

1—边界

图 4-72　接触

1—边界

图 4-73　超过边界线

1—边界；2—隆起表面

图 4-74　三种切入策略

1—螺旋半径；2—螺旋的切入角度；3—斜线的切入角度

切削边缘的进、退刀运动形式：垂直、相切 、圆形和斜线。如图 4-75 所示。

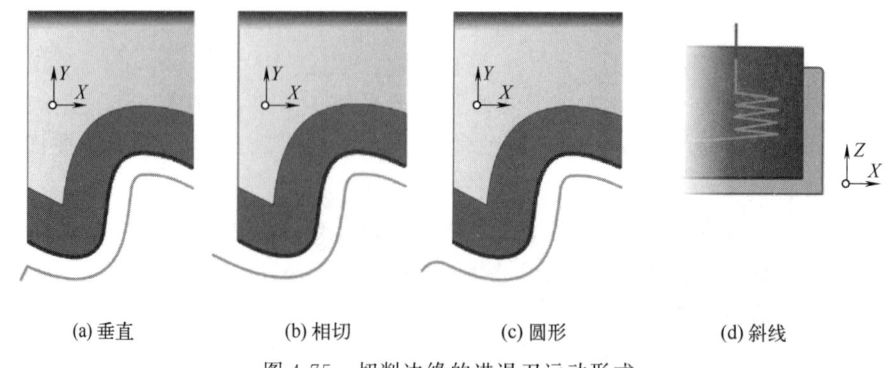

(a) 垂直　(b) 相切　(c) 圆形　(d) 斜线

图 4-75　切削边缘的进退刀运动形式

进刀运动斜线的确定主要通过以下四个参数确定，如图 4-76 所示。分别为：斜线高度、斜线角度、斜线长度、斜线增量。进刀运动斜线刀路根据上述参数计算而得。

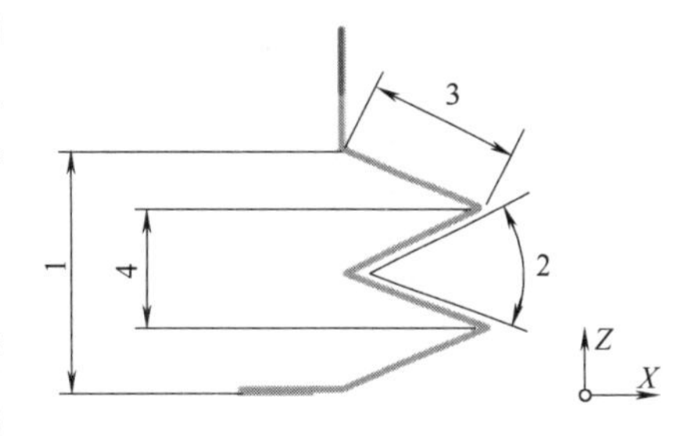

图 4-76 斜线进刀运动的参数

1—斜线高度；2—斜线角度；3—斜线长度；4—斜线增量

(6) 系统参数设定

系统参数设定主要实现两个功能：保证程序的精度和运行的可靠性；保证加工的安全性。保证加工的安全性，通过定义毛坯模型、刀具检查来实现。如图 4-77 所示。其中刀具检查确保所有针对刀具的组成元件均得到保护，避免与 CAD 模型发生碰撞。而且刀具检查只有在定义了要检查的刀具及模型后，刀具检查打开，才可以进行。

如果刀具检查没有开启，所用刀具将在图形窗口中显示为红色。如果碰撞无法通过改变刀具方向（5X）或计算刀具长度（减少和延伸）来避免，有以下加工策略可供选择：

停止：出现碰撞时，刀具路径计算停止（适用于所有的加工策略）。

分割：将对刀具路径进行全面计算，只输出轨迹中的无碰撞区域。

系统参数可以计算刀具长度的延伸和减少，如果刀具长度比较短，刀柄或主轴碰撞，系统将为刀具定义的延伸空隙，计算出最短的无碰撞刀具延伸长度，如图 4-78 所示。刀具长度的减少选项在所有的 5X 循环中提供。

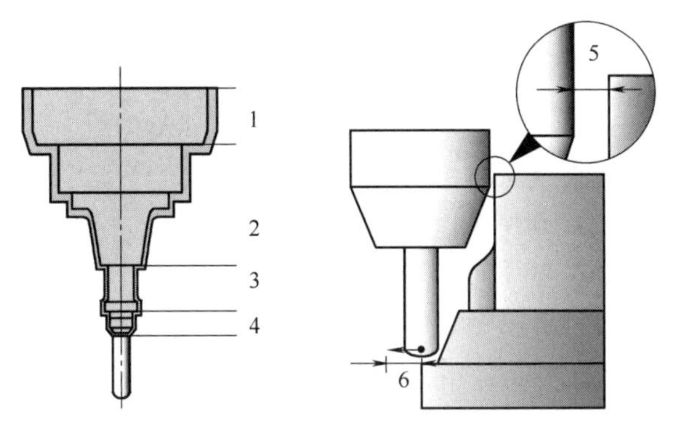

图 4-77 刀具检查

1—主轴；2—刀柄；3—延长杆；4—加强刀杆；5—安全间隙；6—停止/裁剪精度

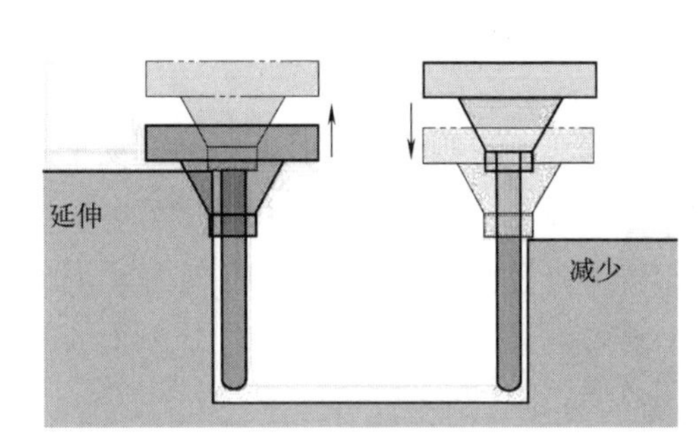

图 4-78 刀具长度计算

系统参数设定另外一个功能，是通过设定 NC 参数保证程序的精度和运行的可靠性。NC 参数包括：加工公差、最大 G1 长度、最小 G0 距离。

- 加工公差：该数值定义了刀具路径的精度。
- 最大 G1 长度：输出到 NC 程序内的平面上的最大 G1 长度。较大的距离被细分成指定长度的相应数目的 G1 运动。控制 G1 长度可以避免机床在大加工平面上的加速度过大。
- 最小 G0 距离（图 4-79）：两个加工区域之间的距离。在该距离内按加工进给率（G1）横向接近曲面而不会出现刀具接触。一旦其间隙大于规定的最大间隙距离，退刀至安全间隙或安全平面，接下来再快速进给到下一个曲面。

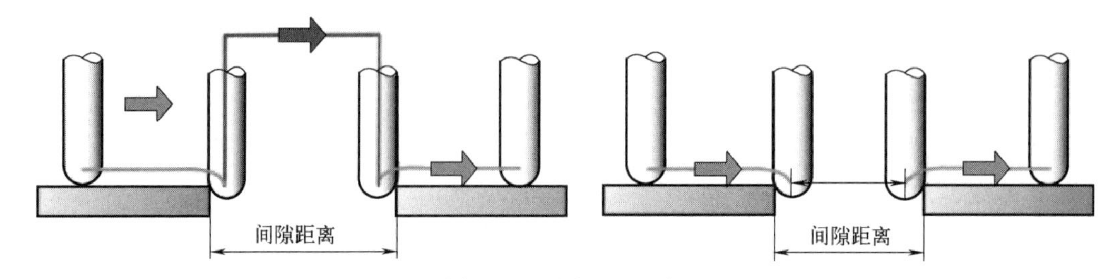

图 4-79　最小 G0 距离

(7) 工法中的功能变量

3D 加工工法的功能包含许多变量，可通过变量计算或直接输入。各变量的意义如表 4-2 所示。

表 4-2　变量和含义

变量	含义	变量	含义	变量	含义
J:F	加工进给率	T:Dia	刀具直径	J:All	加工预留量
T:Rad	刀具半径	J:Fr	斜插进给率	J:fma	进刀进给率
J:fmr	提刀进给率	J: AllXY	*XY* 预留量	J:VStep	垂直进刀量
J:HStep	水平进刀量	J:Top	起始加工高度	J:Sd	相对高度
J:Btm	终止加工高度	J:Cl	安全平面	J:MaxG1	G1 路径最大允许长度
J:MTol	刀具计算精度	J:Fa	*Z* 轴下刀进给率		

3D 加工工法的参数值可以直接输入，也可以通过变量运用简单的算术运算实现。

4.5.2　3D 铣削工法

3D 铣削
工法视频

(1) 任意毛坯粗加工

任意毛坯粗加工对具有任何形状的毛坯采用垂直分层，每层分刀，以平行于轮廓的方式按照步距（环切）进刀加工，如图 4-80 所示。每环在拐角处可设置圆角过渡，环与环之间可选择不同的过渡方式，径向满刀可调整切削进给速度，提高切削的平稳性。任意毛坯粗加工使用高性能切削（高速切削），可有效提高加工效率。

刀具类型：球头铣刀、立铣刀、圆鼻刀和圆球刀。一般多选用圆鼻刀。

(2) 优化粗加工

优化粗加工包括任何工件的粗加工和残料粗加工。粗加工针对矩形和圆形这样的标准型腔形状，可以采用高效并减少刀具路径方向变化（“高性能切削”）的方式计算刀具路径。如图 4-81 所示。优化粗加工的粗加工功能与任意毛坯粗加工基本相似，在实际中经常利用优

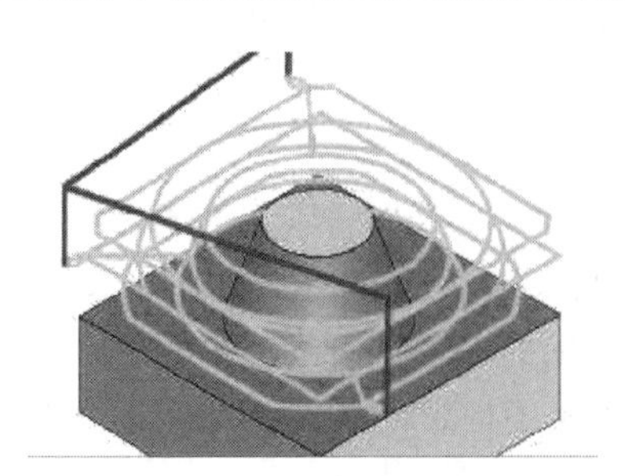

图 4-80　任意毛坯粗加工

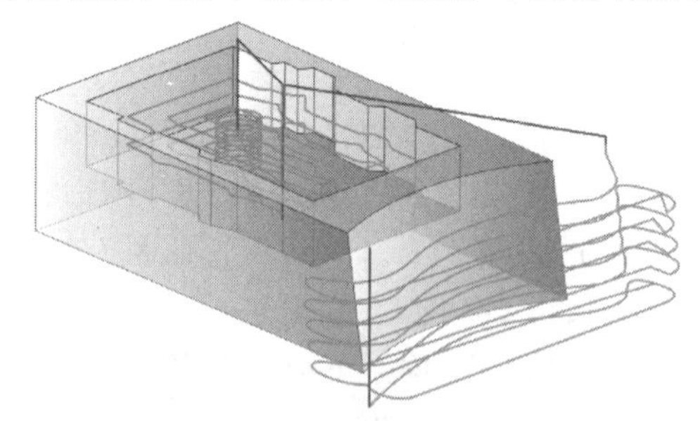

图 4-81　优化粗加工

化粗加工对经过粗加工的毛坯进行残料粗加工，在残料粗加工模式中，基于粗加工所生成的“结果毛坯”，加工残余材料区域。

刀具类型：球头铣刀、立铣刀、圆鼻刀和圆球刀。一般多选用圆鼻刀。

(3) 投影精加工

投影精加工使用不同的引导曲线策略，进行多曲面铣削，如图 4-82 所示。引导曲线可以是 X 或 Y 轴，加工区域由边界来限定，也可以自由定义引导曲线，实现 NC 轨迹与曲面流线充分配合。

相较于浅平面，在陡峭曲面的投影精加工步距加大，加工表面的粗糙度值比较大，表面质量降低，此问题的解决：通过设置残留高度，即使在加工陡峭曲面时，也不会超过预定义的残留高度，但刀具路径之间的 Z 轴距离不恒定，Z 轴距离取决于曲面曲率和陡度。

刀具类型：球头铣刀、立铣刀、圆鼻刀和圆球刀。多选用球头铣刀。

(4) 等高精加工

等高精加工适合对陡峭曲面采用垂直步距精加工，如图 4-83 所示。

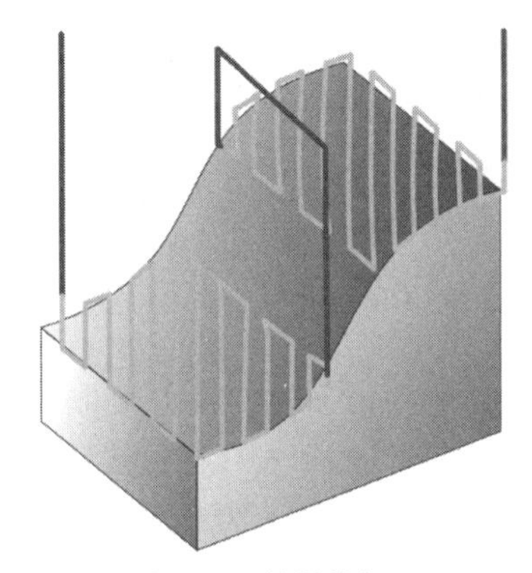

图 4-82　投影精加工

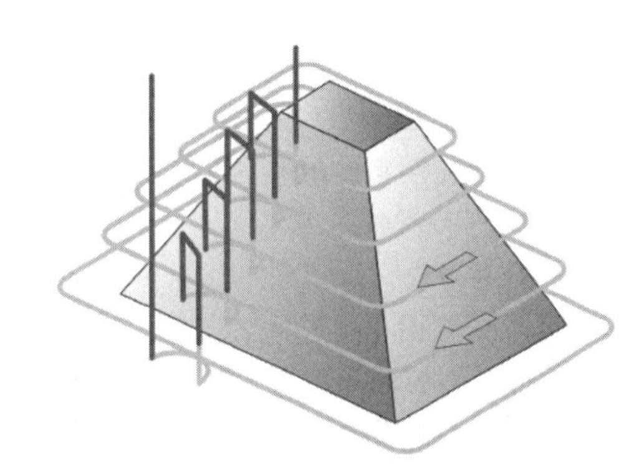

图 4-83　等高精加工

刀具类型：球头铣刀、立铣刀、圆鼻刀、圆鼓刀和圆球刀。多选用球头铣刀。使用圆鼓刀时，可以首先使用球头铣刀生成刀具路径，然后通过定义刀尖几何形状，定义圆鼓刀，重新计算，生成无干涉的圆鼓刀刀具路径。

(5) *Z* 形状偏置精加工

Z 形状偏置精加工对 Z 层常量精加工或 Z 向按照平行于底面的任意形状的切削路径加工陡峭区域，如图 4-84 所示。

刀具类型：球头铣刀、立铣刀、圆鼻刀和圆球刀。

(6) 3D ISO 加工（参数线加工）

3D ISO 加工实现对单个或不连续的多个曲面进行精加工，如图 4-85 所示。使用该策略，加工轨迹沿曲面（u，v）线路以便与曲面流线充分配合，加工曲面效果非常好。

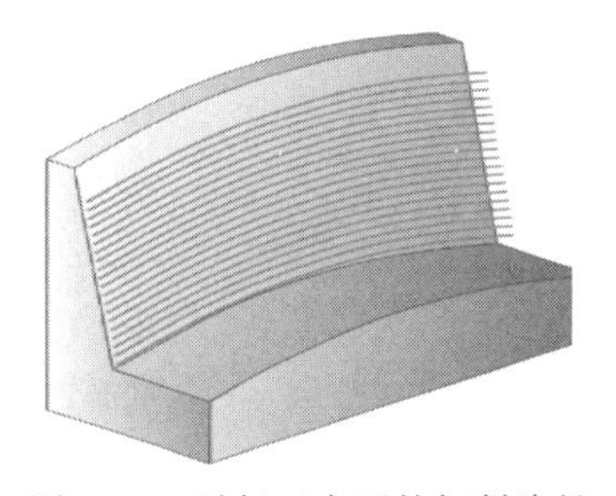

图 4-84　平行于底面的切削路径

如果满足下列条件可以在一个工单中对几个相邻曲面进行加工：

- 在这些曲面的参数线之间有平滑过渡。
- 未经过裁剪曲面。

加工区域内的裁剪曲面不会被连续加工，应每个曲面都单独加工。

(7) 自由路径铣削

自由路径铣削通过不同的进刀和退刀策略对在空间中随意定位的开放和闭合的 3D 轮廓进行铣削，如图 4-86 所示，可用于刻字、铣槽、利用 3D 轮廓线铣削侧面。该命令运用比较灵活，使用的刀具类型比较多，使用 T 形槽刀时，需要注意刀位点的设置。

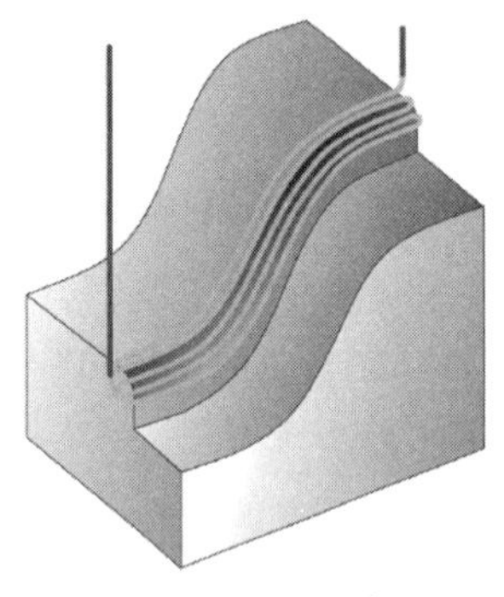

图 4-85 3D ISO 加工

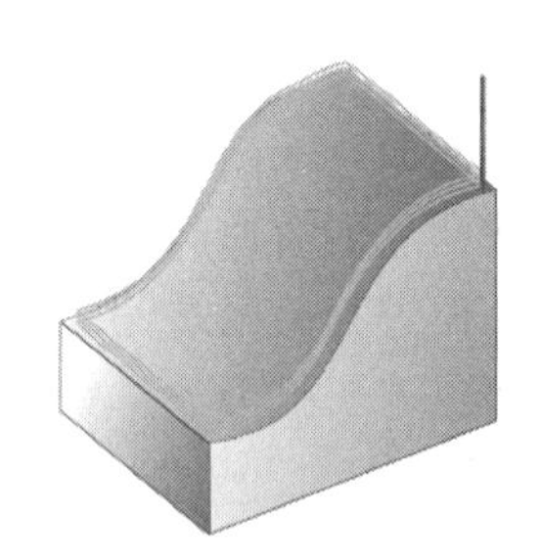

图 4-86 自由路径铣削

刀具类型：球头铣刀、倒角刀、立铣刀、圆鼻刀、T 形槽刀。

(8) 平面加工

平面加工使用型腔策略（环切）对平面进行端面铣，如图 4-87 所示。刀具类型：球头铣刀、立铣刀和圆鼻刀。

(9) 型腔形成

型腔形成利用自由形状的基面（参考平面），对型腔进行精加工。根据参考平面（R-PLN），确认型腔的轮廓。在轮廓中，铣削路径是以与轮廓平行的方式（行切法）从内向外计算刀路，并投影到型腔底面上。采用投影方式，只需一道简单步骤，便能够在型腔几何体面中生成自由形状曲面的刀路。如图 4-88 所示。

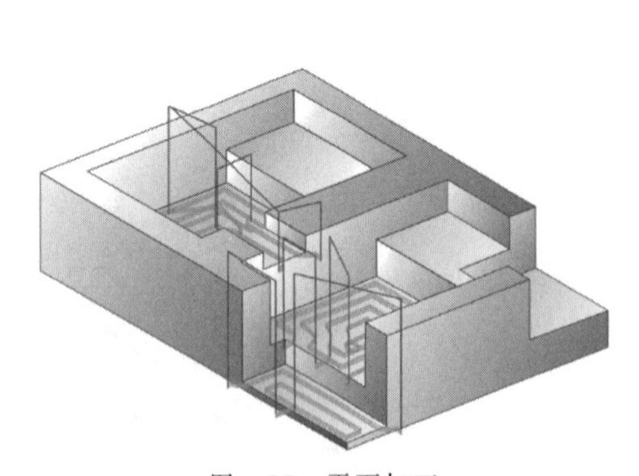

图 4-87 平面加工

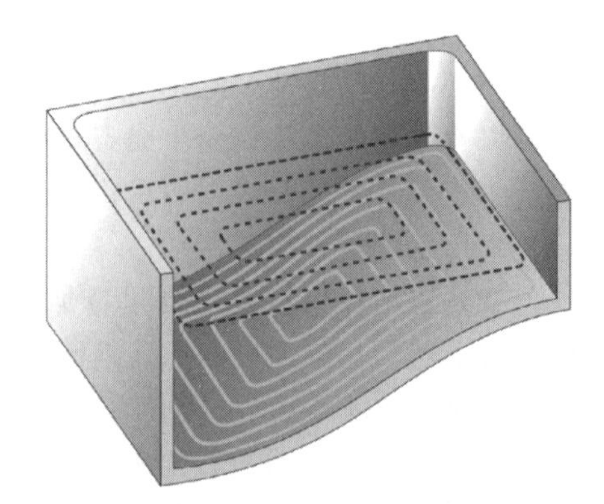

图 4-88 型腔形成

(10) 笔式铣

笔式铣能够自动识别模型的槽，并为每个槽生成平行于轮廓运行的刀具路径，如图 4-89 所示。笔式铣可以先用参考刀具通过粗加工切除沟槽，参考刀具直径大于沟槽曲面半径，不能彻底清除沟槽坯料，即参考刀具与曲面有两个接触点，如图 4-90 所示，存在残余坯料。残余坯料通过系统识别沟槽，保证接下来加工相邻曲面时刀具的进刀和退刀的参数设置准确无误。

参考刀具的类型与加工刀具相同。笔式铣铣削残余坯料，残余坯料不宜过大，否则在陡峭区域切削容易断刀。参考刀具用于沟槽计算，参考刀具的直径比加工刀具的直径大，最多可比后者大 20%。笔式铣循环主要用来为高速铣削做准备。

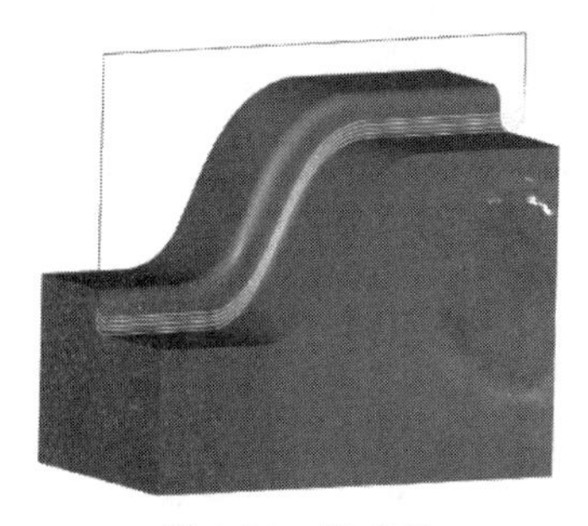

图 4-89　笔式铣

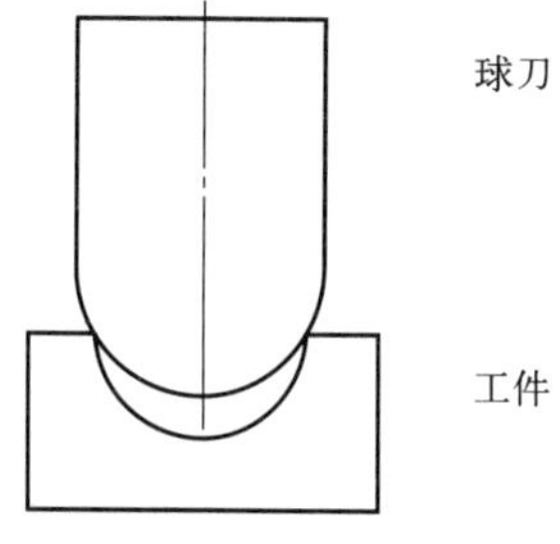

图 4-90　球刀铣削沟槽

(11) 3D 清根加工（自动残料加工）

3D 清根加工基于已经生成的粗加工或精加工路径，根据参考刀具自动检测未加工区域，计算残余材料，如图 4-91 所示，可以通过使用小于参考刀具的加工刀具或改变参数对这些区域进行加工，不存在空刀。也可以选择斜率分析加工和不同的加工策略配合操作。陡峭区域加工策略可以采用 Z 轴方向常量进给（Z 轴常量）、平行于残余材料流线的方向进给（平行）、与残余材料流线方向成 90°的方向进给（法向）。平坦区域的加工策略采用平行进给、法向进给。如图 4-92 所示。

参考刀具的类型可能不同于加工刀具的类型，要求：参考刀具直径>加工刀具直径。参考刀具直径与加工刀具直径的差值越大，加工刀具最大切削深度的值越大，需要在清根加工前增加粗加工，减少清根加工余量。

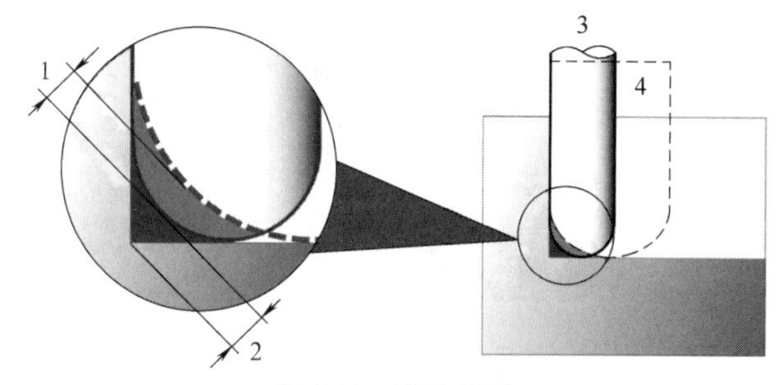

图 4-91　残余材料

①—最大切削深度；②—最小残余材料高度；③—加工刀具；④—参考刀具

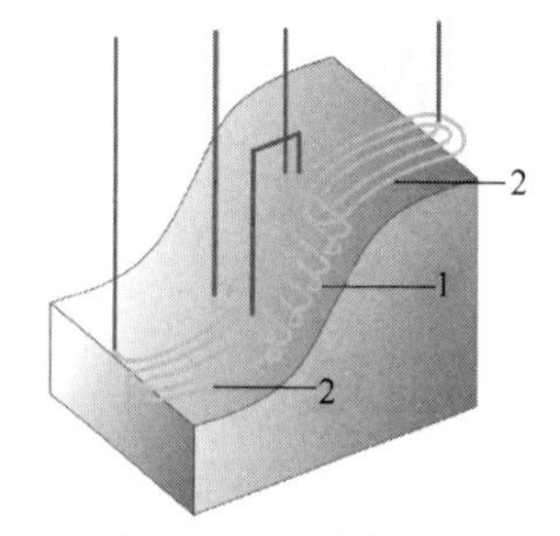

图 4-92　3D 清根加工

①—Z 轴常量；②—平行

(12) 再加工

在加工工单中使用“分割”选项，但因检测到碰撞，只输出轨迹中的无碰撞区域刀路。以此为参考工单，再加工对不能加工的预先计算刀具路径进行加工，如图 4-93 所示。再加工应用不同的刀具，可以避开参考工单中探测到的碰撞区域。

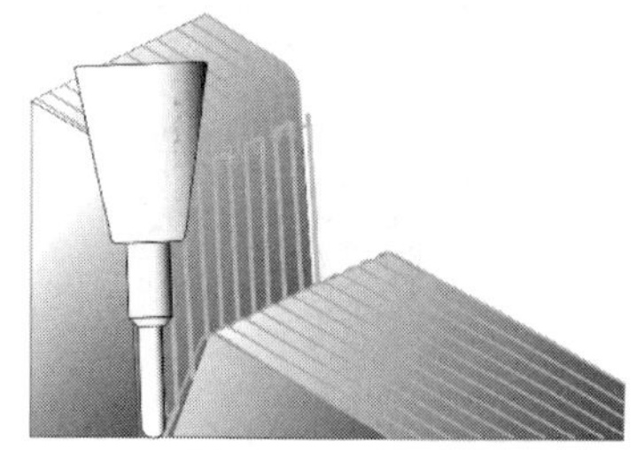

图 4-93　再加工

(13) 筋/槽加工

筋/槽加工循环可实现对包含筋和槽狭小区域的粗加工和精加工，如图 4-94 所示。工单中使用参考刀具计算确定要加工的区域。筋/槽加工循环分别在单独的工单中实现粗加工、侧向曲面和底部区域的精加工。

(14) 切削边缘

切削边缘，在 3D 模式中以手动曲线策略选择 3D 曲线（=切削边缘的下边缘），加工切削边缘，如图 4-95 所示。在曲面策略中，选择规则曲面进行加工。在 2D 模式中，以参考工单策略选择使用较小的刀具进行残料加工。切削边缘与自由路径铣削利用 3D 轮廓线铣削侧面功能类似，但如果轮廓铣削质量不佳，切削边缘可以定义刀具路径平滑处理。

图 4-94　筋/槽加工

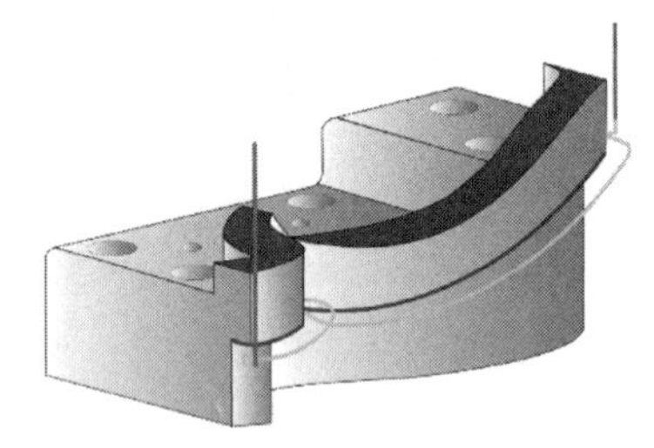

图 4-95　切削边缘

4.6　模具加工综合案例

模具加工综合案例视频

待加工模具模型如图 4-96 所示，模具实物如图 4-97 所示。模具由上模与下模两部分组成，而下模又由 5 种共 20 个零件组成，上模则由 3 个零件组

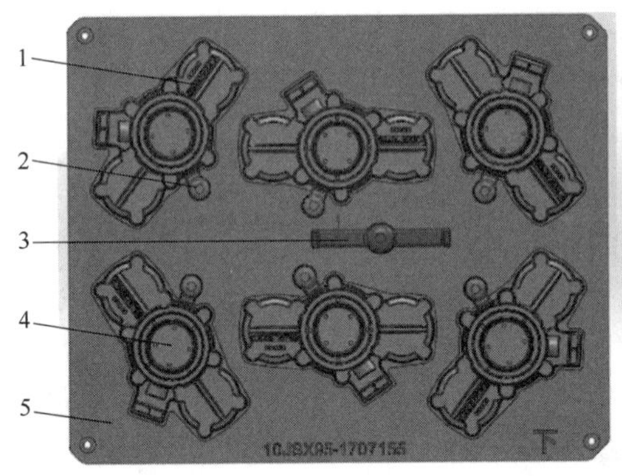

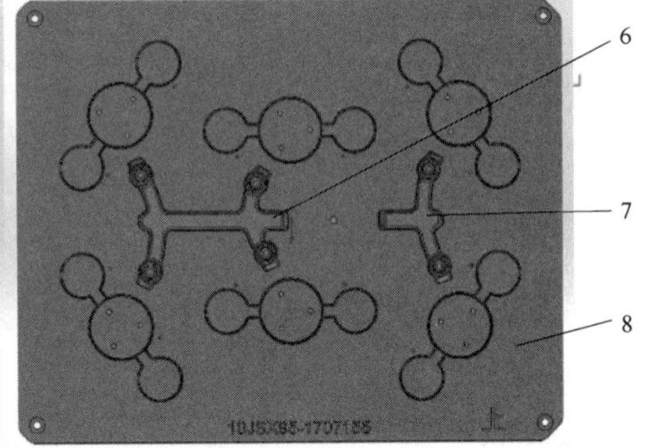

图 4-96　待加工模具模型

1—型号模块；2—浇冒口；3—下浇道；4—铸模腔；5—下模平板；6,7—上浇道；8—上模平板

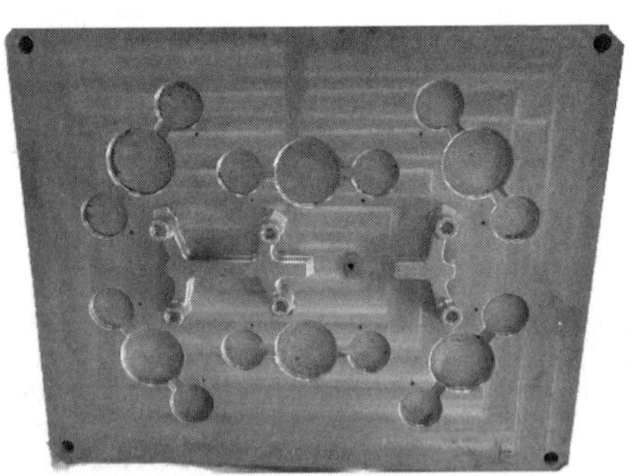

图 4-97　模具实物

成。模具模型加工涉及型腔、沟槽、轮廓、平面、曲面、圆角、刻字及孔加工。加工过程中需要将其零件组合加工，需要选用合理的加工策略、走刀路径，保证模型的表面质量，避免过切、欠切、碰撞。

4.6.1 模具各组成件的结构和加工方法

型号模块如图 4-98。型号模块的加工涉及刻字、轮廓以及孔加工。

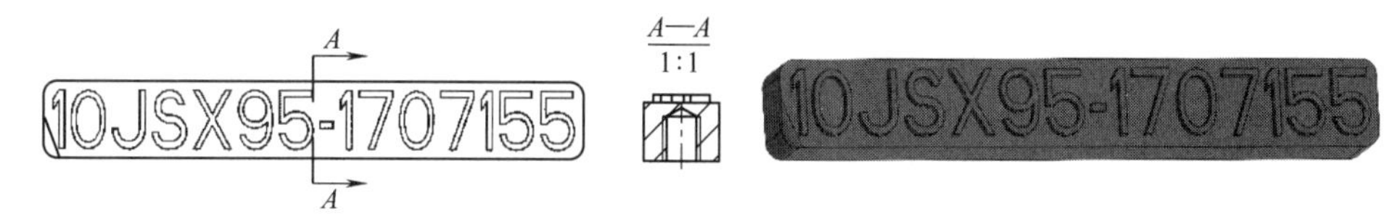

图 4-98 型号模块

浇冒口如图 4-99。浇冒口的加工涉及曲面、平面、轮廓、型腔以及孔加工。

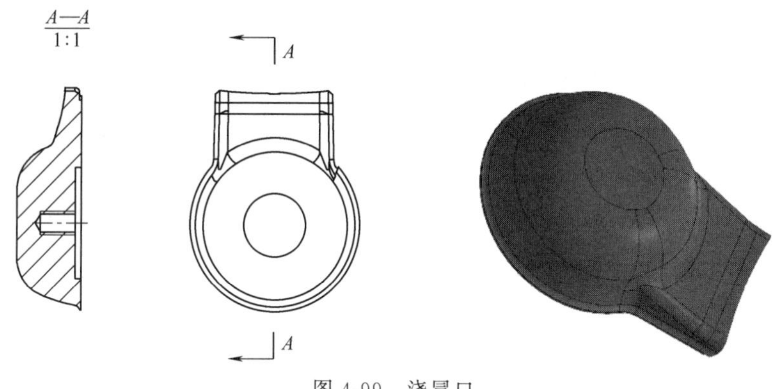

图 4-99 浇冒口

型号模块和浇冒口各六个，两者共用同一个板料毛坯，首先将板料毛坯上平面或下平面任一平面和与其垂直的一侧面粗精加工定为基准平面，以此确定工件坐标系。将背面所有特征加工完成后且在翻面加工前需要将其用胶粘在平板上。此毛坯全部加工过程皆为独立完成。

下浇道如图 4-100。铸模腔如图 4-101。铸模腔特征较为复杂，加工过程烦琐，为缩短加工时间，将六个铸模腔和下浇道毛坯底面铣平，定为基准平面，遂将六个铸模腔与模具平板装在一起加工。主要涉及型腔、沟槽、平面、曲面、轮廓、刻字、圆角以及孔加工。

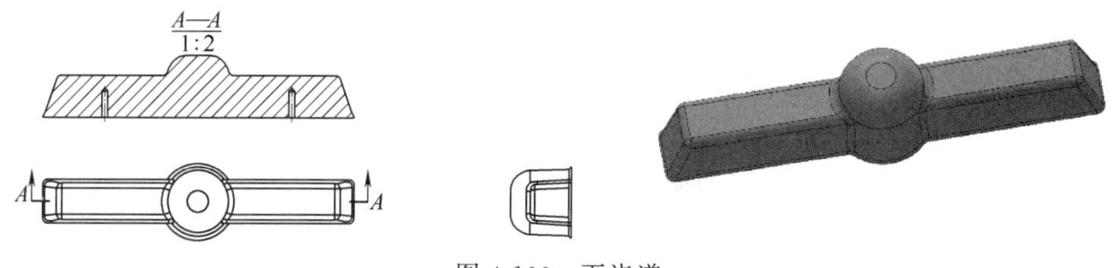

图 4-100 下浇道

上、下模平板如图 4-102、图 4-103 所示，主要涉及轮廓、型腔、刻字以及孔加工，在平板背面部分设有沉头孔。

上浇道如图 4-104 所示，上浇道的加工与铸模腔相似，也是需要与上模平板组合到一起加工的。

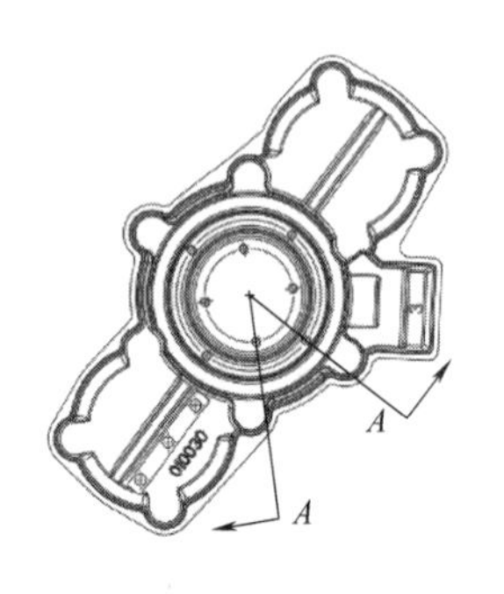

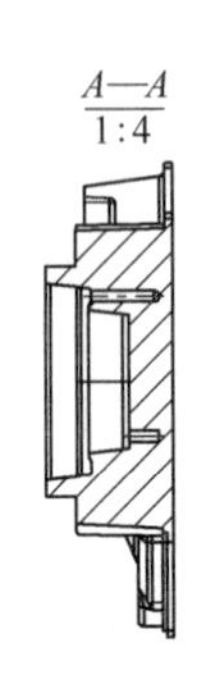

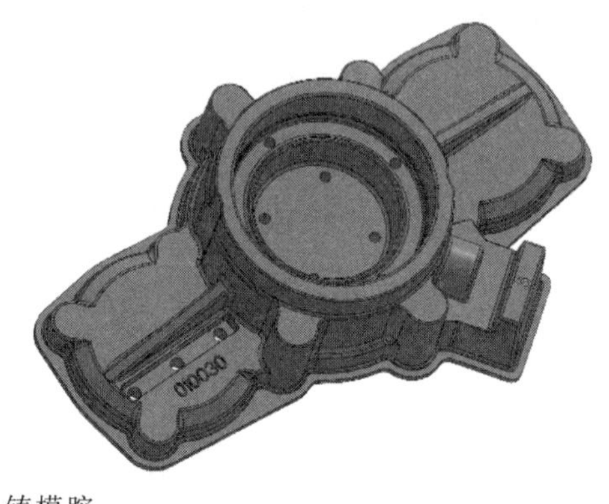

图 4-101 铸模腔

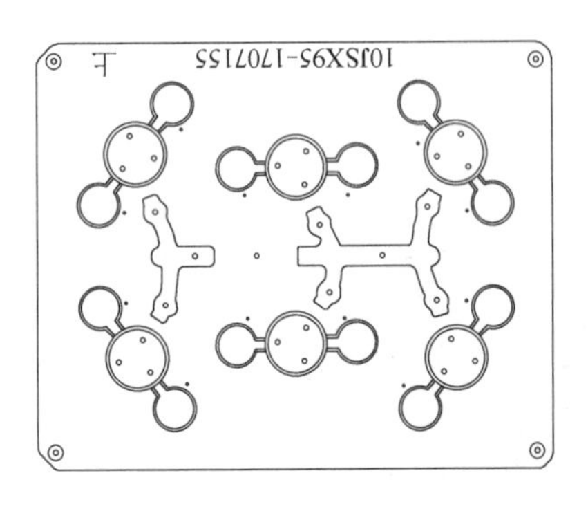

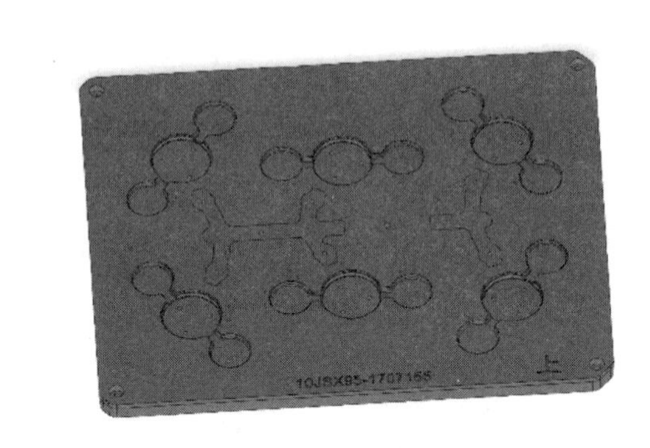

图 4-102 上模平板

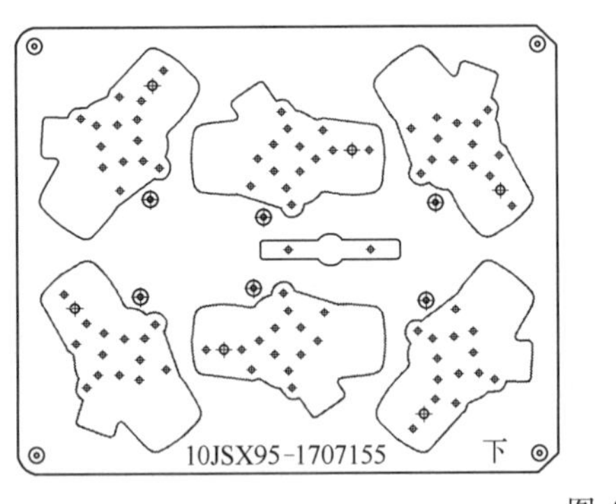

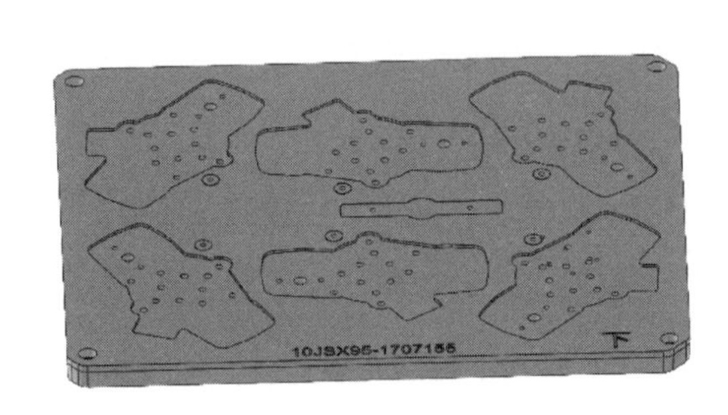

图 4-103 下模平板

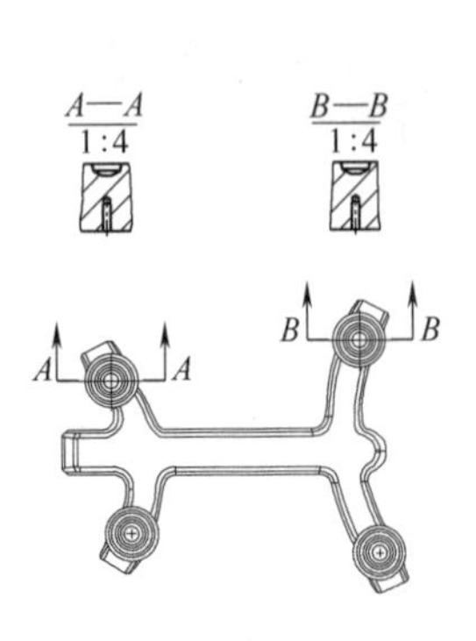

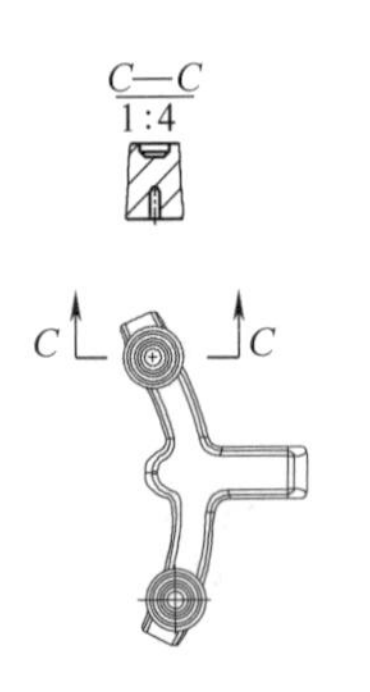
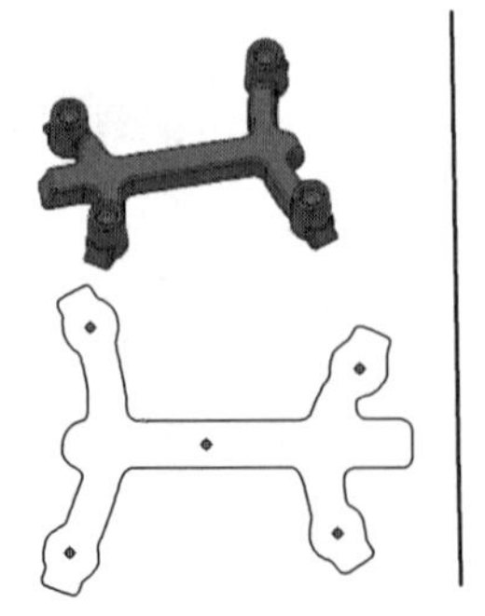

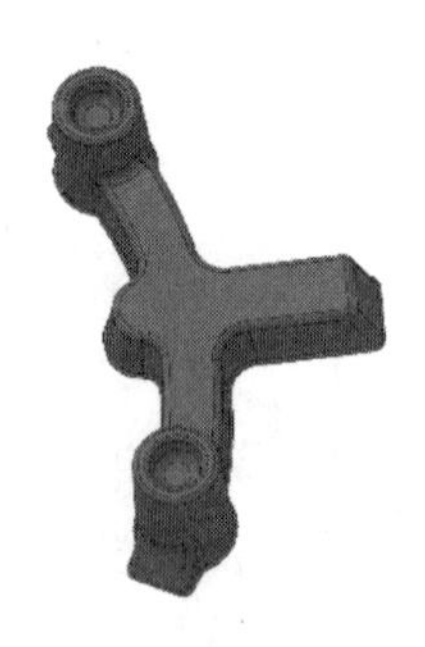

图 4-104 上浇道

4.6.2 加工的基本过程

① 先将型号模块和浇冒口等零件完成加工。

② 将铸模腔以及下浇道毛坯底面铣平作为基准平面，粗、精加工下模平板背面并完成所有孔加工，粗加工下模平板正面留余量，将铸模腔和下浇道用胶固定在下模平板指定位置上，在下模平板上完成铸模腔和下浇道上的孔加工，用螺钉将铸模腔和下浇道固定在下模平板上，将所有铸模腔和下浇道一起加工完成，将两者拆下来，最后完成下模平板精加工。

③ 将上浇道毛坯底面铣平作为基准平面，粗、精加工上模平板背面并完成所有孔加工，粗加工上模平板正面留余量，将上浇道用胶固定在上模平板指定位置上，在上模平板上完成上浇道上的孔加工，用螺钉将上浇道固定在上模平板上，将上浇道一起加工完成，拆下上浇道后完成上模平板的加工。

④ 将所有加工完成的零件组装到一起即完成模具的加工。

模具工艺策略如表 4-3 所示。

表 4-3 模具工艺策略

过程	步骤	策略	主要方法	刀路轨迹
型号模块、浇冒口加工过程	毛坯基准平面加工	2D 端面加工	平滑双向进给	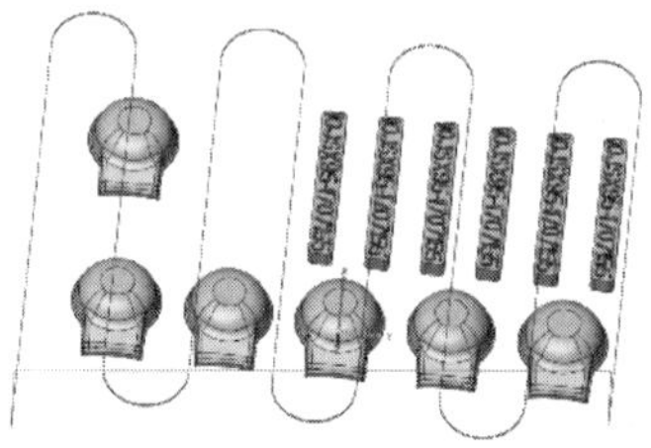
	毛坯底面粗精加工	2D 端面加工	平滑双向进给	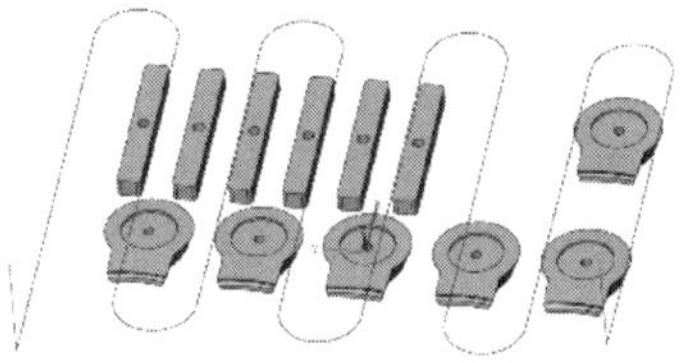
	型腔加工	2D 型腔加工	螺旋下切进刀； $R3$ 圆退刀	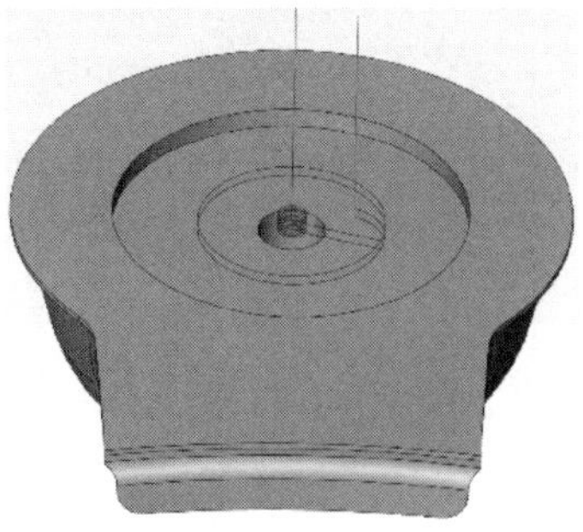

续表

过程	步骤	策略	主要方法	刀路轨迹
型号模块、浇冒口加工过程	侧边轮廓加工	2D轮廓加工	*R*3四分之一圆进退刀	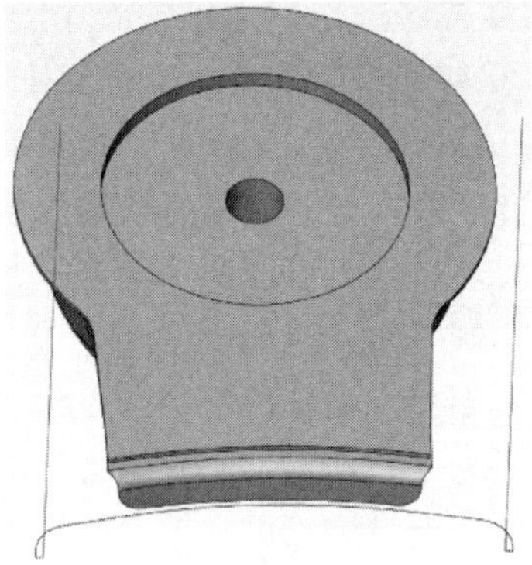
	侧曲面粗加工	3D优化粗加工	分层加工；所有路径倒圆角	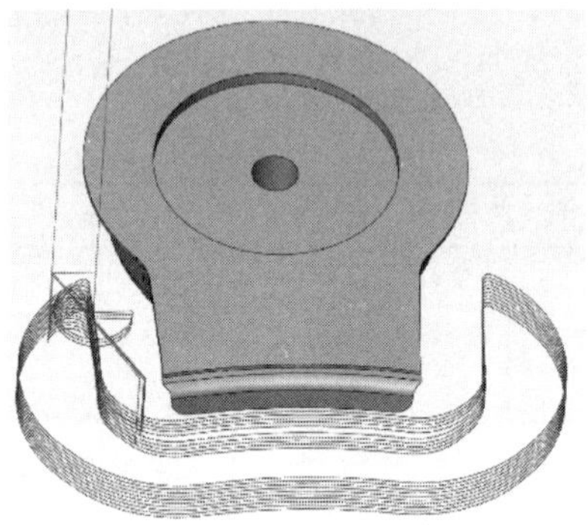
	侧曲面粗精加工	3D等高精加工	双向加工；平滑进给；*R*3 圆进退刀	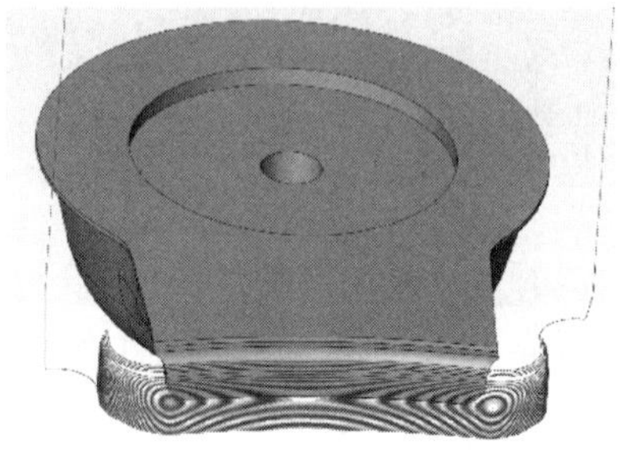
	孔加工	定位、钻孔、攻螺纹	先用中心钻在指定位置确定孔位置(同时起到倒孔口角的作用)，再用相应钻头钻孔(刀库自动换刀切换不同大小钻头)，最后加煤油攻螺纹	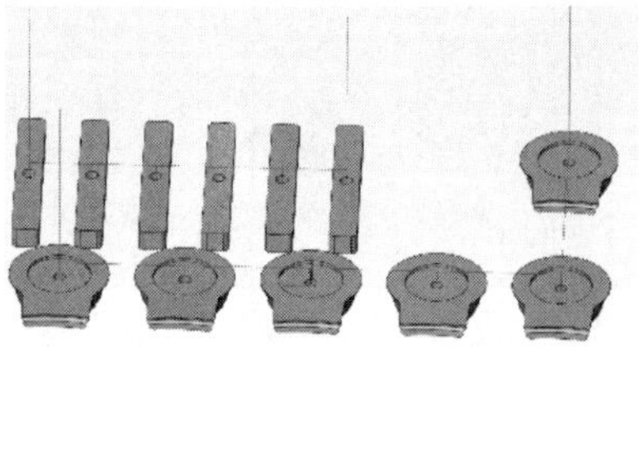
	翻面加工前准备	翻面加工前将整块方料板用胶固定在一平面上		

续表

过程	步骤	策略	主要方法	刀路轨迹
型号模块、浇冒口加工过程	毛坯顶部粗加工	3D任意毛坯粗加工	斜线下切进刀	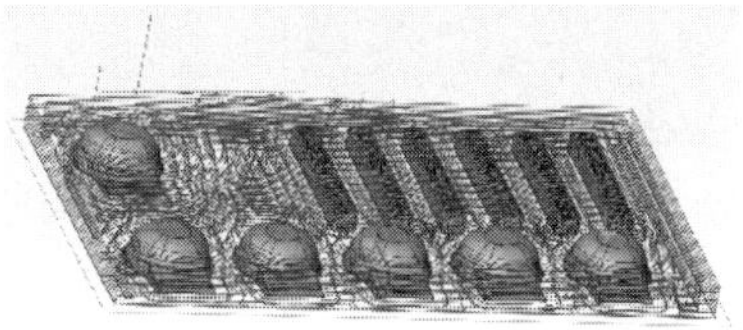
	曲面精加工	3D等距精加工	等距横向进给；轮廓偏置3mm；$R3$圆进退刀	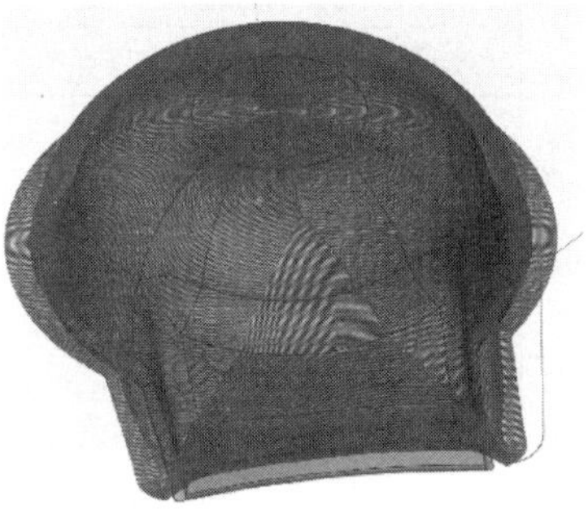
	底部轮廓精加工	2D轮廓加工	$R3$四分之一圆进退刀	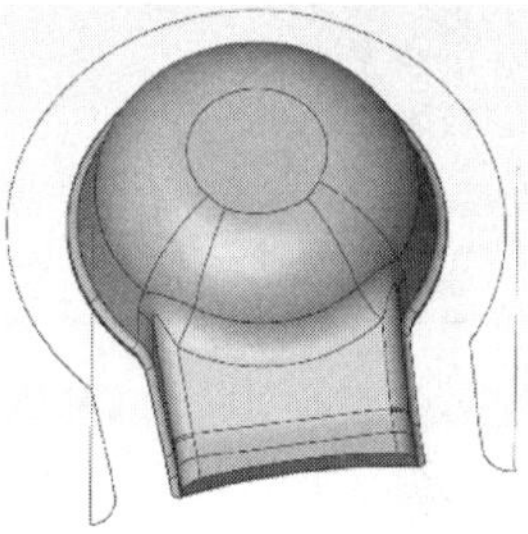
	刻字区域半精加工	2D型腔加工	斜线下切进刀；$R3$圆退刀	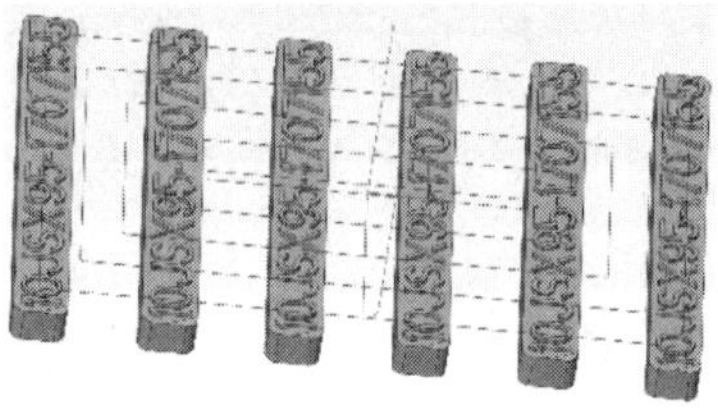
	顶部刻字加工	3D优化粗加工	刀具参考边界线上；分层加工；所有路径倒圆角	
	刻字区域轮廓加工	2D轮廓加工	$R3$四分之一圆进退刀	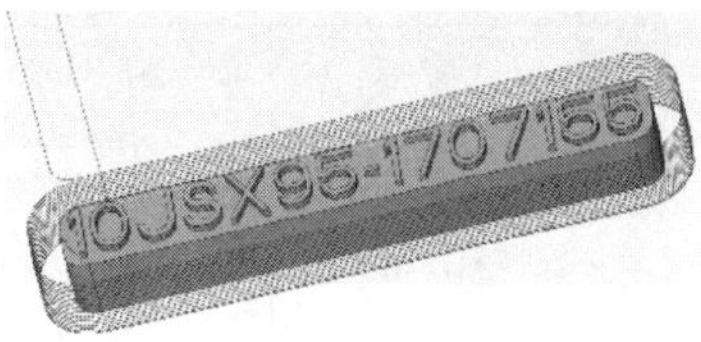
	去除以上工序所得零件所有毛刺和之前所涂的胶			

续表

过程	步骤	策略	主要方法	刀路轨迹
模具下模加工过程	底平面加工	2D 端面加工	平滑双向进给	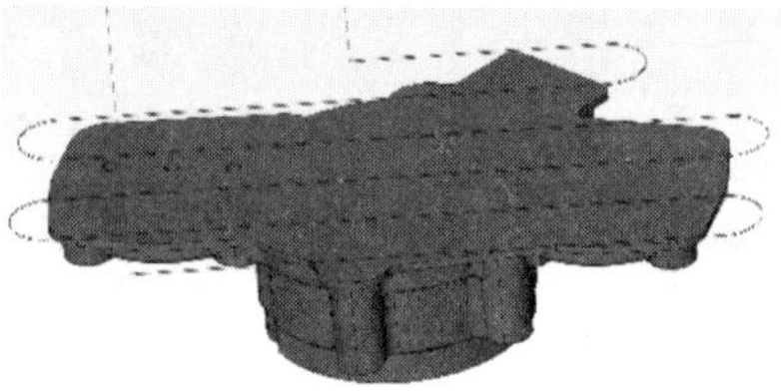
	去除上道工序所得零件所有毛刺			
	下模平板基准面加工	2D 端面加工	平滑双向进给	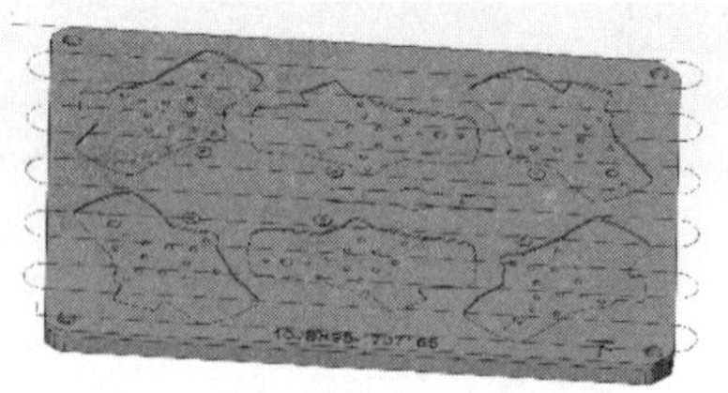
	下模平板背面粗精加工	2D 端面加工	平滑双向进给	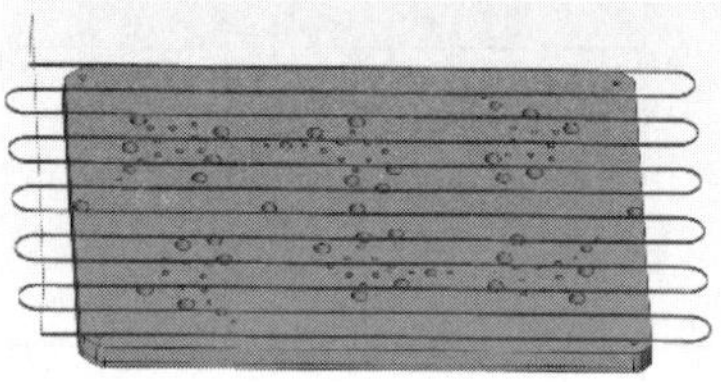
	孔加工	定位,钻,镗,攻	先用中心钻在指定位置确定孔位置(同时起到倒孔口角的作用),再用相应钻头钻孔(刀库自动换刀切换不同大小钻头),最后部分孔需要镗沉头孔和加煤油攻螺纹	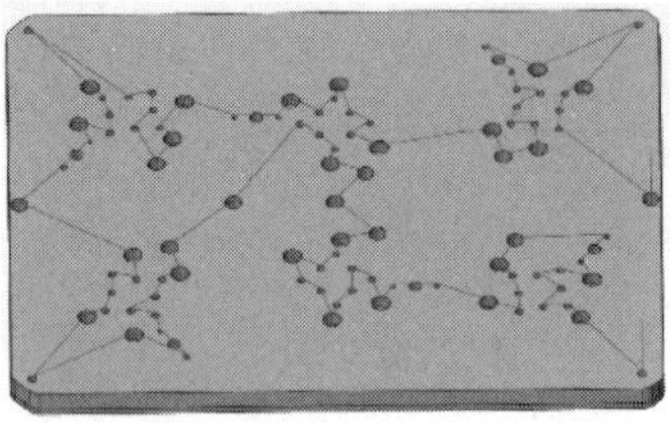
	拔模斜面粗加工	2D 轮廓加工	$R3$ 四分之一圆进退刀	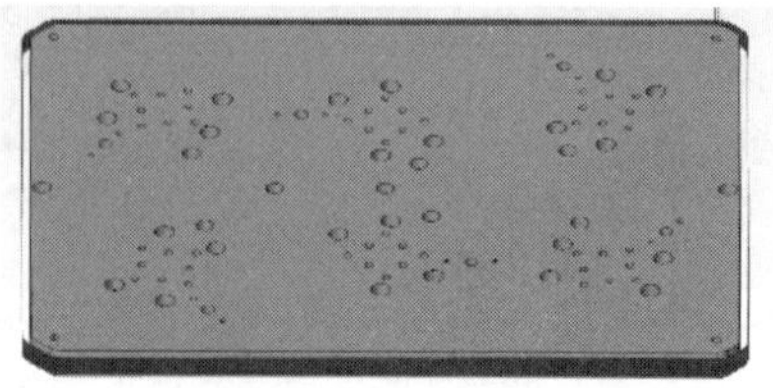
	拔模斜面精加工	3D 等高精加工	优先螺旋加工	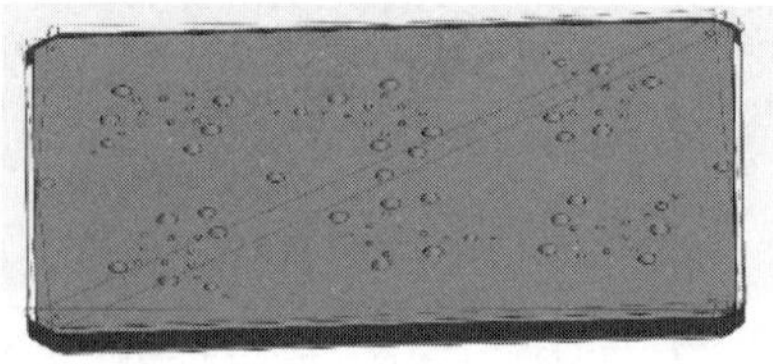

续表

过程	步骤	策略	主要方法	刀路轨迹
模具下模加工过程	划线加工	2D轮廓加工	在下模平板型腔位置划出铸模腔和下浇道的组装位置，轮廓单边放量5mm	
	孔加工	镗孔	在下模平板四角孔位置镗沉头孔到要求尺寸	
	去掉以上工序所产生的所有毛刺			
	组装	胶装，外力附压	将铸模腔和下浇道按照划线轮廓胶装在下模平板上，并附加外力将其固定，防止后续加工发生滑移	
	翻面孔加工	钻，攻	在原先通孔的位置再次钻孔，完成铸模腔和下浇道上的孔加工，然后加煤油攻螺纹	
	螺钉固定	在上道工序完成后直接用螺钉将铸模腔和下浇道固定在下模平板上		
	粗加工	3D任意毛坯粗加工	螺旋下切进刀	

续表

过程	步骤	策略	主要方法	刀路轨迹
模具下模加工过程	半精加工	3D优化粗加工	分层加工;所有路径倒圆角	
	铸模腔侧面精加工	3D等高精加工	优先螺旋加工	
	铸模腔平面精加工	3D投影精加工	型腔往复式横向进给;从外向内;$R3$圆进退刀	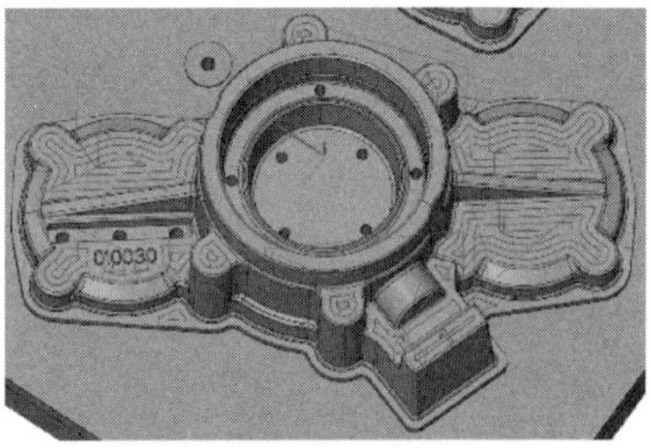
	型腔粗加工	2D型腔加工	斜线下切进刀;$R3$圆退刀	
	型腔精加工	3D完全精加工	陡峭区域(斜率分析)	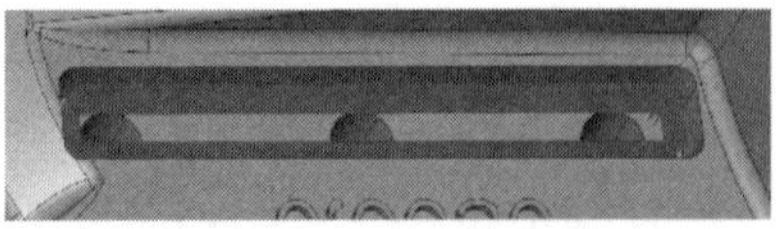
	刻字加工	3D优化粗加工	$\phi0.8$刻字刀加工,不留余量	

续表

过程	步骤	策略	主要方法	刀路轨迹
模具下模加工过程	编号加工	3D优化粗加工	ϕ0.8刻字刀加工，不留余量	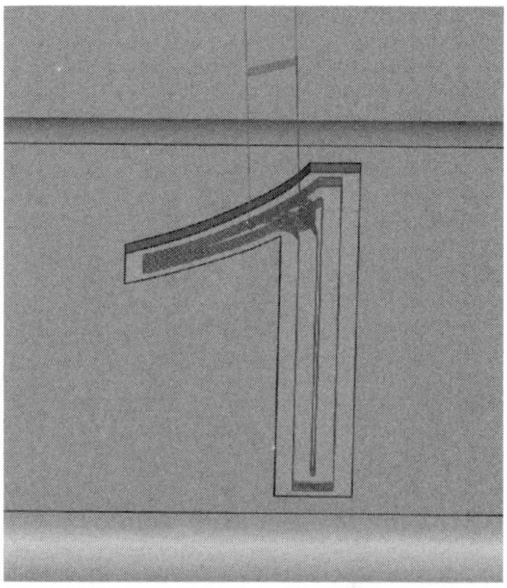
	孔加工	定位、钻孔	先用中心钻在指定位置确定孔位置（同时起到倒孔口角的作用），再用相应钻头钻孔	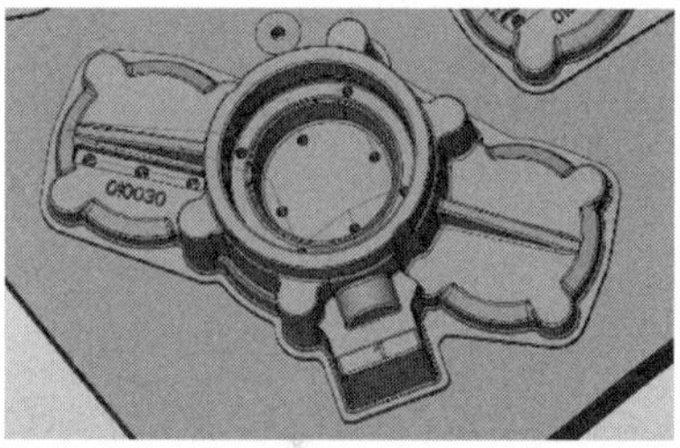
	清根加工	3D清根加工	全部区域（斜率分析）；平坦区域（平行）；陡峭区域（法向）	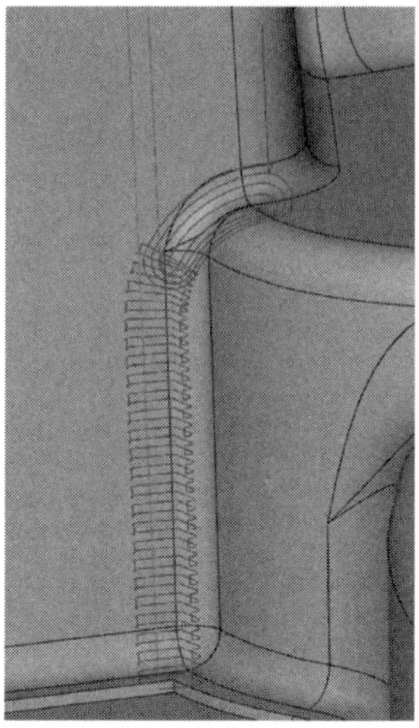
	底部上轮廓粗精加工	2D轮廓加工	R3四分之一圆进退刀	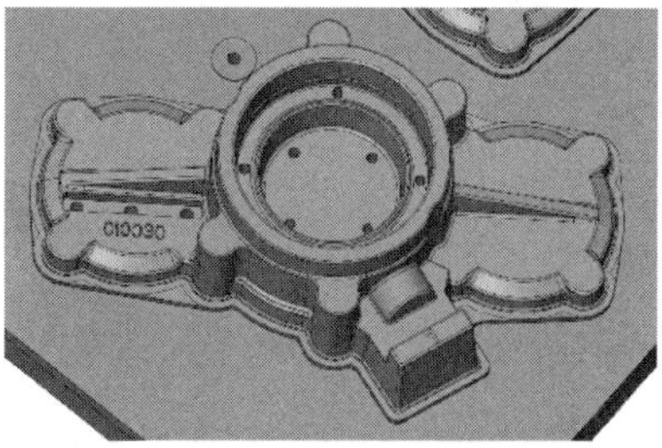

续表

过程	步骤	策略	主要方法	刀路轨迹
	底部下轮廓粗精加工	2D 轮廓加工	$R3$ 四分之一圆进退刀；分层加工	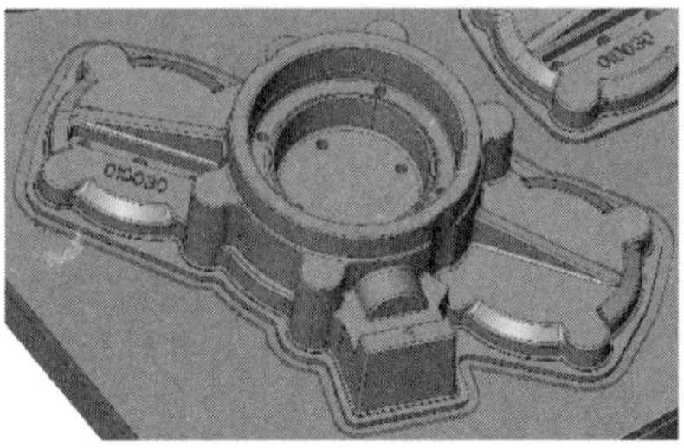
	拆卸	将铸模腔和下浇道拆卸下来		
	去掉以上工序所产生的所有毛刺			
	下模平板正面粗精加工	3D 任意毛坯粗加工	留出凸台加工余量	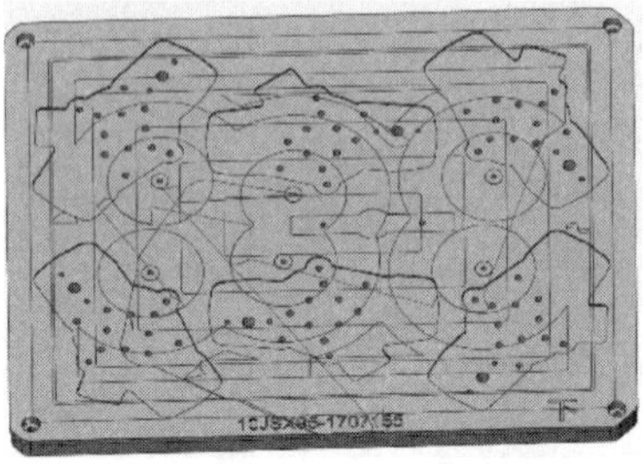
模具下模加工过程	圆凸台精加工	2D 轮廓加工	$R3$ 四分之一圆进退刀	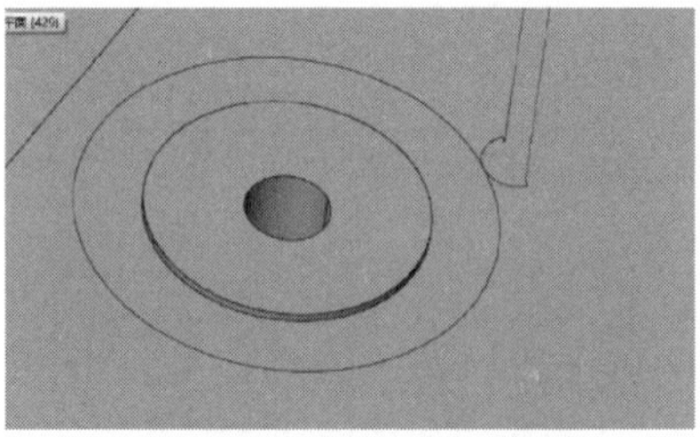
	型腔粗精加工	2D 型腔加工	2D 模式；斜线下切进给	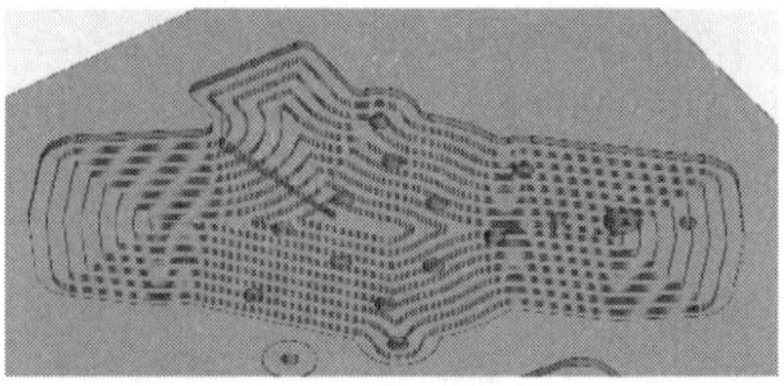
	轮廓粗精加工	2D 轮廓加工	$R3$ 四分之一圆进退刀；优先螺旋加工	
	刻字加工	3D 优化粗加工	$\phi 0.8$ 刻字刀加工，不留余量	
	打磨	去掉以上工序所产生的所有毛刺		
	组装	将模具下模所有零件组装完成，即完成模具下模的加工		

续表

过程	步骤	策略	主要方法	刀路轨迹
模具上模加工过程	上模平板基准面加工	2D 端面加工	平滑双向进给	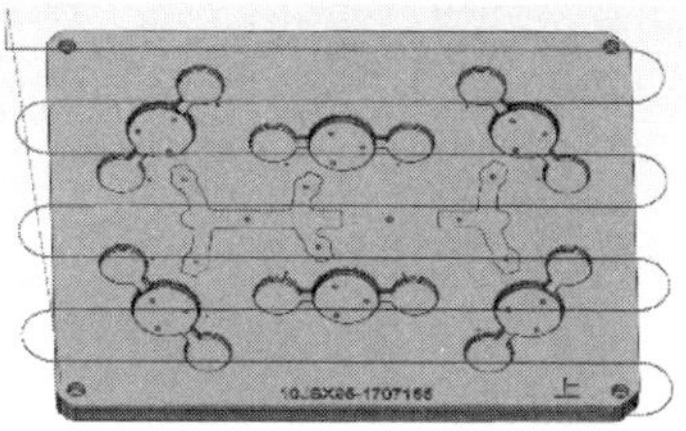
	上模平板背面粗精加工	2D 端面加工	平滑双向进给	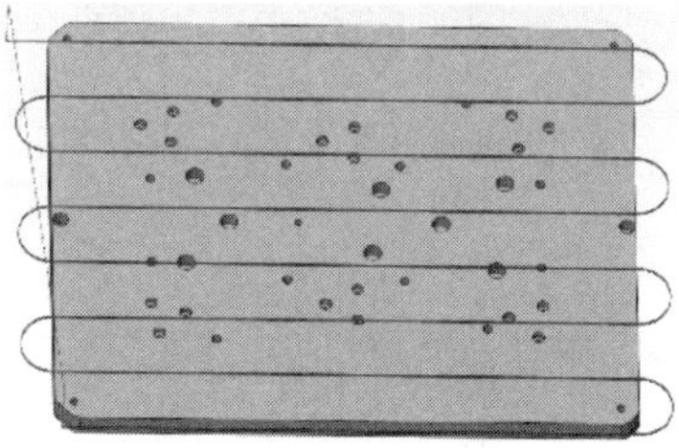
	孔加工	定位,钻,镗,攻	先用中心钻在指定位置确定孔位置(同时起到倒孔口角的作用),再用相应钻头钻孔(刀库自动换刀切换不同大小钻头),最后部分孔需要镗沉头孔和加煤油攻螺纹	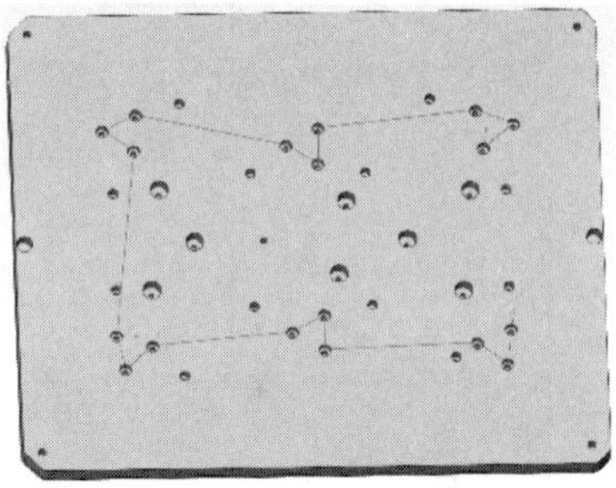
	拔模斜面粗加工	2D 轮廓加工	$R3$ 四分之一圆进退刀	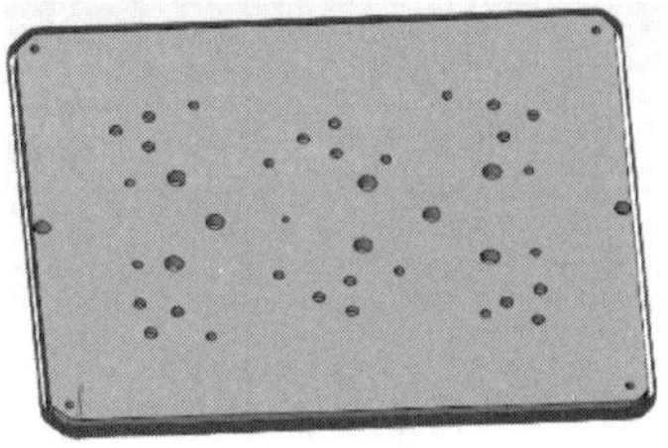
	拔模斜面粗精加工	3D 等高精加工	优先螺旋加工	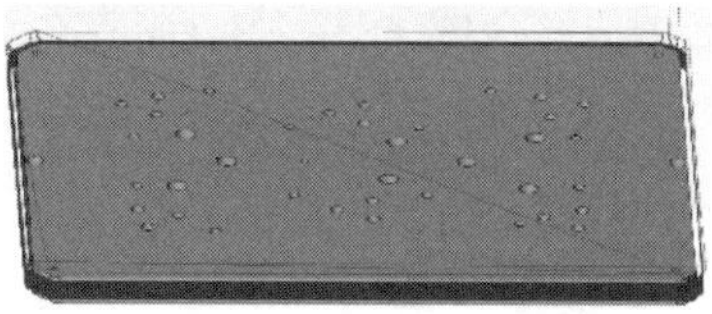
	划线加工	2D 轮廓加工	在上模平板型腔位置划出上浇道组装位置,轮廓单边放量 5mm	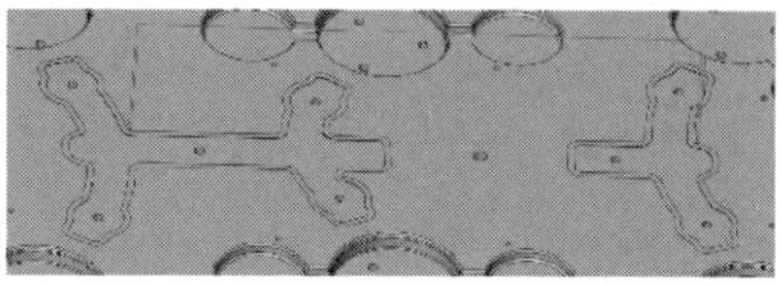

续表

过程	步骤	策略	主要方法	刀路轨迹
模具上模加工过程	孔加工	镗孔	在四角孔位置镗孔到要求尺寸	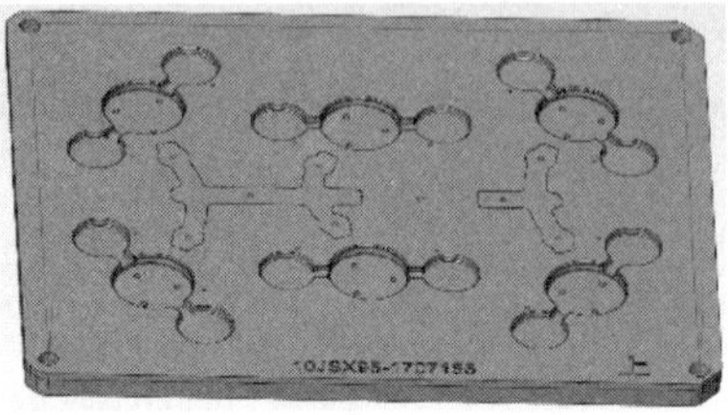
	轮廓粗精加工	2D 轮廓加工	*R*3 四分之一圆进退刀；优先螺旋加工	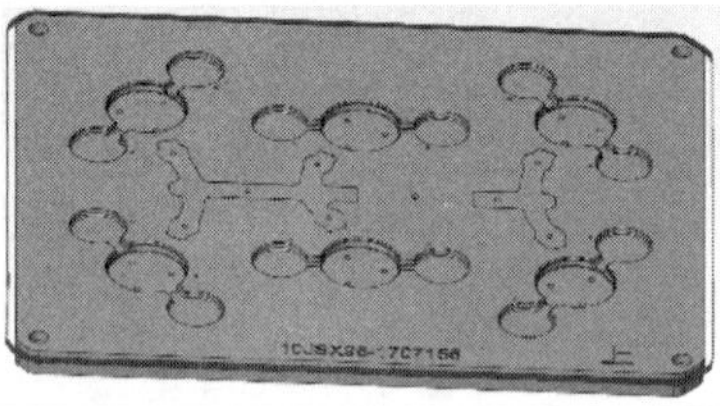
	去掉以上工序所产生的所有毛刺			
	组装	胶装，外力附压	将上浇道按照划线轮廓胶装在上模平板上，并附加外力将其固定，防止后续加工发生滑移	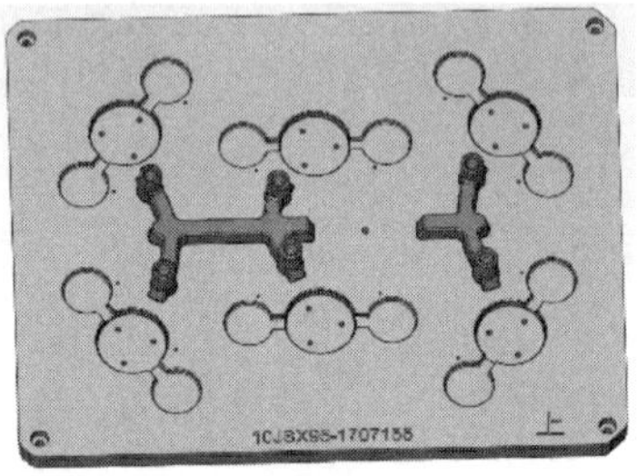
	翻面孔加工	钻，攻	在原先通孔的位置再次钻孔，完成上浇道上的孔加工，然后加煤油攻螺纹	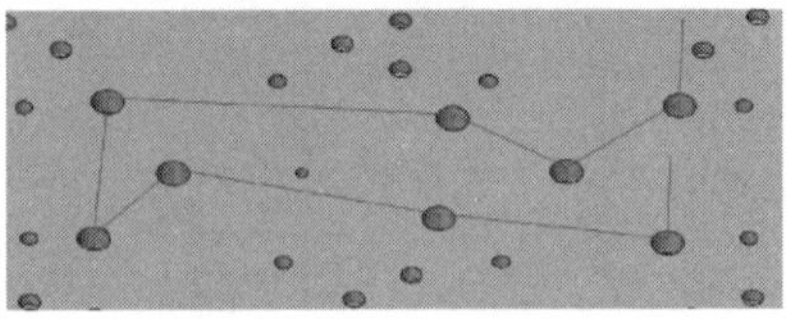
	螺钉固定	在上道工序完成后直接用螺钉将上浇道固定在上模平板上		
	上浇道粗加工	3D 任意毛坯粗加工	螺旋下切进刀	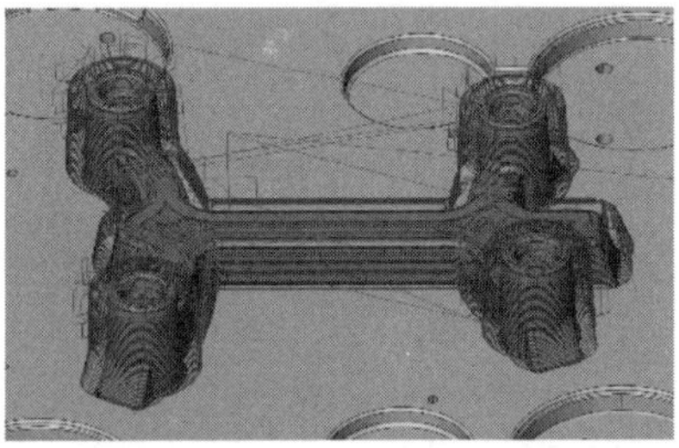
	上浇道半精加工	3D 优化粗加工	分层加工；所有路径倒圆角	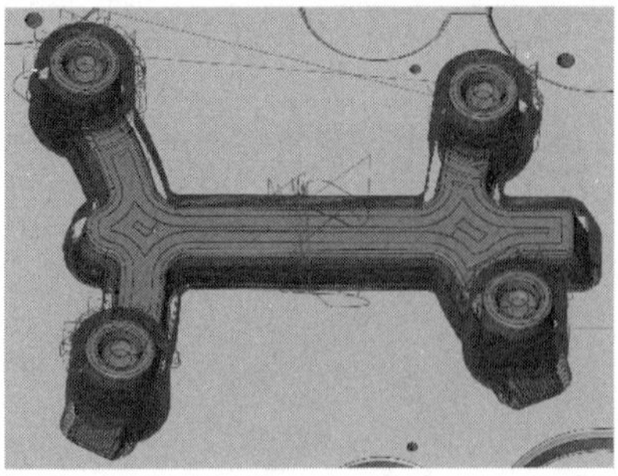

续表

过程	步骤	策略	主要方法	刀路轨迹
模具上模加工过程	上浇道平面精加工	3D 投影精加工	型腔往复式横向进给；从外向内；$R3$ 圆进退刀	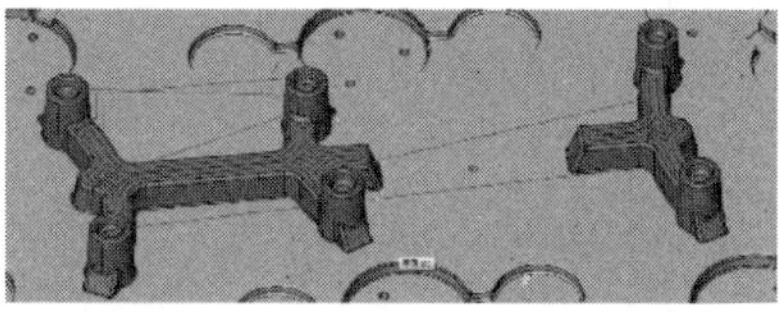
	上浇道精加工	3D 等高精加工	优先螺旋加工	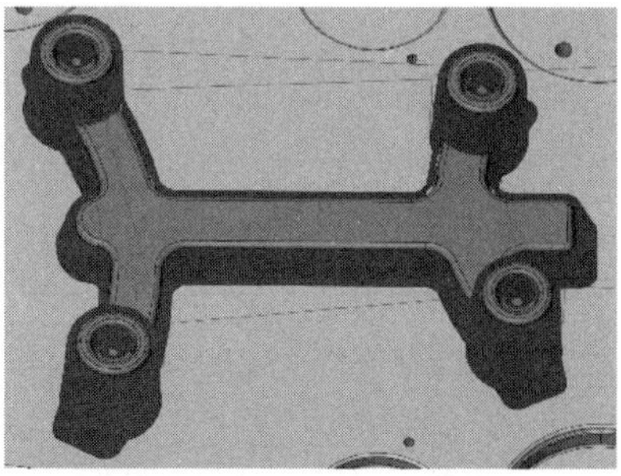
	底部轮廓粗精加工	2D 轮廓加工	$R3$ 四分之一圆进退刀	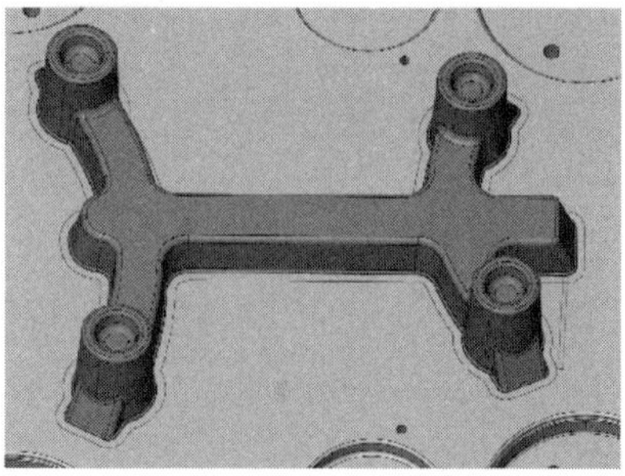
	拆卸	将上浇道拆卸下来		
	去除以上工序所得零件所有毛刺，并去除之前所涂的胶			
	上模平板正面粗精加工	2D 端面加工	平滑双向进给	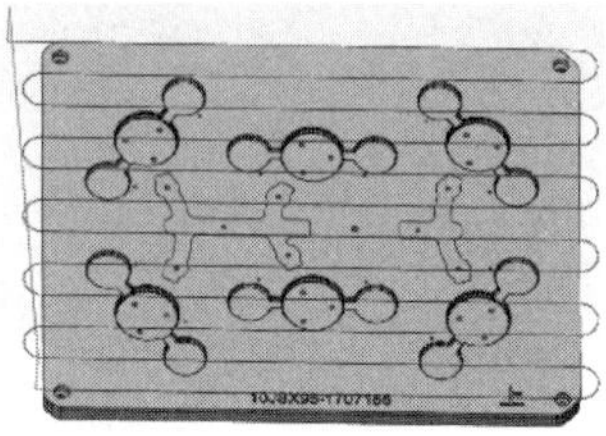
	浅型腔粗精加工	2D 型腔加工	2D 模式；斜线下切进给	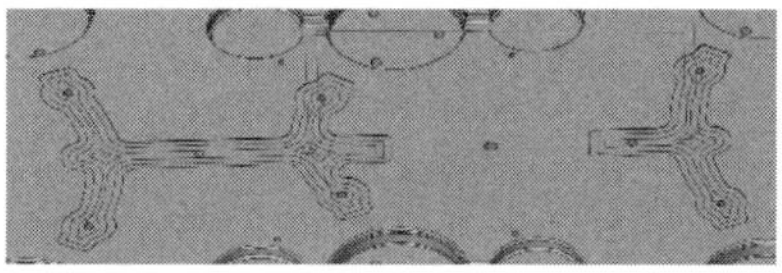
	深型腔粗加工	2D 型腔加工	3D 模式；螺旋下切进给	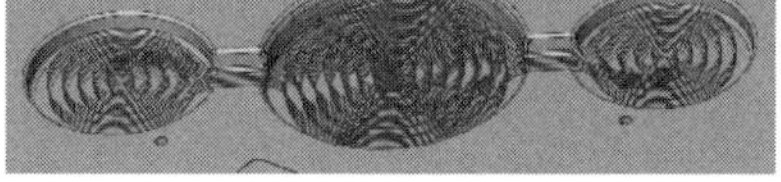

续表

过程	步骤	策略	主要方法	刀路轨迹
模具上模加工过程	深型腔精加工	3D等高精加工	优先螺旋加工	
	刻字加工	3D优化粗加工	$\phi 0.8$ 刻字刀加工，不留余量	10JSX95-1707155 上
	打磨	去掉以上工序所产生的所有毛刺		
	组装	将模具上模所有零件组装完成，即完成模具上模的加工		
	抛光	对整个模具上下模表面进行抛光处理以提高表面质量		

模型最后的浇注成型是利用砂箱合模完成的。

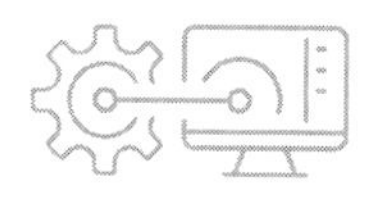

第 5 章 多轴数控铣削加工编程技术

通常将多于三轴的数控加工编程技术，称为多轴数控加工编程技术，多轴数控加工相对于三轴数控加工更适于完成复杂的制造任务，因此逐渐成为研究的热点，但其数控编程过程过于复杂，影响了它的推广应用。近些年，由于 CAM 技术的发展，CAM 软件能够让编程人员快速轻松地生成五轴 NC 程序，同时使加工时间更短，得到更高的加工效率和更好的加工表面质量。

5.1 五轴数控机床加工特点

① 加工效率高。图 5-1 所示叶片加工，采用工序集中原则，在五轴机床一次装夹中完成三轴加工需多次装夹才能完成的加工内容，提高了生产效率，减少了装夹误差，便于组织生产、管理。

在精加工曲率相对平缓的曲面时，相对于球头刀具，使用圆鼻刀时刀具的刀轴方向始终与曲面法线保持一致，会得到更高的生产效率。如图 5-2 所示。

使用刀具侧刃加工工件曲面，路径之间的大步长或完全深度切削节省了铣削时间，改善了工件曲面的质量。如图 5-3 所示。

② 加工质量高。三轴加工陡峭侧面时，刀具悬伸长、刚性差，刀具受力易弯曲；五轴机床可以使用侧倾角加工陡峭侧面，如图 5-4 所示。五轴机床有利于更短的刀具的使用，提高了加工表面质量和效率。

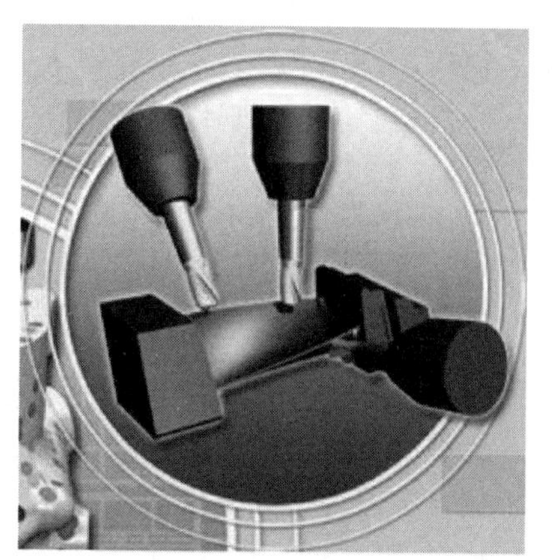

图 5-1 叶片加工

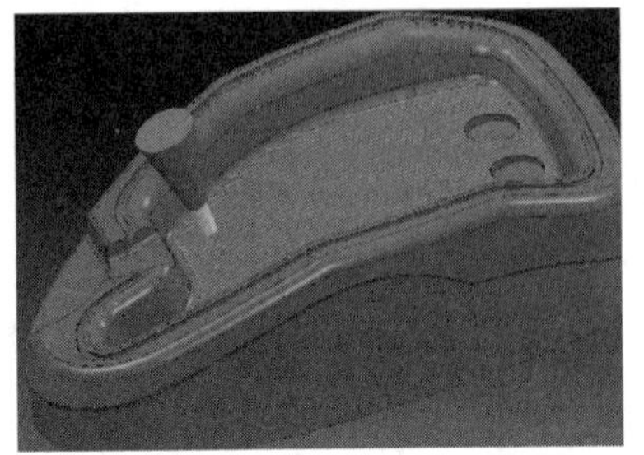
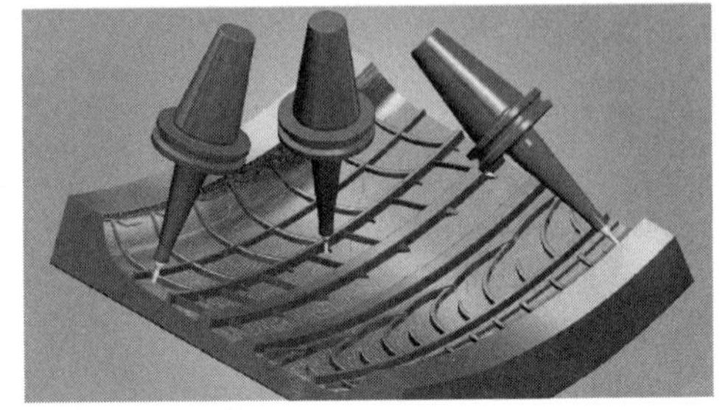
图 5-2　圆鼻刀加工平缓曲面

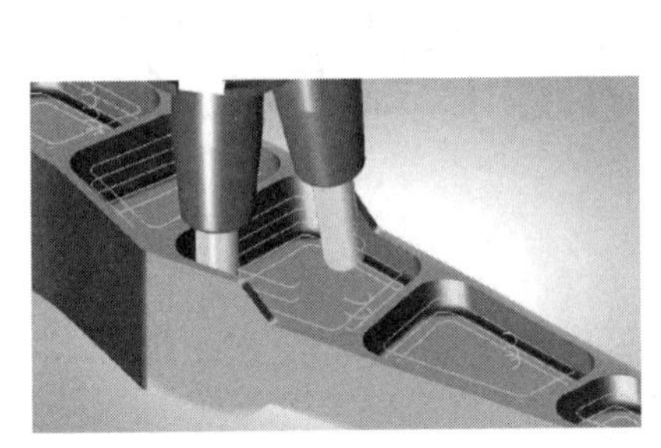

图 5-3　侧刃加工

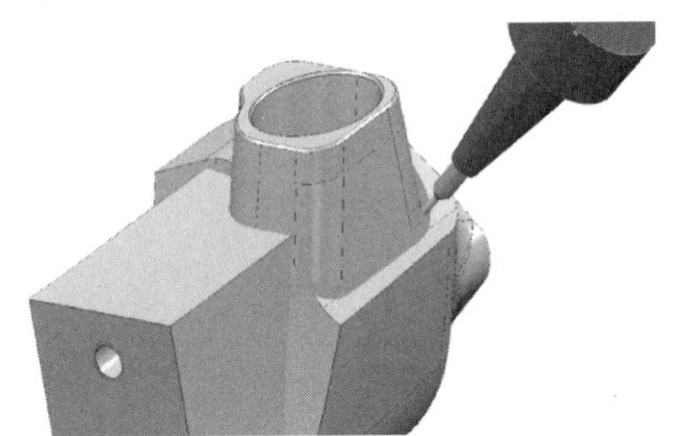

图 5-4　短刀具加工陡峭侧面

③ 刀具可达性好。五轴机床可以通过刀轴矢量控制，采用不同的加工策略，加工三轴机床刀具无法加工到的区域。如图 5-5 所示。

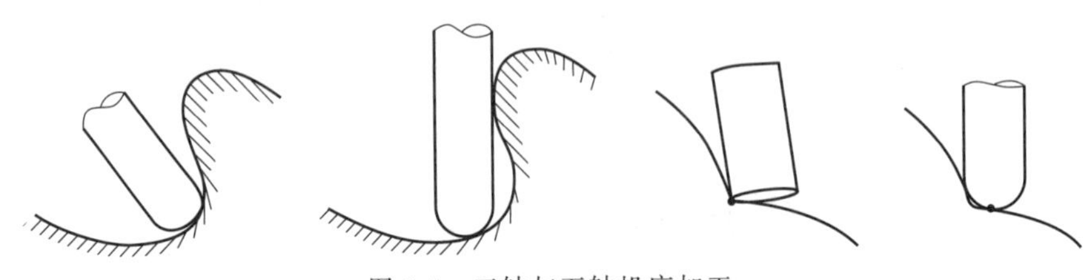
图 5-5　三轴与五轴机床加工

多轴加工技术具有良好的灵活性和适应性，能够适应不同类型零部件的加工需求，能够实现复杂形状零件的高精度加工，提高产品的质量和精度，能够实现多工序同时进行，缩短加工周期，提高生产效率，有助于提高制造业的综合竞争力。多轴加工技术的广泛应用，将进一步推动制造业的现代化转型。

5.2　五轴数控机床铣削方式

五轴加工分为侧铣和端铣两种类型，其中五轴端铣加工应用广泛。

(1) 侧铣加工

侧铣加工是铣刀的侧刃与工件曲面通过线接触方式加工出曲面，如图 5-6 所示。它具有如下优点：刀具可以伸到某些零件曲面通道内部进行加工，从而解决了许多端铣不易解决的曲面加工问题。如内燃机增压器压气机中的整体式叶轮的加工，受结构限制，最好采用侧铣加工。在加工过程中靠改变这类刀具的姿态，以适应曲面上曲率分布，使刀具侧刃与曲面尽

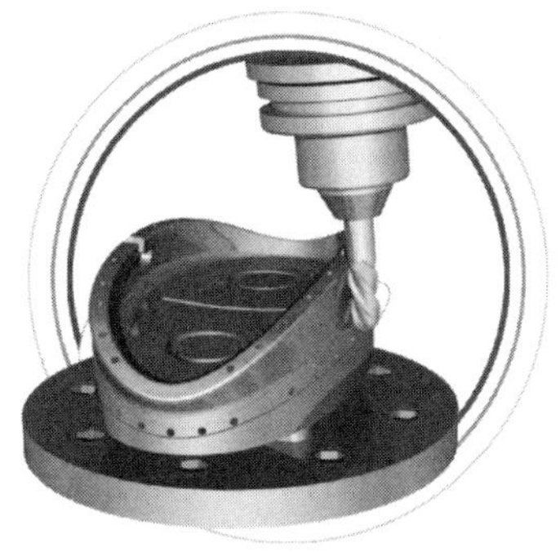

图 5-6　侧铣加工

可能线接触，将加工误差减小到最小。侧铣（周铣）最适合直纹曲面类零件的加工。

在经典几何学中，直纹曲面定义为：对曲面 S 上的任意一点 P 都至少有一条通过 P 的直线完全落在 S 上，这样的曲面 S 称为直纹曲面。圆锥、圆柱的侧表面是最为常见的直纹曲面。

直纹曲面上有一条完整的直线，这条直线段所在的直线就是母线（rulings）。而在这条直线上的法向量有时会不同，其中为常量的是可展直纹曲面，法向量为变量的是不可展直纹曲面，如图 5-7 所示。一张曲面的可展性可以视为这张曲面扭曲程度的度量，也就是当曲面的局部曲率过大时，直纹曲面就变得不可展。在侧铣加工过程中就会存在不可避免的原理性误差。

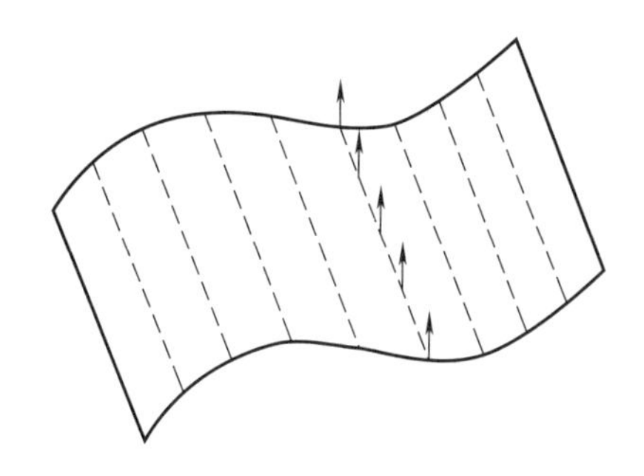

(a) 可展直纹曲面

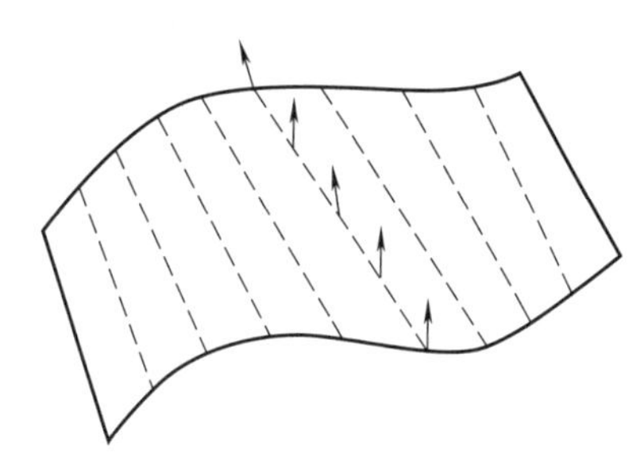

(b) 不可展直纹曲面

图 5-7　曲面上一点的法向量与主方向

(2) 端铣加工

端铣加工是用铣刀底刃与曲面通过点接触加工方式加工出曲面，如图 5-8 所示。它的特

(a) 叶轮铣削

(b) 叶轮流道铣削

图 5-8　端铣加工

点：适合加工敞开类曲面。所用刀具包络截形的曲率可在很大的范围内变化，因而可以适应曲面各处的曲率分布情况，可以获得良好的加工效果。端铣加工的特点决定了端铣加工可以进行复杂曲面的加工，但是其加工效率要比侧铣加工的效率低。

5.3 多轴加工分类

数控机床有不同的类型，根据数控机床具有的坐标轴和参与加工的轴数，加工可以分为五轴联动加工、定向（位）加工、多轴加工、固定轴加工。

5.3.1 五轴联动加工

联动是数控机床的轴按一定的速度同时到达某一个设定的点，机床五轴联动可根据不同的切削角度来调整刀具的倾斜角度，如图 5-9 所示。

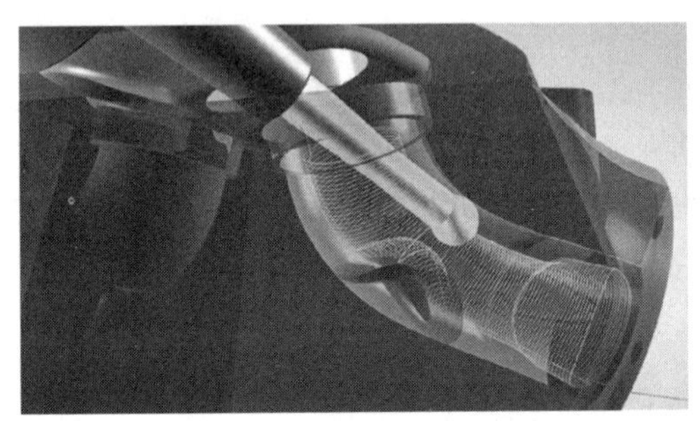

(a) 管道加工

(b) 叶轮圆角铣削

图 5-9 五轴联动加工

加工中，绝大多数的任务三轴机床都是可以完成的，粗略估计三轴完成的占 85%。余下的 15%需要用到五轴加工，而五轴加工中 3+2 定位加工又占了其中的至少 80%，也就是总数的 12%，剩下的 3%是需要用到五轴联动加工的，这里的五轴联动包含了四轴联动的情形，主要加工的零件有叶轮、叶片、航空薄壁件、少数工业设计产品等。

5.3.2 定向加工

定向加工，指五轴机床的两个旋转轴根据不同型面的需要转到一定的角度，然后锁紧进行加工，当加工完某一区域后，再根据需要调整两个旋转轴的角度。

在一个三轴铣削程序执行时，使用五轴机床的两个旋转轴将切削刀具固定在一个倾斜的位置，3+2 定位加工技术的名称由此而来，这也叫做定位五轴机床，因为第四个轴和第五个轴是用来确定在固定位置上刀具的方向，而不是在加工过程中连续不断地操控刀具。3+2 定位加工的原理实质上就是三轴功能在特定角度（即“定位”）上的实现，简单地说，就是当机床转了角度以后，还是以普通三轴的方式进行加工。如图 5-10 所示。

五轴 3+ 2 定位加工可一次定位实现加工，较以往的三坐标零件加工，大大提高了加工质量和生产效率，同时提高了设备的利用率。

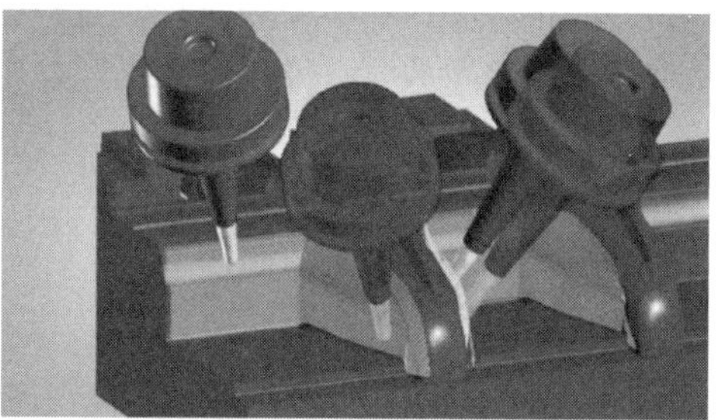

图 5-10　3+2 定位加工

5.3.3　多轴加工

多轴加工是相对于三轴而言的，加工过程中至少包含有一条旋转轴参与运动。机床可以是四轴或五轴机床，旋转轴参与运动并不是意味着旋转轴就一定和平动轴发生联动参与加工。相反很多时候，旋转轴是起到定位作用，如卧式加工中心的 3+1 定位加工，旋转轴为 B 轴。如图 5-11 所示。

图 5-11　卧式加工中心加工

5.3.4　固定轴加工

刀轴或者工件的方位是固定的，且加工过程中，刀轴或者工件的方位不会发生变化，多指三轴机床加工。如图 5-12 所示。

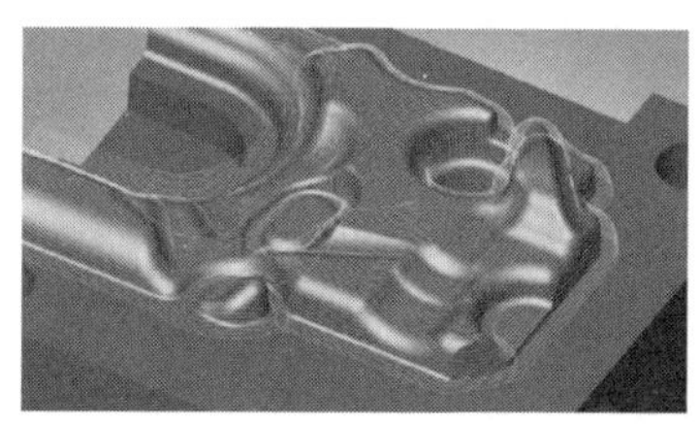
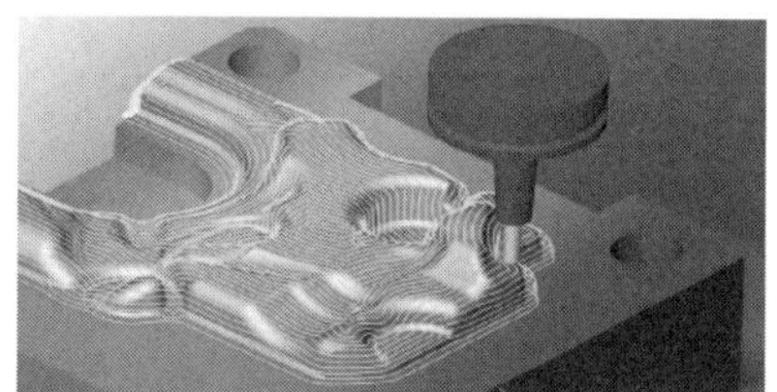

图 5-12　固定轴加工

5.4　刀轴矢量

刀轴矢量被定义为从刀端指向刀柄的方向，如图 5-13 所示。刀轴矢量在刀位信息中用一个法向量进行表示，这个法向量代表了加工过程中刀具经过刀位点时的姿态和摆向。

刀轴矢量用于定义固定刀轴与可变刀轴的方向。固定刀轴与指定的矢量平行；可变刀轴在刀具沿刀具路径移动时，可不断地改变方向。如图 5-14 所示。

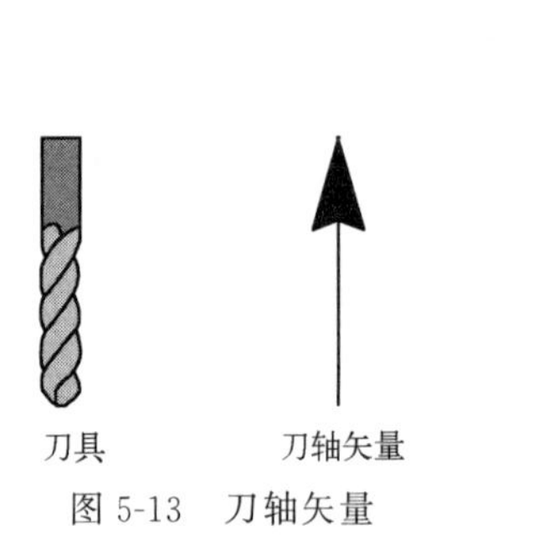

图 5-13　刀轴矢量

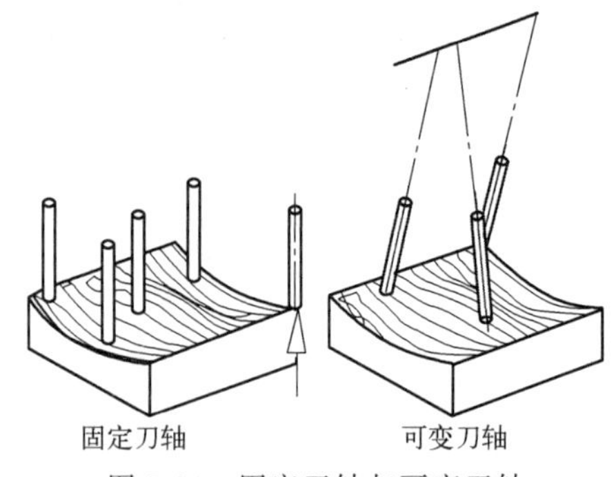

图 5-14　固定刀轴与可变刀轴

5.4.1　刀轴矢量在局部坐标系的表示

在多坐标曲面加工时，局部坐标系用于确定刀具相对工件坐标系零件表面姿态的坐标系。如图 5-15 所示，S 为加工曲面，O-XYZ 为工件坐标系，C_C 为端铣刀具与零件表面的切触点，C_L 代表刀位点，$\boldsymbol{N}$ 代表 C_C 处法矢量，$\boldsymbol{T}$ 代表刀具刀轴矢量，$\boldsymbol{F}$ 代表进给方向，$\boldsymbol{K}$ 代表 $\boldsymbol{N}\times\boldsymbol{F}$ 的方向；在局部坐标系内，刀轴矢量 $\boldsymbol{T}$ 可被唯一确定，分别用前倾角（title angle）α 及侧倾角（yaw angle）β 两个角来定义。

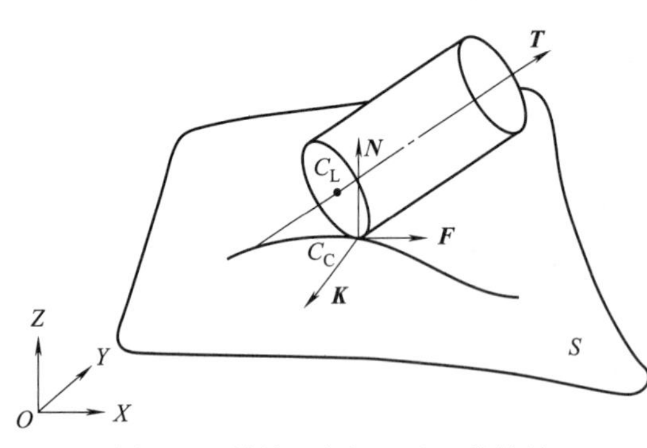

图 5-15　端铣刀与加工面 S 的接触关系及局部坐标系

(1) 前倾角 α

前倾角 α，表示刀具在刀具路径方向上与刀具路径法向之间的夹角，如图 5-16 所示。主要用在使用球刀进行多轴加工时，避免用球刀的中心部位切削平坦平面区域，改善切削条件。

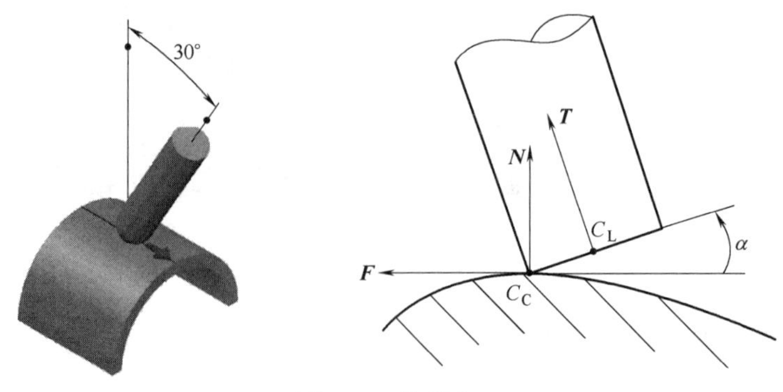

图 5-16　前倾角 α

在三轴联动机床上，球刀在进行水平方向进刀时，中心点总是静止的，当该部分与工件接触时不是铣削，而是在磨削，球刀的尖端容易磨损，因此球刀加工平坦的区域时表面粗糙度较差。在多轴机床上使用球刀进行水平方向进刀时，前倾角 α 取 10°～15°，最小切削速度将更高，刀具寿命和切屑形状改善，表面质量更佳。如图 5-17 所示。

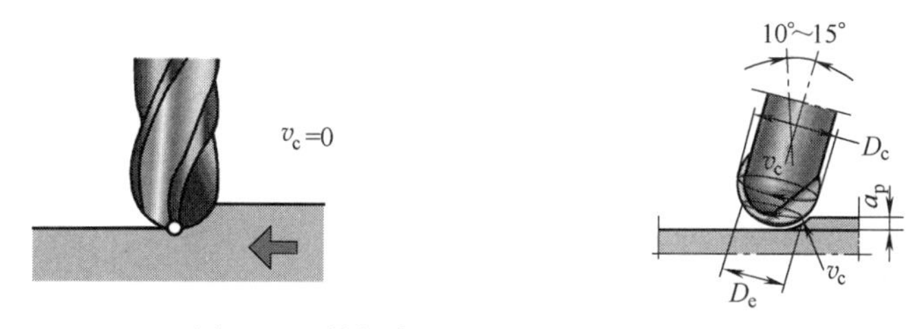

图 5-17　前倾角 α 影响球刀切削的速度

采用环形刀加工曲面零件时，如图 5-18 所示，由于刀具底面中心一般没有刀刃，为避免刀具底面中心与加工表面接触及切削刃与加工表面发生干涉，应将刀轴置于加工表面法向矢量与进给方向切向矢量所在的平面之内，同时使用刀具底面的刀刃环形面与加工表面接触，且将刀轴沿进给方向与加工表面法向矢量倾斜一个前倾角 α。

(2) 侧倾角 β

侧倾角 β，表示刀具在与刀具路径垂直的方向上与刀具路径法向之间的夹角，如图 5-19 所示。它可以用来避免铣削过程中刀柄可能与工件发生的碰撞。

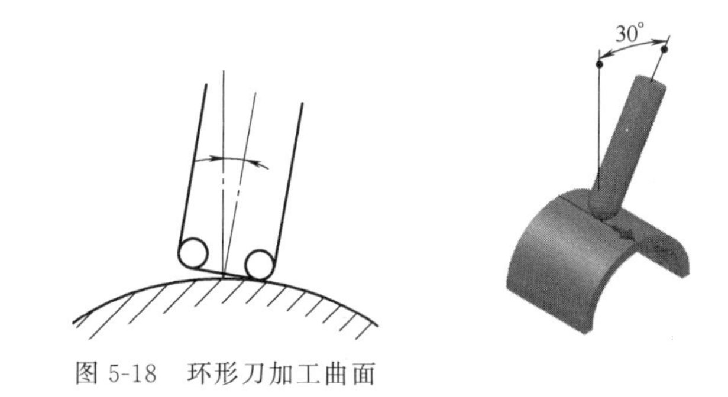

图 5-18　环形刀加工曲面

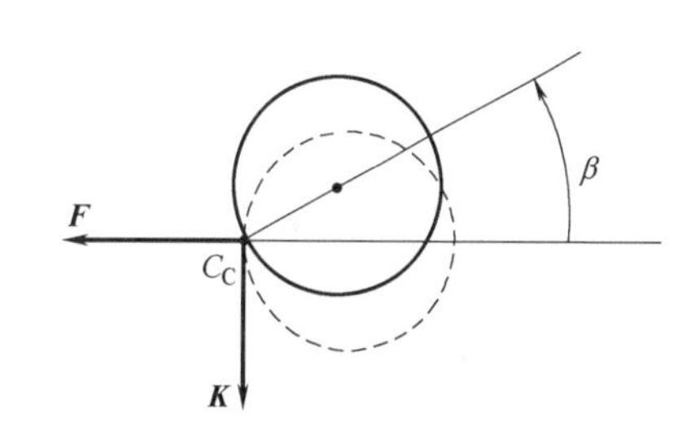

图 5-19　侧倾角 β

5.4.2　刀轴矢量的定义方法

刀轴矢量的定义有五种基本方法，分别为：I，J，K；直线端点；2 点；与曲线相切；球 CSYS。

① I，J，K。通过输入相对于工件坐标系（O-$XCYCZC$）原点的矢量值指定一个固定的矢量，图 5-20 为 I，J，K 的值为 0，0，1 的固定刀轴。

② 直线端点。通过定义两个点或选择一条存在的直线，或定义一个点和矢量指定一个固定刀轴矢量。图 5-21 为由已有直线的端点定义的固定刀轴。

③ 2 点。可以用点构造功能定义两个点指定一个固定刀轴矢量。第一个点代表矢量的尾部，第二个点代表矢量的箭头部分。图 5-22 为定义矢量尾部 0，0，0，矢量的箭头部分 0.5，0，1 的固定刀轴矢量。

④ 与曲线相切。可以定义一个固定的刀轴矢量相切于所选择的曲线。指定曲线上的一个点，再选择一条存在的曲线并选择所显示的两个相切矢量中的一个。如图 5-23 所示。

⑤ 球 CSYS。输入分别用 φ 和 θ 标明角度值，φ 是在平面 ZC-XC 中从正 Z 轴转向正 X 轴的角度，θ 是在平面 XC-YC 中从正 X 轴转向正 Y 轴的角度。如图 5-24 所示。

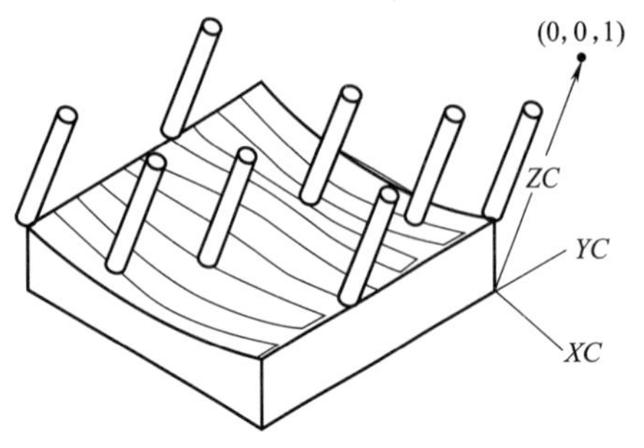

图 5-20　使用 I，J，K 的值定义刀轴

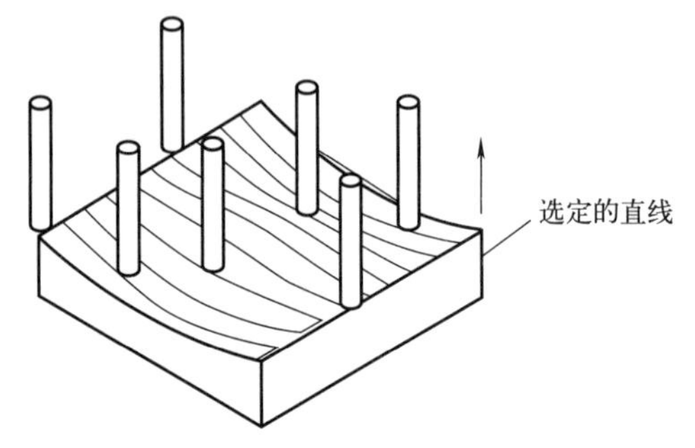

图 5-21　直线端点定义固定刀轴

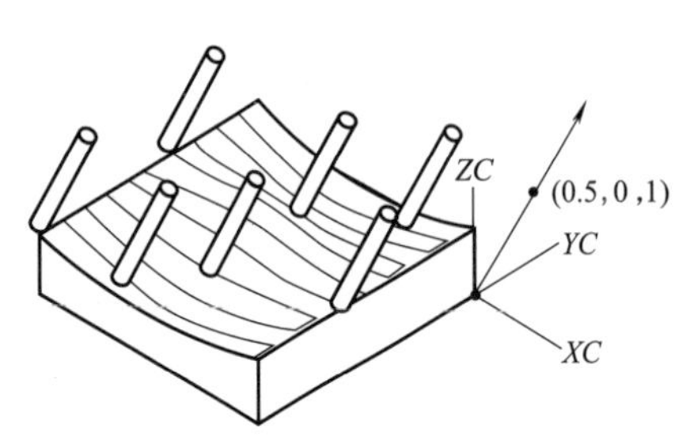

图 5-22　由两个点定义的固定刀轴

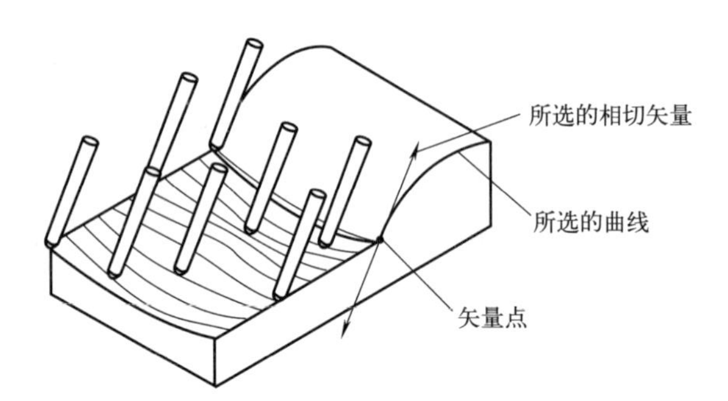

图 5-23　定义的固定刀轴，与曲线相切

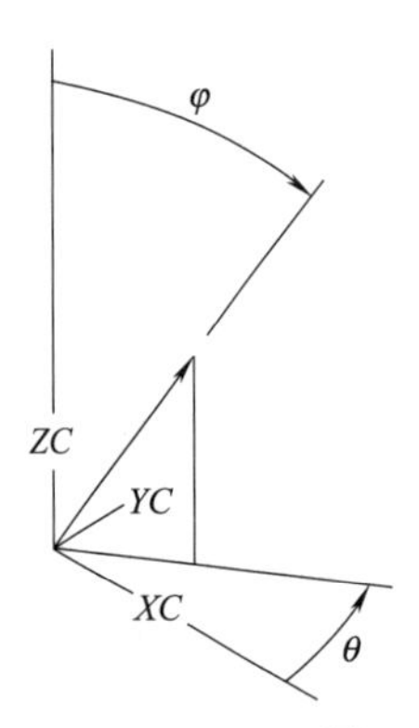

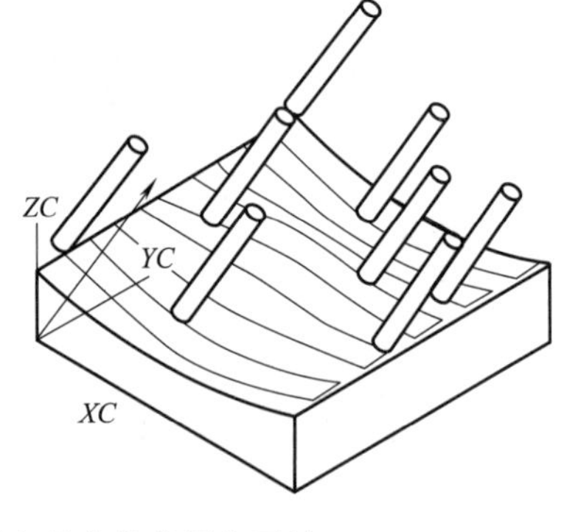

图 5-24　由球坐标定义的固定刀轴

5.4.3　刀轴矢量控制

目前应用较多的 CAM 软件有：UG、hyperMILL、Pro/Engineering、PowerMILL、SolidCAM、CATIA、MasterCAM 等。此类软件具有相似的参数设置方式，其中最重要的就是刀轴矢量控制策略的选择，它决定了加工时刀具相对于工件的位置和姿态。其形式主要为：

① 刀轴通过点。使刀轴总是通过某一固定点，从而避免刀尖切削，如图 5-25 所示。

② 刀轴通过直线。刀轴总是通过直线上的点对齐，从而避免刀尖切削，如图 5-26 所示。

③ 刀轴通过 3D 曲线。提供了比直线更灵活有效的刀轴控制策略，刀轴总是通过用户定义的曲线，如图 5-27 所示。

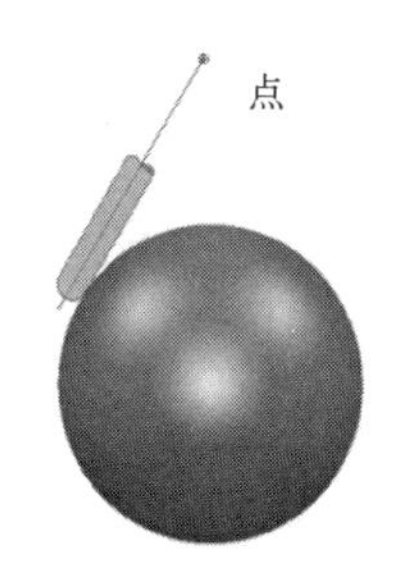

图 5-25　刀轴通过点

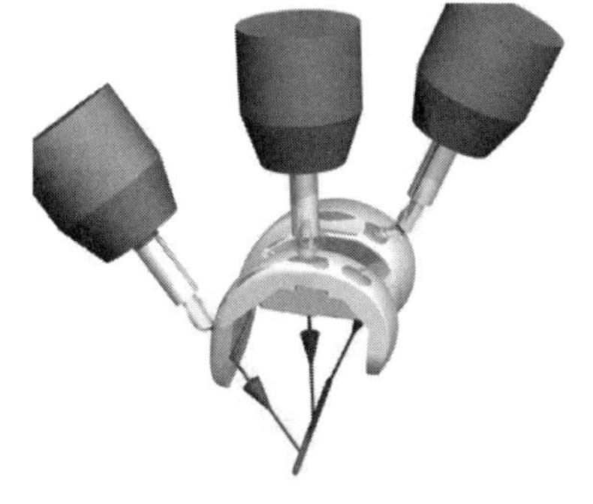

图 5-26　刀轴通过直线

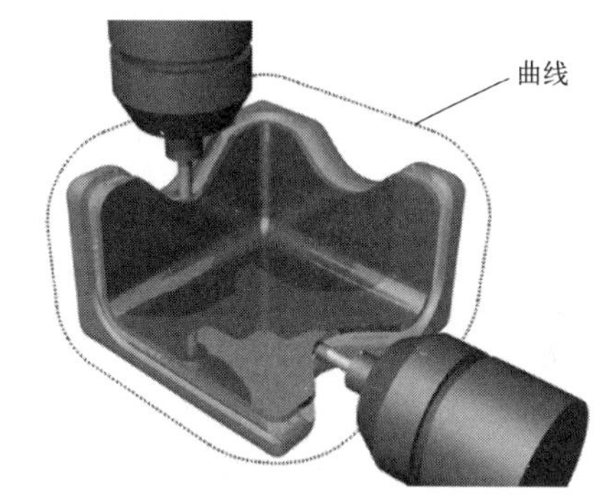

图 5-27　刀轴通过 3D 曲线

④ 驱动曲面。刀路的投影方向和刀轴方向由驱动曲面决定，驱动曲面为单一曲面，而模型为多曲面模型，如图 5-28 所示。

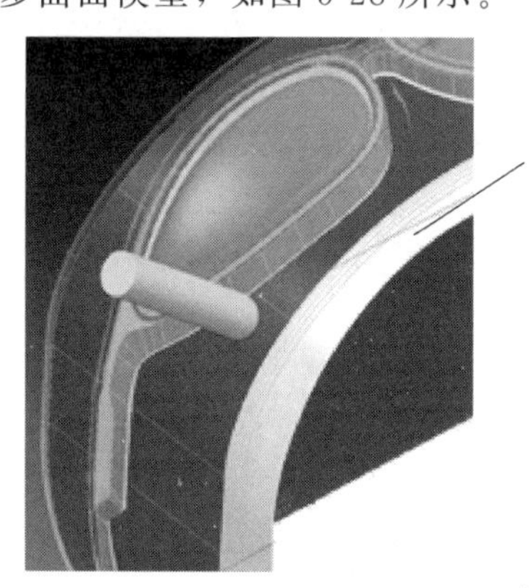

图 5-28　驱动曲面

⑤ 刀轴倾斜。刀轴沿进给方向前倾、侧倾，如图 5-29 所示。使用球刀铣削曲面时，前倾可以避免刀具中心切削，侧倾可以避免刀柄与工件产生干涉。

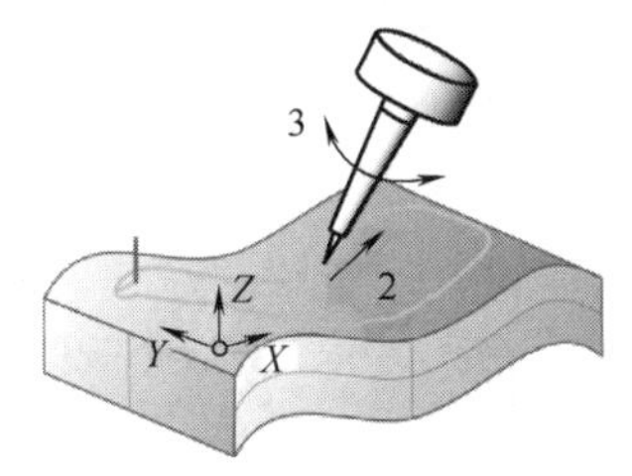

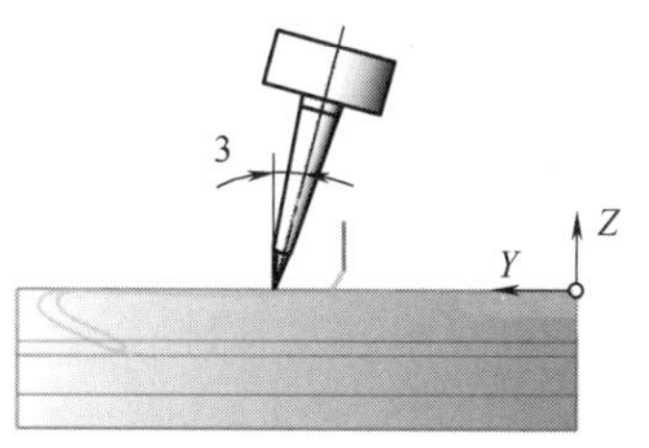

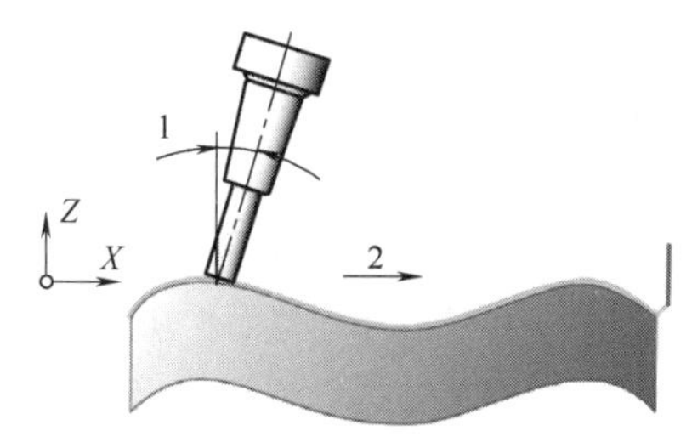

图 5-29　沿进给方向倾斜

1—前倾；2—进给方向；3—侧倾

⑥ 曲面上的曲线定义刀轴倾斜。刀具侧刃铣削，铣削刀具与曲面上的线条跟曲面接触加工规则曲面，曲线定义刀具倾角。如图 5-30 所示。

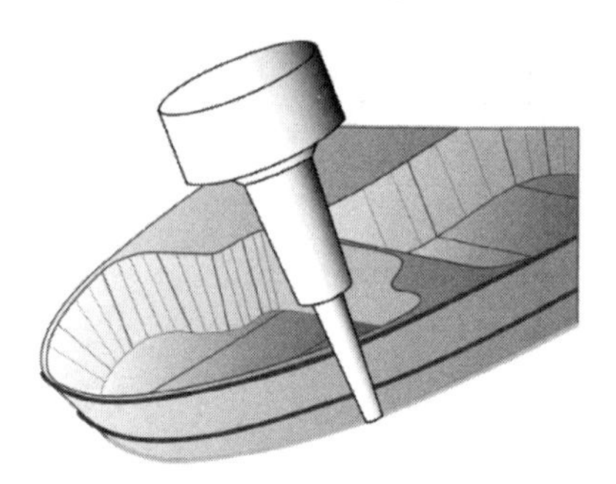

图 5-30 侧刃铣削

5.5 RTCP 功能和作用

三轴加工设备比较常见，有立式、卧式及龙门几种形式。常见的加工方法有立铣刀端刃加工、侧刃加工，球刀的型面加工以及一些钻孔、攻孔循环等。但无论哪种形式和方法都有一个共同的特点，就是在加工过程中，刀轴方向始终保持不变，机床通过 X、Y、Z 三个线性轴的插补来实现刀具在空间直角坐标系中的运动，使得刀具的刀尖或刀心（球刀的球心）达到 NC 程序中指定的坐标。如图 5-31 所示。

多轴加工设备相对比较复杂，它除提供沿 X、Y、Z 方向的线性移动外，还提供绕 X 轴、Y 轴、Z 轴的转动，刀轴方向不固定，如图 5-32 所示，目的是在加工过程中除了可使刀具到达指定的坐标位置，还可以实现刀具与工件的任意角度，从而改善切削条件。

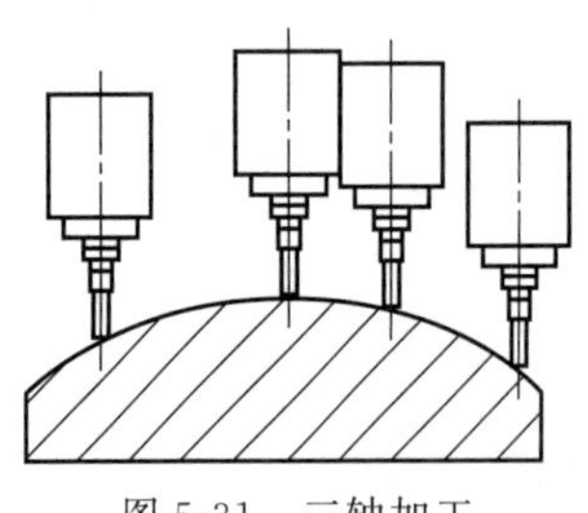

图 5-31 三轴加工

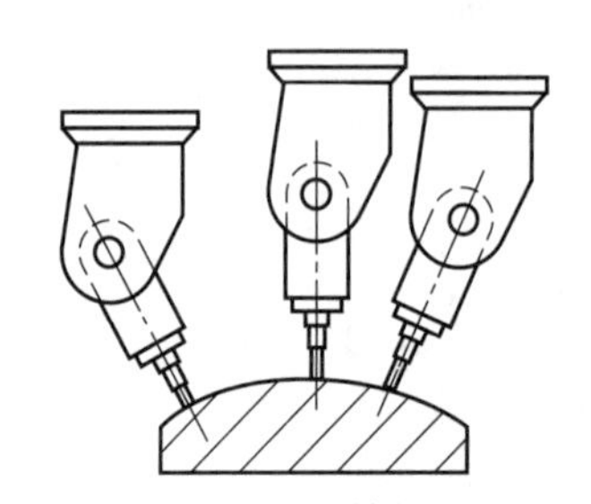

图 5-32 多轴加工

5.5.1 RTCP 的基本功能

在五轴加工中心数控系统里，RTCP（rotated tool center point，机床刀具旋转中心编程）也就是我们常说的刀尖点跟随功能。在五轴加工中，追求刀尖点轨迹及刀具与工件间的姿态时，由于回转运动，产生刀尖点的附加运动。数控系统控制点往往与刀尖点不重合，因此数控系统要自动修正控制点，以保证刀尖点按指令既定轨迹运动。业内也有将此技术称为 TCPM（tool center point management，刀具中心点管理）、TCPC（tool center point control，刀具中心点控制）或者 RPCP（rotated part center point，机床工件旋转中心编程）等功能。这些称呼的功能定义都与 RTCP 类似，严格意义上来说，RTCP 功能是用在双摆头结构上，是应用摆头旋转中心点（控制点）来进行补偿。而类似的 RPCP 功能主要是应用在双转台形式的机床上，补偿的是由于工件旋转所造成的直线轴坐标的变化。其实这些功能殊途同归，都是为了保持刀具中心点和刀具与工件表面的实际切触点不变。

双摆头机床的 RTCP 功能是控制系统保持刀具中心（刀尖点）始终在被编程的 *XYZ* 位置上，为了保持住这个位置，转动坐标的每一个运动都以摆头旋转中心点（控制点）位移来进行补偿，RTCP 功能需要实时对机床的两个旋转轴的旋转中心偏移进行补偿，如图 5-33 所示。编程的路径是直线，移动的过程中刀轴旋转，摆头旋转中心点通过移动进行轨迹补偿，实现直线编程路径。

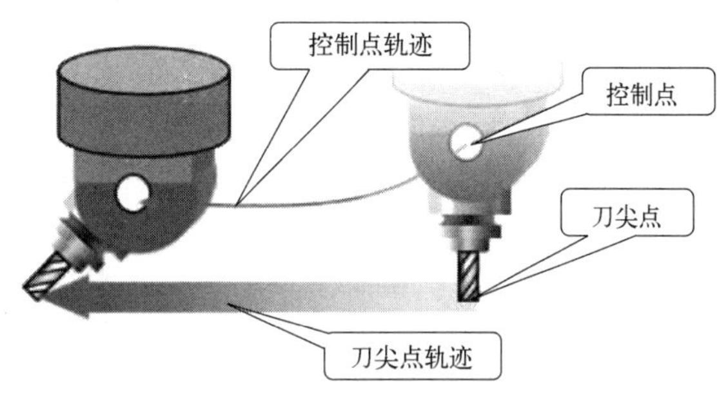

图 5-33　双摆头机床控制点的位移补偿

具有 RTCP 功能的双摆头机床的 RTCP 功能未启动时，如果转动旋转轴，机床的状态如图 5-34（a）所示，机床的线性轴不动，机床坐标保持不变，程序坐标不变，但是刀具中心位置发生变化。当编程路径（即控制点）为直线时，如图 5-34（b）所示，没有开启 RTCP 功能或不具有 RTCP 功能的五轴机床，刀具中心点路径为曲线。

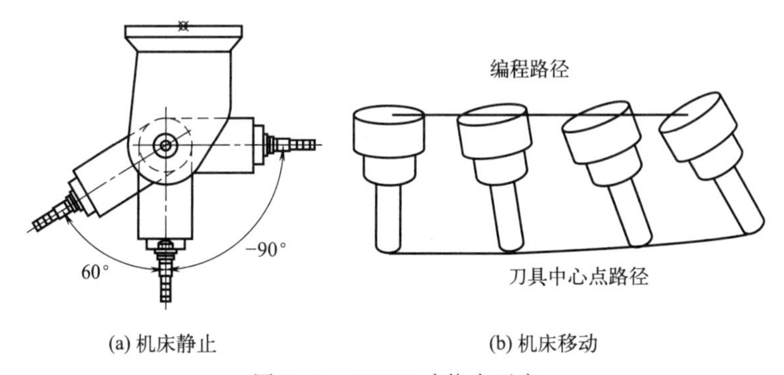

(a) 机床静止　　(b) 机床移动

图 5-34　RTCP 功能未开启

RTCP 功能启动后，如果转动旋转轴，机床的状态如图 5-35（a）所示，机床的线性轴移动，机床坐标变化，程序坐标不变，刀具中心位置不变。刀具中心点编程路径为直线，而实际刀轴控制点的路径为图 5-35（b）所示曲线。由于刀柄旋转运动，产生控制点的附加运动，必须实时补偿由于刀柄转动所造成的刀轴控制点坐标的偏移，因此数控系统要自动修正控制点，以保证刀尖点按指令既定轨迹运动。

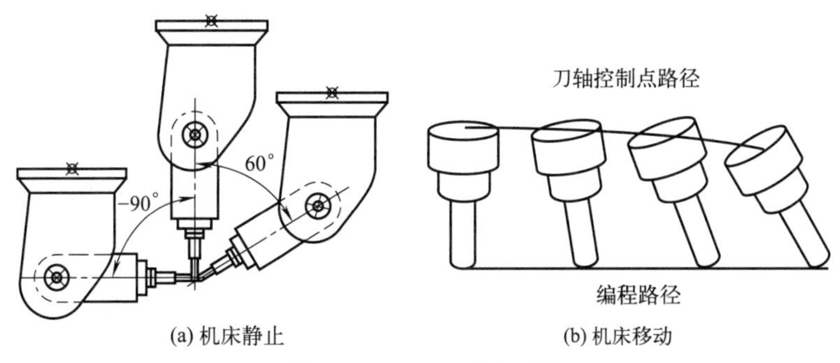

(a) 机床静止　　(b) 机床移动

图 5-35　RTCP 功能开启

5.5.2 RTCP 在编程中的作用

有五个联动轴的数控机床并不能简单地称为五轴机床，同样，一套数控系统能控制五个轴，也不能称为五轴数控系统，判断一台数控机床是不是五轴机床，一套数控系统是不是真正的五轴系统，必须看其是否具备 RTCP 功能。不具备 RTCP 的五轴机床和五轴数控系统称作假五轴。假五轴编程需要考虑主轴的摆长及旋转中心的位置，必须依靠 CAM 编程和后处理，事先规划好刀路，同样一个零件，机床换了，或者刀具换了，就必须重新进行 CAM 编程和后处理。

五轴机床数控系统具有 RTCP 功能，编程人员直接编程刀具中心的轨迹，而不需考虑转轴中心，系统自动对旋转轴的运动进行补偿，以确保刀具中心点在插补过程中始终处在编程轨迹上，运行的数控代码与机床无关，即 CAM 软件生成的 NC 代码不需要包含机床和工件安装位置。工件可以任意摆放，RTCP 算法会自动计算工件安装位置偏差对加工的影响并进行补偿。

5.6 专用的五轴机床后置处理

后置处理技术是数控技术的关键技术之一，它直接影响 CAD/CAM 软件的使用效果和零件的加工质量、效率以及机床的可靠运行。后置处理，就是根据机床运动结构和控制指令格式，将在 CAM 系统中计算的刀位数据［刀具中心点坐标（x，y，z）和刀轴矢量（i，j，k）］变换成机床各轴的运动数据，并按其控制指令格式进行转换，成为数控机床的加工程序。其主要任务包括机床坐标变换、非线性误差分析、进给速度校核与修正以及数控程序生成等内容。

后置处理过程原则上是解释执行，即每读出刀位原文件中的一个完整的记录，便分析该记录的类型，根据记录类型确定是进行坐标变换还是文件代码转换，然后根据所选数控机床进行坐标变换或文件代码转换，生成一个完整的数据程序段，并写到数控程序文件中去，直到刀位文件结束。后置处理的一般流程如图 5-36 所示。

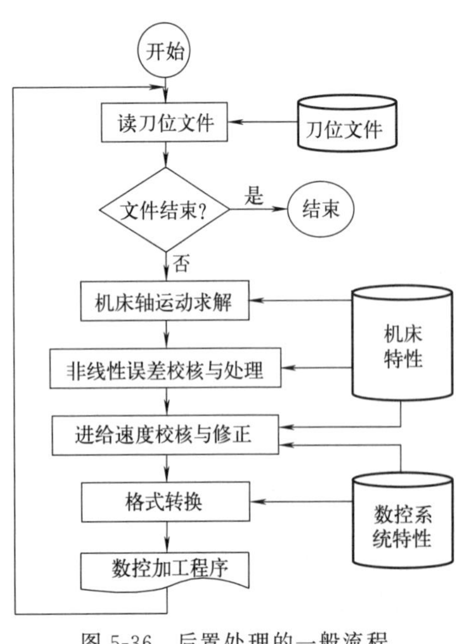

图 5-36 后置处理的一般流程

后置处理可以分为专用后置处理系统和通用后置处理系统。其中，通用后置处理系统一般指后置处理程序功能的通用化，要求能对不同类型的数控系统的刀位原文件进行后置处理，输出数控程序。后置处理包含以下通用化文件：

刀位文件：将刀位文件中的内容转换为用于具体数控机床的加工程序。

数控机床特性文件：描述机床运动结构形式、运动结构参数（包括结构误差）、运动轴行程、最大速度及加速度等的文件。

数控系统特性文件：告诉后置处理系统如何把刀位文件的内容转换成适合于具体数控机床的数控加工程序。

通用后置处理系统要求输入标准格式的刀位原文件，结合数控机床的特性文件，输出的是符合该数控系统指令集合格式的数控程序。通用后置处理程序采用开放结构，可采用数据库文件方式，由用户自行定义机床运动结构和控制指令格式，扩充应用系统，使其适合于各种机床和数控系统，具有通用性。对于三轴数控机床后置处理而言，如果控制系统相同，后置处理几乎是通用的。

专用后置处理系统只能生成某一特定的数控机床指令，不能对其他数控机床的特性文件进行处理。五轴机床由于机床结构相对复杂，不同的五轴机床在结构上会有本质的差别，再加上五轴控制系统的差别大，所以对于五轴机床来说，后置处理程序是不能通用的，常常需要有针对性地加以研究和开发。

5.6.1 五轴联动机床控制点、刀具中心点的运动关系

数控系统控制机床运动时，需要 1 个控制点来指定机床的位置。例如普通三轴机床一般使用主轴端面的中心点作为机床的控制点，五轴机床也会使用类似的点作为控制点。控制点的选择标准是旋转轴旋转时不会改变控制点的位置。因此，一般五轴机床根据机床类型的不同选择不同的控制点。例如带摆头的机床选择摆头的旋转轴线上的一点作为控制点。

五轴机床联动加工既有三个平动轴的移动，又有两个旋转轴的运动，在联动加工过程中机床控制点、刀具中心点运动关系如图 5-37 所示。其中：

刀位点两个旋转轴的坐标就是使得刀具平行于给定的刀轴方向 i、j、k 相应的坐标。

刀位点的三个平动轴坐标，由于两个旋转轴的存在，变得比较复杂。假设机床的三个平动轴 X、Y、Z 分别产生平移运动 ΔX、ΔY、ΔZ ，而两个旋转轴没有运动，那么刀具中心点也会产生同样的位移 ΔX、ΔY、ΔZ ，但是，如果两个旋转轴分别转过角度 ΔB、ΔC，那么，刀具中心点所产生的运动就不再是 ΔX、ΔY、ΔZ ，而是要综合考虑三个平动轴的平移运动和两个旋转轴的旋转运动 ΔB、ΔC 。

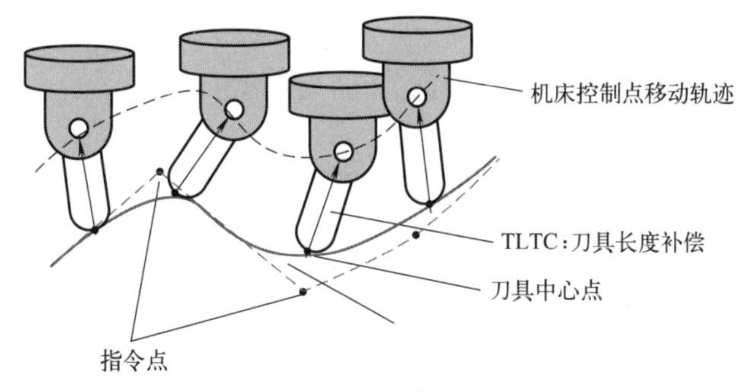

图 5-37　五轴机床联动加工

5.6.2 五轴联动机床坐标变换

五轴联动后置处理，需要根据刀位点的数据（刀具中心点的位置 x、y、z，刀轴方向 i、j、k），针对五轴联动机床的结构特性，完成到机床各轴 X、Y、Z、B、C 相应运动的变换，即从刀具中心点坐标和刀轴方向 i、j、k，反求机床三个平动轴和两个旋转轴的坐标，而坐标变换表达式的求解，与机床具体的结构相关。

(1) 五轴机床的第 4 轴和第 5 轴

五轴机床主要分为双摆头、双转台以及一摆（头）一转（台）3 大种类。在五轴数控机床中，需要确定旋转轴的第 4 轴（主动轴）和第 5 轴（依赖轴），第 4 轴的运动独立于另外一根旋转轴，第 4 轴的旋转会影响到第 5 轴的旋转，而第 5 轴的旋转不会影响到第 4 轴的旋转。根据旋转轴安装关系的不同，五轴机床在 3 大种类上可以细分为 12 种结构。对于一摆一转结构的机床，第 4 轴是转台轴，第 5 轴是摆头轴。具体的分类见表 5-1。

表 5-1　五轴机床主要分类

机床结构	第 4 轴、第 5 轴			
双摆头	*CA*	*CB*	*AB*	*BA*
双转台	*AC*	*BC*	*BA*	*AB*
一摆一转	*CA*	*CB*	*AB*	*BA*

(2) 摆动中心 *P*

如果第 4 轴与第 5 轴相交，摆动中心则为两旋转轴的交点，若不相交，摆动中心则是过第 5 轴且垂直于第 4 轴的平面 T 与第 4 轴的交点。图 5-38 中的 C 轴是一个旋转轴，它的运动独立于另外一根旋转轴 B 轴，是第 4 轴；B 轴的方向会随 C 轴的运动改变，是第 5 轴。摆动中心 P 是过 B 轴且垂直于 C 轴的平面 T 与 C 轴的交点。

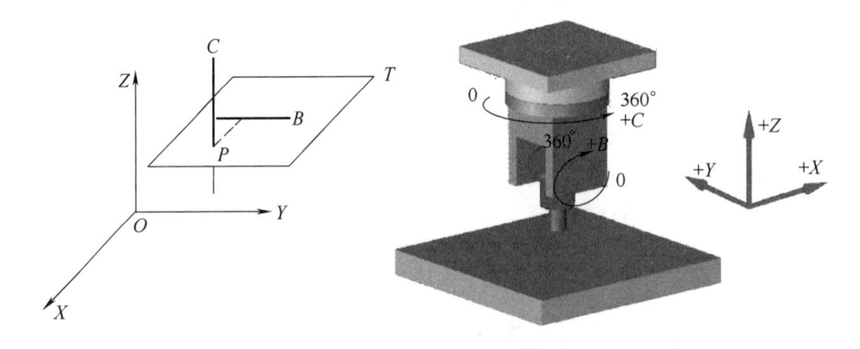

图 5-38　第 4 轴、第 5 轴和摆动中心

(3) 工件的刀具路径表示

如图 5-39 所示，坐标系 $OXYZ$ 为工件坐标系。S 为工件的一个表面，L 为其中的一条刀具路径，P 为刀具路径上的一点，D 为对应的刀轴方向。对于五轴加工，刀具路径是由刀具上的刀位点（中心点）所经过的轨迹和刀轴的方向确定的。例如，对于球刀，刀位点一般为刀具轴线与刀具球面的交点，亦可为球心点；对于平底刀，刀位点则为刀具底部的中心。

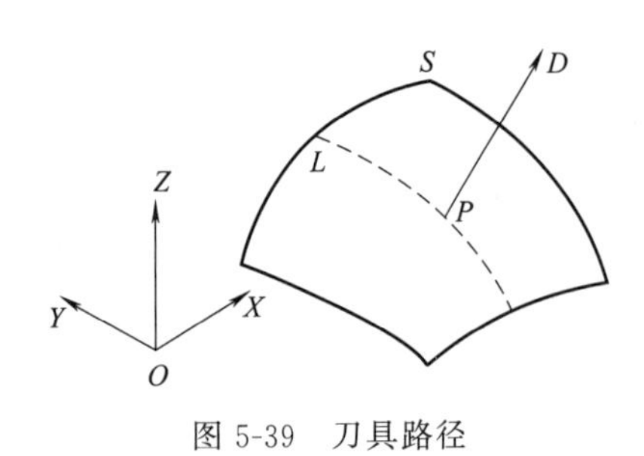

图 5-39　刀具路径

5.6.3　不同五轴机床结构的坐标变换

坐标变换的任务就是，给出刀具路径上的一点 P，及在这一点 P 对应的刀轴方向，求出机床五个轴对应的坐标。

(1) 双摆头结构

图 5-40 为双摆头五轴机床，双摆头结构机床摆动中心是不受两个旋转轴运动影响的，它的运动只与三个平动轴的运动有关。因此，我们把摆动中心的坐标作为三个平动轴的坐标。于是，对于双摆头结构，坐标变换就是，在已知刀具刀位点坐标及刀轴方向的条件下，求出两个旋转轴的坐标及摆动中心的坐标。

对双摆头五轴机床模型简化并建立双摆头结构的坐标系，如图 5-41 所示。与刀具固连的刀具坐标系为 $O_tX_tY_tZ_t$，其原点在刀具中心点上。与工件固连的工件坐标系为 $O_wX_wY_wZ_w$，它在零件几何建模时确定。假设 B、C 轴是相交的，刀具初始位置与 Z 轴平行，动轴 B 与 Y 轴平行，O_m 为摆动中心点（刀具旋转点），O_t 为刀具中心点，O_w 为工件坐标系原点。刀具坐标系原点在工件坐标系中的位置矢量为 $\boldsymbol{r}_{tp}$。通过测量确定有效的刀具长度，即回转轴与刀具轴线的交点到刀具中心点的距离，它可以看成是刀具中心点总的摆动半径。设回转轴交点（摆动中心点）O_m 到刀具中心点 O_t 的距离为 L，在刀具坐标系中位置矢量为（0，0，L）。

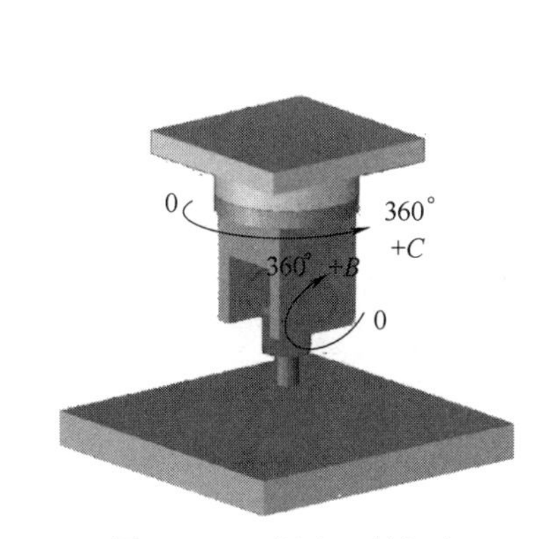

图 5-40　双摆头五轴机床

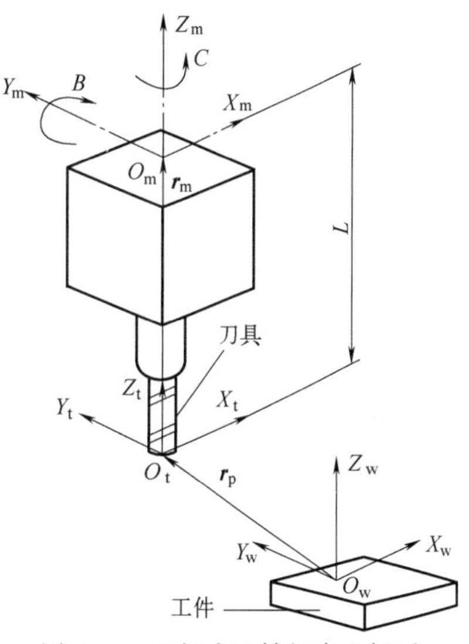

图 5-41　双摆头五轴机床坐标系

记机床平动轴相对于初始状态的位置为 $\boldsymbol{r}_s$（s_x，s_y，s_z），回转轴 B、C 相对于初始状态的角度分别为 θ_b 和 θ_c（逆时针为正），s_x、s_y、s_z、θ_b、θ_c 即为要求的机床五个坐标轴相应的运动。刀轴方向矢量和刀位点矢量在工件坐标系中的表达式分别为 $\boldsymbol{u}_s$（u_x，u_y，u_z）和 $\boldsymbol{r}_p$（p_x，p_y，p_z），这两个矢量可由 $O_tX_tY_tZ_t$ 相对于 $O_mX_mY_mZ_m$ 的旋转和 $O_mX_mY_mZ_m$ 相对于 $O_wX_wY_wZ_w$ 平移坐标变换得到：

$$(u_x\ u_y\ u_z\ 0)^T=\boldsymbol{T}(\boldsymbol{r}_s+\boldsymbol{r}_m+\boldsymbol{r}_t)\cdot\boldsymbol{R}_z(\theta_c)\cdot\boldsymbol{R}_y(\theta_b)\cdot\boldsymbol{T}(-\boldsymbol{r}_m)(0\ 0\ 1\ 0)^T$$

$$(p_x\ p_y\ p_z\ 1)^T=\boldsymbol{T}(\boldsymbol{r}_s+\boldsymbol{r}_m+\boldsymbol{r}_t)\cdot\boldsymbol{R}_z(\theta_c)\cdot\boldsymbol{R}_y(\theta_b)\cdot\boldsymbol{T}(-\boldsymbol{r}_m)(0\ 0\ 0\ 1)^T$$

式中，（$u_x\ u_y\ u_z$）为期望的刀轴矢量在工件坐标系中的矢量表示，（$p_x\ p_y\ p_z$）为刀具路径上刀具中心点在工件坐标系中的坐标。

$$\boldsymbol{T}(-\boldsymbol{r}_m)=\begin{bmatrix}1&0&0&0\\0&1&0&0\\0&0&1&-L\\0&0&0&1\end{bmatrix}$$

$$
\boldsymbol{T}(\boldsymbol{r}_s+\boldsymbol{r}_m+\boldsymbol{r}_t)=\begin{bmatrix}1&0&0&s_x+t_x\\0&1&0&s_y+t_y\\0&0&1&s_z+t_z+L\\0&0&0&1\end{bmatrix}
$$

$$
\boldsymbol{R}_y(\theta_b)=\begin{bmatrix}\cos\theta_b&0&\sin\theta_b&0\\0&1&0&0\\-\sin\theta_b&0&\cos\theta_b&0\\0&0&0&1\end{bmatrix}
$$

$$
\boldsymbol{R}_z(\theta_c)=\begin{bmatrix}\cos\theta_c&-\sin\theta_c&0&0\\\sin\theta_c&\cos\theta_c&0&0\\0&0&1&0\\0&0&0&1\end{bmatrix}
$$

由此可以得到：

$$
\theta_b=\arccos u_z
$$

$$
\theta_c=\arctan(u_y/u_x)
$$

$$
s_x=p_x+L\cos\theta_c\sin\theta_b-t_x
$$

$$
s_y=p_y+L\sin\theta_c\sin\theta_b-t_y
$$

$$
s_z=p_z+L\cos\theta_b-t_z-L
$$

(2) 双转台结构

如图 5-42 所示，一般情况下，装夹工件时，工件坐标系与机床坐标系平行，工件坐标系原点与机床坐标系零点存在偏移。由于工件固定在工作台上，因此，随着两个旋转轴的运动，工件和工件坐标系做相同的运动；这时，工件坐标系与机床坐标系不再平行。

对双转台五轴机床模型简化并建立坐标系，如图 5-43 所示。其中坐标系 $O_wX_wY_wZ_w$ 为工件坐标系；$O_tX_tY_tZ_t$ 为刀具坐标系，其原点设在刀具点上，其坐标轴方向与机床坐标系一致；$O_mX_mY_mZ_m$ 为与定轴 B' 固连的坐标系，其原点 O_m 为两回转轴的交点，其坐标轴方向与坐标系 $O_wX_wY_wZ_w$ 的变换关系，可进一步分解为 $O_tX_tY_tZ_t$ 相对于 $O_mX_mY_mZ_m$ 的平动和 $O_mX_mY_mZ_m$ 相对于 $O_wX_wY_wZ_w$ 的转动。

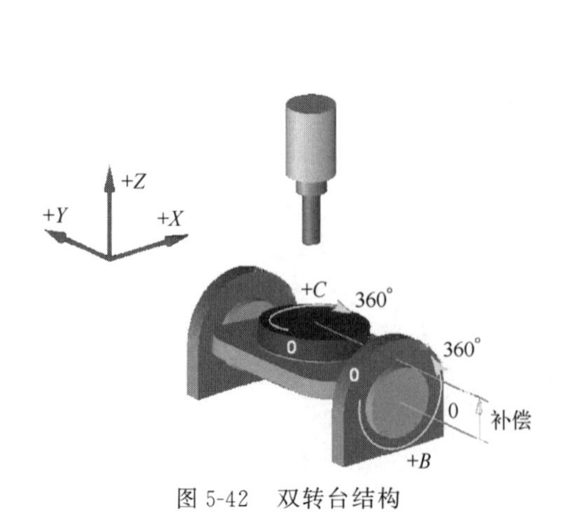

图 5-42　双转台结构

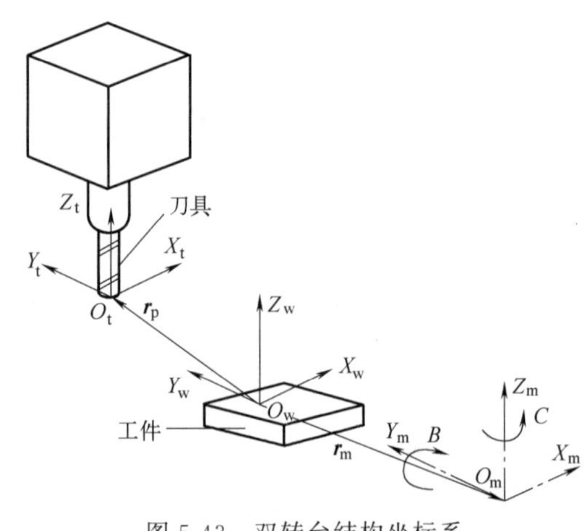

图 5-43　双转台结构坐标系

设动轴 C 的轴线平行于 Z 轴的状态为机床初始状态。此时，工作台与 Z 轴垂直，工件坐标系的方向与机床坐标系一致，刀具坐标系原点在工件坐标系中的位置矢量表示为 $\boldsymbol{r}_t(t_x, t_y, t_z)$，两旋转轴交点 O_m 在工件坐标系中的位置矢量记为 $\boldsymbol{r}_m(m_x, m_y, m_z)$。在刀具坐标系中，刀具的位置和刀轴矢量分别为 $[0\ 0\ 0]^T$ 和 $[0\ 0\ 1]^T$，机床平动轴相对于初始状态的位置记为 $\boldsymbol{r}_s(s_x, s_y, s_z)$，回转轴 B、C 相对于初始状态的角度为 θ_b、θ_c（逆时针方向为正），此时，工件坐标系中刀轴方向和刀位点矢量分别为 $\boldsymbol{\mu}_s(\mu_x, \mu_y, \mu_z)$ 和 $\boldsymbol{r}_p(p_x, p_y, p_z)$。进行坐标变换，可得：

$$[u_x\ u_y\ u_z\ 0]^T = \boldsymbol{T}(\boldsymbol{r}_m)\boldsymbol{R}_z(-\theta_c)\boldsymbol{R}_y(-\theta_b)\boldsymbol{T}(\boldsymbol{r}_s+\boldsymbol{r}_t-\boldsymbol{r}_m)[0\ 0\ 1\ 0]^T$$

$$[p_x\ p_y\ p_z\ 1]^T = \boldsymbol{T}(\boldsymbol{r}_m)\boldsymbol{R}_z(-\theta_c)\boldsymbol{R}_y(-\theta_b)\boldsymbol{T}(\boldsymbol{r}_s+\boldsymbol{r}_t-\boldsymbol{r}_m)[0\ 0\ 0\ 1]^T$$

上式中，$\boldsymbol{T}$ 和 $\boldsymbol{R}$ 分别为平移和回转运动的齐次坐标变换矩阵：

$$\boldsymbol{T}(\boldsymbol{r}_m) = \begin{bmatrix} 1 & 0 & 0 & m_x \\ 0 & 1 & 0 & m_y \\ 0 & 0 & 1 & m_z \\ 0 & 0 & 0 & 1 \end{bmatrix}$$

$$\boldsymbol{T}(\boldsymbol{r}_s+\boldsymbol{r}_t-\boldsymbol{r}_m) = \begin{bmatrix} 1 & 0 & 0 & s_x+t_x-m_x \\ 0 & 1 & 0 & s_y+t_y-m_y \\ 0 & 0 & 1 & s_z+t_z-m_z \\ 0 & 0 & 0 & 1 \end{bmatrix}$$

$$\boldsymbol{R}_y(-\theta_b) = \begin{bmatrix} \cos\theta_b & 0 & -\sin\theta_b & 0 \\ 0 & 1 & 0 & 0 \\ \sin\theta_b & 0 & \cos\theta_b & 0 \\ 0 & 0 & 0 & 1 \end{bmatrix}$$

$$\boldsymbol{R}_z(-\theta_c) = \begin{bmatrix} \cos\theta_c & \sin\theta_c & 0 & 0 \\ -\sin\theta_c & \cos\theta_c & 0 & 0 \\ 0 & 0 & 1 & 0 \\ 0 & 0 & 0 & 1 \end{bmatrix}$$

由此可以得到：

$$\theta_b = k_b \arccos u_z \qquad k_b = 1, -1$$

$$\theta_c = -\arctan\frac{u_y}{u_x} - k_c\pi \qquad k_c = 0, 1$$

$$s_x = \cos\theta_b\cos\theta_c(p_x-m_x) - \cos\theta_b\sin\theta_c(p_y-m_y) + \sin\theta_b(p_z-m_z) + m_x - t_x$$

$$s_y = \sin\theta_c(p_x-m_x)\cos\theta_c(p_y-m_y) + m_y - t_y$$

$$s_z = -\sin\theta_b\cos\theta_c(p_x-m_x) + \sin\theta_b\sin\theta_c(p_y-m_y) + \cos\theta_b(p_z-m_z) + m_z - t_z$$

5.6.4 轨迹运动产生非线性误差

刀位数据文件包含一系列的刀位数据点 x、y、z、i、j、k，在后置处理时，生成为机床各轴相应的运动：直线轴和旋转轴的运动。两个旋转轴的关系，不再是简单的线性变换或

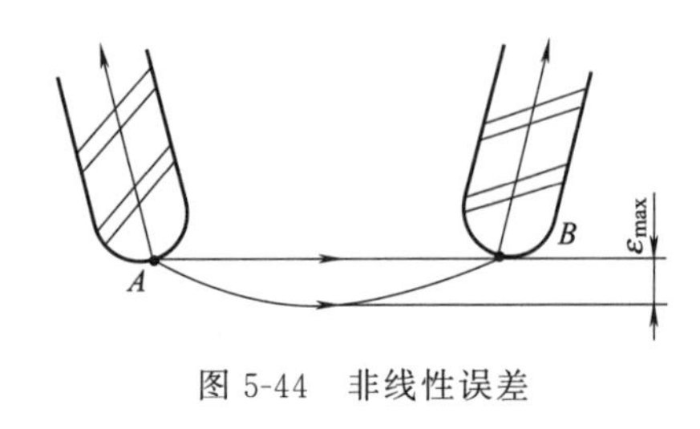

图 5-44　非线性误差

坐标偏置，而是存在着三角函数关系。当机床各运动轴在各程序段内做线性插补运动时，其运动的合成将使刀位点的运动轨迹偏离直线，由此将可能使实际加工误差过大，称为机床非线性运动加工误差。图 5-44 AB 为刀位数据文件中定义的一段直线刀轨，经过线性插补其运动轨迹为一段曲线，存在误差 ε_{max}。一般在后置处理过程中需根据机床运动结构与尺寸对其进行校核。

5.7　hyperMILL 五轴编程

hyperMILL 的五轴编程分为多个铣削模块，主要包括型腔铣削、曲面铣削、叶片铣削、叶轮铣削、弯管铣削，下面对几个主要的模块进行介绍。

5.7.1　型腔循环

型腔循环主要是在采用三轴加工质量不理想的情况下（如壁陡深型腔加工，刀具伸出长，加工质量差），对没有倒扣的型腔区域进行五轴加工。五轴型腔铣削包含多个工法，如图 5-45 所示。

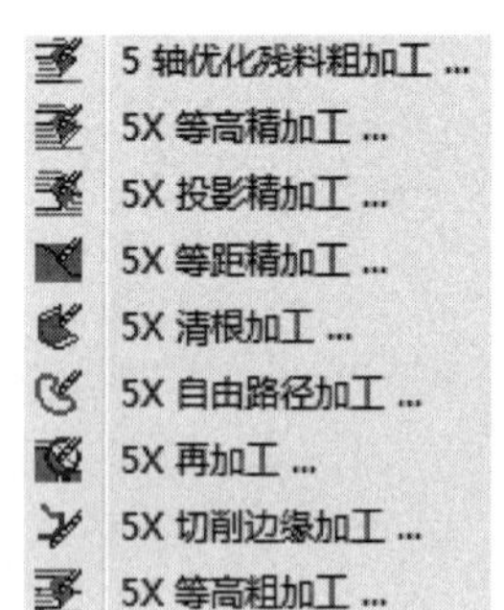

图 5-45　型腔循环工法

刀轴运动行为视频

五轴型腔铣削的工法与三轴对应的铣削工法基本相同，只是增加了五轴功能。下面以等高精加工五轴功能为例，说明刀轴的运动行为。

5.7.2　五轴型腔铣削刀轴的运动行为

五轴型腔铣削刀轴的运动行为，使用以下三种方法，即固定、联动、自动分度，如图 5-46 所示。

- 固定。固定即在整个加工区域固定刀具倾角，实现定向加工。定向加工可以 3＋2 定位方式实现，其刀轴与 Z 轴平行；也可以通过设定 Z、B 轴转角值，定义侧倾角从而固定刀具倾角实现定向加工。此种通过固定倾角达到定向加工的方法，可以称为五轴定向加工。
- 联动。联动即五轴同时运动，倾角策略可使用：自动、刀尖朝向 Z 轴、手动曲线和偏置曲线。
- 自动分度。自动分度即自动将复杂的加工区域划分成若干小的区域，然后通过固定刀具倾角进行加工。计算固定倾角时，可以优先竖直方向（优先三轴），亦可以优先倾斜（3＋2 加工）。如果设置允许联动，在三轴、3＋2 加工无法实现时，可实现联动加工。

下面对三种刀轴的运动行为进行详细介绍。

（1）自动

hyperMILL 利用智能刀轴自动避让技术，系统只需要识别使用者要求的基本切削角度，就会自动倾斜角度来处理干涉，五轴刀路生成非常灵活、简便。

编程人员选择智能刀具路径产生方式时（倾斜策略选择“自动”），设定最佳的 A/B 轴倾斜角度（倾摆角）、干涉避免 A/B 轴的倾斜角最大角度范围，输入机床的摆动角度限制（机床限制最大 Z 轴倾斜角度）即可。同时，这种方式可以达到过切干涉保护，确保加工过程中机床的安全。

由于这种方式对编程用计算机的要求稍高，hyperMILL 同时也提供了手动的控制方式。这种控制方式并非完全手动，可以根据需要控制的部分进行手动设置，其余部分由计算机进行智能化处理。

图 5-46　刀轴运动行为

(2) 手动

手动方式包括"刀尖朝向 Z 轴"（如图 5-47 所示），以及"手动曲线"（如图 5-48 所示）2 种倾斜控制，在"设置：B/C 轴"选项下，设置刀尖朝向或刀柄通过的"倾斜曲线"。

1）刀尖朝向 Z 轴

即在 C 轴的控制上，保持刀具的刀尖通过 Z 轴，而 A/B 轴的控制与"自动"方式下相同。C 轴控制中的"严格导引"选项的作用是：当启用"严格导引"时，C 轴将不论何种情况始终保持刀具的刀尖通过 Z 轴；关闭"严格导引"时，系统将尽量使加工中刀具的刀尖通过 Z 轴，而当需要 C 轴参与避让时，刀具的刀尖可不通过 Z 轴。

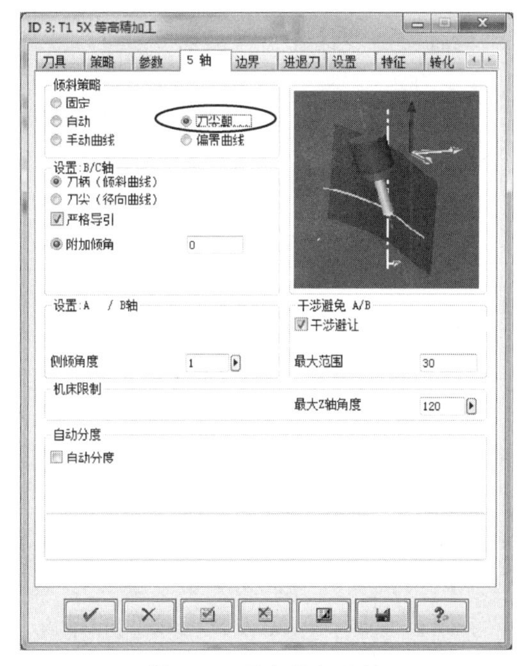

图 5-47　刀尖朝向 Z 轴

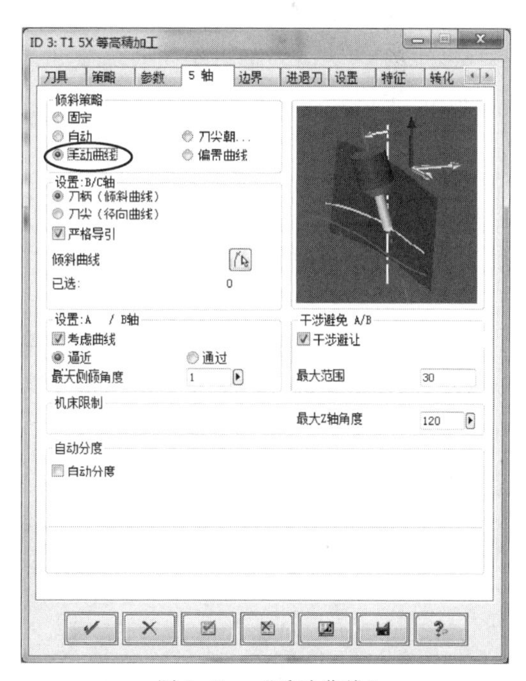

图 5-48　"手动曲线"

2）刀尖朝向或刀柄通过"倾斜曲线"

"手动曲线"方式是人为分别设定 C 轴及 A/B 轴的倾斜策略。C 轴的控制可设定刀尖朝向或刀柄通过“倾斜曲线”，此处的刀尖朝向与刀柄通过均表示所设倾斜曲线与刀具在 C 轴旋转平面上投影的行为。

刀尖朝向，从刀轴视角观察，在 C 轴旋转平面上投影，倾斜曲线通常位于要加工的曲面的后面；刀柄通过，在 C 轴旋转平面上投影，从刀轴视角观察，它通常位于要加工的曲面的前面。如图 5-49（a）所示，刀柄通过倾斜曲线，倾斜曲线在 C 轴旋转平面上投影位于要加工的曲面的前面。如图 5-49（b）所示，刀尖朝向倾斜曲线，倾斜曲线在 C 轴旋转平面上投影位于要加工的曲面的后面。

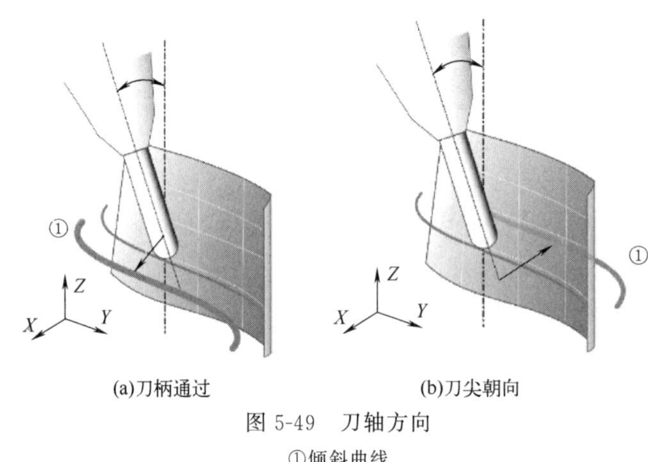

图 5-49　刀轴方向

①倾斜曲线

当启用“严格导引”时，C 轴将不论何种情况始终保持刀具的刀尖朝向或刀柄通过 Z 轴；关闭“严格导引”时，系统将尽量使加工中刀尖朝向或刀柄通过 Z 轴，而当需要 C 轴参与避让时，刀尖或刀柄可不朝向或通过 Z 轴。如果启动干涉优先“A/B 轴”下的“优先 A/B 轴”，干涉避让首先为 A/B 轴，其次为 C 轴。

A/B 轴的倾摆控制可设定是否考虑上面所设的“倾斜曲线”。如不考虑“倾斜曲线”，则倾斜控制与“自动”方式下完全相同；如考虑“倾斜曲线”，将有“逼近”与“通过”2 种设置，“逼近”系统将尽量使加工中刀具靠近倾斜曲线，“通过”系统将使加工中刀具不论何种情况始终保持通过倾斜曲线。

3）倾斜曲线的高度

合理的倾斜曲线高度，有利于宽大而比较浅的型腔侧壁实现恒定的倾斜角度加工；有利于比较窄而深的型腔侧壁实现可调节倾斜角度加工，避免刀杆与模型的壁表面碰撞的发生。

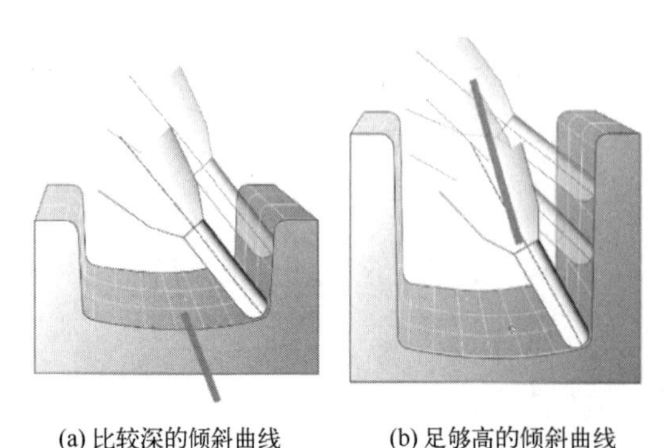

图 5-50　倾斜曲线的高度

图 5-50（a）中，刀柄通过曲线，手动倾斜曲线设置越深越好，有利于实现恒定的倾斜角度加工；图 5-50（b）中，刀柄通过曲线，手动倾斜曲线设得足够高，这样，随着加工深度的提高，刀具也会位于其上，实现可调节倾斜角度，避免刀杆与模型的壁发生碰撞。

如果曲面需要刀具往复加工，建议将倾斜曲线设得高一点。这样，刀具在手动倾斜曲线上的定位会开始得早一点，结束得迟一点，从而刀具移动更为平滑。如图 5-51 所示。

4）偏置曲线

利用偏置曲线策略，在每个加工层面中，系统根据偏置值定义相对应的曲线，偏置曲线用于确定刀杆的方向，如图 5-52 所示。要加工的曲面不能太平坦，比较复杂时，能有效地构成偏置曲线，否则的话可能无法构成有用的偏置曲线。如果偏置策略造成很多对铣削而言不必要的围绕 Z 轴而进行的旋转动作，就应使用手动曲线选项。如果无法避免分裂成单个曲线，加工应分成几个工单进行，每个工单有自己的加工区域及偏置。

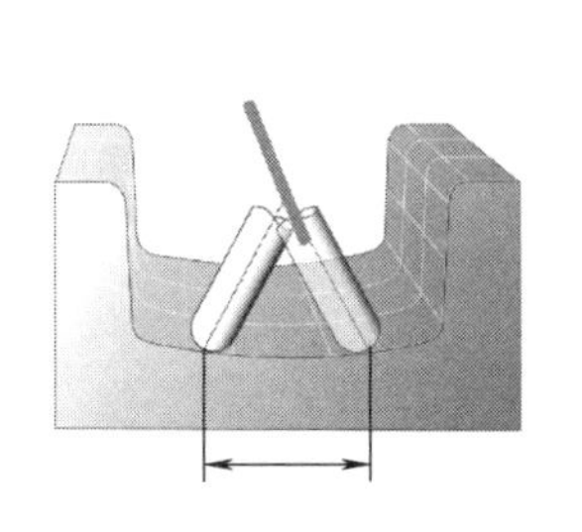

(a) 较低的倾斜曲线

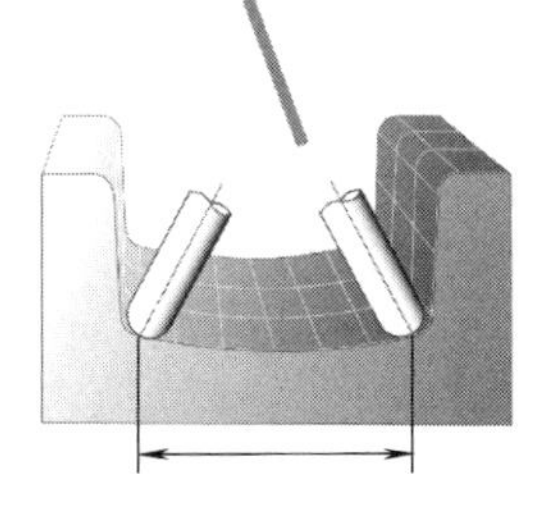

(b) 较高的倾斜曲线

图 5-51　倾斜曲线高度对刀路的影响

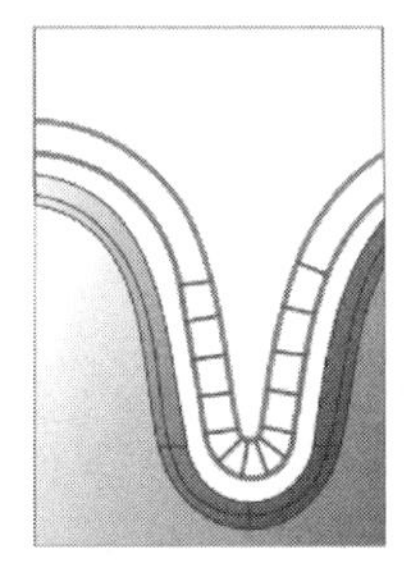

图 5-52　不同偏置值下的刀路

5.7.3 型腔循环的工法

型腔循环共包含以下工法：5X 等高粗加工、5X 等高精加工、5X 投影精加工、5X 等距精加工、5X 清根加工、5X 自由路径加工、5X 再加工、5X 切削边缘加工、五轴优化残料粗加工。五轴优化残料粗加工的五轴功能与其他循环的区别比较大，主要通过平面和 3D 控制刀轴。各个循环从工程的实际应用来看，5X 等高精加工、5X 再加工两个工法在解决倒扣和刀具路径干涉方面的效果好，应用更广泛。型腔循环所包含工法的含义如表 5-2 所示。

型腔循环
工法视频

表 5-2　型腔循环工法

工法名称	含　　义	例　　图
5X 等高粗加工	在 3D 等高粗加工模式下加工型腔并附带干涉避让功能。如果出现碰撞，将自动转换到使用更短的刀具优化残余材料区域的加工	
5X 等高精加工	对平面或具有陡峭曲面的型腔进行加工，在加工层面之间可实行平滑转换。对具有倒扣的曲面启用倒扣加工功能，使用五轴策略加工	

工法名称	含　义	例　图
5X 投影精加工	采用不同引导策略,对平坦和/或略微弯曲的曲面进行精加工	
5X 等距精加工	加工型腔的底部区域及起伏不大的弯曲曲面,可在各个刀具路径之间实行平滑转换	
5X 清根加工	残料加工包括 3D 加工的所有策略变化,刀轴倾摆可减少刀具的安装长度,有利于提高加工质量。清根加工的参考刀具直径不宜与加工刀具的直径差别过大	
5X 自由路径加工	5X 自由路径加工是一个用途广泛的循环,使用的刀具范围扩大,可以使用圆桶刀。可沿着自由指定的中心点路径铣削,可以对倒扣区域进行加工,亦可实现四轴联动加工	
5X 再加工	为任何先前的参考工单进行五轴加工计算。因此可使用五轴策略加工因碰撞隐藏的刀具路径。避免所选刀具碰撞	
5X 切削边缘加工	在没有导向曲面的情况下,加工带有倒扣的 3D 切削边。自动计算刀具倾角及自动定位	
五轴优化残料粗加工	基于最小毛坯的毛坯模型和用户定义值计算残余材料区域,使用更短的刀具优化残余材料区域的加工	

5.8 曲面循环

曲面循环用于加工略微弯曲的曲面及有规则曲面的几何体。刀具倾角通常由所选曲面或导向曲面的曲面法线确定，所有用来确定刀具铣削行为的额外元素（点、线、轮廓）必须落在欲加工的曲面上。曲面循环包含多个工法，如图 5-53 所示，曲面循环所包含工法的含义如表 5-3 所示。

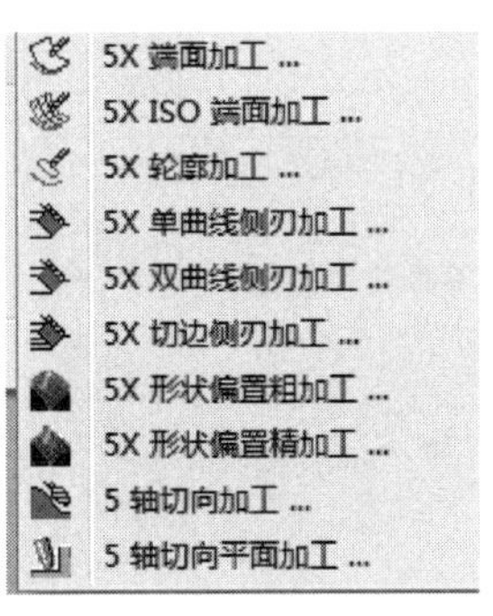

图 5-53　曲面循环工法

曲面循环工法视频

表 5-3　曲面循环工法

工法名称	含　义	例　图
5X 端面加工	刀具位置根据刀具倾角和切触点进行计算。刀具路径可定向至 X 轴或 Y 轴或一个可自由定义的轮廓	
5X ISO 端面加工	刀具位置根据刀具倾角和切触点进行计算。刀具路径被定向至曲面的 U 形或 V 形线条中，或是所选的同步线条	
5X 轮廓加工	以规定的刀具倾角对元素进行铣削并塑型，如开槽、切边或雕刻等等。通过同步直线，可以手动调节刀具倾角	

工法名称	含　　义	例　　图
5X 单曲线侧刃加工	铣削刀具沿一根线条跟曲面接触加工规则曲面。轴方向上的加工区域根据轮廓曲线定义。刀具倾角由要加工的曲面确定	
5X 双曲线侧刃加工	铣削刀具沿一根线条跟曲面接触加工规则曲面。跟侧刃切单曲线不同，顶部曲线定义刀具倾角，底部曲线定义加工在轴方向上的结束位置	
5X 切边侧刃加工	铣削刀具沿一根轮廓线条跟曲面接触加工规则曲面。轮廓底部位置确定了在轴方向上的结束位置	
5X 形状偏置粗加工	对小曲度曲面进行粗加工，路径跟随所选驱动曲面。刀轴方向根据驱动曲面的面法向定向	
5X 形状偏置精加工	使用统一余量对小曲度曲面进行精加工，因此路径跟随所选驱动曲面。可为加工定义底部和顶部曲面，因此可单独进行调节	
五轴切向平面加工	使用圆筒刀精加工平面曲面。仅通过自动调整刀具与要铣削曲面的倾角进行。自动碰撞检查可保证最优的流程安全性。通过将加工策略和刀具形状相结合，可实现更高的效率	Y Z X

续表

工法名称	含　义	例　图
五轴切向加工	曲面切向精加工。通过自动生成的ISO曲线或 Z 常量曲线，定义刀具的切触点。可以选择手动生成曲线。碰撞避让和自动生成的进刀和退刀宏确保最佳的刀具路径	

5.8.1 曲面循环五轴参数

在 hyperMILL 曲面循环中，曲面铣削需要设置与刀轴有关参数：引导角（前倾角）/倾斜角；理想的倾角；最大倾角；同步线；过渡距离。

引导角（前倾角）：刀轴在刀具路径方向上与刀具路径曲面法向之间的夹角。如果球头铣刀铣削曲面，在刀具路径方向上，引导角（前倾角）为“0”，球头铣刀中心点总是静止的，加工表面粗糙度较差。在使用球头铣刀进刀时，引导角设置为 10°～15°。

倾斜角（侧倾角）：刀轴在与刀具路径垂直的方向上与刀具路径曲面法向之间的夹角。即进给方向横向的倾角。

理想的倾角：不考虑避免碰撞的倾角。

最大倾角：如果在碰撞检查后，需要调整倾斜角度，该值比在最大倾斜角度中设定的值小。

曲面铣削中，立铣刀、圆鼻刀和球刀一样可用于曲面的加工，但它们各有特点：球刀加工曲面编程简单，电脑计算方便，步距小，加工范围大；圆鼻刀加工曲面步距相比球刀的大，效率高，寿命长，底刃和侧刃都可以用，但圆鼻刀的 R 角越大，刃口与工件接触面越多，粗糙度越低，加工曲面存在凹圆弧，局部有限制，如图 5-54 所示。使用圆鼻刀、立铣刀需要设置最小安全角（引导角）。

同步线：改变特定的难铣削区域（如角落或边缘）中所定义的刀轴线条。避免铣削刀具方向的突变，确保机床能够流畅加工。如图 5-55 所示。

过渡距离：定义刀轴定向于同步线方向的区域。

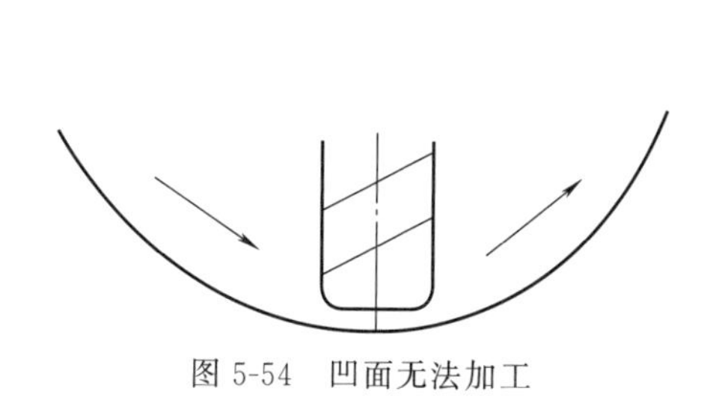

图 5-54　凹面无法加工

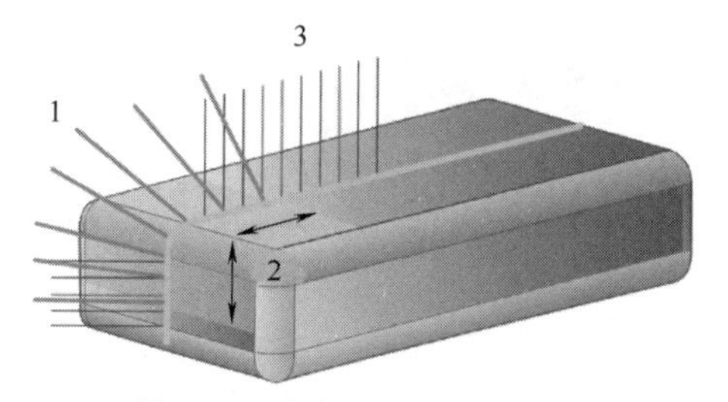

图 5-55　难铣削区域的同步线

1—同步线；2—过渡距离；3—曲面法向

5.8.2 曲面循环中的5X单曲线侧刃加工

曲面铣削中，5X单曲线侧刃采用单曲线进行刀轴控制，工法比较特殊。与相关的参数及加工模式有关。

(1) 5X单曲线侧刃加工模式

5X单曲线侧刃加工有两种模式：曲面上的曲线模式、基础曲面模式，如图5-56所示。在曲面上的曲线模式中，选择侧刃加工的面，并选择一个或多个轮廓曲线（轮廓）。轮廓曲线定义了刀轴方向上加工区域内的最后切削位置。附加曲面选择底部基础曲面，可实现精确的刀具路径导向。

在基础曲面模式中，选择要进行侧刃加工的面，并选择一个基础曲面。使用拖动操纵器拖动基础曲面，基础曲面与侧刃加工的面结合，生成曲面窄条和截面曲线（=曲面窄条的中心线）。曲面窄条和截面曲线包含刀具和轴向加工区域的倾角信息（ISO线）。

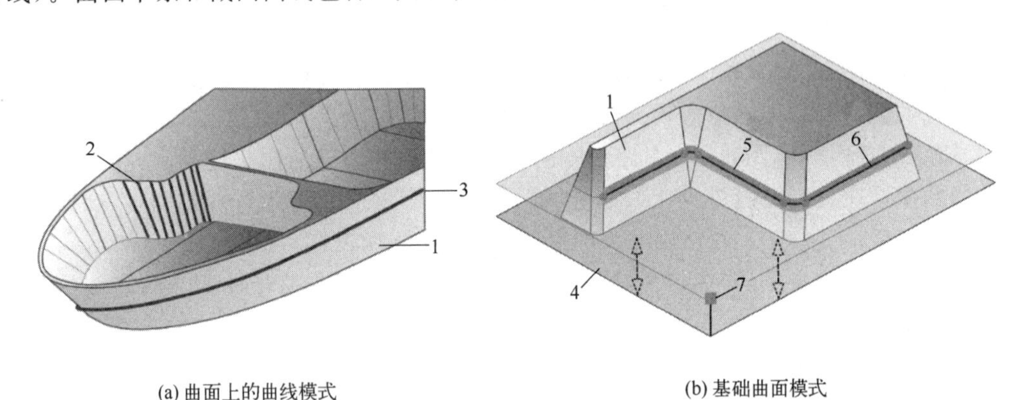

(a) 曲面上的曲线模式　　(b) 基础曲面模式

图5-56　单曲线侧刃加工的两种模式

1—侧刃加工的面；2—同步线或ISO线；3—轮廓曲线；4—基础曲面；5—曲面窄条；6—截面曲线；7—拖动操纵器

(2) 驱动曲面

如果要进行侧刃加工的面的质量差，加工公差不足，则使用驱动曲面，为刀具提供倾角信息。驱动曲面的位置和方向必须对应于要进行侧刃加工的面。驱动曲面需要使用菜单栏中图形菜单的“侧刃切削”命令建立面条纹，如图5-57所示。按照1～5步骤设定面条纹，可将面的参数曲线中的接近信息用于面铣削。

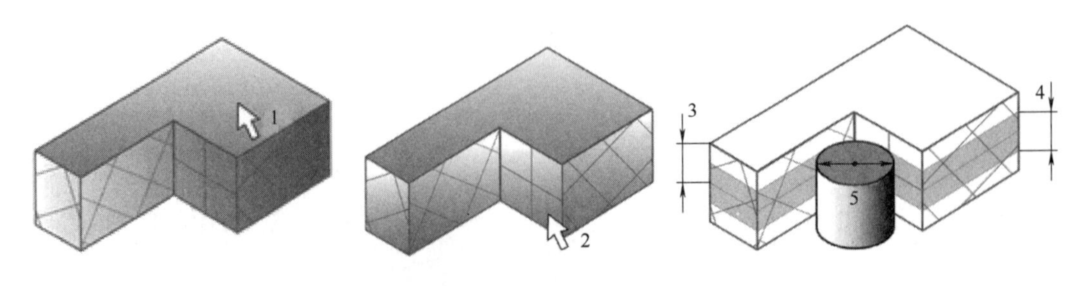

图5-57　面条纹建立

1—底面；2—侧面；3—所得侧刃曲面的中心和基础曲面之间的距离；4—面条纹高度；5—在内角面条纹中插入的圆角

5.8.3 曲面循环中的5X形状偏置粗加工

5X形状偏置粗加工有两种模式：零件曲面、驱动曲面。在零件曲面模式中，驱动曲面位于模型上，用于定义要加工区域的侧面位置并指定刀具定位。垂直加工区域是由顶部和底部两个参数相对于由驱动曲面所形成的零点定义的。

驱动曲面模式中，驱动曲面用于定义要加工区域的侧面位置并指定刀具定位。垂直加工区域是由顶部和底部两个参数定义的，其值与所设的零点有关。零点的定义如下。

已定义底部曲面：如果底部曲面位于偏置后的驱动曲面的上面，则零点对应于底部曲面。如果底部曲面位于偏置后的驱动曲面的下面，则零点对应于驱动曲面。

未定义底部曲面：零点对应于偏置后的驱动曲面。

图5-58为以简化的图形显示在驱动曲面模式下驱动曲面和底部曲面的联系。驱动曲面3、7通过偏置形成偏置驱动曲面6，偏置驱动曲面6位于底平面5上面，即底部曲面位于偏置后的驱动曲面的下面，则零点4对应于驱动曲面。

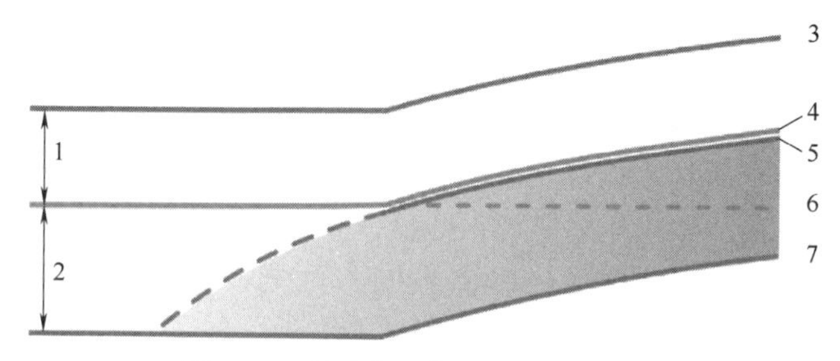

图5-58 驱动曲面模式下的零点定义

1—负偏置；2—正偏置；3—驱动曲面；4—零点；5—底平面；6—驱动曲面（包括偏置）；7—驱动曲面

5.9 综合案例

5.9.1 定子螺旋曲面数控编程、加工

定子螺旋曲面数控编程、加工视频

螺杆钻具马达定子的模型如图5-59所示，材质铝合金，外径为$\phi 100$，内径为$\phi 50$，厚度为50，内腔设置螺旋曲面，主要技术指标有：螺旋曲面粗糙度$Ra<1.6\mu m$，螺旋曲面线轮廓度小于0.05。

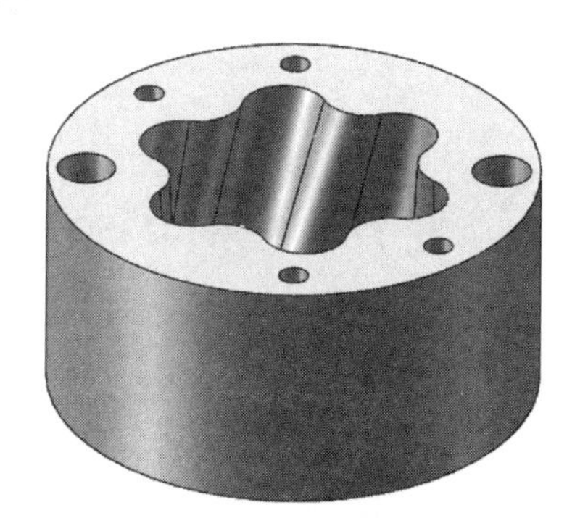

图5-59 零件模型

定子零件的加工工序为下料→车外圆、镗孔→铣螺旋曲面、钻端面通孔、铣沉头孔。铣削设备为五轴联动加工中心，工艺基准选择零件上端面的中心，螺旋曲面加工分为粗加工、半精加工和精加工三个阶段，具体工艺安排如表 5-4 所示。

表 5-4 工艺卡

工序	加工内容	机床	刀具、加工策略
1	下料	锯床	略
2	车外圆端面，调头，车外圆端面	车床	略
3	钻端面通孔	五轴加工中心	麻花钻、断屑钻
	螺旋进给铣端面沉头孔		ϕ8 立铣刀、轮廓加工
	粗铣螺旋曲面，留余量 0.5		ϕ10 立铣刀、3D 任意毛坯粗加工
	半精铣螺旋曲面，留余量 0.1		ϕ10 球刀、5X 再加工
	精铣螺旋曲面		ϕ10 球刀、5X 再加工

(1) 螺旋曲面的粗加工

螺旋曲面的粗加工采用 3+2 定轴、3D 任意毛坯粗加工。螺旋曲面的端面轮廓线具有周期性，以单周期为基础规划刀具路径，再通过转化功能中的圆形阵列，得到整个周期螺旋曲面刀路。单周期刀具路径的具体规划方法为：在工件坐标系中，旋转工件寻找合适角度，确保定轴能够加工螺旋曲面，并建立坐标系，绘制合适边界，采用 3D 任意毛坯粗加工策略生成刀路，如图 5-60 所示。对单周期刀具路径圆形阵列，生成全部螺旋曲面的刀路，如图 5-61 所示。转化功能选项卡的设置如图 5-62 所示。

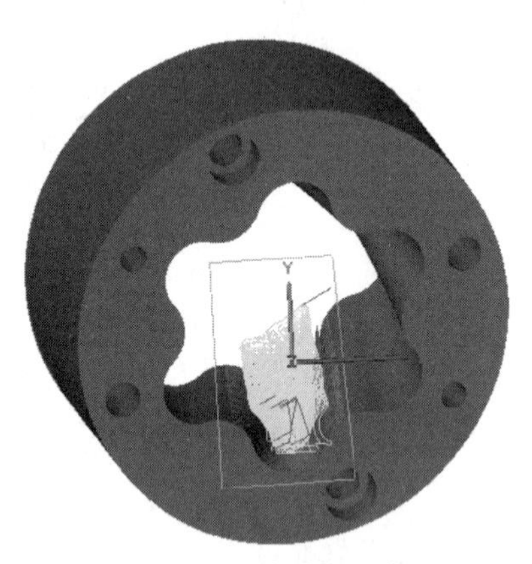

图 5-60 单周期刀路

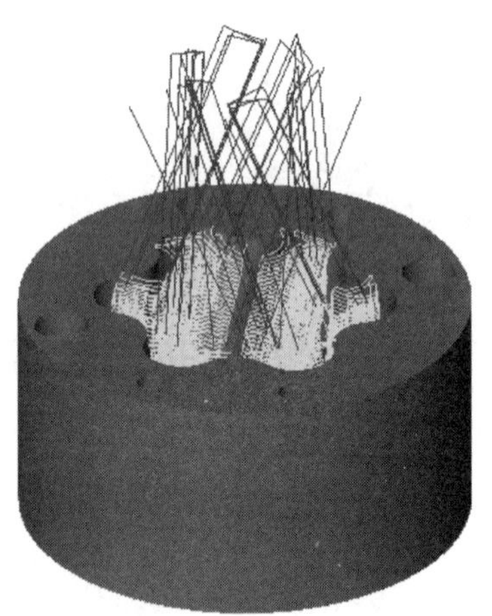

图 5-61 全周期刀路

(2) 螺旋曲面的半精和精加工

螺旋曲面的半精和精加工生成刀路方法，采用 3D ISO 加工生成干涉刀路，再通过 5X 再加工优化刀路，过程如下。

采用 3D ISO 加工编程时，理想刀路是由上至下，螺旋下切，所以在曲面定位中选择整体定位，加工方向选择流线，进给模式选择优先螺旋，需要重点强调的是，只有取消检查模型，如图 5-63 所示，才能生成干涉刀路，干涉刀路如图 5-64 所示。在此基础上，通过 5X 再加工，以 3D ISO 加工生成的刀具路径为参考，再加工模式选择修改位置，五轴选项卡中

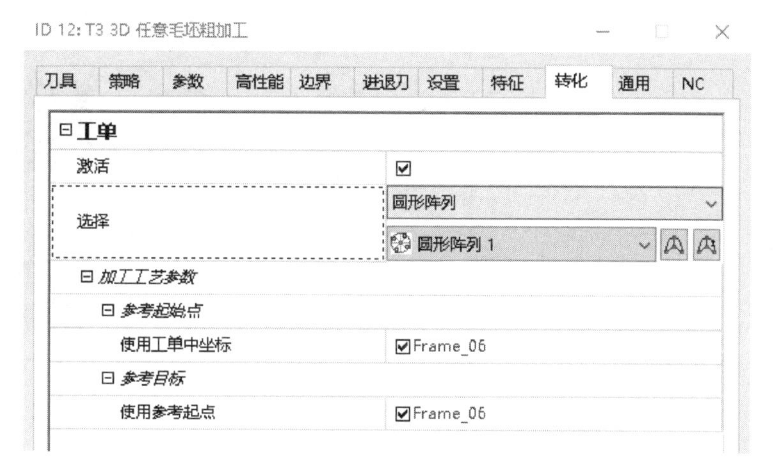

图 5-62　转化功能选项卡

倾斜策略选择手动曲线，曲线选择 Z 轴，然后不断调整倾角数值，直到生成平滑且无干涉的路径，如图 5-65 所示。加工实物图如图 5-66 所示。

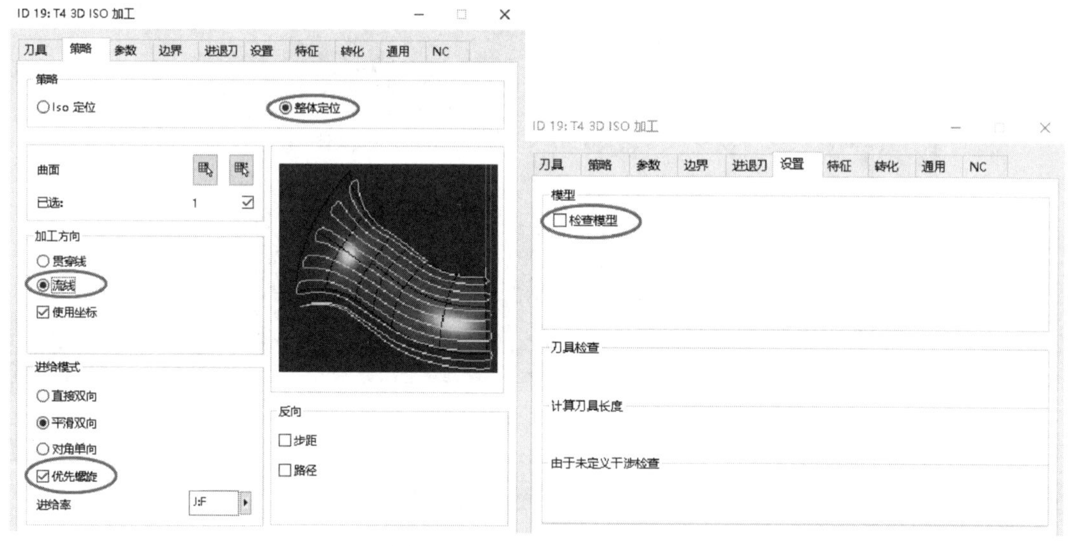

图 5-63　3D ISO 加工选项卡

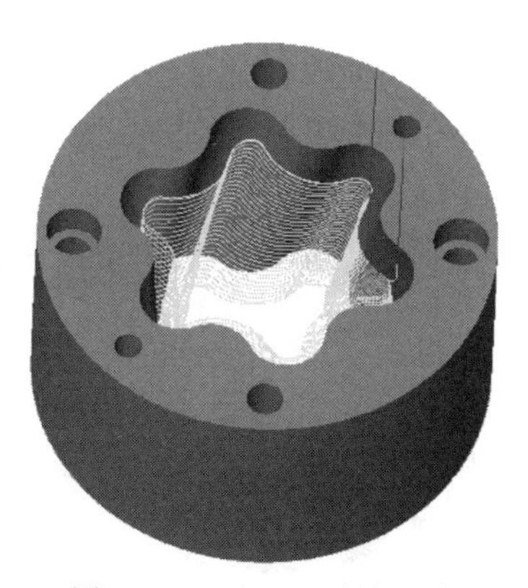

图 5-64　3D ISO 干涉刀路

图 5-65　5X 再加工选项卡

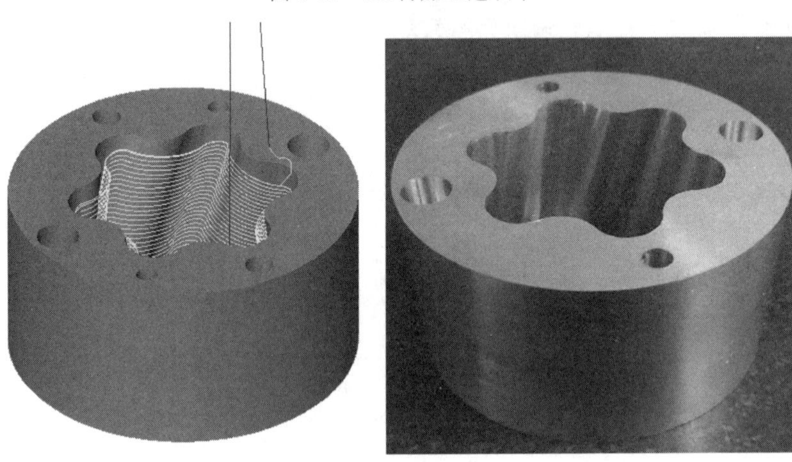

图 5-66　5X 再加工刀路、加工实物

内球、轨道曲面的数控编程、加工视频

5.9.2　内球、轨道曲面的数控编程、加工

内球面零件如图 5-67 所示，零件材质为铝合金，主要包含内表面和轨道，内球面零件外径为 $\phi228$，内径为 $\phi168$，厚度为 74。主要技术指标有：内表面与轨道粗糙度 $Ra<1.6\mu m$，轨道线轮廓度小于 0.05，相邻轨道位置度小于 0.05。

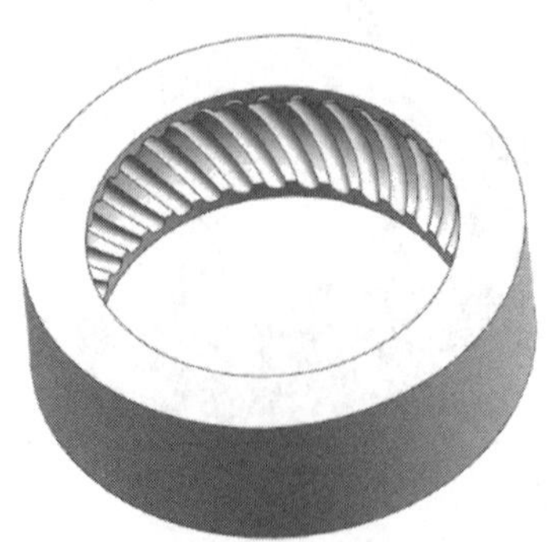

图 5-67　内球面零件模型

内球面零件的加工工序为下料→车外圆、端面→铣内径、内表面、轨道，工艺基准选择内球面零件下端面的中心。加工阶段分为粗加工、半精加工和精加工三个阶段，具体工艺安排如表5-5所示。

表5-5　工艺卡

工序	加工内容	机床	刀具、加工策略
1	车外圆(ϕ228)、端面	车床	55°外圆车刀
2	内径开粗(ϕ168)，留余量0.3	五轴加工中心	ϕ16立铣刀，轮廓加工
	内表面粗加工，留余量0.3		R3锥度球刀，5X等高精加工
	内表面精加工		R3圆球刀，5X等高精加工
	轨道粗加工，留余量0.3		R3锥度球刀，5X投影精加工
	轨道半精加工，留余量0.3		R3圆球刀，5X再加工
	轨道精加工		R3圆球刀，5X再加工

(1) 内表面铣削路径规划

将内球面零件在五轴加工中心加工，首先铣削ϕ168内孔，然后铣削内表面和轨道，内表面的余量比较大，余量去除通过以下两种方法处理：

① 圆柱分层法：在轴向上做等距圆柱面，与内表面相交得到等距面，分层加工，如图5-68所示。

② 偏置面分层法：将内表面沿径向向内偏置，与内表面相交得到等距面，分层加工，如图5-69所示。

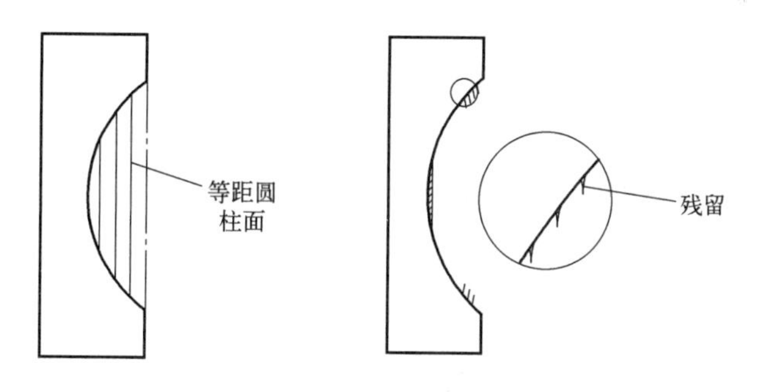

图5-68　圆柱分层法

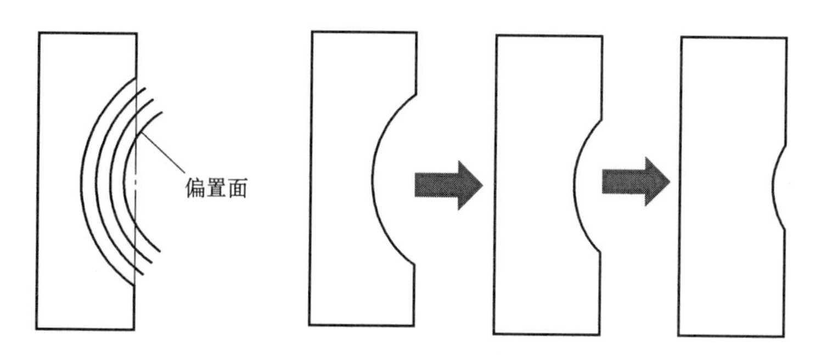

图5-69　偏置面分层法

两种方法前者前处理简单，但是加工残留较多，后者虽然前处理复杂，但是加工质量好。实际中选择偏置面分层法。

内表面铣削刀路策略选择等高法生成刀路，等高法可应用于陡峭曲面的刀路生成，步距调整方法采用残留高度模式，刀具的行距（Z 轴距离）取决于曲面曲率和陡度，加工时不超过预先定义的残留高度，可保证表面粗糙度，避免了固定步距带来的残留高度变化大的缺点，如图 5-70 所示。根据加工面特点，两层之间的连接采用螺旋进给模式，如图 5-71 所示，可保证整个加工过程切削平稳。

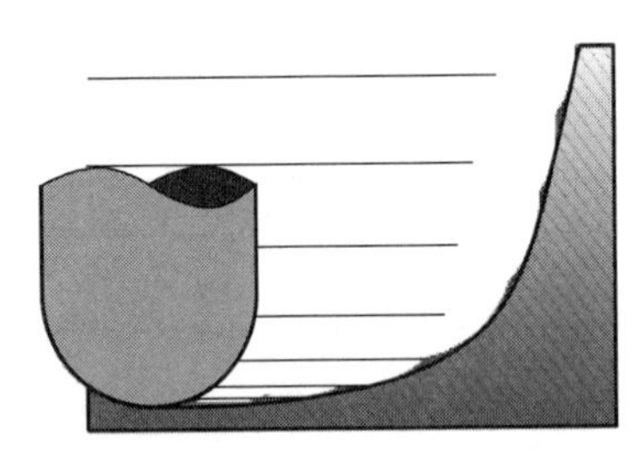

图 5-70　残留高度模式

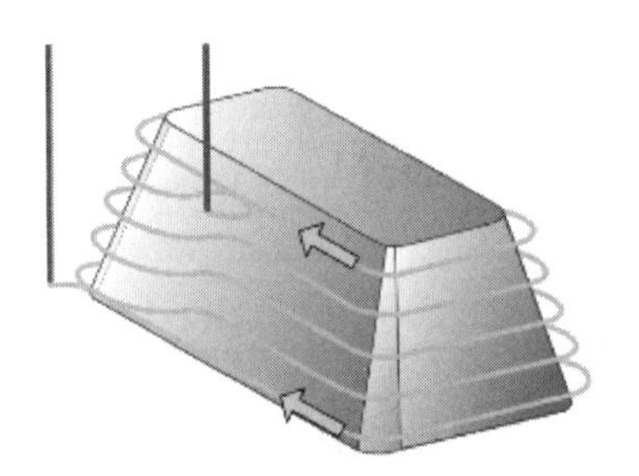

图 5-71　螺旋进给模式

内表面铣削具体的设置为：选择 5X 等高精加工，在策略和参数选项卡选择优先螺旋和残留高度模式，如图 5-72 所示；五轴选项卡主要控制刀轴矢量，倾斜策略选择手动曲线，曲线为 Z 轴，刀柄指向 Z 轴，其余参数根据情况设置，如图 5-73 所示。编程生成的刀路如图 5-74 所示。

图 5-72　5X 等高精加工策略、参数设置

(2) 轨道铣削路径规划

轨道粗加工去除余量的方法是使用偏置面分层法，采用投影法生成刀路。轨道粗加工轮廓计算以垂直于（法向）导引曲线 1 的方向进行，轮廓长度 2 由边界决定，如图 5-75 所示。粗加工切削量大，此种生成刀路方式刀轴变化小。精加工轨道采用流动加工，轮廓需要两条导引曲线 1、2，如图 5-76 所示。每条导引曲线不相互交叉，而且方向相同。轨道粗加工、精加工的刀路分别如图 5-77、图 5-78 所示。

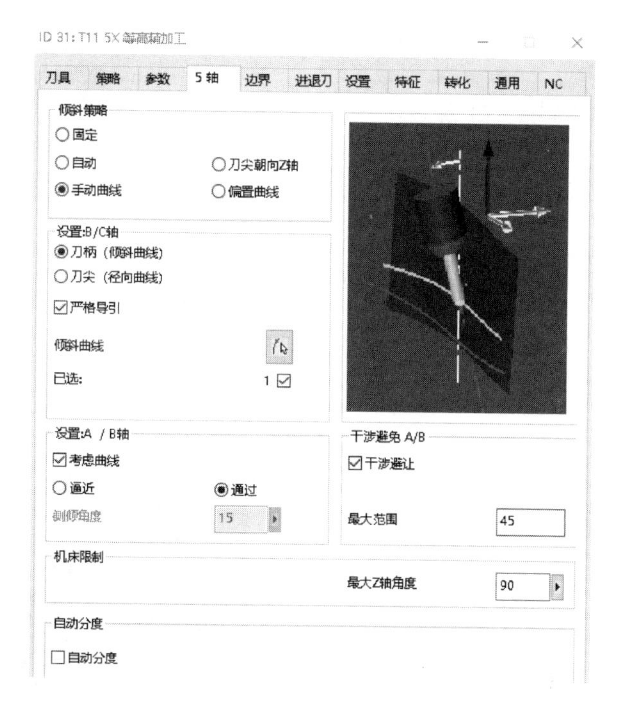

图 5-73　5X 等高精加工五轴设置

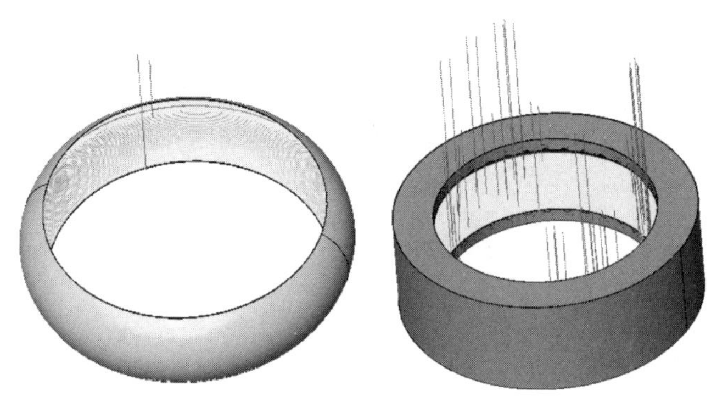

图 5-74　刀路

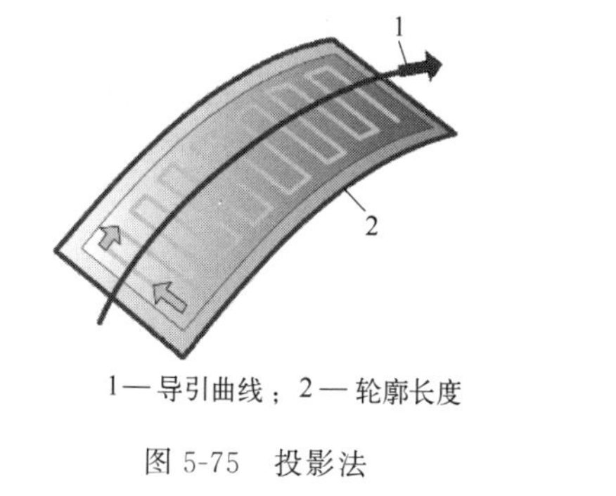

1—导引曲线；2—轮廓长度

图 5-75　投影法

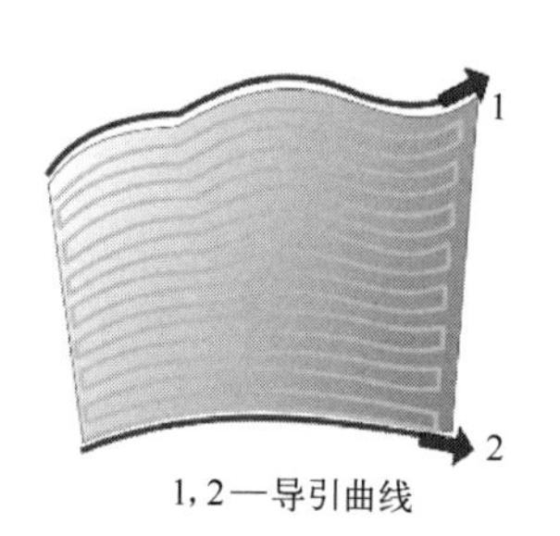

1，2—导引曲线

图 5-76　流动加工

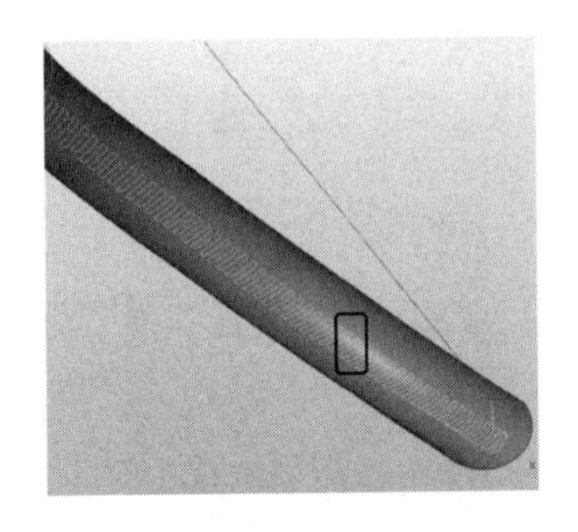

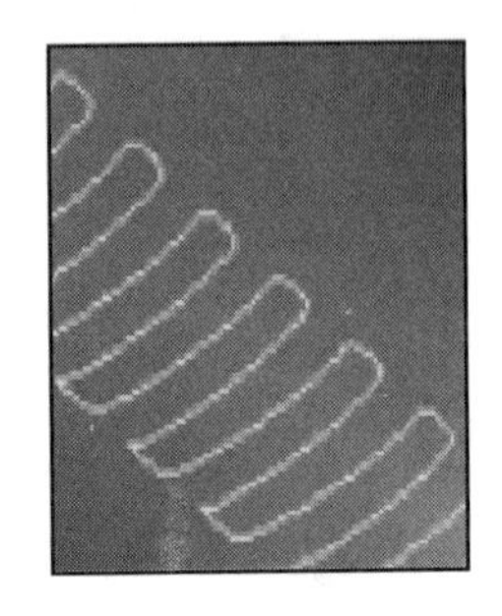

图 5-77　轨道粗加工刀路

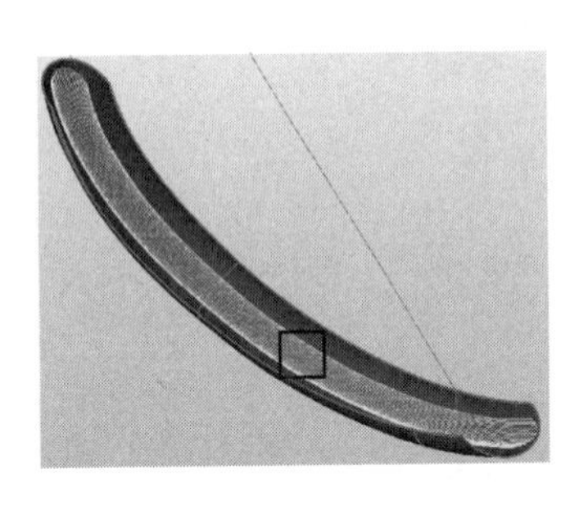

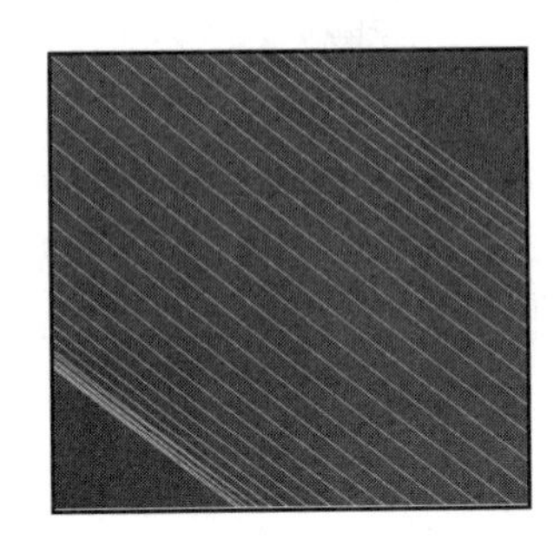

图 5-78　轨道精加工刀路

轨道直接生成刀路比较困难，首先采用 3D ISO 加工生成干涉刀路，然后通过 5X 再加工，以 3D ISO 加工生成的刀具路径为参考，生成可用的无干涉路径。5X 再加工设置如图 5-79 所示，其中五轴选项卡中倾斜策略选择手动曲线，曲线如图 5-80 所示，曲线可根据情况调整，从而生成更合适的刀具路径。刀路和加工零件如图 5-81 所示。

图 5-79　5X 再加工选项卡

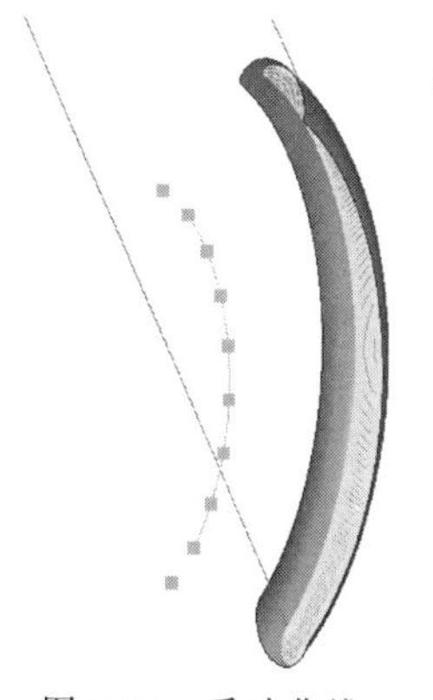

图 5-80　手动曲线

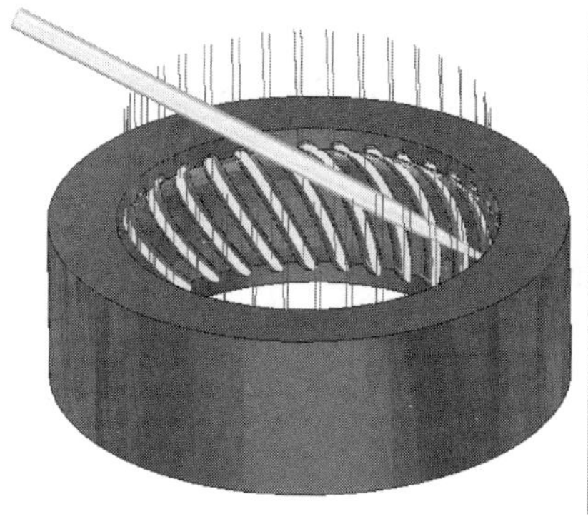

图 5-81　刀路和加工零件

5.9.3 变半径球面螺旋轨道数控编程、加工

变半径球面螺旋轨道数控编程、加工视频

变半径球面螺旋轨道是弧面凸轮行星传动的关键部分，如图 5-82 所示，变半径球面螺旋轨道精度要求较高，螺旋曲面粗糙度 $Ra<1.6\mu m$，螺旋曲面线轮廓度小于 0.05。该轨道是由行星轮表面的球体带动凸轮转动在凸轮轴表面形成的运动轨迹，轨道面与行星轮上的球体配合呈现出半球面结构。

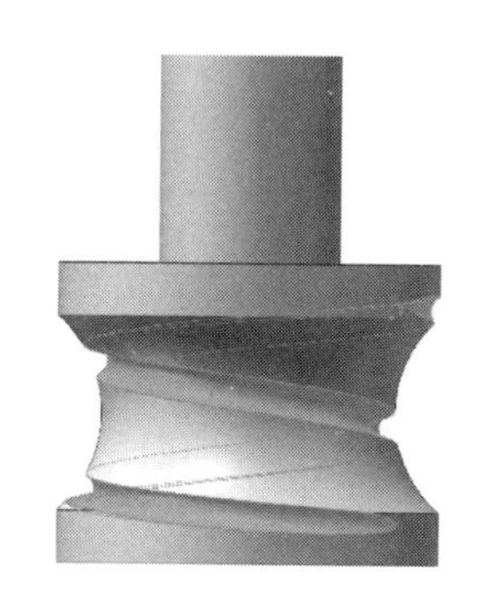

(a) 弧面凸轮

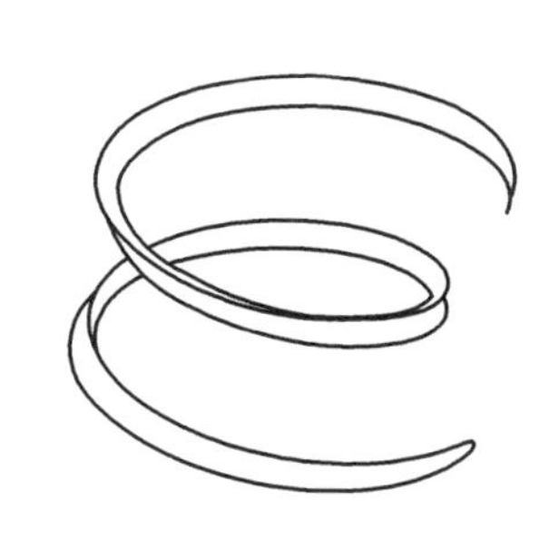

(b) 球面螺旋轨道

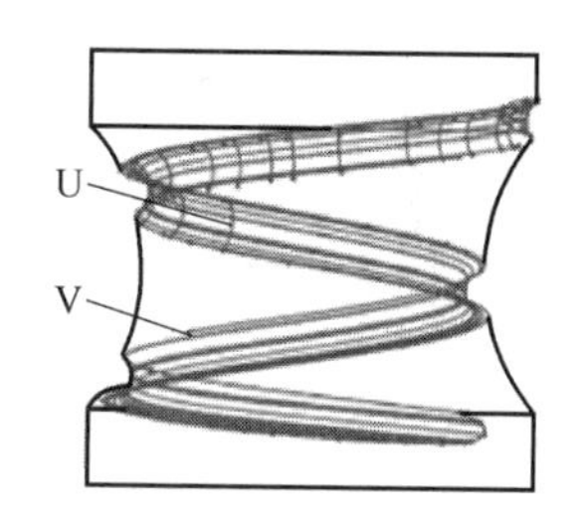

(c) UV曲面

图 5-82　零件模型

弧面凸轮轨道面如图 5-82（b）（c）所示，轨道面是一个半径变化的螺旋曲面，这个曲面是一个经过裁剪的 UV 曲面，V 方向上的曲线裁剪过后出现中断现象，U 方向上的曲线较为均匀连续，球面轨道截面是一段优弧，这一特殊的结构特征给加工带来极大的困难。从变半径球面螺旋轨道面的结构特点来看，使用普通的三轴、四轴加工设备无法完成曲面的加工，需要使用五轴数控加工设备对其进行加工。

(1) 变半径球面螺旋轨道加工方案

如果采用 *AC* 双转台五轴加工中心进行加工，工件装夹在三爪卡盘上与卡盘一起固定在工作台上，装夹时要求工件、卡盘、工作台三者轴线重合，在加工时 *A* 轴偏摆到一定角度，主轴到达指定位置加工。如图 5-83 所示，在加工螺旋轨道面内凹部分时，*A* 轴摆动角度受行程的限制（假设 *A* 轴摆动角度±120°），在 *A* 轴摆动到极限位置时，部分内凹部分（螺旋轨道下段部分）加工不到，球面螺旋轨道出现欠切现象。一次装夹无法完成变半径球面螺旋轨道的加工，可将变半径螺旋轨道分成上下两段进行加工。在粗加工过程中预留工艺凸台，先对轨道面无干涉部分进行加工，然后按照图 5-84 所示，将工件翻转，使用工艺凸台对其进行定位装夹，对第一次加工发生干涉部分的轨道面进行加工。

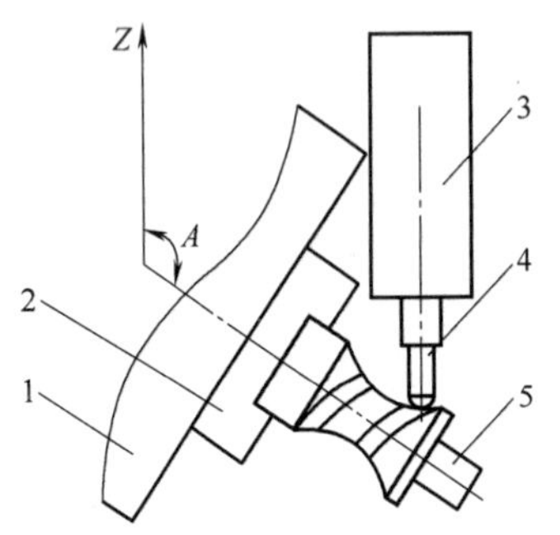

图 5-83　加工中的干涉现象

1—工作台；2—夹具；3—主轴；4—刀具；5—工件

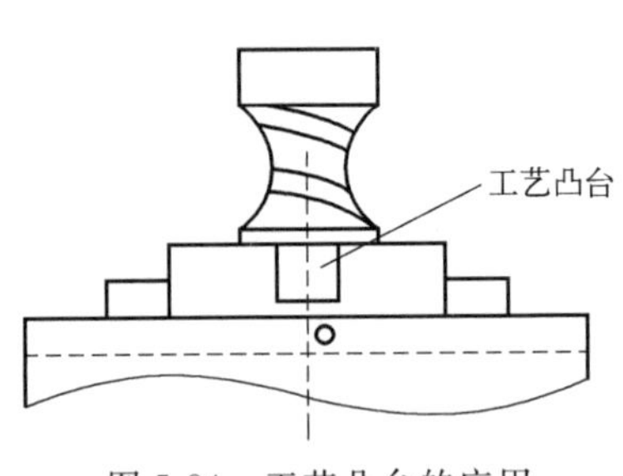

图 5-84　工艺凸台的应用

选用双转台五轴加工中心作为加工设备，为了避免干涉，需分两次装夹完成变半径球面螺旋轨道的加工，在进行第二次装夹时要注意圆周角向定位，保证两次装夹无角度偏差。两次装夹加工工艺基准分别为零件上下端面的中心，加工分为粗加工、半精加工、精加工三个阶段，五轴加工中心加工具体工艺安排如表 5-6 所示。

表 5-6　变半径球面螺旋轨道加工工艺

加工内容	刀具、加工策略
弧面粗铣，留余量 0.5	ϕ10 球刀，5X 形状偏置粗加工
弧面精铣	ϕ10 球刀，5X ISO 端面加工
上轨道面粗铣，留余量 0.5； 半精铣，留余量 0.1；精铣	ϕ8 球刀，5X 自由路径加工
下轨道面粗铣，留余量 0.5； 半精铣，留余量 0.1；精铣	ϕ8 球刀，5X 自由路径加工

(2) 外弧面的刀具路径规划

外弧面的粗加工采用 5X 形状偏置粗加工，首先构造辅助面，将球面螺旋轨道包络起来，形成完整的弧面，对弧面进行粗加工后，使用 5X ISO 端面加工对其进行精铣，保证外弧面的粗糙度要求。粗加工策略与参数如图 5-85 所示，使用型腔由里向外的加工方式，切削模式选择顺铣，以上下圆柱面与弧面作为驱动曲面，加工余量设置为 0.5。精加工策略与参数如图 5-86 所示，加工策略为“Iso 定位”，加工方向选择“V 参数”方向，进给模式为“平滑双向”进给。

外弧面粗加工与精加工刀路，如图 5-87 所示。

(3) 轨道面的刀具路径规划

上下两部分轨道面均采用 5X 自由路径加工方式进行加工，采用斜向进给方式下刀，加工余量为 0.5，五轴倾斜策略为刀尖朝向 Z 轴，半精、精加工方式与策略保持不变，改变切削用量即可。加工的策略与参数如图 5-88 所示，图 5-89 分别为上下两部分轨道面加工刀路和加工零件。

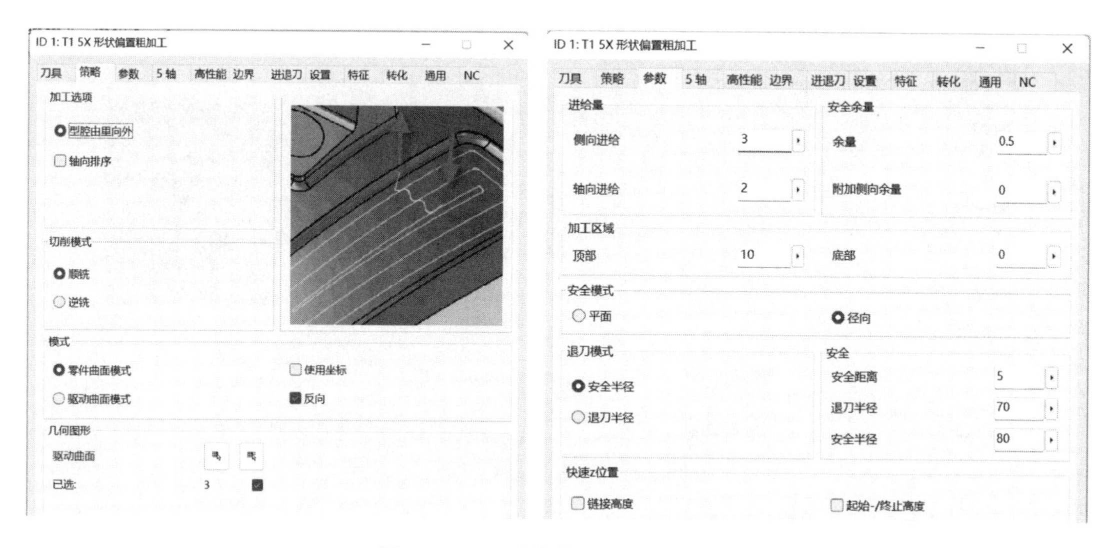

图 5-85 5X 形状偏置粗加工选项卡

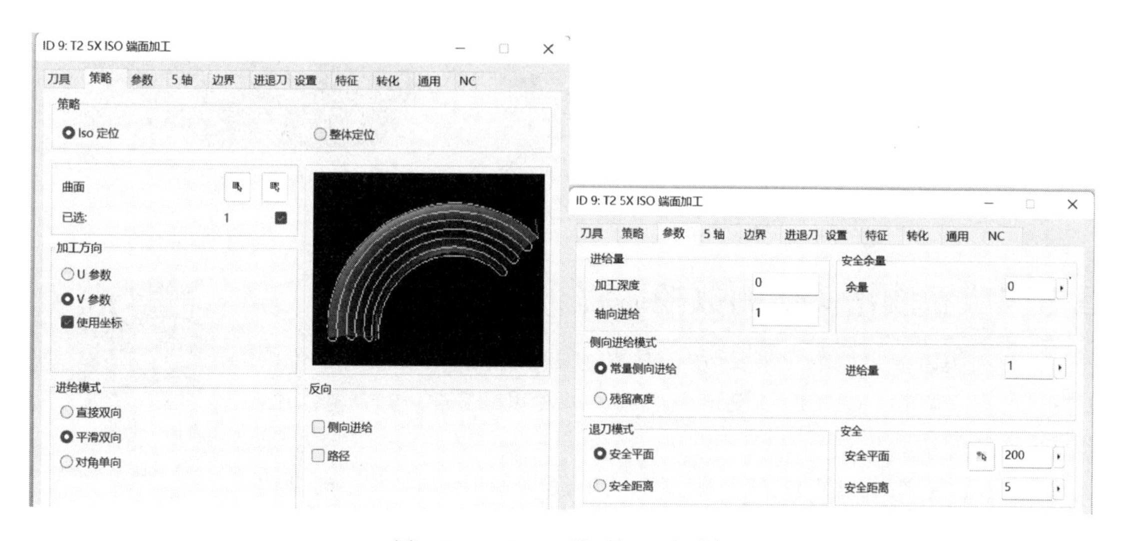

图 5-86 5X ISO 端面加工选项卡

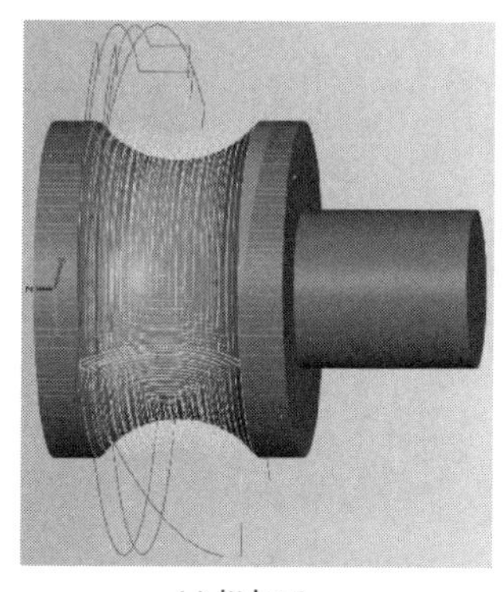

(a) 粗加工

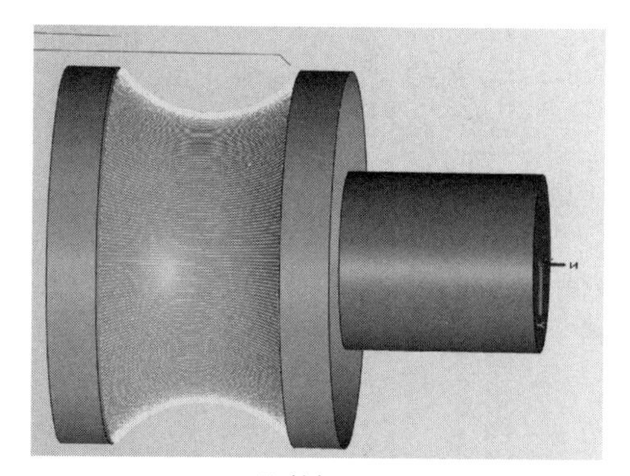

(b) 精加工

图 5-87 加工刀路

图 5-88　策略与参数设置

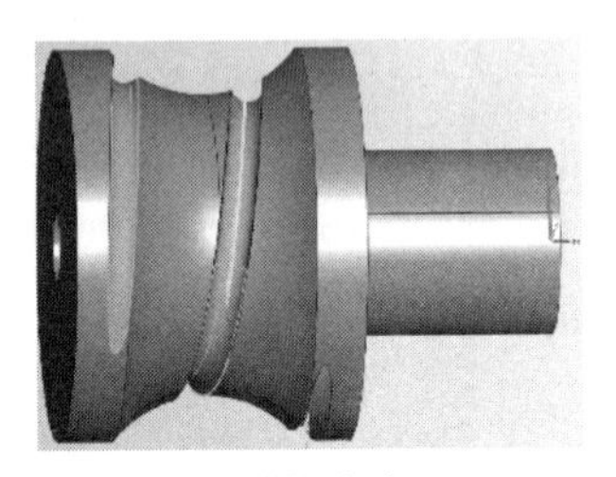

(a) 上轨道面

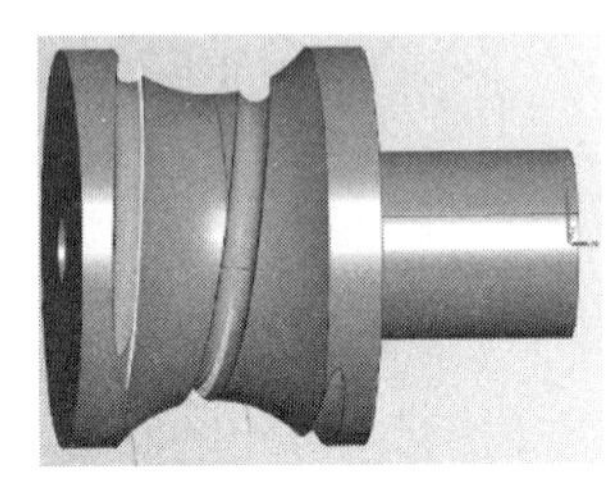

(b) 下轨道面

(c) 加工零件

图 5-89　刀路和零件

5.9.4　石油钻头体的数控编程、加工

石油钻头体的数控编程、加工视频

石油钻头体结构如图 5-90 所示，材料为 4145H 钢。石油钻头体由刀翼、齿窝、喷嘴、保径面和流道等组成，齿窝里面镶嵌 PDC 复合片，形成可钻井的钻头。

钻头体的刀翼上总共有 77 个齿窝，其中包含 24 个 $\phi16.3$ 的前排切削齿齿窝（圆弧齿窝）、10 个 $\phi13.5$ 的后排齿齿窝和 43 个 $\phi13.5$ 保径齿齿窝，如图 5-91 所示。所有切削齿齿窝的孔径公差为 $D\pm0.05$，位置公差精度为 0.1。

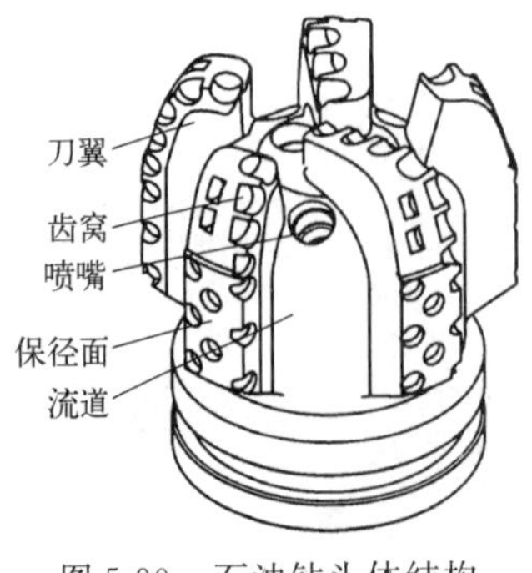

图 5-90　石油钻头体结构

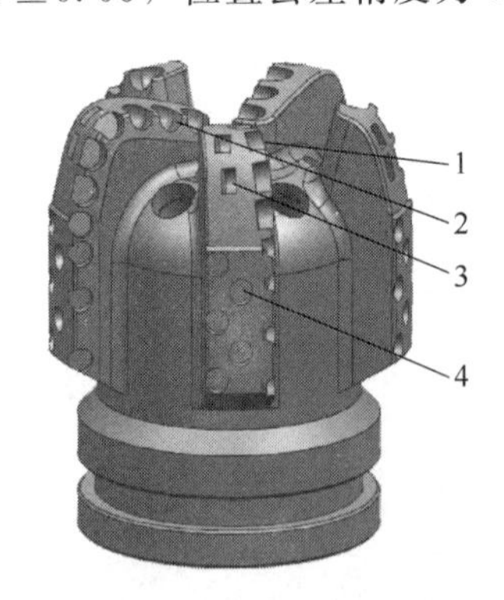

图 5-91　钻头模型

1—$\phi16.3$ 齿窝；2—$\phi16.3$ 切削齿齿窝；3—$\phi13.5$ 后排齿齿窝；4—$\phi13.5$ 保径齿齿窝

(1) 钻头体加工难点

钻头的加工工艺特点是模型结构复杂，毛坯为圆柱料。加工时首先在车床上对毛坯进行车削加工，去除多余的材料，减少数控铣削加工的工作量，选用五轴加工中心一次装夹完成钻头的加工，如图 5-92 所示。五轴加工中心加工钻头体有以下 3 个加工难点。

图 5-92 工件装夹

① 圆弧齿窝加工 加工圆弧面的齿窝，采用不同旋转角度的 3+2 定轴加工，在内圆弧齿窝上建立 3 个不同方向的坐标系，如图 5-93 所示，并以 3 个坐标系为参考进行数控编程，使用 5X 投影精加工的策略，生成的刀具轨迹可以完全覆盖内圆弧齿窝面，刀路如图 5-94 所示。

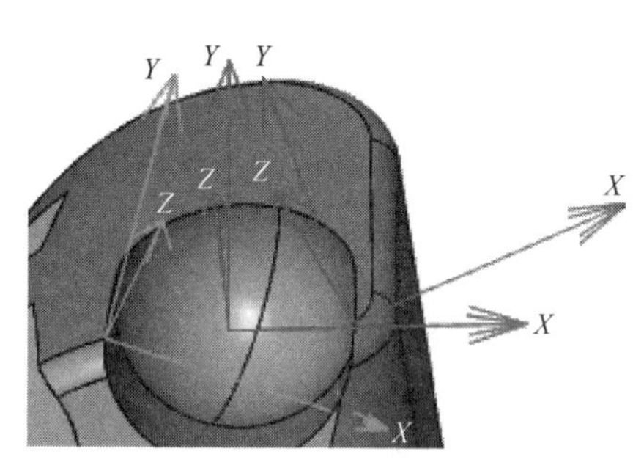

图 5-93 建立圆弧齿窝坐标系

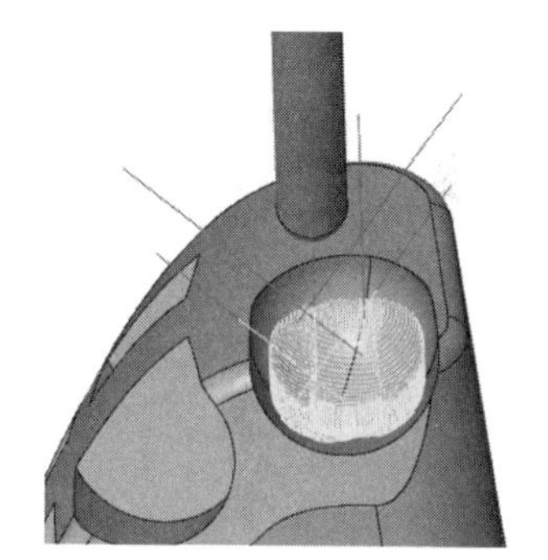

图 5-94 圆弧齿窝精加工

② 后排齿齿窝加工 后排齿齿窝，采用 3+2 定轴加工方式加工。以齿窝外边缘中心为原点建立坐标系，Z 轴与齿窝底面平行，Y 轴与齿窝外缘相切，如图 5-95 所示。以建立的坐标系为参考，对该齿窝进行数控编程，将机床主轴角度旋转至与 Z 轴平行，首先使用 $\phi6$ 立铣刀采用分层铣削的加工方式对齿窝进行粗加工，然后使用 $\phi4$ 球头铣刀精加工齿窝，如图 5-96 所示。

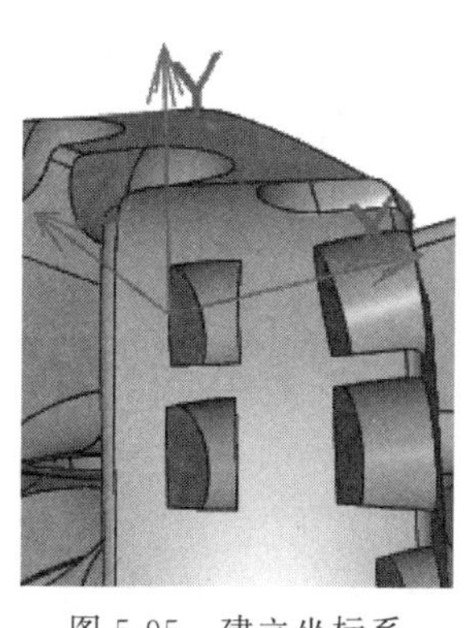

图 5-95 建立坐标系

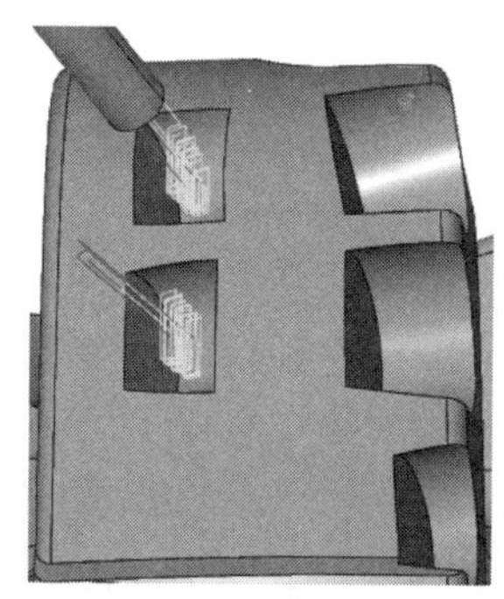

(a) 后排齿齿窝分层铣削粗加工

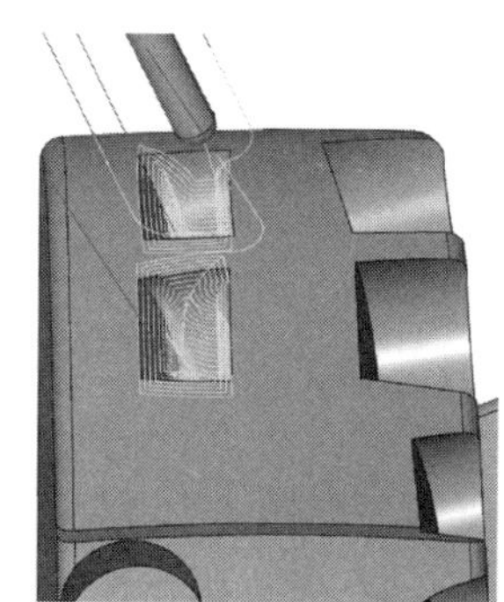

(b) 后排齿齿窝精加工

图 5-96 后排齿齿窝加工刀路

③ 喷嘴加工 该钻头体有 7 个喷嘴，每个喷嘴孔的方向都不同，但内部形状相同，喷嘴内部形状如图 5-97 所示。喷嘴孔的表面是曲面，打孔前首先在喷嘴中心铣一个比喷嘴孔直径小的平面，然后使用定心钻头钻定位孔，保证喷嘴孔的位置精度，最后用 $\phi20$ 的钻头

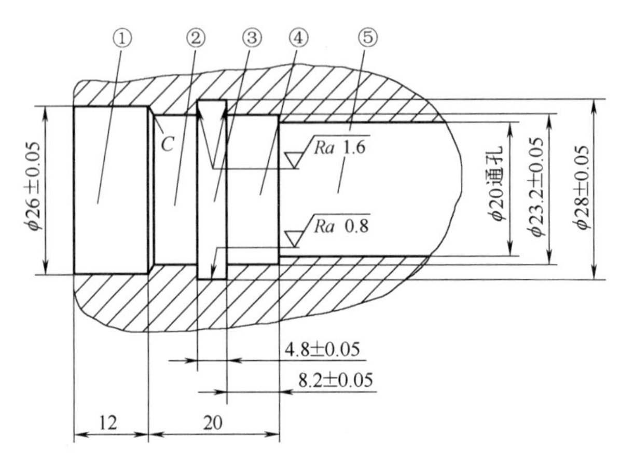

图 5-97　喷嘴剖视图

直接打通孔。钻孔完成以后，使用镗孔刀对①、②、③、④部分扩孔至相应尺寸，最后使用T形槽刀加工③部分的槽，并采用多次少量铣削的方式控制内沟槽的精度，完成喷嘴的加工。

(2) 钻头体加工工艺

五轴数控加工中心加工石油钻头体的顺序为刀翼→流道→齿窝→水眼，具体的加工内容和方法如表 5-7 所示。

表 5-7　钻头体加工工艺

加工内容	加工工法	参数和方法	刀路
顶部粗加工	3D任意毛坯粗加工	任意毛坯粗加工，使用 $\phi16$ 方肩铣刀。进行 Z 轴常量毛坯去除，加工方向平行于指定轮廓	
流道粗加工	3D任意毛坯粗加工	将刀轴倾斜 30°，采用任意毛坯粗加工，使用 $\phi16$ 方肩铣刀。在五个流道方向建立五个坐标系，进行 Z 轴常量毛坯去除，加工方向平行于指定轮廓	

续表

加工内容	加工工法	参数和方法	刀路
顶部半精加工	3D优化粗加工	选用优化粗加工的方案，刀具为 $\phi8$ 的立铣刀，垂直步距为0.5，对基于结果毛坯的粗加工工单之后残余材料区域进行加工	
流道半精加工	3D优化粗加工	将刀轴倾斜30°，选用优化粗加工的方案，刀具为 $\phi8$ 的立铣刀，垂直步距为0.5，对基于结果毛坯的粗加工工单之后残余材料区域进行加工	
顶部精加工	Z 轴形状偏置精加工	采用 Z 轴形状偏置精加工，选用 $\phi10$ 球刀，水平步距0.5，加工方向平行于指定轮廓，选择垂直进退刀方式	
流道精加工	3D投影精加工	流道为陡峭的曲面，选择3D投影精加工，刀具为 $\phi8$ 球刀，水平步距0.5，采用 X 轴平滑双向的横向进给策略，加工方向平行于指定轮廓，选择垂直进退刀方式	

续表

加工内容	加工工法	参数和方法	刀路
齿窝加工	轮廓加工	采用2D轮廓铣削，应用特征识别的方式识别齿窝孔，刀具为ϕ8立铣刀，垂直步距1，进退刀方式为1/4圆，延伸刀路开始距离为5，缓慢进刀	
后排齿 齿窝粗加工	3D任意毛坯粗加工	3+2定轴任意毛坯粗加工去除多余材料，采用分层环切的加工方式，刀具为ϕ6立铣刀，垂直步距为1，选择垂直进退刀方式	
后排齿 齿窝精加工	3D等距精加工	采用3D等距精加工，选用ϕ4球刀，以恒定进给量加工，采用3D曲线模式，输入理想的3D进给值0.5，选择垂直进退刀方式	
圆弧齿窝加工	3D投影精加工	采用不同空间角度的3+2定轴加工，在内圆弧齿窝上建立3个不同方向的坐标系，刀具为ϕ6球刀，垂直步距0.5，采用X轴平滑双向横向进给策略，选择垂直进退刀方式	

续表

加工内容	加工工法	参数和方法	刀路
钻水眼	中心钻	钻头整体加工完成以后，使用特征识别的方式识别水眼孔，选用中心钻的策略进行钻孔，钻头直径为 $\phi20$	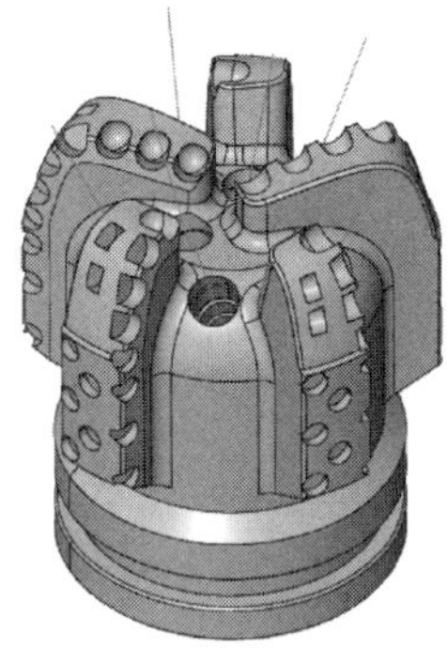
铣水眼轮廓	轮廓加工	使用轮廓加工的方式进行扩孔，得到 $\phi23.2$ 和 $\phi28$ 的台阶孔，刀具为铣床专用镗刀，垂直步距 1，选择垂直进退刀方式	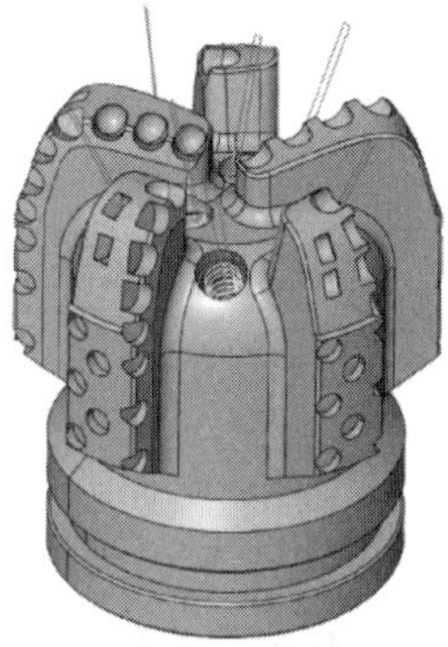
铣水眼内沟槽	轮廓加工	使用轮廓加工的方式铣内沟槽孔，刀头为 $\phi16$T 形槽刀，刀杆直径为 10，分层铣削，垂直步距 1，选择垂直进退刀方式	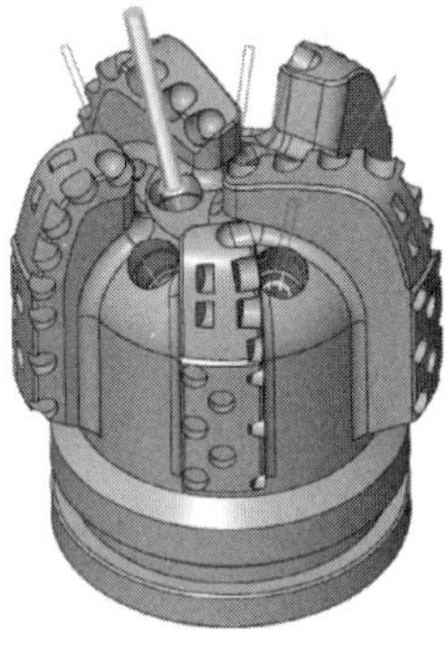

钻头体在五轴摇篮式加工中心加工的实物，如图 5-98 所示。

图 5-98　钻头加工成品

5.9.5 组合式六角亭的数控编程、加工

组合式六角亭的数控编程、加工视频

待加工的组合式六角亭模型如图 5-99 所示，材料为 6061 铝合金，由上层、下层与基座三部分组成，模型最大直径 $D_{\max}=148$，总高度 $H=160$，模型的最小圆角半径 $R=0.5$。六角亭上层模型加工涉及窗格类的薄壁件加工，下层模型加工涉及深型腔加工和倒扣区域加工，需要选用合理的加工策略、走刀路径，保证模型的表面质量，避免过切、碰撞或欠加工。

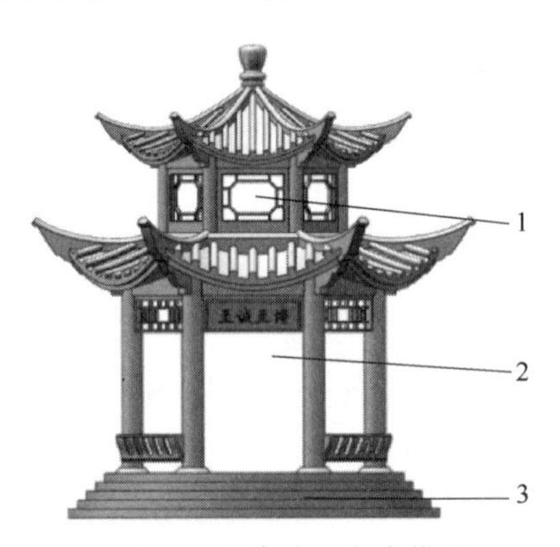

图 5-99　组合式六角亭模型

1—上层；2—下层；3—基座

(1) 组合式六角亭加工难点

上下层模型由屋顶、下檐、窗户、支柱和座椅五部分组成，如图 5-100 所示，加工过程存在以下 3 个难点。

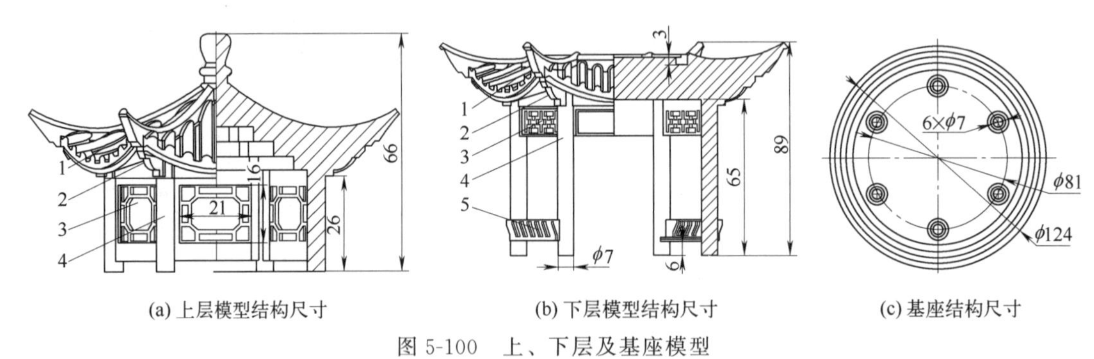

图 5-100　上、下层及基座模型

1—屋顶；2—下檐；3—窗户；4—支柱；5—座椅；6—基座孔柱

1）窗户加工

窗户的窗格厚度为 1.5，模型内部镂空，靠桁架连接，整体刚性差；同时，桁架数量多，单个进行刀路规划比较复杂，整体进行刀路规划时，窗户表面编程时刀路计算容易出现“掉刀”的情况，因此需要在窗户上增加辅助面后，再进行编程。

对于单个窗格型腔内加工轨迹的规划，采用分层环切法对窗格结构进行加工，选取网状型腔桁架侧面为导动面，生成环切的刀路轨迹 ，环切时利用刀具侧刃加工，与工件接触面积大，加工效率高，切削力小，如图 5-101 (a)。窗格桁架为各个窗格之间的连接，单独做刀路轨迹比较复杂，窗户整体添加辅助面后，只需对窗户面进行整体刀路规划即可，如

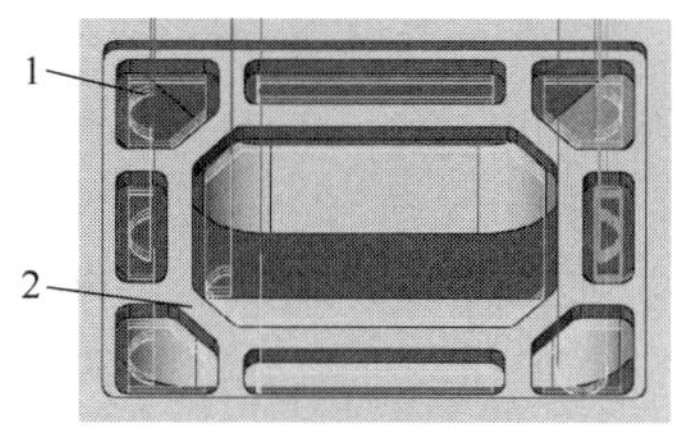

(a) 环切刀路轨迹

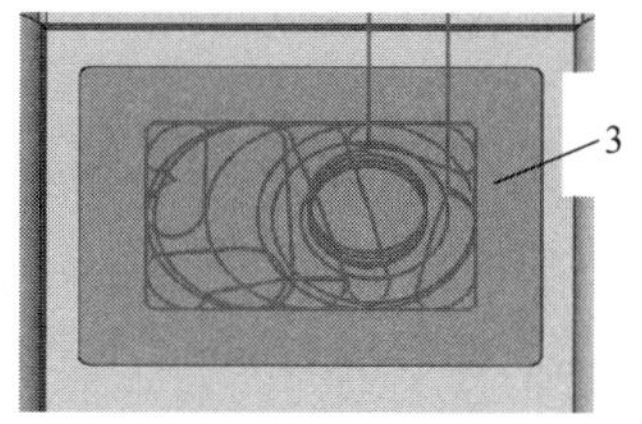

(b) 窗户面刀路轨迹和辅助面

图 5-101　窗户加工策略

1—窗格；2—桁架；3—辅助面

图 5-101（b）。

2）下层模型底部加工

下层模型底部由支柱、窗户与座椅构成，支柱直径为 $\phi 7$，高 65，其刚性差，不稳定，直接加工易发生振动。因此在相邻支柱之间增加辅助面，使 6 根支柱通过面来连接。添加辅助面后，模型底部变成了高度为 65 的深型腔，如图 5-102（a）。针对该类深型腔加工，采用在模型侧面增加一定斜度的辅助面，可以有效地避免加工时侧壁与刀柄摩擦和刀杆的振动，如图 5-102（b）；深型腔的加工完成后，再加工模型侧面，只留下支柱与座椅，不会影响模型最终的形状；最后对支柱采用等高精加工的策略进行精铣。

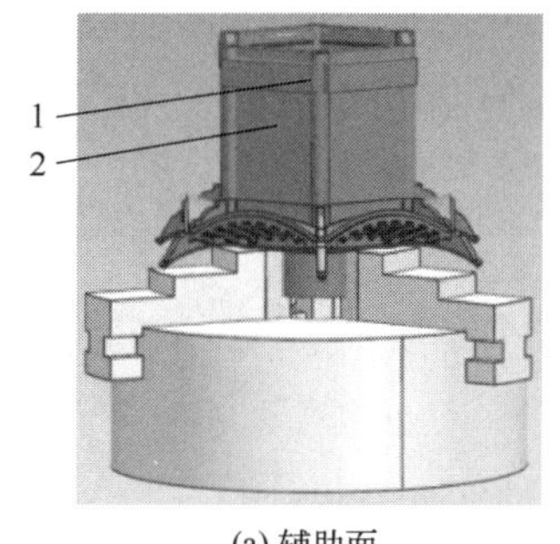

(a) 辅助面

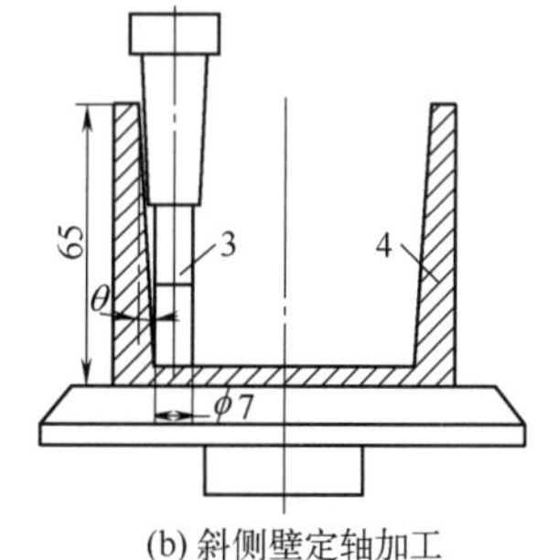

(b) 斜侧壁定轴加工

图 5-102　底部深型腔加工策略

1—深型腔；2—辅助面；3—铣刀；4—型腔侧壁

3）下层模型座椅加工

下层模型座椅位置以负面为主，在对其进行表面精加工及清根时，需要采用倒扣加工的方法。如图 5-103 所示，倒扣加工时刀具需穿过对面方形空间铣削座椅，受空间限制，刀柄与支柱、窗户存在碰撞风险，为保证加工过程安全，Z 轴与刀具轴线最大翻转角度应控制在 120°内，同时选用细长的刀具和刀柄，避免碰撞干涉。同时考虑到刀具深入过长刚性差，则通过增大刀具半径来提升刀具的刚度，完成座椅的加工。

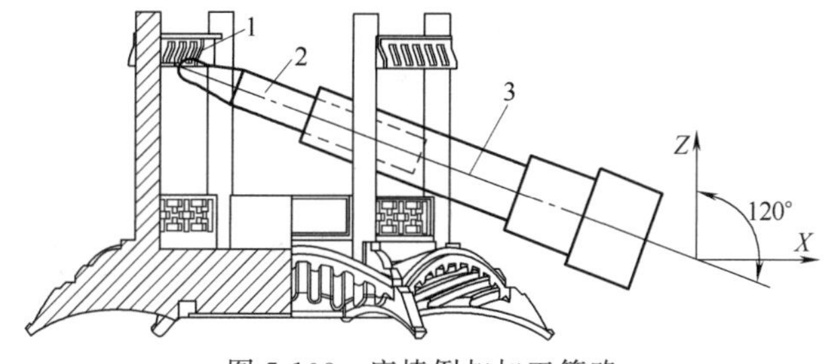

图 5-103　座椅倒扣加工策略

1—座椅；2—球刀；3—刀轴矢量

(2) 组合式六角亭加工工艺

依据先粗后精和先主后次的工艺原则，组合式六角亭整体加工顺序为：上层模型先加工底部的下檐、支柱和窗户，加工完成后翻转 180°，使用专用夹具装夹上层模型，再加工模型顶部的屋顶；下层模型先加工顶部的屋顶和孔，加工完成后翻转 180°再加工底部的下檐、支柱、窗户和座椅；基座结构简单，属于典型的盘类零件，直接加工顶部的凸台和孔。其加工工艺见表 5-8。

表 5-8 组合式六角亭的加工工艺

部位	加工内容	加工工法	参数和方法	刀路
上层模型加工	底部粗加工	3D 任意毛坯粗加工	对上层模型底部采用任意毛坯粗加工的方案去除多余材料，为提高加工效率，确保刀具强度，使用 $\phi12$ 立铣刀，进行 Z 轴常量毛坯去除，加工方向平行于指定轮廓	
	内型腔精加工	3D 等高精加工	模型底部开粗完成以后，对支柱、窗格面和内型腔进行精加工，选用等高精加工的策略，刀具为 $\phi2$ 球刀，垂直步距 0.25，并采用双向加工顺序，选择垂直进退刀方式	
	下檐精加工	3D 投影精加工	下檐部分为平滑的曲面，选择投影精加工的策略，将刀路投影到下檐表面，刀具为 $\phi2$ 球刀，水平步距 0.25，采用 X 轴平滑双向横向进给策略，选择垂直进退刀方式	
	窗格精加工	2D 型腔加工	窗格型腔采用分层环切法进行加工，选取网状型腔桁架侧面为导动面，生成环切的刀路轨迹。窗格桁架加工则直接在窗户面进行整体刀路规划。刀具为 $\phi4$ 立铣刀，垂直步距 0.25，加工时采用高速铣削加工降低切削力	

续表

部位	加工内容	加工工法	参数和方法	刀路
上层模型加工	清根加工	5X 清根加工	六角亭下檐部分及顶部均有最小为 $R0.5$ 的圆角,需要进行清根加工,精加工时刀具为 $\phi2$ 球刀,该处残留圆角较大,采用 3+2 定轴加工的方式进行刀路规划,先用 $R1$ 球刀进行半精加工,再使用 $R0.5$ 球刀清根	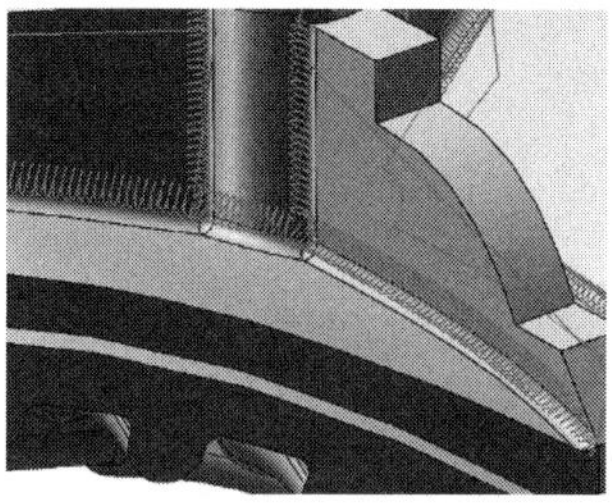
	顶部粗加工	3D 任意毛坯粗加工	对上层模型顶部采用任意毛坯粗加工的方案去除多余材料,为提高加工效率,确保刀具强度,使用 $\phi10$ 立铣刀,进行 Z 轴常量毛坯去除,加工方向平行于指定轮廓	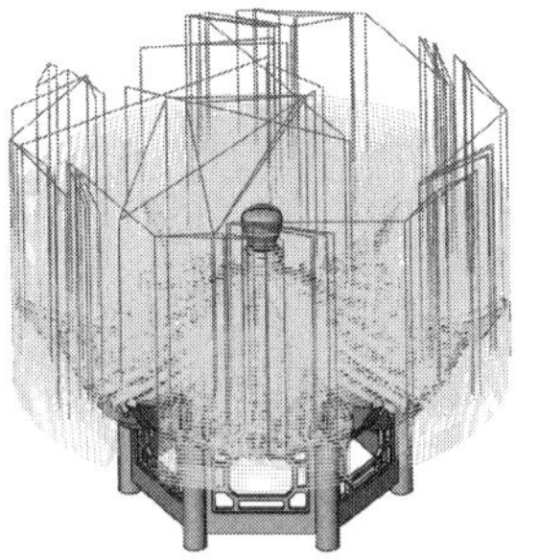
	顶部上檐半精加工	3D 优化粗加工	模型顶部屋脊相隔 3mm,开粗加工时刀具加工不到位,因此要换用小刀具清除残料,选用优化粗加工的方案,刀具为 $\phi2$ 立铣刀,垂直步距为 0.5,在残余材料模式中,对基于结果毛坯的粗加工工单之后残余材料区域进行加工	
	顶部精加工	3D 等距精加工	模型顶部为平滑的曲面,有较为陡峭的弧度,采用等距精加工的方式,保证了曲面的加工质量,同时减小了刀具负荷,即使是在加工陡峭曲面时也是如此。选用 $\phi2$ 球刀,以恒定进给量加工,采用 3D 曲线模式,输入理想的 3D 进给值 0.25	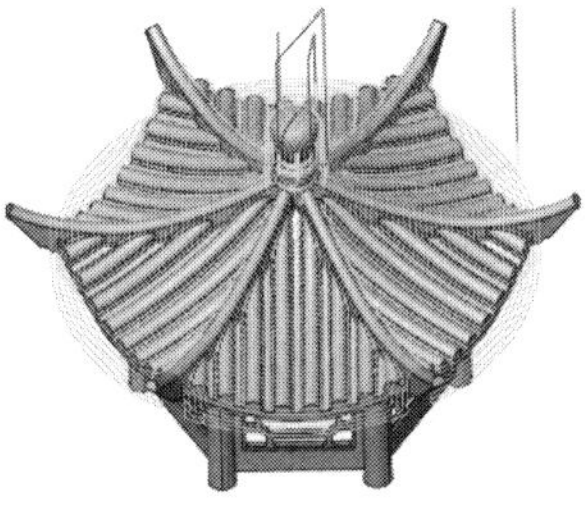

续表

部位	加工内容	加工工法	参数和方法	刀路
下层模型加工	顶部粗加工	3D任意毛坯粗加工	在模型顶部预留一个 $\phi 30$ 的立柱，以便于翻面加工底部装夹模型，采用任意毛坯粗加工的方案去除多余材料。为提高加工效率，确保刀具强度，使用 $\phi 10$ 立铣刀，进行 Z 轴常量毛坯去除，加工方向平行于指定外圆轮廓	
	顶部上檐半精加工	3D优化粗加工	顶部屋脊相隔 3mm，开粗加工时刀具加工不到位，换用小刀具清除残料，选用优化粗加工的方案，刀具为 $\phi 2$ 立铣刀，垂直步距为 0.5，在残余材料模式中，对基于结果毛坯的粗加工工单之后残余材料区域进行加工	
	顶部上檐精加工	3D等距精加工	与上层模型上檐精加工方案一样，顶部为平滑的曲面，有较为陡峭的弧度，采用等距精加工的方式，保证了曲面加工质量。选用 $\phi 2$ 球刀，以恒定进给量加工，采用 3D 曲线模式，输入理想的 3D 进给值 0.25	
	底部粗加工	3D任意毛坯粗加工	在支柱间建立辅助面，增加模型刚性，采用任意毛坯粗加工的方案去除多余材料。为提高加工效率，确保刀具强度，使用 $\phi 10$ 立铣刀，进行 Z 轴常量毛坯去除，加工方向平行于指定外圆轮廓	

部位	加工内容	加工工法	参数和方法	刀路
下层模型加工	支柱精加工	5X 等高精加工	模型底部开粗完成以后，对支柱精加工，选用等高精加工的策略，刀具为 $\phi2$ 球刀，垂直步距 0.5，选择垂直进退刀方式。编程中添加的辅助线与辅助面可以有效改善加工表面的加工质量	
	下檐精加工	3D 投影精加工	下檐精加工与上层模型加工一致，选择投影精加工的策略，将刀路投影到下檐表面，刀具为 $\phi2$ 球刀，垂直步距 0.25，采用 X 轴平滑双向横向进给策略，选择垂直进退刀方式	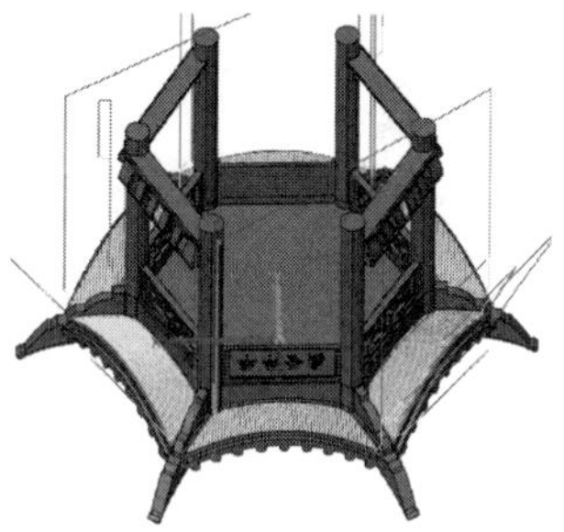
	清根加工	5X 清根加工	六角亭下檐部分及顶部均有最小为 $R0.5$ 的圆角，需要进行清根加工，精加工时刀具为 $\phi2$ 球刀，该处残留圆角较大，采用 3+2 定轴加工的方式进行刀路规划，先用 $R1$ 球刀进行半精加工，再使用 $R0.5$ 球刀清根	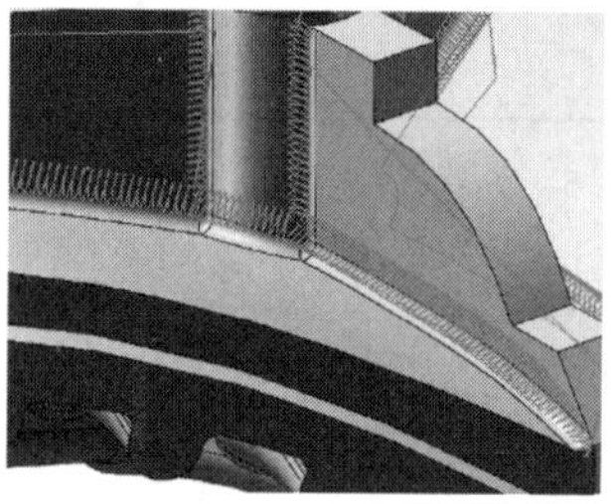
	窗格精加工	3D 型腔加工	窗格型腔采用分层环切法进行加工，选取网状型腔桁架侧面为导动面，生成环切的刀路轨迹。窗格桁架加工则直接在窗户面进行整体刀路规划。刀具为 $\phi4$ 立铣刀，垂直步距 0.25。加工窗户面时采用高速铣削加工降低切削力	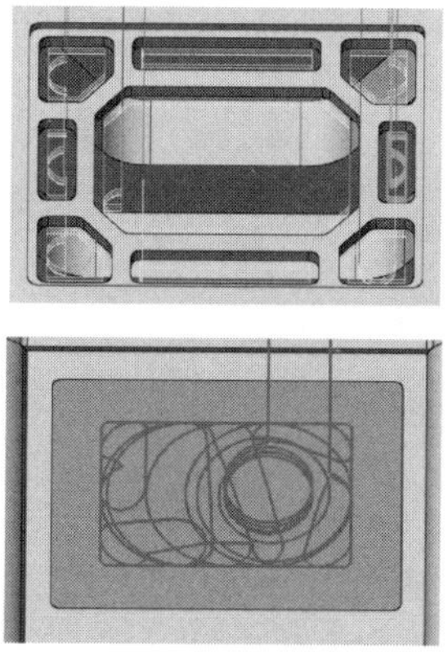

续表

部位	加工内容	加工工法	参数和方法	刀路
下层模型加工	座椅精加工	3D 投影精加工	将座椅中间的缝隙填补完整，使座椅面为平面，采用投影精加工的方法。刀具需要从正对一侧的两支柱之间伸入加工。刀具为 $\phi4$ 立铣刀，垂直步距 0.1。选择往复式流线型进给策略	
基座加工	基座凸台加工	3D 任意毛坯粗加工	基座结构简单，属于典型的盘类零件，可采用定轴加工直接完成加工。选择任意毛坯粗加工的策略，使用 $\phi10$ 立铣刀，进行 Z 轴常量毛坯去除，加工方向平行于指定外圆轮廓	
	基座孔柱加工	3D 等高精加工	基座孔柱是斜面，采用等高精加工的策略对其进行精加工，清除多余材料，刀具为 $\phi2$ 球刀，垂直步距 0.5，选择垂直进退刀方式	
	钻孔	中心钻	基座加工完成以后，需要对基座孔底部进行钻孔，先使用特征映射的方法识别孔，再使用中心钻的方式完成钻孔	

所有模型加工完成以后，将上下层模型和基座通过轴孔配合组装起来，完成组合式六角亭的组装，如图 5-104 所示。

图 5-104　组合式六角亭

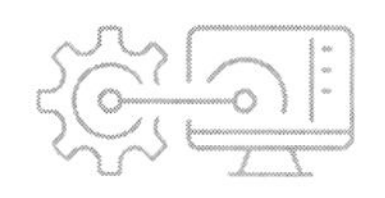

第6章 叶轮、叶片铣削加工编程技术

叶轮、叶片加工技术的发展，对于提升我国制造业水平和推动高质量发展具有重要意义。叶轮、叶片加工技术的创新和应用可以提高发动机、涡轮机械、泵类装置等的性能和效率，并支持我国相关产业的发展，促进制造业实现更高水平的创新和竞争力。

6.1 叶轮铣削加工编程技术

整体叶轮是航空发动机和各类透平机械的关键零部件。其数控编程和加工的难点主要体现在：相邻叶片间的距离较小，加工时易产生干涉，生成无干涉的刀具轨迹较困难；叶片厚度小，在精加工过程中会出现加工变形和振动等问题，使叶片表面的加工质量降低；叶片的扭曲度较大，使刀具轴线矢量的计算复杂。

6.1.1 叶轮的组成

半开式整体叶轮的典型结构如图6-1所示。叶轮主要由叶片和轮毂组成，若干叶片均匀分布在轮毂曲面上，其中叶片可分为长叶片和短叶片，组成叶片的曲面包括吸力曲面、压力曲面、前缘、后缘和包覆曲面。包覆曲面由包覆曲线绕中心轴旋转得到，它限定了叶片的外边界。

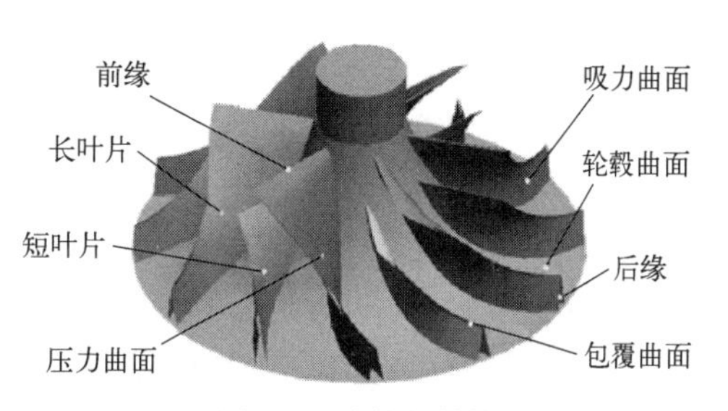

图6-1 叶轮的结构

6.1.2 叶轮的加工流程和工法

整体叶轮加工的一般流程：下料→热处理→车削→铣削→抛光→动平衡。为了检测零件的内部和表面缺陷，在车削前可以增加磁力探伤工艺，及时发现材料内部缺陷；在抛光后可以增加荧光检测工艺，发现材料表面裂纹。在 hyperMILL 中，叶轮特征加工策略如表 6-1 所示。

表 6-1 叶轮特征加工策略

序号	工法	含义	图例
1	粗加工循环	粗加工去除多余材料，加工出叶片的基本形状，应优先考虑提高加工效率。此循环从预制的毛坯或半成品部件开始，去除各个叶片间型腔的多余材料	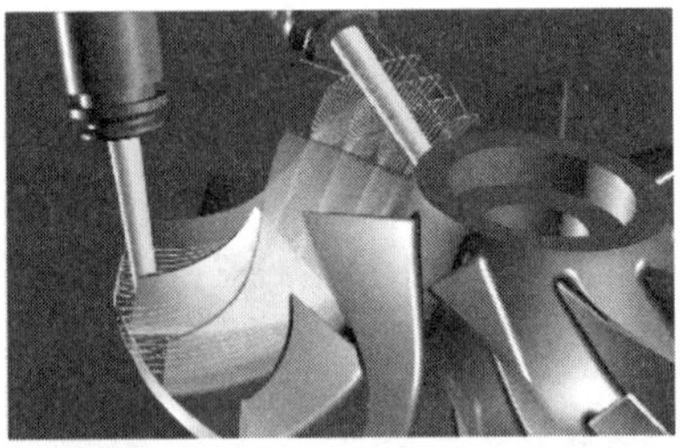
2	流道加工循环	叶轮的流道加工属于半精加工，平滑粗加工产生的粗糙表面，减少粗加工留下的误差	
3	叶身加工循环	该循环有两种模式。 侧向铣削：对叶片曲面进行环状、叶根加工。当刀具跟曲面弯曲部分足够贴合，使用这种循环。该循环所需的加工时间比点铣削短。 点铣削：通过点接触模式对叶片曲面进行螺旋状/环状加工。如果叶片曲面扭曲度过大，而无法进行侧刃加工或在直纹曲面部分使用高速切削(HSC)技术，则应使用此循环	 
4	前后缘加工循环	前缘与后缘边线分开加工。如果在侧刃加工时，不能与叶身部位同时加工这部分几何体，则需采用边缘加工。 铣削前缘与后缘边线时刀轴矢量变化剧烈，对机床的五轴联动功能要求高	
5	圆角加工循环	这种铣削策略可用于铣削叶片和底部曲面间的圆角。 圆角加工用于产生可变的圆角或除去剩下的材料。这让较大刀具在铣削叶片和榫头曲面时更加有效	

6.1.3 整体叶轮加工

某企业加工如图 6-2 所示的叶轮，材料为航空铝，其加工技术要求叶片型面表面粗糙度 $Ra<0.8\mu m$，叶片型面尺寸误差在 $\pm 0.1mm$ 之内。叶轮的加工工艺如表 6-2 所示。

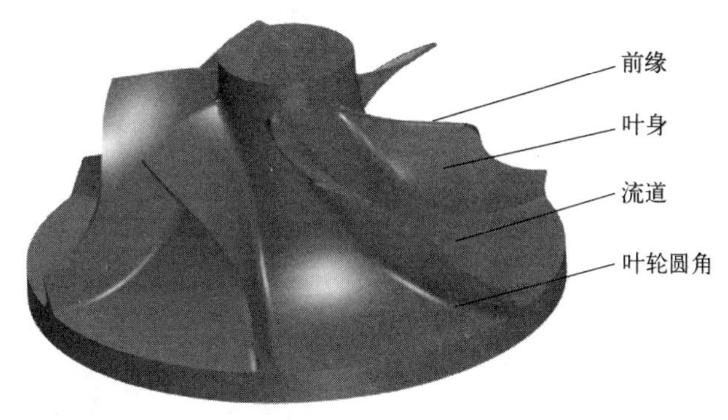

图 6-2 叶轮

表 6-2 叶轮加工工艺

工序	内　　容	设备	刀　　具
10	下料	锯床	—
20	内部探伤(磁力探伤)	—	—
30	钻孔、镗孔，车大端外圆、端面	数控车床	ϕ17 钻头、镗孔刀、55°仿形车刀
	调头，车小端外圆、端面、外形		55°仿形车刀
40	叶轮粗加工	摇篮式五轴加工中心	ϕ6 锥度球刀
	叶轮流道、叶身粗加工		ϕ6 锥度球刀
	叶轮流道、叶身精加工		ϕ4 锥度球刀
	叶轮前后缘加工		ϕ4 锥度球刀
50	抛光	—	—
60	表面荧光检查	—	—
70	动平衡	—	—

在数控车床车削毛坯外形，在五轴机床联动加工叶轮，叶轮铣削的主要步骤：

叶轮粗加工：对叶轮进行开粗，主要是去除叶轮叶片和叶片之间的余料，也起到对叶片粗加工的作用，为下一步的叶片精加工做准备。

叶片精加工：对叶片进行精加工。叶轮的叶片分为长叶片和短叶片两种形式，如果是长短交错叶片形式还要分别进行长叶片精加工和短叶片精加工。

流道精加工：对叶轮进行粗加工时就相当于进行了叶轮的叶片和流道的粗加工，所以最后可以直接进行流道的精加工。

(1) 整体叶轮特征定义

利用特征对零件进行刀具路径生成是 hyperMILL 的一大亮点，该技术减少了编程人员对零件加工区域划分的时间，提高了编程效率。整体叶轮特征加工的主要步骤如下。

第一步，点击 hyperMILL 浏览器选项卡中的“特征”按钮，在“特征列表”中选择“透平特征”中的“叶轮”，如图 6-3 所示。

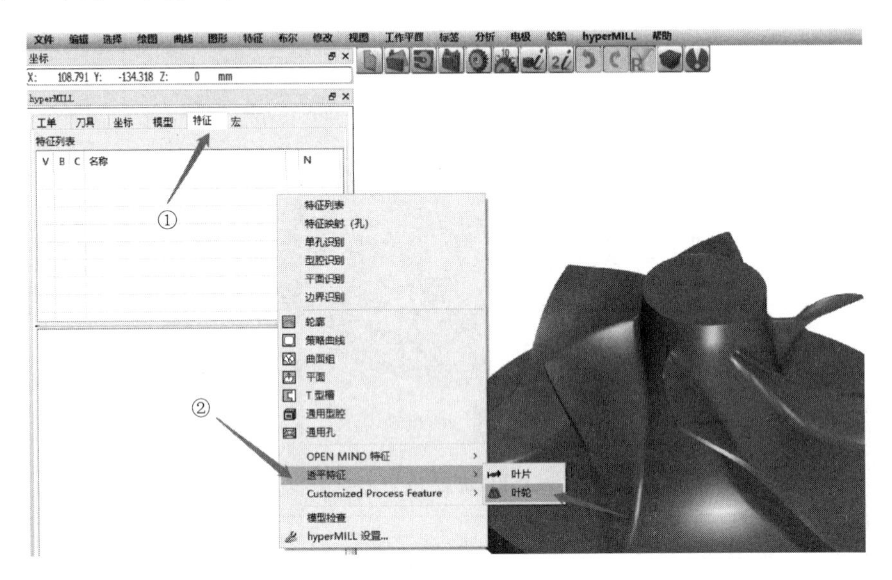

图 6-3 叶轮特征定义

第二步，在叶轮窗口中输出长叶片与短叶片的数量，本次加工案例的长叶片数量为 6，短叶片数量为 0，如图 6-4 所示。点击“长叶片曲面”选项后，根据叶轮窗口的图例选择叶轮长叶片曲面，如图 6-5 所示。

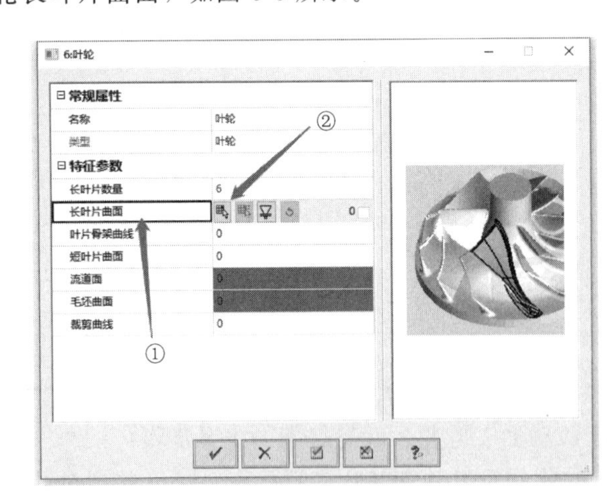

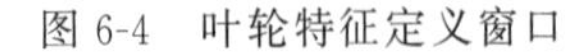

图 6-4 叶轮特征定义窗口

图 6-5 长叶片曲面选择

第三步，“流道面”与“毛坯曲面”的选择可以参考第二步，但要注意的是流道面与毛坯曲面并不能从叶轮模型上直接提取，而应该进行“旋转”获得。“流道面”的选择如图 6-6 所示，“毛坯曲面”的选择如图 6-7 所示。

第四步，“裁剪曲线”为叶片前缘圆角的两条边，在选择时应保证两条曲线的方向一致，如图 6-8 所示。至此，特征定义结束。

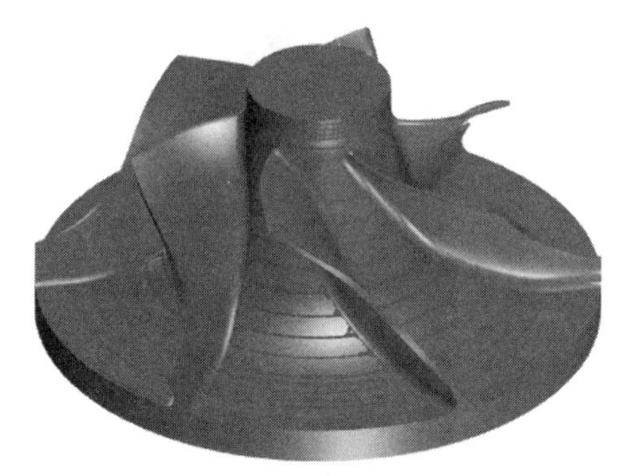

图 6-6　流道面选择

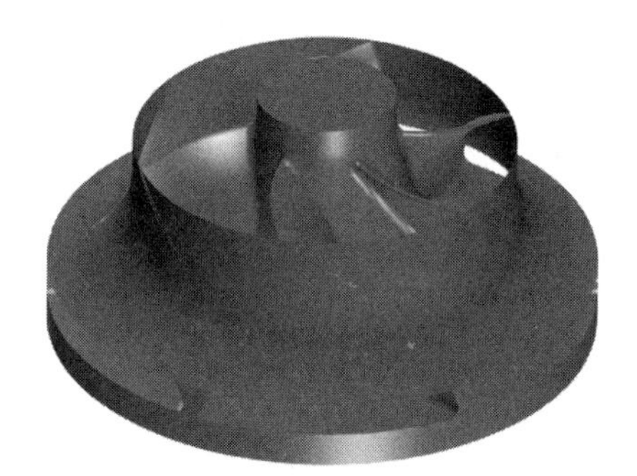

图 6-7　毛坯曲面选择

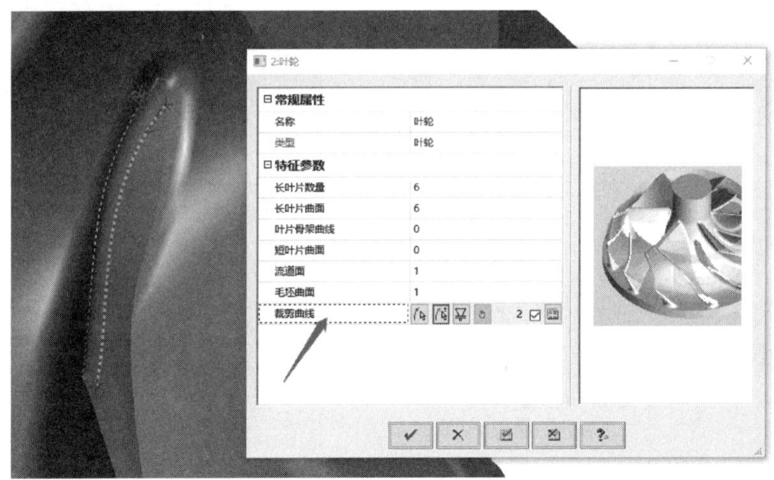

图 6-8　裁剪曲线选择

叶轮加工工法视频

(2) 刀具路径生成

叶轮所涉及的加工策略如表 6-3 所示。

表 6-3　叶轮加工策略

工步	工法	内　容	刀　路
1	5X 叶轮粗加工	①定义刀具； ②定义铣削策略为“流道偏置”，刀具切入为“导入侧”； ③定义进给量为 2mm； ④流道余量 0.5mm，叶片余量 1mm	

续表

工步	工法	内　　容	刀　　路
2	5X 叶轮流道精加工	①定义刀具； ②定义铣削策略为“全部”，刀具切入为“导入侧”； ③定义进给量为 0.8mm； ④流道余量 0.2mm，叶片余量 1mm（流道精加工可分多次进行）	
3	5X 叶轮点加工	①定义刀具； ②铣削参考为“长叶片”，刀具切入为“退出侧”； ③定义进给量为 0.5mm； ④流道余量 0.2mm，叶片余量 0.5mm（叶片精加工可分多次进行）	
4	5X 叶轮圆角加工	①定义刀具； ②铣削参考为“长叶片”，刀具切入为“导入侧”； ③定义进给量为 0.3mm； ④流道余量 0mm，叶片余量 0mm； ⑤最小边缘角度 20°	

(3) 上机切削

在机床中将整体式叶轮毛坯装夹，找正坐标系，对刀长等，加工结果如图 6-9 所示。

图 6-9　整体式叶轮加工

6.2 叶片加工

叶片是航空发动机的关键组成部分之一，广泛应用于航空发动机的高压压气机、低压压气机。叶片由榫头、叶身和叶冠三部分组成，如图 6-10 所示。榫头主要用于连接叶片和叶轮盘，在工作时承受着一定的力。叶身型面是叶片主要的工作面，依据流体的工作区域可划分为前缘、后缘、叶盆和叶背四个曲面区域；叶身型面是高度扭曲的复杂曲面，具有曲率变化大、边缘半径小、形状复杂等特点。叶冠一般出现在涡轮转子叶片的叶尖部位，它主要用来减少气流的损失、提高效率和抑制叶片的振动。

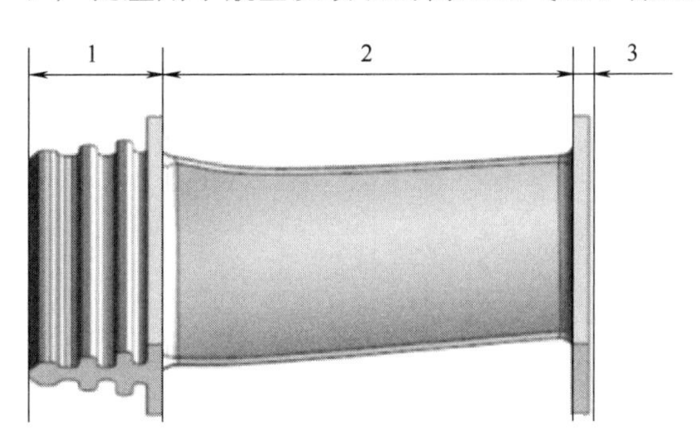

图 6-10　叶片的组成

1—榫头；2—叶身；3—叶冠

6.2.1 叶片加工特点和特征加工策略

叶片数控编程和加工的难点主要体现在：叶片材料一般是难加工材料，切削加工过程中切削力大、切削热高、加工硬化现象严重，造成工件表面质量差、刀具磨损严重等一系列问题，因此在加工难加工材料时不能采用常规切削的刀具、切削参数和切削液等；叶片是典型的薄壁类零件，悬伸长，厚度薄，在铣削加工过程中极易变形，高的加工精度保证困难；采用五轴联动机床加工叶片时，考虑到叶片的型面为自由曲面，应合理规划刀位点和刀轴矢量来满足加工要求。叶片加工的特征策略如表 6-4 所示。

表 6-4　叶片加工特征策略

序号	策略	含　义	图　例
1	叶片粗加工	粗加工采用 3+2 铣削方式，其特点是刀具采用切削深度小、切削宽度大的铣削方式，沿着 Z 向逐层去除多余材料	
2	叶身加工	叶身精加工时常采用环切的走刀方式，其特点为：工件绕编程坐标系的 Z 轴旋转，而刀具绕 X 轴和 Y 轴做直线移动	

续表

序号	策略	含义	图例
3	叶根加工	加工叶片叶根位置时，为了让所生成的刀具路径趋于完整，对叶根处的曲面进行延伸	
5	平台加工	hyperMILL 采用一种全新的循环，对叶片的平台进行加工	

6.2.2 整体叶片加工

某企业加工如图 6-11 所示的叶片，材料为 CT4，其加工技术要求叶片型面表面粗糙度 $Ra<0.8\mu m$，叶片型面尺寸误差在 $\pm0.1mm$ 之内。叶片的加工工艺如表 6-5 所示。

图 6-11　带冠叶片

表 6-5　叶片加工工艺

工序	内容	设备	刀具
10	下料	锯床	—
20	内部探伤	—	—
30	车外圆、左端面	G210	55°仿形车刀
	车外圆、右端面		

续表

工序	内容	设备	刀具
40	铣端面	五轴加工中心 DMU 65 Mono Block	$\phi8$ 立铣刀
	叶片粗加工		$\phi6$ 锥度球刀
	叶片二次粗加工		
	叶身半精加工		$\phi4$ 锥度球刀
	叶身精加工		
	缘板精加工		
	R 角精加工		
50	打磨	—	—
60	表面荧光检查	—	—
70	动平衡	—	—

在数控车床车削毛坯外形，在五轴机床联动加工叶片，叶片铣削的主要步骤：

叶片粗加工：粗加工刀路轨迹的规划主要取决于零件毛坯特征，可以依据零件不同的毛坯特征综合使用上述方法以得到较高的材料去除率。毛坯为圆棒料，而叶片为复杂曲面类零件，走刀方式选择层铣。叶片粗加工时，需采用在同一切削深度上从外到内加工的方式，可在减少退刀数量的同时保证刀具路径最短。

叶身加工：叶身的精加工实质上是将粗加工后的残留余量完全清除，加工成理论几何模型，其重点在于保证加工质量，通常包括清角、精加工和光平面等工序。

6.2.3 叶片特征加工

(1) 叶片特征编程

利用特征对零件进行刀具路径生成是 hyperMILL 的一大亮点，该技术减少了编程人员对零件加工区域划分的时间，提高了编程效率。特征加工的主要步骤如下：

第一步，点击 hyperMILL 浏览器选项卡中的“特征”按钮，在“特征列表”中选择“透平特征”中的“叶片”，如图 6-12 所示。

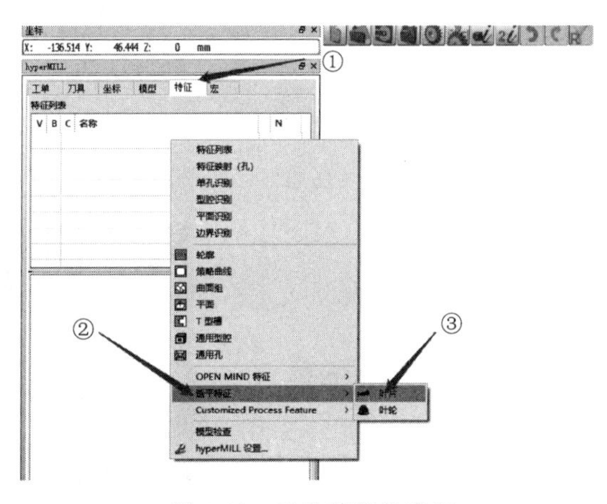

图 6-12　叶片特征的定义

第二步，在叶片窗口中选择“叶片曲面”，如图 6-13 所示。

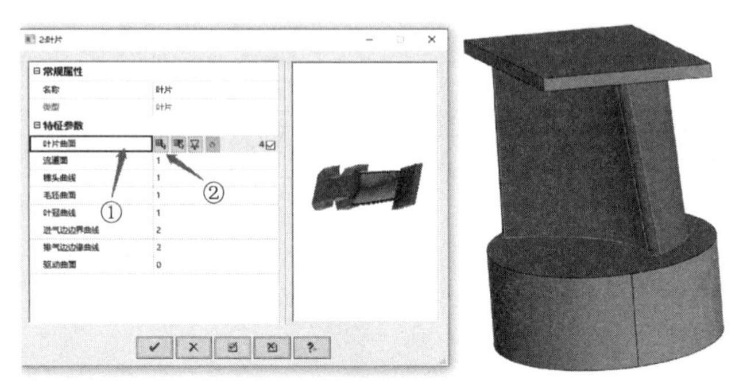

图 6-13　选择叶片曲面

第三步，“流道面”与“毛坯曲面”可参考预览窗口的图例，分别为叶根端面与叶冠端面。“流道面”的选择如图 6-14 所示，“毛坯曲面”的选择如图 6-15 所示，其中“榫头曲线”是叶根端面的边界曲线，选择操作如图 6-16 所示。

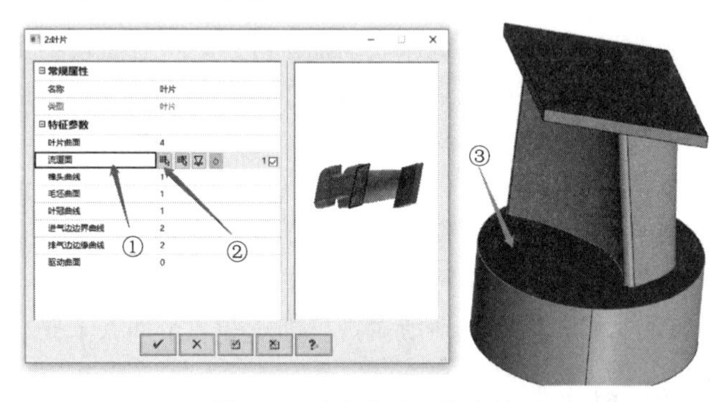

图 6-14　“流道面”的选择

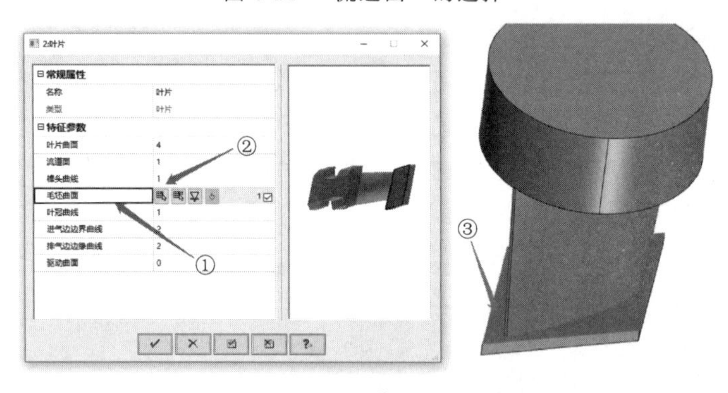

图 6-15　“毛坯曲面”的选择

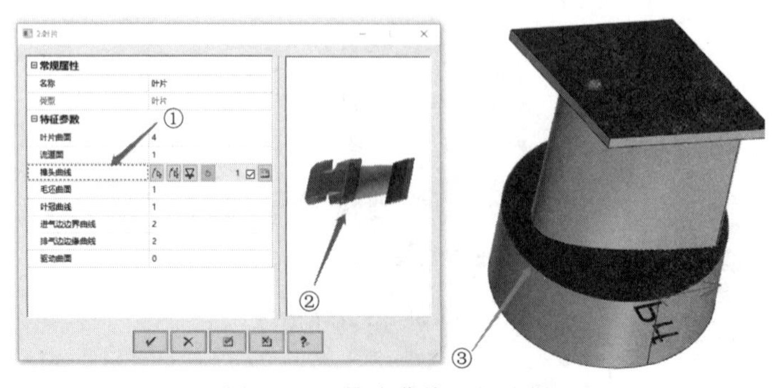

图 6-16　“榫头曲线”的选择

(2) 刀具路径生成

本案例叶片所涉及的加工策略如表 6-6 所示。

叶片加工策略视频

表 6-6　叶片加工策略

工步	策略	内　　容	刀　　路
1	5X 叶片粗加工	①定义刀具； ②定义铣削策略为“3＋2”、方向数量为“5”； ③定义进给量为 2； ④余量 1	
2	5X 缘板加工	①定义刀具； ②定义铣削策略为“榫头/叶冠”，铣削模式选择“点铣”； ③定义进给量为 0.5，步距为 1； ④余量 0	
3	5X 叶片点加工	①定义刀具； ②铣削参考选择“全部”； ③定义进给量为 0.5； ④余量 0.2； ⑤引导角输入 5°，榫头倾斜角输入 10°(叶片精加工可分多次进行)	
4	5X 叶片圆角加工	①定义刀具； ②铣削参考为“榫头/叶冠”； ③定义进给量为 0.3； ④余量 0； ⑤引导角角度 10°，倾斜角 20°	

参考文献

[1] 肖善华. 等残留高度算法应用于自由曲面五轴刀路规划研究 [J]. 机电工程，2019，36 (07)：722-726.

[2] 陈威，彭芳瑜，闫蓉，等. 多轴加工非线性误差精确建模与姿态补偿 [J]. 中国机械工程，2010，21 (23)：2843-2847.

[3] 丁云鹏. 多轴联动数控加工球头铣刀铣削力建模与仿真 [D]. 哈尔滨：哈尔滨理工大学，2013.

[4] 曹宁江. 非可展直纹曲面侧铣加工刀具轨迹优化研究 [D]. 沈阳：沈阳航空航天大学，2016.

[5] 杨建中. 复杂多曲面数控加工刀具轨迹生成方法研究 [D]. 武汉：华中科技大学，2007.

[6] 孙玉文，郭东明，贾振元. 复杂曲面的测量加工一体化 [J]. 科学通报，2015，60 (09)：781-791.

[7] 郭强. 复杂曲面高性能侧铣加工技术与方法研究 [D]. 大连：大连理工大学，2013.

[8] 安虎平，芮志元，刘昊，等. 高速多轴加工策略及切削参数合理化的研究 [J]. 工具技术，2013，47 (10)：47-51.

[9] 谢东，丁杰雄，杜丽，等. 高速加工运动性能预测方法研究 [J]. 农业机械学报，2014，45 (06)：333-340.

[10] 龙明源，张光明. 高性能铝合金高速切削关键技术研究 [J]. 装备制造技术，2014 (02)：193-195.

[11] 曹彦生，耿久全，刘景坡. 高性能切削导轨加工中的应用 [J]. 工具技术，2013，47 (04)：44-46.

[12] 李亮，赵威，王盛璋. 高性能数控切削刀具的管理技术 [J]. 航空制造技术，2015 (06)：51-53.

[13] 季荣荣. 关于复杂曲面五轴数控加工刀轴矢量优化方法的重要探究 [J]. 山东工业技术，2014 (17)：86.

[14] 樊勇. 基于 NX 二次开发的五轴加工刀具路径规划研究 [D]. 北京：北京理工大学，2016.

[15] 曹著明，马永旺. 基于 PowerMILL 的五轴零件刀路设置 [J]. 机床与液压，2014，42 (04)：13-16.

[16] 曹著明，么居标. 基于 UG 的多轴加工策略研究 [J]. 航空精密制造技术，2016，52 (02)：49-52，55.

[17] 谢凡. 基于等残留高度法的曲面刀路规划及加工 [J]. 科技创新导报，2018，15 (04)：100-101.

[18] 陶建华，杨晓琴，刘晓初，等. 基于工艺特征识别技术的数控自动编程方法研究 [J]. 计算机工程与设计，2011，32 (10)：3548-3552.

[19] 徐汝锋，陈志同，孟凡军，等. 基于机床运动学约束球头刀多轴加工刀轴矢量优化方法 [J]. 机械工程学报，2015，51 (23)：160-167.

[20] 罗和平，王彪，汲军. 加工仿真技术在数控加工中的应用 [J]. 机械制造，2017，55 (05)：45-51.

[21] 林福训. 空间曲面多轴加工刀轴矢量控制策略及仿真验证 [D]. 天津：天津大学，2014.

[22] 武振锋，朱黎. 空间曲面连续性的分类及其数学解释 [J]. 机械设计，2011，28 (02)：5-8.

[23] 彭会文，张娟，赵西松，等. 零点快换基准系统在航空发动机零件加工中的应用 [J]. 航空制造技术，2014 (S1)：78-81，86.

[24] 黄昆涛. 面向复杂曲面五轴加工的光滑二维刀轴场规划研究 [D]. 天津：天津大学，2017.

[25] 王洪申，汪雨蓉，张翔宇，等. 面向数控加工的自由曲面区域分割技术 [J]. 机械设计与研究，2017，33 (02)：138-142，147.

[26] 郑祖杰，程海林，于谋雨，等. 面向数控加工智能编程的特征自动识别技术 [J]. 航天制造技术，2019 (06)：54-58.

[27] 许少坤. 面向特征的整体叶轮多轴铣削刀轨规划与优化 [D]. 昆明：昆明理工大学，2017.

[28] 方淑君. 球头刀具空间姿态对铣削加工表面粗糙度和形状精度的影响 [D]. 广州：华南理工大学，2017.

[29] 杨南. 数控机床加工的虚拟仿真技术探讨 [J]. 现代制造技术与装备，2020 (04)：179，187.

[30] 刘智. 数控机床在线测量技术研究 [J]. 湖北农机化，2020 (03)：165.

[31] 夏利兵，汪声宇，蒲勇，等. 数控加工自动化编程与仿真加工的应用研究 [J]. 金属加工（冷加工），2013 (06)：24-26.

[32] 白建波，薛茂权，罗珍. 五轴定向加工自动编程局限性及解决方法研究 [J]. 机械工程师，2019 (11)：72-73，76.

[33] 平艳玲. 五轴联动数控加工后置处理技术及高速切削仿真技术分析 [J]. 装备制造技术，2017 (07)：83-85.

[34] 张阳，李开明. 五轴联动数控系统非线性误差的研究与控制 [J]. 机床与液压，2019，47 (10)：10-13.

[35] 董佑浩. 整体叶轮侧铣加工变形研究 [D]. 济南：山东大学，2020.

[36] 陈志宇. 组合曲面等残高刀具路径规划方法研究及实现 [D]. 杭州：浙江大学，2014.

[37] 吕偿，曹玉华，李林，等．分流式叶轮多轴联动加工工艺及编程技术 [J]．航空精密制造技术，2020，56 (04)：33-36.
[38] 赵慧娟，解欢．刀具坐标系铣削力建模及系数识别方法 [J]．现代制造工程，2019 (01)：108-111，125.
[39] 汪荣青．复杂曲面多轴加工技术切削稳定性研究 [J]．科技创新与应用，2020 (09)：169-171.
[40] 吴宝海，梁满仓，张莹，等．复杂曲面通道多轴加工的刀具选择方法 [J]．机械工程学报，2018，54 (03)：117-124.
[41] 佛新岗．基于 UG 的数控多轴加工工艺优化设计 [J]．工具技术，2019，53 (10)：87-89.
[42] 李文扬．利用多轴加工提高生产效率的实践与思考 [J]．现代制造技术与装备，2020，56 (08)：180-181.
[43] 魏兆成，王敏杰，王学文，等．球头铣刀曲面多轴加工的刀具接触区半解析建模 [J]．机械工程学报，2017，53 (01)：198-205.
[44] 刘辉．曲面 UV 方向优化在 UG 多轴数控编程中的应用 [J]．内燃机与配件，2020 (13)：80-82.
[45] 吕偿，曹玉华，李林，等．异形件转动体多轴联动加工工艺及编程技术研究 [J]．航空精密制造技术，2020，56 (03)：30-34.
[46] 曲鹏文．hyperMILL® 自动编程五轴刀路产生方式 [J]．航空制造技术，2010 (03)：98-99.
[47] 孙玉文，等．复杂曲面高性能多轴精密加工技术与方法 [M]．北京：科学出版社，2014.
[48] 周济，周艳红．数控加工技术 [M]．北京：国防工业出版社，2002.